RF DESIGN SERIES

電子回路設計のための 電気/無線数学

回路計算の基礎からマクスウェルの方程式まで

石井 聡 [著]
Satoru Ishii

CQ出版社

はじめに

　「数学の本!?, うわ……」この本を手にとり内容をめくり読みした，多くの方がそう思うのではないでしょうか．数式を見るだけでめまいがする，吐き気がするという方も多いでしょう．本書はそのような方，数学は嫌い/苦手と思っている方にぜひ読んでもらいたいと思い，電子回路技術という視点から書き上げたものです．

　本書は回路理論を中心として，電子回路設計に応用できる数学を解説しています．特に数式の誘導を非常に懇切丁寧に，ステップを踏んでわかりやすく示してあります．それを順に追っていけば，必ず理解できるようになっています．また読み進めるうちに，そのほとんどが，「足す」，「引く」，「かける」，「割る」だけということに，驚かれるかもしれません．しかしそれが事実なのです．微分/積分でさえも同じです．やっていることは実は簡単なことなのです．

　電子回路は回路理論のとおりに動いています．その回路理論の基礎が数学です．この電子回路設計技術として必要な数学を，現場で応用できる力，さらには回路を洞察する力を養えることを目的に，本書ではわかりやすく説明していきます．

　その内容としては，「回路設計の現場で必要な」という観点から，オームの法則に始まり，交流回路，微分/積分，過渡現象，実際の回路計算や伝送線路，電磁気学そして難解と言われるマクスウェルの方程式まで，階段を登っていくように難易度に配慮し構成してあります．数学を嫌い/苦手とする方も，必ずやお付き合いいただけるものと思います．そのため最初から読まなくても，拾い読みでも，興味のあるところから読み始めてもらっても良いと思います．

　また本書は，電子回路設計技術の基礎力をつけたい技術者の方や，電気/電子工学を専攻する学生の方を読者対象として想定していますが，無線従事者国家試験，電気主任技術者国家試験の受験にも利用していただけるものと思います．

　本書を通じて「電子回路の数学」という基礎理論を理解し，洗練された回路を実現できる能力をぜひ養っていただければと思います．最後に，横浜国立大学 大学院教授の河野隆二先生，そして本書の編集にご苦労いただいた今　一義氏に，この場をお借りしてお礼申し上げます．

2008年4月　石井　聡

理科系アタマの我がふたりの息子たちに父より贈る

目次

電子回路設計のための電気/無線数学

第1章 回路理論と数式/数学は回路設計に必要なツール・ボックス ——— 017

1-1 **プロローグ：回路設計技術者人間模様** ——— 017

1-2 **回路設計技術者としての数式/数学** ——— 019
回路設計技術者は回路方程式を立ててから回路図を描くことはない　019
信号や回路のうごきは数式で示され，それは実体のうごきと同じ　020
数式の厳密さと現実の許容レベル　021

1-3 **数式/数学：難しいと思うから難しい** ——— 023
数式は意思を伝える表現方法　023
最後に　024
Column1　我が家のくだらない会話　022

第2章 オームの法則と基本的な回路網の計算 ——— 025

2-1 **基本がわかればあとはその延長．怖いものはない** ——— 025
回路網解析のすべての源「オームの法則」　025
電源と抵抗の特性と極性を定義しておく　027
基本測定器の電圧計/電流計とオームの法則（測定レンジの拡大）　030

2-2 **電池と抵抗の基本回路で基本定理をマスターしよう** ——— 034
中身を探ろう，鳳・テブナンの定理　035
関連定理も結構便利　039

2-3 回路の電流，電圧を方程式化する ── 041
回路を方程式化する　041
キルヒホッフの法則で回路網を解析できる（が……）　043
二つの法則で答えを得るための，二つのアプローチ　045
複雑な交流回路さえも制す「直流回路のオームの法則」　049

2-4 回路を洞察するうえで必要な定理たち ── 049
複数の源を持つ回路に有効な重ね合わせの理　049
どっちから見ても答えは同じ可逆定理（相反定理）　051
Column2　回路を数学的思考する育て方　052

第3章 位相と複素数が出てくるとわからない ── 053

3-1 交流信号と位相をどうやって示そうか ── 053
「交流」っていうけど，「交流」って何？　053
交流信号は振幅と周波数と位相　053
クイズ：交流信号に何かを掛けたり割ったりして，
　オームの法則的に位相の成分を変えることができるか　056

3-2 一旦周波数を忘れて，振幅と位相，特に位相に目を向ける ── 056
交流信号と位相との関係：何かを基準にすればよいだけ　057
極座標で位相を示す　057
極座標で示した位相をもとにして実数と虚数で考える　057
虚数のイメージを理解する：見えない4次元空間と虚数　059

3-3 複素数を e とからめて交流信号に導入する ── 059
実数，虚数と複素平面を一旦まとめる　059
実数/虚数と複素数：実数部と虚数部は独立に計算できる　059
オイラーの公式を適用して e で示すと，あら便利　060
一旦まとめ：複素数を交流信号の考えに導入する　061
オイラーの公式　062

3-4 複素数もわかれば簡単，交流回路解析も一発解決 ―― 063
複素インピーダンス一本で交流回路解析ができる　063
複素数でオームの法則を表す　064
実際問題としては90°の位相変化だけを考えればよい　065
まとめ……複素インピーダンス．それ自体は回路の振る舞いではない　066
コイルとコンデンサで位相が変わるのを少し詳しく　067
Column3　離島も実は陸続き　068

第4章 交流回路はオームの法則プラス複素数 ―― 069

4-1 交流回路は直流と同じように計算できる ―― 069
交流回路を実効値で計算すれば直流回路と同じになる　069
波形がサイン波以外の場合の実効値　073
実効値以外での値の表し方　075
位相を複素数で表せば，オームの法則で交流回路地帯もすべて制圧　078
基本的かつ必要な複素数計算ハウツー　078

4-2 ホントに使える設計現場の交流回路計算 ―― 081
抵抗とコイル/コンデンサを組み合わせたローパス/ハイパス・フィルタ回路　081
コイル/コンデンサによる共振回路　088
交流の電力の考え方は3種類ある　095
強電では必須の三相交流　099

4-3 三角関数の公式は覚えなくても使えるようにしておこう ―― 099
コサイン波を2乗する　099
サイン波とコサイン波を掛け合わせる　100
掛け算を足し算に直す　101
Column4　パーセント・インピーダンス　103

第5章 微分と積分は水とコップ ―― 105

5-1 微分と積分を説明するまえに ―― 105
微分/積分は日常生活でも目の前にある　105
短い区間/時間で考える　105

5-2 コップに注ぐ水で微分を理解する ―― 106
コップの水の量を基準にすれば注ぎ込む水が微分なのだ　106
もう少し数学らしく微分を示す　107
電気/無線数学で利用する微分公式　109
少し複雑な微分計算――「合成関数の微分」　109

5-3 コップに注ぐ水で積分を理解する ―― 111
注ぎ込む水を基準にすればコップの水の量が積分なのだ　111
もう少し数学らしく積分を示す　113
電気/無線数学で利用する積分公式　115
少し複雑な積分計算――「置換積分」　116
複数の関数の合成として取り扱う部分積分　118

5-4 電気/無線数学でよく使う微分/積分計算の例 ―― 121
最大電力伝達条件を微分して求める　121
サイン/コサイン波の実効値と平均値を積分で計算する　123
コンデンサ・インプット型全波整流回路の力率を積分で計算する　124
Column5　江崎玲於奈博士を間近にして　127

第6章 SPICEなんて使わずに過渡現象を手計算してみよう ―― 129

6-1 過渡現象/過渡応答とは何だろう ―― 129
過渡現象はどんなもの？　129
過渡現象を例を用いてイメージしよう　132
回路方程式の立て方（といっても，もっと簡単にできるんだ）　135
抵抗とコイルを用いた回路　136

抵抗とコンデンサを用いた回路　137
　　　時定数：過渡現象の基準時間　139
　　　微分方程式を解くのも限界がある　139

6-2　**過渡現象計算の有能工具「ラプラス変換」** ─── 139
　　　ラプラス変換とは何だろう　139
　　　SPICE代わりにラプラス変換を用いる手順（前座）　143
　　　SPICE代わりにラプラス変換を用いる手順（実例）　146
　　　ラプラス変換されたインピーダンスも考えられる　150
　　　ラプラス変換の数学的背景を考える：積分変換の収束範囲　150
　　　ラプラス逆変換の数学的背景を考える：$F(s)$の極がポイント　153

6-3　**実際にラプラス変換で回路方程式を解いてみよう** ─── 155
　　　基本LR/CR回路をラプラス変換で解いてみよう　155
　　　ディジタル回路で発生するリンギングを過渡現象とラプラス変換で考えよう　156
　　　リレーのコイルに発生する逆起電力を過渡現象とラプラス変換で考えよう　164
　　　初期値定理と最終値定理で最初と最終状態がわかる　166
　　　Column6　シミュレーションの有効性　170

第7章　苦手だった回路理論の計算ははんだゴテと同じツール ─── 171

7-1　**回路理論を現実の電子回路に応用する** ─── 171
　　　部品の精度と算術の精度を比較してみれば……　171
　　　便利に使おう鳳・テブナンの定理　172
　　　結合コンデンサを小さくしたとき，インピーダンスで鳳・テブナンの定理を
　　　　考えるときは注意が必要　174
　　　結合コンデンサを大きくすると，時定数を念頭にした回路の検討が必要だ　177
　　　いつも忘れるな「このコイル，コンデンサは何Ω？」　180
　　　コンデンサを充電/放電していくとき（バックアップ電源としての応用）　181
　　　オシロ・スコープのプローブ/内部容量計算　182

7-2 回路理論と抵抗を用いた回路の計算 ── 184
　「パラった抵抗」分流回路の計算　184
　センサ回路や精密測定などの直流ブリッジの計算　185
　Δ-Y変換，Y-Δ変換も覚えておくと結構便利　186
　アッテネータの定数はこうやって決まっている　188

7-3 回路理論と電子部品/電子素子 ── 191
　トランス巻線比と電圧/電流/インピーダンス　191
　トランジスタのセルフ・バイアスの計算(簡単化のしかた)　192
　差動増幅回路のエミッタ側回路構成による性能の違い　195
　回路屋泣かせのミラー効果　200
　フィードバックによる歪みや出力抵抗の低減　202
　OPアンプの帰還コンデンサでなぜ安定にできるの？　207
　Column7　回路技術は組み合わせ　211

第8章 「ホントに使うの？」電磁気学の計算も現場で生きる ── 213

8-1 磁界の振る舞いから洞察力をつけてみる ── 213
　【磁界】電流あるところ，アンペアの右ねじの法則と右手親指の法則　213
　【磁界】電流と磁界の関係：アンペアの周回積分の法則　214
　【磁界】電流と磁界の関係をより精密に：ビオ・サバールの法則　218
　【磁界】磁気あるところに配線あれば電磁誘導：ファラデーの法則
　　（ただし磁界が変動しなければ電磁誘導は発生しない）　220
　【磁界】インダクタンスは電磁気学だとどうなるのか　222
　【磁界】トランスは電磁気学という物理現象　224

8-2 電界の振る舞いから洞察力をつけてみる ── 227
　【電界】電荷あるところ，クーロンの法則と電界の発生　227
　【電界】電界の総量と電荷量を理解する：ガウスの法則　229
　【電界】電界と電位差を考えよう　231
　【電界】コンデンサも電磁気学の物理現象　234

8-3 実験机で遭遇しやすい電磁気事象を取り上げる ── 237

【磁界】コア入りコイル・トランスは電磁気学の磁気回路　237
【電界】誘電体損と$\tan\delta$とQ値（Quality factor）　243
【電界/磁界】同軸ケーブルの円筒間の容量とインダクタンスを求めてみる　245
まとめ……日常の開発に必要な基本事項　248
Column8　整合が取れているSI単位　249

第9章 無線回路計算もおちゃのこさいさい ── 251

9-1 高周波回路の基本を達観する ── 251

無線/高周波回路はデシベルで考える　251
マッチング回路を手計算でやってみる（その前座）　253
「インピーダンス変換によるマッチング」のために直列/並列変換を考える　255
マッチング回路を手計算でやってみる（その本題：直列/並列変換⇒
　インピーダンス変換⇒マッチングを考える）　258
インピーダンス変換はどんな回路構成があるのか　260
雑音量の計算は電力の足し算　260
複数の抵抗素子から発生する雑音の合計量を考える　261
クォリティ・ファクタQ値と周波数の関係を考える　262

9-2 増幅回路と発振回路を踏破する ── 265

2信号特性を決定する3次歪みレベル計算　265
2次高調波と単純なダイオード・ミキサの計算　269
水晶振動子は機械振動が電気等価回路で示される　272
高周波の基本LC発振回路の発振原理　275

9-3 無線システムの計算を看破する ── 279

【無線回路】多段接続増幅回路の雑音指数の計算　279
【ディジタル変復調】エラー関数を理解しよう　282
【ディジタル変復調】16値QAM変調方式の送信電力を求めてみよう　284
【電波伝搬】電界強度とEIRPの関係　286
Column9　高周波はどこから高周波？　288

第10章 伝送線路の計算もちょちょいのちょい ——— 289

10-1 伝送線路と分布定数の意味合いを考えよう ——— 289
伝送線路とはなんだろう 289

10-2 分布定数回路の特性インピーダンスを求めてみよう ——— 292
微分と同じように細かい区間 dx で考える 292
V と I の振る舞いを微分方程式にまとめてみる 293
$V(x)$ が伝わるようすを考える 294
特性インピーダンス Z_0 をいよいよ求める 297
まとめ……覚えるポイントは二つだけ 299

10-3 伝送線路/分布定数回路の負荷がかわるとどうなるか ——— 299
負荷がマッチングしていないときの伝送線路上の
　インピーダンス変化を計算する 299
反射係数と定在波と定在波比を計算してみる 305
一旦ここまでをまとめると 308
インピーダンスが複素数なら反射係数も 309

10-4 伝送線路/分布定数回路の話題からスミス・チャートへ ——— 310
インピーダンス平面から反射係数面(極座標平面)への変換は
　スミス・チャートになる 310
反射係数面(極座標平面)とスミス・チャートは双子の関係 317
伝送線路は反射係数の大円舞踏会 317
S パラメータと各種の公式をおさらいする 320
Column10　音楽理論と愉しみの音楽 324

第11章 高度に見える電磁気学の演算子を ビジュアルに理解しよう ——— 325

11-1 電磁気学でのベクトルとは，そしてベクトル場とは ——— 325
まずはベクトルの表記方法とベクトル場/スカラー場のイントロダクション 325
実生活の中の出来事としてベクトル場/スカラー場をイメージする 326

むりせずあえて2次元で考えてみよう　327
　　　授業で習ったベクトルは2次元だが電磁気学では3次元　329
　　　ベクトルの向きと座標系の決め事は，まあ，何でも良い　330

11-2　もう一度，内積と外積をおさらいしよう ―――― 334
　　　今まで学校で習ってきた内積/外積という視点でおさらいする　334
　　　内積/外積をもうちょっと現実的/直感的な視点で考えてみる　335

11-3　交響曲電磁気学 第1, 2楽章「ベクトル微分演算子∇(nabla)」and 「勾配(gradient)」 ―――― 338
　　　第1楽章「ベクトル微分演算子∇(nabla)」は単に微分するだけ　339
　　　記号に惑わされるな，座標軸ごとで微分する単なる微分記号なんだ　339
　　　スキー場を2次元座標で，なおかつ標高をスカラー量として
　　　　∇をイメージする　340
　　　$\frac{\partial}{\partial x}$，$\nabla$と電位/電界との関係を考えると勾配(gradient)が見えてくる　341
　　　微分の話がここでもそのまま応用されている　342
　　　曲間の休止なしで第2楽章「勾配(gradient)」へ ― grad　343
　　　最後に第1楽章の主旋律∇に戻る　345
　　　まとめ……結局は方向ごとに微分するだけ　345

11-4　交響曲電磁気学 第3楽章「発散(divergence)」 ―――― 346
　　　発散(divergence)はガウスの法則を思い出して ― div　346
　　　球を無限小の辺の長さをもつ四角い箱とし，ガウスの法則を考える　349
　　　divと∇の関係は　354
　　　まとめ……divはある点における電荷密度/ε_0　355

11-5　交響曲電磁気学 第4楽章「回転(rotation)」 ―――― 356
　　　バケツの中で回転する水とストローで作った小さい4枚羽水車を例にして，
　　　　アンペアの周回積分の法則とrotをイメージしてみる　357
　　　rotを理解するためにアンペアの周回積分の法則をおさらいする　359
　　　円を無限小の辺の長さをもつ四角とし，アンペアの周回積分の法則を考える　361
　　　$\frac{\partial H_x}{\partial y}$がイマイチ理解できない人のために　368
　　　rotと∇の関係は　369

まとめ……rotはある点における電流密度　370

Column11　技術者としての人生「綿々と連なり繋がり」　371

第12章 マクスウェルの方程式までジャンプして電波を考えてみよう ―― 373

12-1 電磁気現象を表しつくすマクスウェルの方程式 ―― 373
先人の実績から導き出されるマクスウェルの方程式　373
話を始める前に……「E-B対応」について　374
話を始める前に……「静電磁界」と「時間で変化する電磁界」　375

12-2 ガウスの法則と発散divから得られる方程式『その1』 ―― 375
説明してきた発散divと電荷密度の方程式が実はマクスウェルの方程式　375
電子回路で「電荷がたまる/電荷がある」とは　376

12-3 ガウスの法則/ビオ・サバールの法則と発散divから得られる方程式『その2』 ―― 377
ガウスの法則を磁荷に適用してみると，マクスウェルの方程式の二つめだ　377
ビオ・サバールの法則から $\mathrm{div}\,B\langle x, y, z, t\rangle = 0$ を得る【その1】
（まずはベクトル表記にしてみよう）　378
ビオ・サバールの法則から $\mathrm{div}\,B\langle x, y, z, t\rangle = 0$ を得る【その2】
（rotの形に書き改めてみよう）　380
ビオ・サバールの法則から $\mathrm{div}\,B\langle x, y, z, t\rangle = 0$ を得る【その3】
（ベクトル恒等式 $\mathrm{div}\,\mathrm{rot}\,[任意のベクトル] = 0$ を用いて決着をつける）　383
$\mathrm{div}\,\mathrm{rot}\,U = 0$ になる理由とベクトル・ポテンシャルの話　385

12-4 アンペアの周回積分の法則と変位電流から得られる方程式『その3』 ―― 387
アンペアの周回積分の法則だけではマクスウェルの方程式としては不満足　388
変位電流を導入することでマクスウェルの方程式が結実する　389

12-5 ファラデーの法則（電磁誘導の法則）から得られる方程式『その4』 ——— 391

説明してきたファラデーの法則（電磁誘導の法則）が
　マクスウェルの方程式に結びつく　391
起電力の発生メカニズムは電界が関係している　391
起電力の発生メカニズムから電磁誘導と電界の関係が見えてくる　393
ストークスの定理の説明と，ここまでの関係をより一般化する　395
なぜ積分と微分の順序を交換できるの？　399

12-6 電波の振る舞いをマクスウェルの方程式から予測する ——— 400

とにかく B から E の生じるようすを簡略化して電波を予測してみる　402
ベクトル解析学を用いてもっと厳密に電波を予測してみる　406
電界と磁界の関係を求めてみると90°直交する関係が見える　410
まとめ……覚えるポイントを絞ってしまえば　412

12-7 表皮効果をマクスウェルの方程式から求めてみる ——— 413

最初に導体内の電流と電界の関係を定義しておく　413
直流電流をまず考え，次に交流電流で考えよう　414
なぜ表皮効果が発生するかを古典電磁気学的に考える　414
実際に表皮効果をマクスウェルの方程式から求めてみる　416

12-8 エピローグ：回路設計技術者人間模様 ——— 420

Column12　数式では解決できない課題　421

参考文献 ——— 422

索引 ——— 425

電子回路設計のための電気/無線数学

第1章
回路理論と数式/数学は回路設計に必要なツール・ボックス

❖

数式/数学は苦手だと思っている方も多いと思います．
しかし回路の実体のうごきと対比して考えると，
より身近に感じ，よく理解することができます．
この章では，本書で電気数学を示していくうえの基本的なスタンス，
そしてどのように数式/数学と付き合っていったらいいかについて
簡単に示していきましょう．

❖

1-1　プロローグ：回路設計技術者人間模様

　「くっそぉ，発振回路が発振しないぞ……」今日も残業だろうか．焦ってくるとさらにわからない悪循環という無限ループ．僕は入社3年目の若手回路設計技術者だ．「アセルなあ．あれ？あせるってどういう漢字だっけ？よくメールである"(^_^;ゝ"なんてことはないなあ……．あぁ，余計焦る！」何が悪いか皆目見当がつかない．

　中堅どころの先輩が通りがかった．「おぉ，やってるな！」，「先輩，発振しないんですよ」，「オシロ・スコープと戯(たわむ)れて，気合でがんばれや！」

　数日が経った．「先輩！まだダメです」，「そうか，そんなものはシミュレータで試行錯誤して検討すれば，答えは出るよ．理論どおりにはそう簡単には動かないからな(……とか先輩面しても，俺も回路理論は苦手だよなあ……)」，「じゃあ，どうやってシミュレータで検討すればいいんですか(涙目)！納期は休み明けですよ！」，「むむむ……」

※1：Ascii Art全盛の昨今では，顔文字はすでに古いか？なお，この節および第12章12-8に登場する人物/団体は架空であり，内容はすべてフィクションである．

今日は金曜日．本来ならば同期との楽しい飲み会がある．飲みも無理か．先輩が大先輩の技監（会社の技術超スペシャリスト）が歩いてくるのを見つけた．その先輩，「技監，ヘルプです！」

　「なんだよ，お前ら．俺は定時退社するんだぞ」，「助けてください．発振回路が動かないんです！」，「わかった．回路図と基板のパターン図を見せてみろ．……ふーん．ここはな……」

　技監の大先輩は，回路理論的な洞察を踏まえて僕たちに説明してくれた．言われた定数に抵抗とコンデンサを付け替えると，何事もなかったように回路は動き出した……．僕が何日も格闘していた回路が．

　「お前らな，回路は回路理論どおりに動いているんだよ．それがわかっていれば，理論的に何がおかしいかを見当つけて，あとは適切な処置をすりゃいいだけさ．ましてや回路理論はrigor（厳密）な数学の上に成り立ってるんだよ．そりゃ，細かいところは誤差とかあるからぴったりには合わないけど，だいたい合えばモノはできるだろ？」

　僕は"目からうろこ"だった．「じゃ，先に帰るぞ！俺はデートだ．がんばれよ」，「技監！デートって奥さんとですか？」，「お前ら，rigorでなくても良いところに突っ込むなあ．昔，数学の大教授が学生の鋭い質問に答えたそうだ．『君，それは聞いてはいけないのだよ』ってな．わはは」

[図1-1] 回路設計技術者人間模様

外に出た技監.「今日も終わった.今夜は月がキレイだな.俺も若いころは,わからないまま,がむしゃらだったよな.あいつらもいろいろ学んで育ってほしいなぁ」,「……見栄張ったけど,今夜は予定がないからどうするかな.たまには音楽でも聴くか.今日当日券で入れるホールあるかな?」と彼はケータイを取り出した(図1-1).

1-2　回路設計技術者としての数式/数学

● 回路設計技術者は回路方程式を立ててから回路図を描くことはない

　プロの電子回路設計技術者であってさえも,複雑な回路方程式(たとえばキルヒホッフの法則を用いたものや微分方程式など)を一つひとつ立てて回路を設計することは,間違いなくありません.特に学校で回路理論をもとに勉強してきた人は,面食らうほどかもしれません.

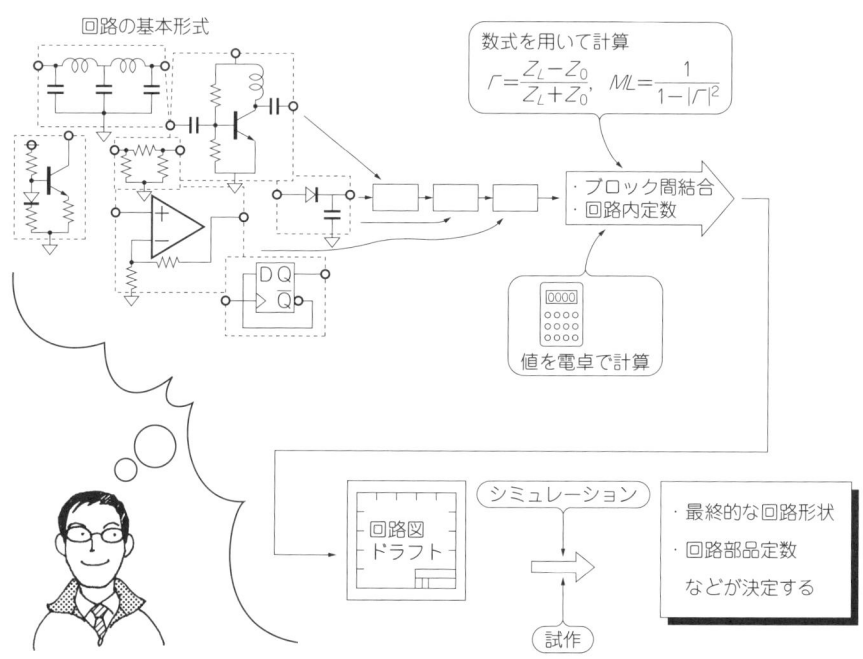

[図1-2] 回路設計技術者が設計するアプローチ

図1-2のように回路設計技術者は，個別のブロックともいえる回路の基本形式を覚えており，これらをつなぎ合わせていくところから設計を始めます．そのあとにブロック間の結合や個別の回路ブロックを計算するために，一部に数式を用い，値を電卓で計算し，検証し，シミュレーションや試作で動作を確認し，最終的な回路形状や回路部品定数を決定していくのです．その数式でさえも，基本となる部分のみを押さえているだけで，かなりの局面で対応できるのです．

　このアプローチが実際の回路設計の手法なのです．本書でこれから説明する数学は，その一部を助けるツールと考えてみてください．また電気数学/無線数学として必要な数学の知識はある程度限定されたものなのです．

● **信号や回路のうごきは数式で示され，それは実体のうごきと同じ**

　吐き気をもよおすほど，理解不能な数式が自分の目の前の**紙**のうえでたくさん羅列されているにしても，しかしながら，実際の信号や回路のうごきは，数式の内容が**実体のうごきとして**，本当に動いています．自分の目の前で，今見ているように（たとえばオシロ・スコープなどの測定器を通してでも），動いているのです．

　一方でその回路は，昔から精密に積み上げられた**回路理論**という，数学を基礎とした体系のうえで表される動きが，そのまま動いているのです．理論どおり，とはこのことを言うのでしょう．

▶ **実在から数式を追い，理解することで血となり肉となる**

　参考文献(19)の拙書でも同様な話をしましたが，本質としては信号や回路の実際のうごきが数式として，ただ示されているだけなのです．普段触っている**実在**をイメージして数式を追い理解することで，理解不能と思われるような数式でも必ず「自分の知識の血となり肉となる」といえるでしょう．

　一方で残念なこととして，「難しく説明されているから難しく感じる」ということもあると思います．これは関連する書の同じところを読んでみるとか，時間をかけてゆっくり噛み砕いてみるとかして，ここでも信号や回路のうごきという現実をイメージしてやってみることが良いといえます．

　また，こと電気数学/無線数学として範囲を絞って考えると，かなり範囲が限定されることがわかります．またそのほぼ全てが，「足す」，「引く」，「かける」，「割る」で理解できるのです．数学全般として食わず嫌いになるよりも，電気/無線の特定分野を集中して理解することで，無理もなくなりますし必要十分な力を得ることができるのです．

▶ 一つの例を示してみる

　信号発生器で作られた信号が**図1-3**のようにオシロ・スコープで観測されたとします．これは信号発生器に何らかの出力信号の設定を行い，それを見ているとします．「何らかの出力信号の設定」というのは出したい信号の素性がわかっているからで，それは無意識に以下の数式，

$$f(t) = \sqrt{2} \times 2\cos(2\pi 1000 t) + 2.5 \quad [\text{V}]$$

を考えているのです．なお，なぜ$\sqrt{2}$がかかっているかについては，第4章4-1で詳しく説明していきます[※2]．

　このように数式は実際の/実体のうごきを単に表しているだけなのです．Column 1のとおりなのです．恐れることはありません．

● 数式の厳密さと現実の許容レベル

　数式を用いて回路計算を厳密に精度0.1％まで求めても，実際は，電子部品自体の誤差が大きいものだと5％～10％もあり，あまり意味がないという点は大変重要です．

　数式を厳密に追い求めるよりも，概算/概数で求め，実際に回路設計として使える値を出すことが大事だろうと言えます．一つは円周率πは，3.1416と高い精度で求める必要もなく，3でも良い場合が往々にしてあります．もう一つとしては，数

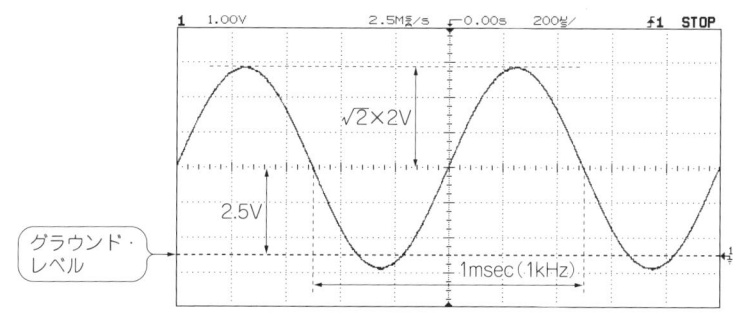

[図1-3] オシロスコープで観測された波形

※2：高周波標準信号発生器などでは50Ωで終端された場合の出力として設定するものが普通であるため，ハイ・インピーダンス入力のオシロ・スコープで観測すると，振幅が2倍で見えるので注意．

式の計算結果に影響を与えるパラメータのうち，1％以下程度と考えられるものは，無視して計算してもほぼ問題はないということです（式を簡単化できる）．

また西洋の技術者の考え方で，"Rule of thumb"（直訳：親指の法則）というものがあります．「適当にだいたい親指何本で……」と測るくらいの精度の考え方でも何とかなる（いや，十分だ）というものです．どこかに厳密さと要求精度のブレーク・イーブンのポイントがあるはずです．

これらのことを考えると，使えるレベルの精度の値を求めることが設計における本質だといえるでしょう．

Column1
我が家のくだらない会話

「○○○○大統領とは大学のとき，（留学生だった彼と）一緒だった」，「え！本当!?」と驚かれたのも既に昔．本人はクールだと思って言う寒々オヤジ・ギャグは，家族の食卓での箸の運びやそれぞれの咀嚼に一切の不連続性を与えることなく，静寂なる定常状態空間を保たせつつ，天井に向かって陽炎のように消え去るのでした．

その子供たちふたりを駅に迎えにいったある日の帰り，「さて質問です．紫外線は何種類の害があるでしょーか？」．兄，「かー，くだらねー，4種類」，「お！何でわかるんだ？弟よオマエはどうだ」，「4種類でしょ」父の頭脳構造を良く理解したふたりの回答導出までの時間は0.5秒．

会社の若手ふたりが真剣に仕事をしているところで，同じ質問を浴びせたところ，ふたりとも「わかりません」との回答．そして答えを聞いて呆れる始末．「もっと真面目な質問かと思いましたよ」

このように，何が答えか，何をその過程で示そうとしているかは，相手のこと／レベルを知っているのと知らないとでは，「それ」を洞察する力が大きく異なります．そして自分の想定していたことよりも，実際は（本質は）簡単だった……ということも同じく言えると思います．

電気/無線数学も同じように，その要点さえ理解できれば全体もよく理解できるはずですし，これらの要点を理解することで，回路解析に対しての深い洞察力を間違いなく持つことができます．

1-3　数式/数学：難しいと思うから難しい

● 数式は意思を伝える表現方法

　英語は言葉であり，意味を相手に伝えるものです[※3]．相手が英語で言っている意味がわかれば意図が通じる．しごく単純なことです．ではここで質問です．

You are free.
You flee.

　「free はわかる，flee はわからない」という人が多いと思います．文章が簡潔であるほど，わかれば簡単，わからなければまったくわからない，と思います．

　実は多くの数式も，簡潔に相手に意志を伝える「ことば」と同じなのです．一つは数式を理解するだけの知識背景があれば，いや勉学を進めていくことで背景ができれば，かならず理解できるということです．もう一つは数式の表現自体が**簡潔に言い表された言葉**なのだからです．

[図1-4] 数学から脱落してしまうケース

※3：私は英語が好きでぼちぼちレベルだが，海外での滞在経験はない．一人で海外出張に行ったときに，英語ができてよかったと涙が出るほど思った．しかし勉強していくと，あるレベルを超えると（ノン・ネイティブとしては）基礎文法力がなければ上達できないことをことごとく思い知った．なお，「英語はどこで習ったのですか？」の質問には「界隈の外国人スナックですよ」と答えている．

つまりある点，その背景なり表現を理解できる，という状態に達しさえすれば，必ず数式/数学は理解できるといえます．これは逆に曖昧性がない，『数の学』という学問であることから，『意訳』とか『異なる解釈をする』とかいうことなしに，『単刀直入』に理解できる，非常に明快なプロセスだと言えるでしょう．

そう，「数式/数学は苦手にはならないのですよ」ただ，freeとfleeでfleeの意味がわからないのと同じなのです（図1-4）．

▶ **数式は文章の一部として表されていく**

本書および他の数学や工学を題材とした本では，数式を文章の一部として表しています．たとえば，「AとBを，

$$Z = A + B^2 \quad\quad\quad\quad\quad\quad\quad\quad\quad\quad\quad\quad\quad\quad\quad\quad\quad\quad (1\text{-}1)$$

と計算します」というように，文章として，まるでお話するようにしています．違和感がある方もいるかもしれませんが，この「語り部調」が一般的です．それこそ「数式は言葉」なのです．

● **最後に**

電気/無線数学の領域であれば，時間をかけてよく噛み砕いて，解きほどいていけばわかってくるようになります．そして自分の経験と数式/数学が一致したとき，それがかなり高い技術力に昇華することは間違いありません．それは間違いなく，回路を深く読みきれる，洞察できる，誰にも負けない能力です．これからお付き合いいただく本書が，そのような能力を育成する一助になってくれれば，と思います．

電子回路設計のための電気/無線数学

第2章
オームの法則と基本的な回路網の計算

❖

学校で覚えたオームの法則と，基本的な計算を最初に説明します．
オームの法則は，簡単だと思ってないがしろにしてはいけません．
以降に示す交流回路なども含めて，回路解析の基本/中核となるものです．
電子回路に触れる初心者の方は最初の一歩として，
ある程度知識のある方にとっては再確認の意味も含めて，
ここで基本計算を見ていきましょう．

❖

2-1　基本がわかればあとはその延長．怖いものはない

● 回路網解析のすべての源「オームの法則」

　オーム（Georg Simon Ohm, 1789-1854）は実験をもとにし，図2-1のような電圧と電流と抵抗の関係を定義しました．電圧と電流と抵抗の大きさのうち，二つが決まれば，残りの一つの大きさをこの関係で求めることができます．また図中のように，円を書いて上と下にそれぞれの関係を入れることで，オームの法則を覚える方法の一つとして表すこともできます．

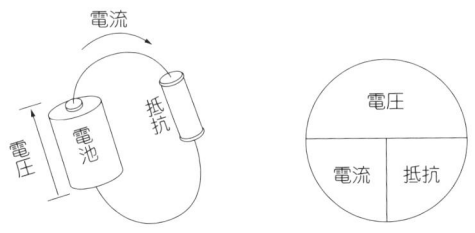

[図2-1] オームが定義した電圧と電流と抵抗の関係

これは学校で習う，電気回路の計算の基本中の基本といえるものでしょう．しかしオームの法則は，本書でこれから続けて説明していく，回路網[※1]の計算や交流回路/高周波回路の解析などの考え方すべての源になるものです．馬鹿にしたりなめてかかってはいけません．

▶ **オームの法則を使って電力を計算する**

抵抗で熱となる，抵抗で損失する電力は以下のように求めます．図2-2の写真の抵抗の両端にかかる電圧と，抵抗に流れる電流の積が電力になります．つまり，

$$\left.\begin{array}{l}電力 [W] = 抵抗両端の電圧 [V] \times 抵抗に流れる電流 [A] \\ P = V \times I\end{array}\right\} \quad \cdots\cdots\cdots\cdots (2\text{-}1)$$

となります．式の下の段は電力を P，抵抗の両端の電圧を V，抵抗に流れる電流を I として英文字で表したものです[※2]．それぞれの単位として電力[W]（ワット），電圧[V]（ボルト），電流[A]（アンペア）も記載しています．

また，さらにここにオームの法則を，

$$\left.\begin{array}{l}抵抗両端の電圧 [V] = 抵抗の大きさ [\Omega] \times 抵抗に流れる電流 [A] \\ V = R \times I\end{array}\right\} \quad \cdots\cdots\cdots (2\text{-}2)$$

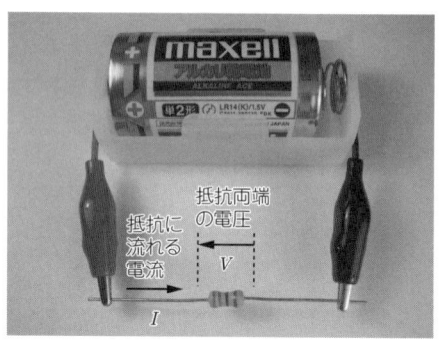

[図2-2] 抵抗で消費する電力を考える回路

※1：回路網という用語は電気回路理論の本などでよく使われている．ここでは「計算対象として回路を見る」という意味でこの用語を用いた．「回路図集のような電子回路ブロックを考えるのとは異なる視点」である．しかし網がついていても，対象とするのは回路自体には変わりない．
※2：ここでなぜ I なのかは，ドイツ語のIntensität（英語のIntensity）から来ている．

として適用させてみると,

$$\left.\begin{array}{l}電力 [W] = 抵抗の大きさ [\Omega] \times (抵抗に流れる電流 [A])^2 \\ P = V \times I = (R \times I) \times I = R \times I^2\end{array}\right\} \cdots\cdots\cdots\cdots (2\text{-}3)$$

と表すことができます．抵抗の大きさR，抵抗の単位$[\Omega]$（オーム）も記載しています．またまたさらに，オームの法則を，

$$\left.\begin{array}{l}抵抗に流れる電流 [A] = \dfrac{抵抗両端の電圧 [V]}{抵抗の大きさ [\Omega]} \\ I = \dfrac{V}{R}\end{array}\right\} \cdots\cdots\cdots\cdots (2\text{-}4)$$

と適用させてみると,

$$\left.\begin{array}{l}電力 [W] = \dfrac{(抵抗両端の電圧 [V])^2}{抵抗の大きさ [\Omega]} \\ P = V \times I = V \times \dfrac{V}{R} = \dfrac{V^2}{R}\end{array}\right\} \cdots\cdots\cdots\cdots (2\text{-}5)$$

とも表せます．電圧と電流を掛けたものだけが電力ではなく，抵抗の大きさも含めて便利に計算ができるのです．なお，電力は単位時間あたりの発熱になりますので，発熱量は電力に時間(秒)を掛け合わせたものになります(単位は[J]（ジュール))．

● **電源と抵抗の特性と極性を定義しておく**
▶ **電圧源**
　電圧源は，電池が一つの例だといえますが[※3]，**図2-3(a)**のように流れ出す電流量にかかわらず，端子の電圧が変化しない，という特性のものです．
▶ **電圧源(起電力)の極性と流れ出す電流方向を定義するのはとても大切**
　電圧源には電圧のプラス・マイナスの極性が当然ありますが，**電流の極性**はプラス側の端子から回路に向かって**流れ出し**，マイナス側の端子に**流れ込む**として決められます．これにより**図2-3(b)**のように電圧源（この電圧を**起電力**と言う）の極性の方向と電流の方向を**定義**しておきます．以後に説明するキルヒホッフの法則もこ

※3：電池は，電流を多くとりだすと電圧は下がってしまうが，そうならない理想的な電池として，ここでは考える．次の第2章2-2でより詳しく掘り下げる．

の定義を使います．

「アホなことを今更……」と思うかもしれませんが，以降の回路網計算を間違いなく行ううえで，この流れる向きの考え方は非常に重要です．

▶ 電流源

電圧源は回路初心者にもイメージしやすいと思いますが，電流源は意外とイメージしづらいかもしれません．例を挙げると(難しい応用例になるが)，カレント・ミラー回路やフォト・ダイオード素子などが電流源に相当します．

電流源は図2-3(c)のように，つながる回路の抵抗値の大きさにかかわらず，端子から流れ出る電流が変化しない，という特性のものです．

電流の極性についてここでも話をしておくと，図2-3(c)のように電流源は矢印の方向に電流が流れるものとして決められます．

▶ 電流源をより実際的に理解する

イメージをつかむために実際の数値で示してみます．図2-4(a)のように，2mA

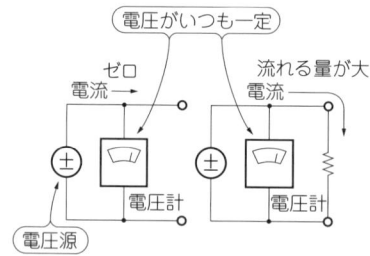
(a) 電圧源はいつでも電圧が一定だ

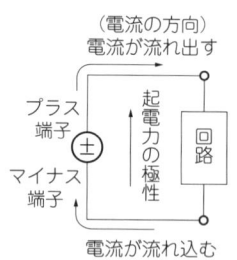
(b) 電圧源の極性と流れ出す電流の方向を考え方としてきちんと決めておく

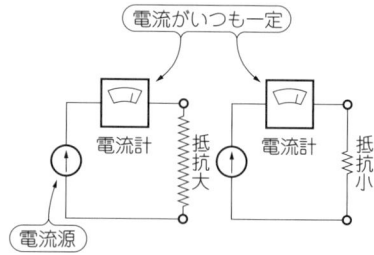
(c) 電流源はいつでも電流が一定だ

[図2-3] **電圧源と電流源**

出力の電流源に1kΩの抵抗をつないでも2mAが流れ，同図(b)のように100Ωをつないでも2mAである，ということです．

「では，そのときの電流源の両端の電圧は何Vになるか？」の答えは，同図のように「電流が一定になるように電圧が変化します」です．

図中で上記の例を示すように，1kΩのときは2Vになって，100Ωのときには，0.2Vになるのです．これは単純な話，「**電圧源**は負荷によって**電流**が，**電流源**は負荷によって**電圧**が変化する」とそれぞれ変化するところが違うだけ，ということです．

電流源は，理論的な面としてはあまり表立って出てきませんが，電子回路や計測，伝送分野では実際の電子回路として意外と広く利用されています．

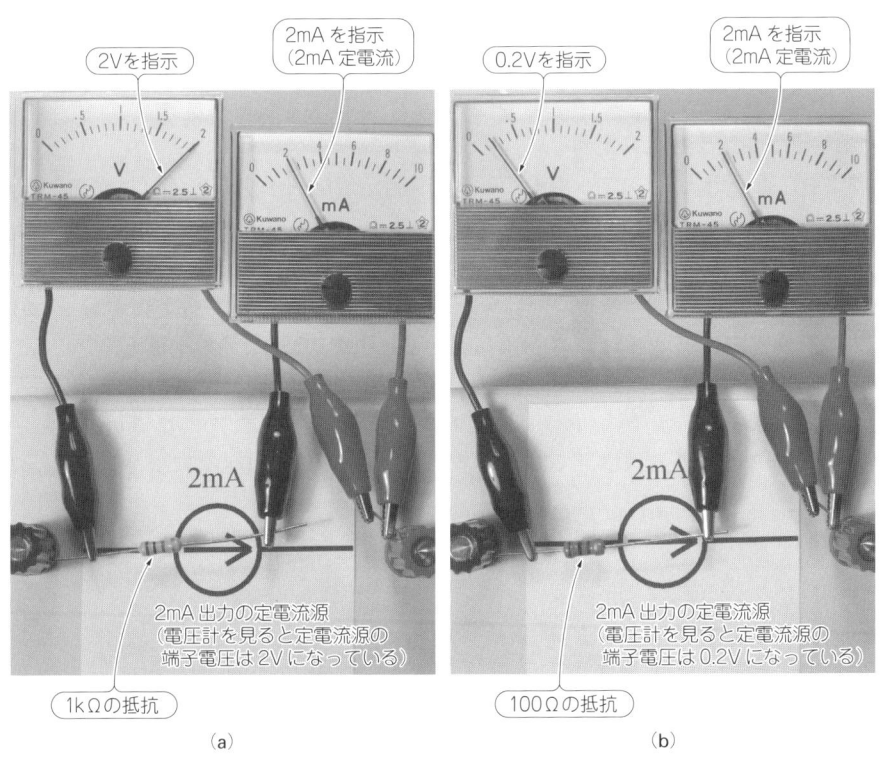

[図2-4] 電流源をより実際的に理解するため実際の数値で示してみる

▶ 抵抗による電圧降下の電圧極性と電流の方向を定義しておく

さきの「電圧源(起電力)の極性と流れ出す電流方向を定義するのはとても大切」と似たような話をもう一度します．

抵抗に電流が流れた場合，オームの法則 $V = R \times I$ のとおり，抵抗の端子間に電圧が発生します．図2-5を見てください．抵抗に電流が流れたときに発生する電圧(これを**電圧降下**という．つまり抵抗での電圧ロス分のこと)は，図中のように**電流が流れ込む側**が**電圧が高くなり**，そちらをプラス方向と定義します．

電流の流れる方向を基準とすれば，この電圧降下は起電力の場合と異なり，**起電力のプラス方向の定義と逆方向**になります．この電流と起電力と電圧降下の向きの考えをきちんと理解しておくことは，回路網計算において大変重要です．忘れないでください．

● 基本測定器の電圧計/電流計とオームの法則(測定レンジの拡大)

いまでこそディジタル・マルチ・メータが全盛になっていますが，電圧計の電圧レンジ，電流計の電流レンジ拡大の考え方は，回路網計算の基本中の基本といえるでしょう．

▶ 測定電圧レンジ拡大の計算

図2-6は電圧計とその内部等価回路です．測定値を表示する内部抵抗が無限大のメータ部分(たとえばフル・スケール50Vとする．なお写真の現品は50V品ではない)と，ある大きさの内部抵抗 $R_0[\Omega]$ (メータを振らせるために必要な要素，たとえば $R_0 = 100\mathrm{k}\Omega$ とする)をもっています．電圧計が理想的であればこの内部抵抗は無限大になります．この内部抵抗の両端に加わる電圧が，電圧計の示す電圧になります．

では，図2-7のように抵抗 $R_1[\Omega]$ (たとえば $R_1 = 1\mathrm{M}\Omega$ とする)を加えてみましょう．ここで測定したい電圧 $V_{measure}$ を500Vだとしておきます．R_0 にかかる電圧，つまりメータの振れ量は以下で計算できます．まず，電圧500Vにより抵抗 R_0，R_1

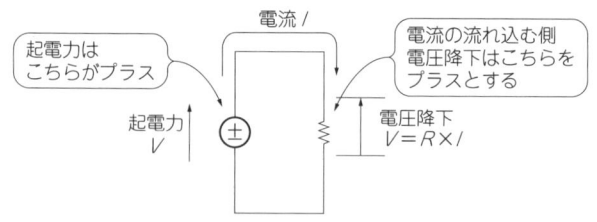

[図2-5] 抵抗の電圧降下の考え方

に流れる電流 I はオームの法則から,

$$I[\text{A}] = \frac{500\text{V}}{100\text{k}\Omega + 1\text{M}\Omega} = \frac{500}{1100 \times 10^3} = \frac{500}{1100} \times 10^{-3}\text{A}$$

になります．ここで大事なことは**電流は水の流れと同じであり，分流する部分がなければ，どの部分でも電流の大きさは同じ**ということです．知っている人は「何を当たり前な事を！」と言うと思いますが，理解しておくべき非常に重要な基本事項です（後半のキルヒホッフの法則にもつながる）．

電流 I により R_0 に発生する電圧，つまり電圧計が示す電圧 $V_{meter}[\text{V}]$ を計算してみると,

$$V_{meter}[\text{V}] = I[\text{A}] \times R_0[\Omega] = \overbrace{\frac{500}{1100} \times 10^{-3}}^{I} \times \overbrace{100 \times 10^3}^{R_0}$$
$$= \frac{500 \times 100}{1100} = 500 \times \frac{100}{1100}\text{V}$$

（これ以後，理解補助のため，このような手書きを入れていく．）

となります．つまり電圧計が分担する電圧は，測定したい電圧 $V_{measure} = 500\text{V}$ の $100/1100$ 倍，45.45V になります．フル・スケール 50V のメータでも振り切れないのです！これを V_{meter}，$V_{measure}$，R_0，R_1 を用いて表してみると,

$$V_{meter}^{(メータ)} = V_{measure}^{(測定)} \frac{R_0}{R_0 + R_1} \quad \cdots\cdots\cdots\cdots\cdots\cdots\cdots\cdots\cdots\cdots\cdots\cdots (2\text{-}6)$$

という関係で V_{meter} が現れるのです．

[図2-6] 電圧計と内部等価回路

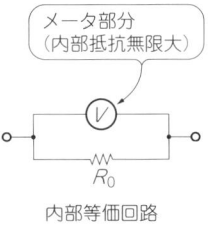

[図2-7] 抵抗 $R_1[\Omega]$ を加えてみる
（測定電圧レンジ拡大のため）

逆に考えてみると，フル・スケールがV_{meter}（最初の仮定では50V）であれば，何Vでフル・スケールになるかというと，上の式の逆数を取ってみれば，

$$V_{measure}^{(測定)} = V_{meter}^{(メータ)} \frac{R_0 + R_1}{R_0} \quad \cdots\cdots\cdots\cdots\cdots\cdots\cdots\cdots\cdots\cdots\cdots\cdots\cdots (2\text{-}7)$$

となり，測定電圧（フル・スケール）が$(R_0 + R_1)/R_0$倍に（例だと$[50 \times (100 + 1000)/100]$Vに）拡大されます．これに合わせてメータの目盛りを振りなおせばフル・スケールが拡大された電圧計ができあがります．電圧レンジ拡大を実例として示しましたが，これが回路網計算の基礎の基礎です．

▶測定電流レンジ拡大の計算

次に電流測定の例を示しましょう．図2-8は電流計とその内部等価回路です．測定値を表示する内部抵抗がゼロのメータ部分（たとえばフル・スケール5Aとする．なお写真の現品は5A品ではない）とある大きさの内部抵抗$R_0[\Omega]$（メータを振らせるために必要な要素，たとえば$R_0 = 0.1\Omega$とする）をもっています．電流計が理想的であればこの内部抵抗はゼロになります．この内部抵抗に流れる電流が，電流計の示す電流になります．

では図2-9のように，抵抗$R_1[\Omega]$（たとえば$R_1 = 0.01\Omega$とする）を加えてみましょう．ここで測定したい電流$I_{measure}$を50Aだとしておきます．

R_0に流れる電流，つまりメータの振れ量は以下で計算できます．まず抵抗R_0，R_1の合成抵抗$R_{0//1}[\Omega]$※4は，並列接続であることから，抵抗の逆数同士の足し算となり，

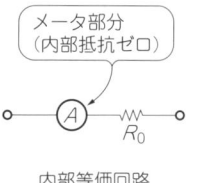

内部等価回路

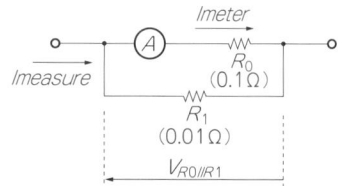

[図2-8] 電流計と内部等価回路

[図2-9] 抵抗$R_1[\Omega]$を加えてみる
（測定電流レンジ拡大のため）

※4：$R_{0//1}$は「R_0とR_1が並列につながれた」という意味合い．とくに//は並列接続を表すことも多い．

$$\left.\begin{aligned}\frac{1}{R_{0//1}}[\Omega] &= \frac{1}{R_0} + \frac{1}{R_1} \\ \frac{1}{R_{0//1}}[\Omega] &= \frac{1}{0.1\Omega} + \frac{1}{0.01\Omega}\end{aligned}\right\} \quad \cdots\cdots\cdots\cdots (2\text{-}8)$$

↖R_0 ↖R_1

になります．これを $R_{0//1}=$ として計算しなおすと，

$$\left.\begin{aligned}R_{0//1}[\Omega] &= \frac{R_0 \times R_1}{R_0 + R_1} \\ R_{0//1}[\Omega] &= \frac{0.1 \times 0.01}{0.1 + 0.01} = \frac{0.001}{0.11}\Omega\end{aligned}\right\} \quad \cdots\cdots\cdots\cdots (2\text{-}9)$$

この $R_{0//1}$ に $I_{measure}=50\mathrm{A}$ が流れるので，このときの $R_{0//1}$ 両端の電圧 $V_{R0//R1}[\mathrm{V}]$ は**オームの法則**から，

$$V_{R0//R1}[\mathrm{V}] = I_{measure} \times R_{0//1} = 50\mathrm{A} \times \left(\frac{0.001}{0.11}\right)\Omega$$

です．$R_{0//1}$ 両端の電圧がわかりましたから，R_0 に流れる電流量 I_{meter} だけを計算してみると，これも**オームの法則**から，

$$I_{meter}[\mathrm{A}] = \frac{V_{R0//R1}[\mathrm{V}]}{R_0[\Omega]} = \frac{50 \times (0.001/0.11)}{0.1} = 50 \times \frac{\frac{0.001}{0.11}}{0.1} = 50 \times \frac{0.01}{0.11}$$

となります．つまり電流計が分担する電流は，測定したい電流 $I_{measure}=50\mathrm{A}$ の $0.01/0.11$ 倍，$4.545\mathrm{A}$ になります．フル・スケール $5\mathrm{A}$ のメータでも振り切れないのです！これを I_{meter}，$I_{measure}$，R_0，R_1 を用いて表してみると，

$$I_{meter}^{(メータ)} = I_{measure}^{(測定)} \frac{R_1}{R_0 + R_1} \quad \cdots\cdots\cdots\cdots (2\text{-}10)$$

という関係で I_{meter} が現れるのです[※5]．

※5：第7章7-2に示すように，並列に接続された2個の抵抗にそれぞれ分流する電流は，2抵抗値を足し算したもので反対側の抵抗の大きさを割った比率になる．

逆に考えてみると，フル・スケールが I_{meter}（最初の仮定では5A）であれば，何A でフル・スケールになるかというと，上の式の逆数を取ってみれば，

$$I_{measure}^{(測定)} = I_{meter}^{(メータ)} \frac{R_0 + R_1}{R_1} \quad \cdots\cdots\cdots\cdots\cdots\cdots\cdots\cdots\cdots\cdots\cdots\cdots\cdots (2\text{-}11)$$

となり，測定電圧（フル・スケール）が $(R_0 + R_1)/R_1$ 倍に（例だと $[5 \times (0.1 + 0.01)/ 0.01]$ A に）拡大されます．これに合わせてメータの目盛りを振りなおせばフル・スケールが拡大された電流計ができあがります．

　ここで大事なことは**電流は水の流れと同じであり，分流する部分があれば，それぞれ流れやすさに応じて分流する**ということです．ここも理解しておくべき非常に重要な基本事項です（後半のキルヒホッフの法則にもつながる）．

　以上のように回路網の計算の基本として，電圧計，電流計を説明してきましたが，本書の以降の考え方のほぼすべては，これを単に拡張していっただけ，応用していっただけなのです．「オームの法則，侮れじ」ですね．

2-2　電池と抵抗の基本回路で基本定理をマスターしよう

　だいたいどの回路理論の本も回路図だけで説明していますので，実感がわかないかもしれません．そこでここでは写真を交えて実践的に示していきたいと思います．

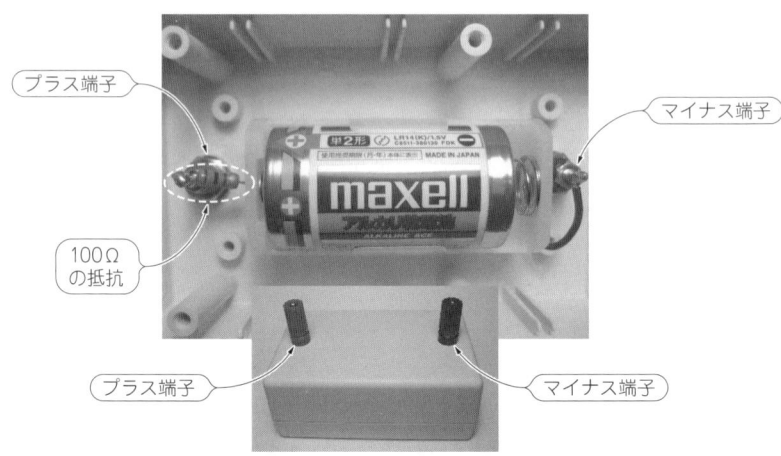

［図2-10］電池と直列に抵抗がつながったものがケースに収まっている

● **中身を探ろう，鳳・テブナンの定理**

　図2-10は電池と，それに抵抗が直列につながったものがケースに収まっているものです．ケース外側にはプラスとマイナスの端子がついています．電池は1.5V，抵抗も実は100Ωですが，以降でこの電池と抵抗がそれぞれ何V，何Ωであるかを求めていきますので，知らないことにしておきましょう．

▶ **ケース内部のようすを探ってみるのが鳳・テブナンの定理**

　ケースの外，つまり端子から見ると中にどんな回路が入っているかわかりません．ここで課題として，「電圧源と内部抵抗が入っていて，その大きさを求めてみたい」，というものを考えます．

　ストレートに結論を言うと，これを求めるのが**鳳・テブナンの定理**（鳳秀太郎，1872-1931 と Léon Charles Thévenin，1857-1926 がそれぞれ個別に発見する）です．では，さっそくやってみましょう．

　まず図2-11(a)のようにケース外側の端子電圧を，端子をオープンにしたまま（回路理論の本では「開放する」と表現している），端子間の電圧を測定します．このとき電圧計の示す電圧は1.5V（これを V_{open}，V-openとする）だとします．次に図2-11(b)のように150Ωの抵抗（これを R_L，R-loadとする）を接続したとします．このとき電流計は6mA（これを I とする）を示したとします．ここで以下のことがわかります．

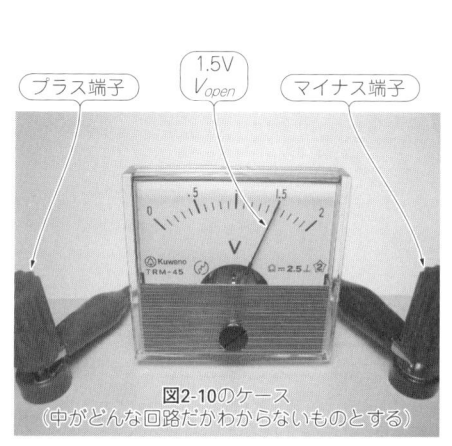

(a) 端子をオープンにしたまま端子間の電圧を測定

(b) 150Ωの抵抗を直列に接続し流れる電流を電流計で測定

[図2-11] ケースの外側から中のようすを探る

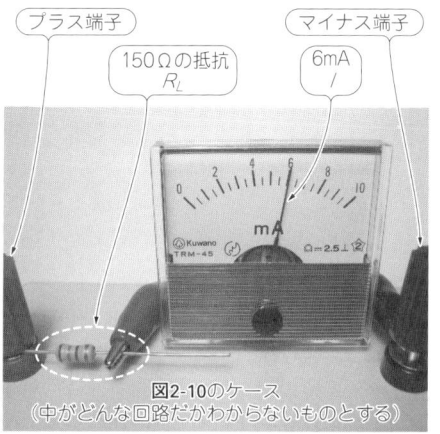

2-2　電池と抵抗の基本回路で基本定理をマスターしよう　035

なお以降では，実際の数値による計算（式の左側）と，対応する数式（式の右側．カッコ付き）を一緒に示していきます．

- ケース内部の電源は1.5Vだ（電流が流れないので内部抵抗による電圧降下がなく，V_{open} は電圧源の電圧の大きさそのものである）．
- 150Ωの抵抗 R_L をつないだら6mA流れたので，求めたいケース内部の等価直列抵抗分を R_S (R-source) とすれば，以下のオームの法則がなりたつ．

$$6\text{mA} = \frac{1.5\text{V}}{R_S + 150\Omega} \quad \left(I = \frac{V_{open}}{R_S + R_L} \right) \text{…………………………………(2-12)}$$

これが**鳳・テブナンの定理**です．「それだけ？」，「はい．それだけです」．でも以下に示すように，いろいろと拡張ができるのです！

▶ 一体何に使えるの？

一つとしては外部に抵抗 R_L を1本つなぐだけで内部の特性がわかるということです．ケース内部の抵抗分を R_S として，この式を変形していくと，

$$R_S = \frac{1.5\text{V}}{6\text{mA}} - 150\Omega \quad \left(R_S = \frac{V_{open}}{I} - R_L \right) \text{…………………………(2-13)}$$

と測定電流値 I を用いて，R_S を求めることができます．また150Ωの抵抗 R_L の両端の電圧を $V_{load} = 0.9\text{V}$ (V-load) とすれば，

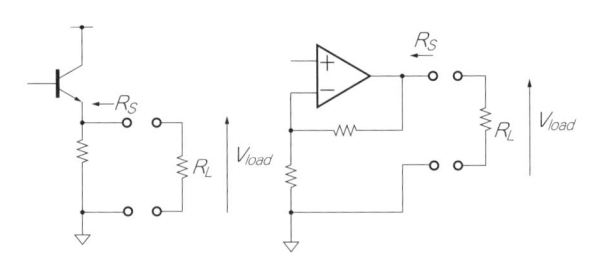

[図2-12] 鳳・テブナンの定理の実際の応用例

$$R_S = \frac{1.5\text{V} \times 150\Omega}{0.9\text{V}} - 150\Omega \quad \left(R_S = \frac{V_{open} \times R_L}{V_{load}} - R_L\right) \cdots\cdots\cdots\cdots (2\text{-}14)$$

とR_Lがわかっていますから，電圧V_{load}を測定するだけでR_Sを求めることができます（$I = V_{load}/R_L$だから）．

これは具体的には，図2-12のようなトランジスタ回路やアナログICの出力抵抗値を実測により求めることが，実際に使われるところです（第7章7-1でも改めて示す）．

▶ 単純に直列に抵抗が接続されていない場合でもこの定理が適用できる

図2-13のように抵抗がちょっと複雑に接続された回路の場合でも，この定理が適用できます．「まったく同じに」適用できるのです．

ここでは，測定して内部抵抗などのようすを調べるのではなく，外部に抵抗を接続したときの端子電圧の変動という視点で見てください．説明が若干飛躍しているように感じるかもしれませんが，やっていることはまったく同じです．

この図では1.5Vの電圧源があり，これに$R_1 = 100\Omega$，$R_2 = 220\Omega$がつながっています．たとえばここに，図のようにR_3として150Ω，1.5kΩをつけた場合の矢示部端子の電圧がどうなるかを考えてみましょう．

R_3を接続しない場合は，端子をオープンにした電圧V_{open}になります．電圧源V_S（V-source）を$V_S = 1.5$Vとして計算すると，

$$V_{open} = \frac{1.5\text{V}}{100\Omega + 220\Omega} \times 220\Omega = 1.0\text{V} \quad \left(V_{open} = \frac{V_S}{R_1 + R_2} \times R_2\right) \cdots\cdots (2\text{-}15)$$

でV_{open}が求まります．次に矢示部端子から見たR_1とR_2の合成抵抗$R_{1/2}$は（電圧源V_Sは抵抗がゼロとして考える），R_1とR_2の並列接続となるので，

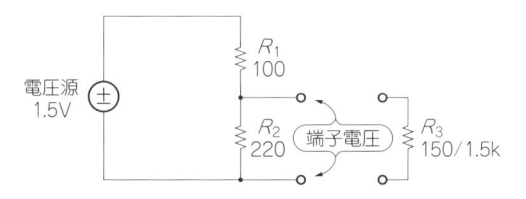

［図2-13］抵抗で電圧が分割された回路を計算する

$$R_{1//2} = \frac{100\Omega \times 220\Omega}{100\Omega + 220\Omega} = 69\Omega \quad \left(R_{1//2} = \frac{R_1 \times R_2}{R_1 + R_2} \right) \quad \cdots\cdots\cdots\cdots (2\text{-}16)$$

$R_{1//2} = 69\Omega$ になります.

この結果はなんと**図2-14**のように，1.0Vの電圧源に69Ωの直列抵抗を接続したものとまったく同じになるのです．そのためR_3に150Ωを接続した場合の矢示部端子の電圧は，1Vの150/(69+150)倍となり，0.68Vまで低下し，1.5kΩを接続した場合は，1500/(69+1500)倍となり0.96Vとなります.

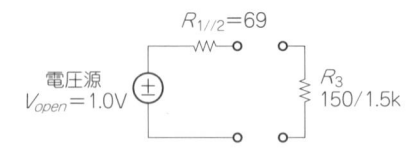

[図2-14] 図2-13の回路を鳳・テブナンの定理で電圧源V_{open}と直列抵抗$R_{1//2}$の回路に変換してR_3=150Ω，1.5kΩを接続する

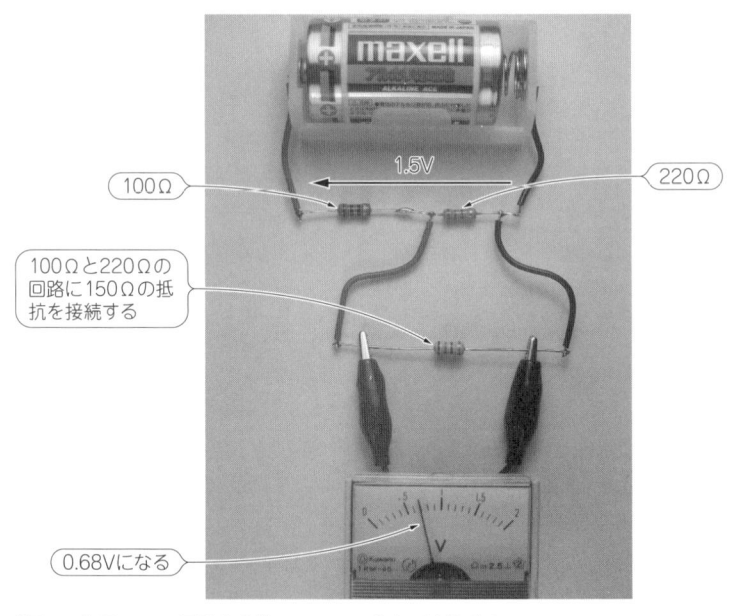

[図2-15] 図2-13の回路を実際にR_3=150Ωとして実験する

ではホントかどうか，図2-15で実験してみましょう．ここでは$R_3 = 150Ω$としています．電圧計は0.68V付近を示していることがわかりますね．

ちょっとアドバンス

● 関連定理も結構便利

鳳・テブナンの定理の関連定理として，いくつかここで紹介していきます．以降の節で紹介する各種定理も関連定理と言えるかもしれません．

▶ 電流源と並列抵抗で考えるノートンの定理

鳳・テブナンの定理は，ケースの中身の回路を等価電圧源と等価直列抵抗に対応させました．ノートン（Edward Lawry Norton，1898-1983）の定理は，図2-16のようにケースの中身の回路を等価電流源と等価並列抵抗に対応させるものです．

鳳・テブナンの定理は，

- 端子をオープンにしたまま，端子間の**電圧**を測定
- 抵抗を接続し，流れる**電流**を測定

でしたが，ノートンの定理は，

- 端子をショートし，端子間に流れる**電流**を測定
- 抵抗を接続し，端子間の**電圧**を測定

となります．図2-16(a)で端子をショートすれば（回路理論の本では「短絡する」と表現している），電流源の電流はすべてショートした端子間を流れます．これをI_{short}とします．図2-16(b)で抵抗R_Lをつないだときの端子間の電圧をV，流れる電流をIとし，求めたいケース内部の等価並列抵抗分をR_Sとすれば，以下の法則が成り立ちます．

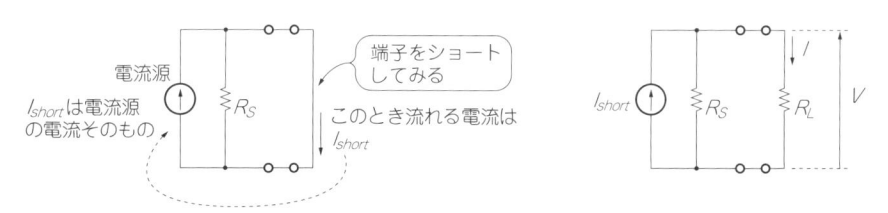

(a) 電流源と並列抵抗での内部等価回路　　　(b) 抵抗R_Lをつないだとき

[図2-16] ノートンの定理は内部回路を等価電流源と等価並列抵抗で表す

$$V = \frac{I_{short}}{\frac{1}{R_S} + \frac{1}{R_L}} = I(R_L), \quad I = \frac{\frac{1}{R_L}}{\frac{1}{R_S} + \frac{1}{R_L}} I_{short} \quad \cdots\cdots(2\text{-}17)$$

（*Iで解く*、$\frac{1}{R_L}$）

これがノートンの定理です．I_{short} は中身の電流源の大きさになり，R_S は，

$$\frac{1}{R_S} = \frac{I_{short}}{V} - \frac{1}{R_L} \quad \cdots\cdots(2\text{-}18)$$

で求められます．鳳・テブナンの定理同様，中の回路がどうなっていようと関係ありません．等価的に図2-16(a)のように表すことができるのです．

▶ **鳳・テブナンの定理とノートンの定理とを変換する**

この二つの定理では，等価回路を相互に変換することができます．表2-1を見てください．

この表2-1の式で中身の回路を電圧源(テブナン)/電流源(ノートン)として変換しても，外部にそれぞれ同じ大きさの抵抗をつないだ場合，抵抗の両端の電圧，抵抗に流れる電流は同じになります．計算してみるとわかります．

▶ **複数の電圧源回路を計算するミルマンの定理**

図2-17のように接続された，複数の電圧源(ここでは3個．V_1，V_2，V_3)プラスそれぞれの内部抵抗(R_1，R_2，R_3)があったとします．これは元気の良い/ちょっと使った/ほぼ使い切った電池を3本並列に接続したものが現実的な例として考えられます．V_1＝高/V_2＝中/V_3＝低とし，R_1＝小/R_2＝中/R_3＝大としてみましょう．

[表2-1] 鳳・テブナンの定理とノートンの定理とを変換

ノートンの定理	鳳・テブナンの定理では
並列抵抗 R_S	直列抵抗 R_S と同じ大きさ
電流源の電流 I_{short}	V_{open}/R_S と同じ大きさ

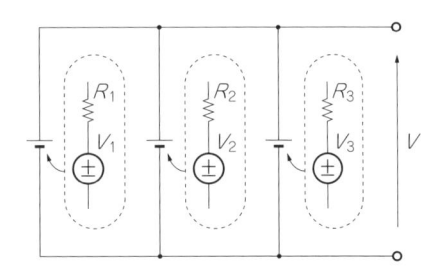

[図2-17] ミルマンの定理で複数の電圧源と内部抵抗の足し合わせを計算する

このときの合成された端子電圧 V は，以下の式で求めることができます．

$$V = \frac{\frac{V_1}{R_1} + \frac{V_2}{R_2} + \frac{V_3}{R_3}}{\frac{1}{R_1} + \frac{1}{R_2} + \frac{1}{R_3}} \quad \cdots\cdots\cdots\cdots\cdots\cdots\cdots\cdots\cdots\cdots\cdots\cdots\cdots\cdots\cdots (2\text{-}19)$$

これがミルマン（Jacob Millman，1911-1991）の定理です．より一般的な和記号 $\sum$ を使った式でも示せますが，ここでは上記の式のレベルでとどめておきましょう．電圧源の個数が4以上になった場合でも，その部分を足し合わせていくだけです．

電池を3本並列にした例を示しましたが，実際の回路設計の場面では，トランジスタのバイアス計算やOPアンプの出力電流容量アップの計算などに流用できるものです．

またミルマンの定理を使って，（図2-13や図2-14と同じように）端子をオープンにした電圧を計算し，電圧源を取り去ってショートして，並列接続になる内部抵抗の合成量を求めれば，そのまま鳳・テブナンの定理を用いることができます．

2-3　回路の電流，電圧を方程式化する

ここまで見てきたように，オームの法則をベースにして，いろいろな回路定理や公式が導かれます．ここではより一般的な形で回路を考えるため，回路の方程式化について考えてみましょう．

● 回路を方程式化する

回路は「回る」，「路（みち）」です．電流はこの「回る路」をぐるっと回って電源に戻ってきます．また図2-18（a）のように，回路図でグラウンドはグラウンドの記号で示されていますが，グラウンドもすべて電気的には図2-18（b）のように「回る路」の一部です[※6]．

ひと回りぐるっと回る回路は，一つの式として表すことができます．だいたい電圧を基準として考えていきますが，ある点を基準として回路をひと回りすれば，個々の起電力と電圧降下をすべて足したものは，元の（基準となる）電圧レベルに戻

※6：グラウンドに信号を繋げれば（「落とす」という），回路は動くと回路設計初心者は思いがち．路として回っていることに気がつかない限り，かならず痛い目を見る．

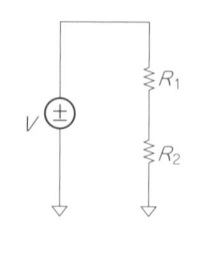

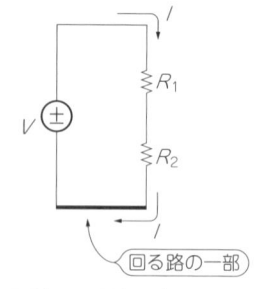

(a) 回路設計者の書く回路図　　(b) 電気理論として見た場合の「回る路」
[図2-18] 回路図と「回る路」

ります（起電力で足し算/電圧降下で引き算したものがゼロになる）．これを一つの式として表します．

「基準となる電圧レベル」といいましたが，これは例えば「電圧源のマイナス端子側の電圧を基準にする」ということです．

例として図2-18の回路を，この考えで式として表してみると，

$$V - IR_1 - IR_2 = 0, \quad V - V_{drop1} - V_{drop2} = 0 \quad \cdots\cdots (2\text{-}20)$$

ここでVは電圧源の電圧，Iは回路を流れる電流，R_1, R_2は抵抗の抵抗値，V_{drop1}, V_{drop2}はR_1, R_2それぞれに電流が流れることにより生じる電圧降下（$V_{drop1} = I \times R_1$, $V_{drop2} = I \times R_2$）です．このようにひと回りすると，全体として（基準電圧レベルに戻るため）ゼロになります．

▶ **電源と抵抗の電圧降下の極性をきちんと考える**

上記でVはプラスで，V_{drop1}, V_{drop2}はマイナスになっています．これは図2-19にもそれぞれの要素の極性を示していますが，本章2-1の「抵抗による電圧降下の電圧極性と電流の方向を定義しておく」で説明したように，起電力と電圧降下の電圧の方向が逆だからです．

回路を方程式化する場合には，きちんとそれぞれの極性を，それぞれの定義のように考え，それをもとに式にすることが絶対に必要です．

▶ **直列でも並列でも考えは同じ**

……です．回路の電圧源の起電力の大きさと，抵抗に流れる電流により発生する電圧降下の大きさを足し引きしていけば，回路を方程式化できます．図2-20を見

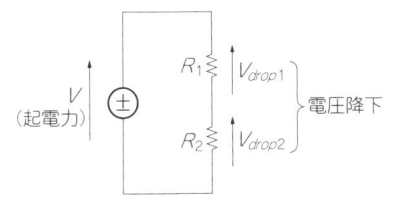

[図2-19] 図2-18の「回る路」を電圧の極性で考える

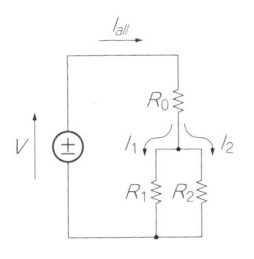

[図2-20] 直列回路でも並列回路でも方程式の立て方はまったく一緒

てください。電圧源と抵抗が3個つながっています。R_1, R_2の経路はそれぞれ、

$$V - I_{all}R_0 - I_1R_1 = 0, \quad V - I_{all}R_0 - I_2R_2 = 0 \quad \cdots\cdots\cdots\cdots\cdots\cdots (2\text{-}21)$$

（左：R_1の経路、右：R_2の経路）

となります。つまり方程式の立て方自体はまったく一緒なのです。並列であっても，ぐるっと回る回路ごとに計算していけばよいのです。

一点ここで注意点があります。R_1, R_2に電流が分流していくため $I_{all} = I_1 + I_2$ になります。抵抗それぞれで電流量が異なるため，抵抗ごとに流れる電流をもとにして，それぞれの経路の電圧降下を計算する必要があります。

このようにしていけば，いかに複雑な回路であっても方程式化することができるのです。これはこのまま次のキルヒホッフの法則に直結しています。

● キルヒホッフの法則で回路網を解析できる（が……）

実際問題としては，ややこしい回路解析をキルヒホッフ（Gustav Robert Kirchhoff, 1824-1887）の法則で行うことはあまりありません。電子回路シミュレータを使うことが現実的です。回路理論の本ではかなり詳しく説明していますが，この理由により本書では簡単に説明するだけにとどめておきます。

ですので，基本的な考え方さえここでつかんでおけば，逆にここまで説明してきた基本的法則を理解していればよいとも言えるでしょう。同じくこれらの各種法則を理論的に（考え方として）押さえておけば，回路図を見たときの回路に対しての洞察力がかなり高くなることに間違いありません。

キルヒホッフの法則には二つの法則があります。でもよく見てみれば，何のことはない，今まで説明してきたことかもしれません。それでは，ここであらためてキチンと示してみましょう。

▶ **キルヒホッフの第1法則（電流則）**

電流則とも呼ばれます．本章2-1の最後に示したように，回路を流れる電流は

電流は水の流れと同じであり，分岐する部分があれば，それぞれ流れやすさに応じて分流する

と，**分岐**があれば**分流**します．逆に**合流**があれば電流は**合流**します．それを言い表しているのが第1法則です．

もうちょっと説明すると，**ある接続点に流れ込む電流と，流れ出す電流の量は等しい**（さらに言い方を少し変えると**足し合わせたものはゼロ**）ということです．

これを**図2-21**の回路図を用いて数式で示してみると，

$$I_1 + I_2 + I_3 + I_4 = 0 \quad \cdots\cdots\cdots\cdots\cdots\cdots\cdots\cdots\cdots\cdots\cdots\cdots\cdots\cdots\cdots (2\text{-}22)$$

となります．ここで「え？全部足し合わせてゼロ？」と思うと思います．**図2-21**を見ていただくとわかりますが，$I_1 \sim I_4$ はすべて接続点，つまり合流/分岐点に向かって流れこむと**考えて**います．たとえば I_3, I_4 が流れ出る方向であれば，方向も考えた値はマイナスになるため，つじつまが合うのです．

このように，ここでも**極性**をどう考えているかが重要なのです[※7]．

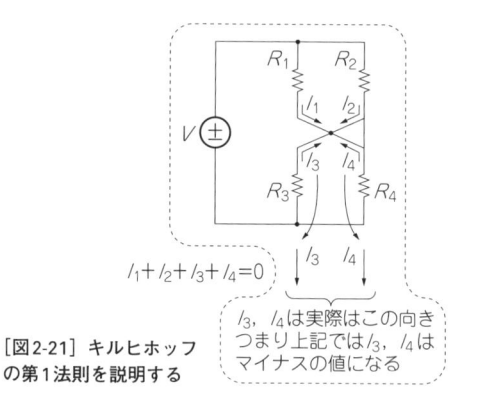

[図2-21] キルヒホッフの第1法則を説明する

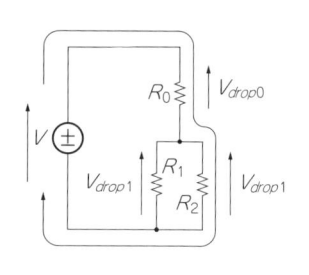

$I_1 + I_2 + I_3 + I_4 = 0$

I_3, I_4 は実際はこの向き つまり上記では I_3, I_4 はマイナスの値になる

[図2-22] キルヒホッフの第2法則を説明する

$V - V_{drop0} - V_{drop1} = 0$

※7：以後の説明のようにキルヒホッフの法則で回路の方程式を立てて，各電流や電圧を求めていくと答えがマイナスになることがある．これは方程式を立てるときに**極性**をどう決めたかということに関係するだけ．

▶ **キルヒホッフの第2法則（電圧則）**

電圧則とも呼ばれます．本節の最初に示したように，回路を方程式化すると

> ある点を基準にして回路をひと回りすれば，個々の起電力と電圧降下をすべて足したものは，元の基準となる電圧レベルに戻る（起電力で足し算/電圧降下で引き算したものがゼロになる）．

のとおり，一つの回路をぐるっとひと回りすると，起電力と電圧降下をすべて足した合計の電圧はゼロになります．これを言い表しているのが第2法則です．

同じくp.42で「直列でも並列でも考えは同じ」と説明したように，図2-22のように回路の経路ごとに足し合わせていけばゼロになることも，第2法則で表されます．数式で示してみると，

$$V - V_{drop0} - V_{drop1} = 0 \quad \cdots\cdots\cdots\cdots\cdots\cdots\cdots\cdots\cdots\cdots\cdots\cdots\cdots\cdots\cdots\cdots\cdots (2\text{-}23)$$

● **二つの法則で答えを得るための，二つのアプローチ**

この二つの法則を用いて，以下の接点電位法と網目電流法の二つのアプローチのどちらかで回路方程式を立てて，回路各部の電圧や電流を計算することができます．

また，キルヒホッフの法則は本書の範囲外の非線形回路（トランジスタやダイオードなど）でも成り立つことは覚えておいてください（電子回路シミュレータはこの法則に則った計算方法で成立している）．

▶ **結線されるポイントの電圧を基準とする接点電位法**

それでは最初に**接点電位法**について説明します．接点電位法は回路中の3本以上の配線が結線されるポイントの電圧[※8]を基準とし，それをもとに，その接続点ごとにキルヒホッフの第1法則を適用させ，方程式を立てるというものです．

図2-23のような回路で，接続点1，2，3の端子電圧を，グラウンドとの電位差としてV_1，V_2，V_3とします．なお，電圧源V_{S1}，V_{S2}（V-source）と抵抗の大きさはわかっていることが必要です．

接続点1に対して，キルヒホッフの第1法則，つまり「接続（合流/分岐）点の電流の和はゼロ」を基準にして式を立てます．

ここでポイントは**すべて電流が流れ込む方向に電圧が生じるもの**として式を立て

※8：グラウンドなどの基準電圧をベースにして考えるので，**電位**と呼ぶことが多い．

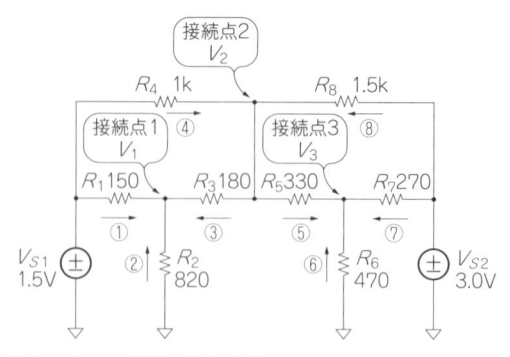

[図2-23] この回路を接点電位法で解いてみる

ることです（**すべて電流が流れ出す方向**としてもよい）．なお，式の下に①〜⑧として**図2-23**の電流がどの部分に対応しているかを対比で示しておきます．

電流が流れる方向を仮に一方向に規定することで，式の上で，逆方向に流れる電流が数値としてマイナスで得られるため，きちんとつじつまを合わせることができます．当然，やみくもに電流量だけを足し合わせては，きちんとした答えが出てきません．

ながながと説明しましたが，接続点1に対して式を立ててみましょう．

$$\underbrace{\frac{V_{S1}-V_1}{R_1}}_{①} + \underbrace{\frac{0-V_1}{R_2}}_{②} + \underbrace{\frac{V_2-V_1}{R_3}}_{③} = 0 \quad \cdots\cdots (2\text{-}24)$$

ここで同じようにして，接続点2, 3に対しても行います．

$$\underbrace{\frac{V_1-V_2}{R_3}}_{③} + \underbrace{\frac{V_{S1}-V_2}{R_4}}_{④} + \underbrace{\frac{V_3-V_2}{R_5}}_{⑤} + \underbrace{\frac{V_{S2}-V_2}{R_8}}_{⑧} = 0 \quad \cdots\cdots (2\text{-}25)$$

$$\underbrace{\frac{V_2-V_3}{R_5}}_{⑤} - \underbrace{\frac{V_3}{R_6}}_{⑥} + \underbrace{\frac{V_{S2}-V_3}{R_7}}_{⑦} = 0 \quad \cdots\cdots (2\text{-}26)$$

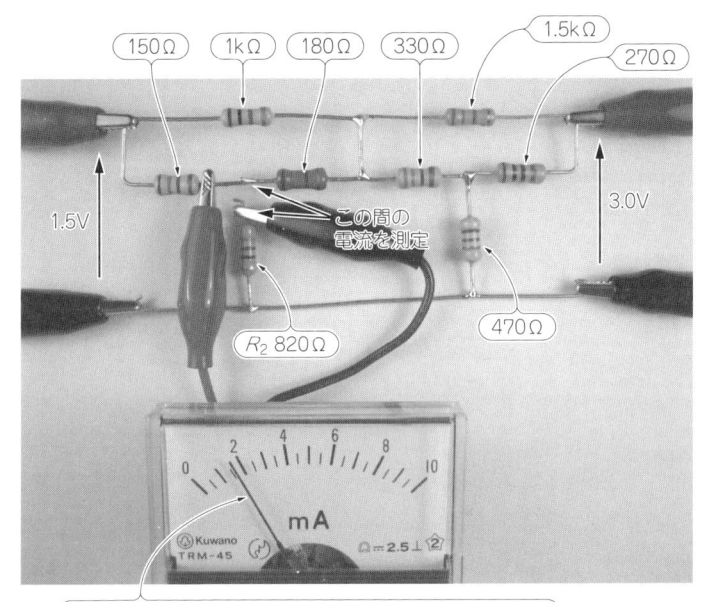

[図2-24] 図2-23の回路のR_2の電流を実測してみる

　この場合は求めたい変数が3個（V_1, V_2, V_3）なので必要な方程式は3個になります．各接続点の電圧がわかれば，電流は計算すれば求めることができます．
　では，実際に計算してみましょう．ここでは図2-23に示されている数値を用いて計算します[※9]．計算は二つの式を用いて，変数を一つずつ消していくようにします．

$$\frac{1.5-V_1}{150} - \frac{V_1}{820} + \frac{V_2-V_1}{180} = 0 \quad \leftarrow 式(2\text{-}24)$$

$$\frac{V_1-V_2}{180} + \frac{1.5-V_2}{1000} + \frac{V_3-V_2}{330} + \frac{3.0-V_2}{1500} = 0 \quad \leftarrow 式(2\text{-}25)$$

$$\frac{V_2-V_3}{330} - \frac{V_3}{470} + \frac{3.0-V_3}{270} = 0 \quad \leftarrow 式(2\text{-}26)$$

　計算過程は省略しますが計算結果によると，$V_1 = 1.43\text{V}$，$R_2 = 820\Omega$から，R_2に

※9：ここで200，300とキリの良い数字でないのは，回路技術者としての私のこだわり．電子部品を購入しようとすれば理由はわかる．

2-3　回路の電流，電圧を方程式化する

流れる電流は1.74mAになっています．この結果が合っているかどうかを，実測で確かめてみます．図2-24はR_2に流れる電流を実測しています[※10]．計算と実測が合っていることがわかりますね．

ところで，ここでは順次変数を消していくやり方で計算していきました．しかしより複雑な回路の場合は，**行列**という考え方で計算します．このやり方は他の回路理論の本に載っていますので，興味のある方はそちらを参照してください．

▶ 回路中に流れる電流を基準とする網目電流法（閉路電流法，メッシュ電流法）

つぎは**網目電流法**です．網目電流法は回路中に流れる電流を基準とし，それをもとに，キルヒホッフの第2法則を適用させ，方程式を立てるというものです．なおこの方法は，電流源のある回路では回路方程式を立てることができないので応用できません．

図2-23の回路をここでも解析するとします．図2-25を見てください．網目という考え方で，仮の，あくまでも仮ですが，仮の電流の流れ$I_1 \sim I_5$を決めます．電圧源（ここではV_{S1}，V_{S2}）と抵抗の大きさはわかっていることが必要です．

それぞれの電流の経路に対して，ぐるっと回る回路ごとに計算してみます．ぐるっとひと回りの電圧を足していくとゼロになります．ここでポイントは**複数の電流の流れが重なる部分**は，その電流量を**向きを考慮して足したり引いたりしておく**ことです．

以下の式では，上からそれぞれ図2-25の$I_1 \sim I_5$の経路相当になります．

$$V_{S1} - (I_1 - I_4)R_1 - (I_1 - I_2)R_2 = 0 \quad \text{I_1の経路}$$

$$(I_1 - I_2)R_2 + (I_4 - I_2)R_3 + (I_5 - I_2)R_5 + (I_3 - I_2)R_6 = 0 \quad \text{I_2の経路}$$

$$(I_2 - I_3)R_6 + (I_5 - I_3)R_7 - V_{S2} = 0 \quad \text{I_3の経路}$$

$$(I_1 - I_4)R_1 - I_4 R_4 + (I_2 - I_4)R_3 = 0 \quad \text{I_4の経路}$$

$$(I_2 - I_5)R_5 - I_5 R_8 + (I_3 - I_5)R_7 = 0 \quad \text{I_5の経路}$$

理解を助けるために，I_2の経路についての式がどうなっているかを（上記の上から2列目），図2-26にもう少し詳しくまとめておきます．参考にしてください．

この場合も求めたい変数が5個であれば，必要な方程式は5個になります．各ループの電流がわかれば，電圧は計算すれば求めることができます．

※10：「きちんと半田付けができる」というのもプロの電子回路設計技術者としての必須の技術．この図の半田付けがどうかは「？」だが……．

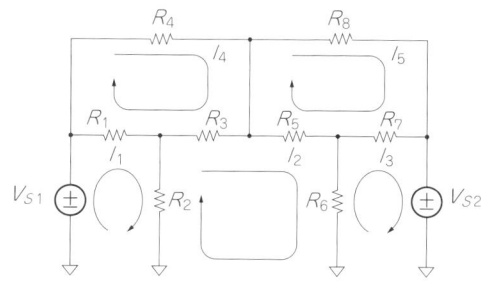

[図2-25] この回路を網目電流法で解いてみる

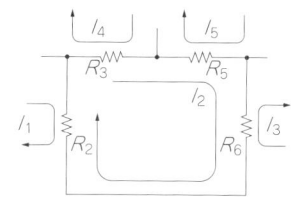

[図2-26] 理解を助けるためI_2のループについて詳しく示しておく

　ここまでキルヒホッフの法則と回路方程式の立て方を説明してきました．とはいえ実際のところは，電子回路シミュレータを使って解析することが現実的です．そのためこの考え方を覚えておくだけで十分と言えるでしょう．

　手計算で解析する場合でも，だいたいは一箇所の電流なり電圧を求めることが多いので，テブナンの定理と次の節で示す重ね合わせの理を用いれば，ほぼ目的を達成することができるでしょう．

● 複雑な交流回路さえも制す「直流回路のオームの法則」

　第4章でも説明していきますが，ここまで説明してきたオームの法則は，交流回路，つまりオーディオ回路，ビデオ回路，高周波回路の計算においても成り立つ，非常に重要な法則です．複雑とも思われる交流回路の計算も，実はオームの法則が基本なのです．交流回路でさえも制することができるのです．

　第4章以降の説明もそういう意識をもって読み進めてもらえると，一層理解が進むと思います．

2-4　回路を洞察するうえで必要な定理たち

　もう少し回路解析で必要な定理を紹介しておきましょう．これらの定理の意味合いだけ覚えておくだけで，回路をさらに深く洞察できる力を得られるでしょう．

● 複数の源を持つ回路に有効な重ね合わせの理

　複数の電圧源/電流源を持つ回路を計算する場合に，非常に簡便な方法があります．回路方程式を立てることが目的でなくとも，回路の動作を概略見積もる場合な

どにも便利に使えます．それが「重ね合わせの理」です[※11]．

重ね合わせの理を図2-27と合わせて以下に説明すると，

- 複数の電圧源/電流源がある回路の，ある点の電圧/電流を求めたい（目的）．
- 電圧源/電流源を全部取り去った回路を考える．
- 電圧源は抵抗ゼロ（**取り去った部分をショート**），電流源は抵抗無限大（**取り去ったまま**）とする（ここはやりかたで重要なポイント！）．
- 電圧源/電流源を一つずつ戻して（一つだけついた状態にして），それぞれ求めたい点の電圧/電流を計算する．電圧源/電流源が一つなので計算はかなり簡単になるはず．
- それぞれの計算結果を足し算する．**足し合わせた結果**が全部の電圧源/電流源が接続された場合の，各点の電圧/電流と**等しくなる**．

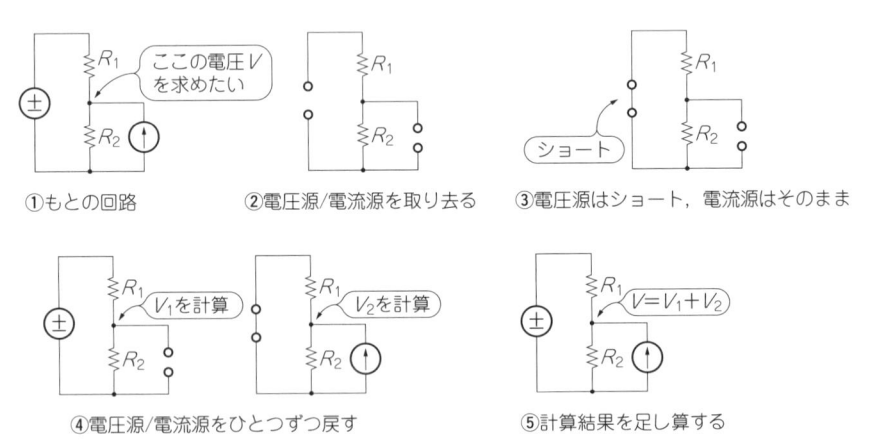

① もとの回路　② 電圧源/電流源を取り去る　③ 電圧源はショート，電流源はそのまま

④ 電圧源/電流源をひとつずつ戻す　⑤ 計算結果を足し算する

[図2-27] 重ね合わせの理をステップごとに説明する

(a) ①点に電圧源Vを取り付ける　(b) ②点に電圧源Vを取り付ける

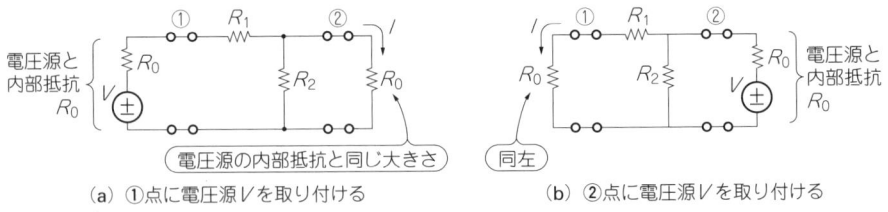

[図2-28] 可逆定理

※11：後半の第8章でも出てくる電界/磁界も実は重ね合わせの理で束流の大きさ，方向が成り立っている．

このように，電圧源/電流源が一つずつ接続された回路の電圧/電流を**重ね合わせ**することで，電圧源/電流源がすべて接続された状態の各点の電圧/電流が計算できるのです．

● どっちから見ても答えは同じ可逆定理（相反定理）

回路として可逆定理を用いることは多くありません．また直感的には当たり前とも思われる定理かもしれません．

無線通信技術として「可逆である」という言い方は，アンテナと無線通信路（空間）の考え方で使われることが多いのです．たとえば空間をはさんでアンテナが2本対向していたとします．ここでアンテナ①から送信し，②で受けたとします．これを逆に②を送信，①を受信としても，同じ電力量が伝達されることを「可逆である」と言います（これは可逆定理そのものである）．

では回路として可逆定理を見ていきましょう．図2-28(a)の回路で①点に内部抵抗R_0を持つ電圧源Vを取り付けます．②点に電圧源の内部抵抗と同じ大きさの負荷R_0を付けたとき，R_0に流れる電流をIとします．次に図2-28(b)のように逆に，②点に内部抵抗R_0を持つ電圧源Vを取り付けます．このとき①点の負荷R_0に流れる電流もIになる，というものが**可逆定理**です．

この説明のとおり，回路であっても，アンテナと無線通信路であっても，同じことを言っているのです．なお可逆定理は，本書の範囲外の非線形回路（トランジスタやダイオードなど）や方向性のある素子では成り立ちません．

Column 2
回路を数学的思考する育て方

　巻末の著者紹介のとおり,「資格ヲタク？」と言われるほど,私もいろいろな国家試験を受験しました.

　それぞれ強電/通信/無線と,関係ない分野の資格と思われるかと思いますが,驚くことに,基礎的な電気回路,電磁気,回路網の計算や考え方など,それぞれの資格試験の基礎電気計算の科目は,かなり似ている問題が出題されていました.基本は同じだということです.そしてその経験は,回路設計実務にとても役立つ力になりました.

　自らの体験を通して申し上げたいことは,これらの基礎電気計算をみっちりとやれば,自分自身の回路設計へのスタンスに大きな影響を与えるということです.シミュレータや,試作頼りの行き当たりばったりの設計ではなく,回路を数学的思考で考えることで,回路を深く洞察/追えるようになっていきます.

　同じように最新技術であっても,理論的視点から判断することにより,より早く,よく理解できます.**理論は朽ちることはありません**.逆に言うと雑多な最新技術に振り回されることなく,的確に重要な最新技術の大切なポイントをキャッチ・アップできるということです.

　一見遠回りな能力の育み方かもしれません.しかし基本をきっちりとマスターし応用できるようになることで,回路を数学的に思考する深い洞察力をもって,エレガントかつ洗練された回路設計ができるようになります.第1章と同じことを言っています.この本は**深い洞察力**に焦点をあてています.

電子回路設計のための電気/無線数学

第3章

位相と複素数が出てくるとわからない

❖

なぜ電気/無線数学には複素数が出てくるのでしょうか．
ここで挫折する人も多いかもしれません．
本章では複素数を交流回路とからめてわかりやすく説明し，以降の導入にします．
いきなり複素数ありきで説明されるから理解したくなくなるわけで，
本章では「なぜ複素数が必要なのか」という
素朴な疑問から話を進めていきたいと思います．

❖

3-1　交流信号と位相をどうやって示そうか

●「交流」っていうけど，「交流」って何？

あたりまえのようですが，交流回路は直流回路以外のものです．電流の流れが行ったりきたりする流れ，電圧がプラスとマイナスを交互に繰り返すもの，それが**交流**です．現実のモノとして見る交流回路は，電子回路でいうとオーディオ回路，ビデオ回路，高周波回路，その他もろもろ……ほぼすべてが交流回路であるといえるでしょう．つまり電子回路設計をするには，この交流回路の考え方の理解は必須なのです．

● 交流信号は振幅と周波数と位相

図3-1のように交流信号は三つの要素を持っています．信号の大きさを示す**振幅**，1秒間にどれだけ電圧や電流が切り替わるかを示す**周波数**（この逆数が1つの波の時間を示す**周期**），そして切り替わりのタイミングを示す**位相**です．

位相は交流信号と複素数とに深く関わってくる概念です．本書では「切り替わりのタイミングを示す」という一風変わったとらえかたをしていますが，これから位

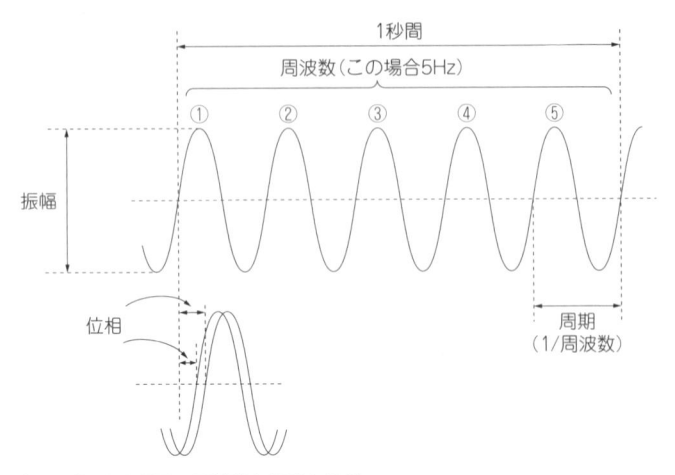

[図3-1] 交流信号は周波数と振幅と位相

相，位相の角度，そして複素数の理解への道筋のスタートとして，まずこのように示し，以降説明していきます．

▶ 電圧と電流と位相関係：タイミングの違いが位相の違い

異なるタイミング同士のペアとして，図3-2のように電圧と電流で考えてみます．またそれぞれサイン波であると考えます．電圧を基準としてみると，図3-2(a)は電圧と電流が同じタイミング，図3-2(b)は電流が1/4周期進んでいます．一方図3-2(c)は電流が1/4周期遅れています．

重要なことですが，このように**交流信号では，電圧と電流はまったく同じ位相になっているわけではなく，どちらかが進んだり遅れたりします**．このことは改めて本章3-2節に詳しく説明します．

さて，ここで1周期を360°と考えると，図3-2(b)は電流が90°進んでおり，図3-2(c)は電流が90°遅れていると表せます．さらに**度数法**での360°という大きさを，**弧度法のラジアン表示**で$0 \sim 2\pi$としてみると，図3-2(b)は電流が$\pi/2$進んでおり，図3-2(c)は電流が$\pi/2$遅れていると表せます（言い方を変えれば，$-\pi/2$ということ）．

このタイミングの違いが，位相の違いそのものです．

▶ 周波数もラジアンとして位相と一緒に考えてみると

一方，上記の図3-2をコサイン波[※1] $\cos$[角度] として表したいと考えると，位相と

※1：ここでは本節後半の説明との統一を取るため，サイン波ではなくコサイン波として説明する．

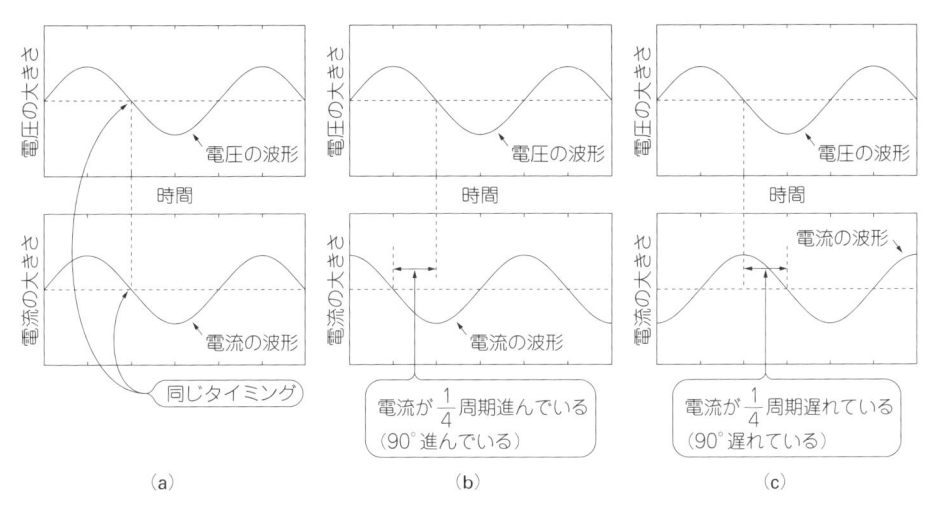

[図3-2]

周波数の情報を一緒に，角度で示す必要があります．まず式で表すと[※2],

$$s(t) = [振幅] \times \cos(2\pi \times [周波数] \times t + [位相]) \quad \cdots\cdots (3\text{-}1)$$

$$([角度] = 2\pi \times [周波数] \times t + [位相])$$

となるのですが，ここで**周波数** f に対して 2π と時間 t が掛け合わされています．これが時間が t のときの角度になるのです．たとえば周波数1kHz（1周期は1msec）で，$t = 0.25$msecのとき，$f \times t = 0.25$なので，この部分は $\pi/2$ になります．1周期の1/4だけ経ったときに角度ぶんが $\pi/2$，つまり $90°$ になっていることがわかりますね．

また振幅は $\cos$ の外に出ており大きさになり，さらに**位相**はただ足し合わされているだけです．位相自体が角度の意味だからです．式(3-1)はより専門書的に書くと，

$$s(t) = A\cos(2\pi f t + \theta) \quad \cdots\cdots (3\text{-}2)$$

と書きます．ここで A が振幅になり，f が周波数になり，θ は位相になります．ギリシャ文字 θ が出てきましたが，ただ位相を一般的にこの記号で表しているだけな

※2：$s(t)$ として s を使っているのは，Signalという意味を込めているため．

ので，たとえば X でも $isou$ でも良いともいえます（これだと逆に他人にわからないので一般用としては使えないが）．

また第4章以降でも $2\pi ft$ が多用されますが，$2\pi f = \omega$（角周波数と呼ぶ．単位はラジアン/sec）として ω で表していきますので**注意してください**．

▶ 一応はこれで全部

ここまでの説明で，交流信号と位相関係は全部表せます．「では今日の授業は終わり！」なのですが，この式だと交流回路を計算するのがとても面倒になってしまうのです．理由を次から説明します．実はここからが本題です．

● **クイズ：交流信号に何かを掛けたり割ったりして，オームの法則的に位相の成分を変えることができるか**

第2章で示したように，オームの法則は電圧と電流と抵抗の関係を，それぞれ掛け算と割り算で計算できるようになっています．それではちょっとクイズです．

式(3-2)はコサイン波の電圧と電流を表すために用いることができます．ではこの式に何かを掛けたり割ったりして，**オームの法則的に位相の成分を変えることができる**でしょうか．つまり，

$$A\cos(2\pi ft + \theta_{new}) = A\cos(2\pi ft + \theta) \times [\text{何かの関数}] \quad \cdots\cdots(3\text{-}3)$$

として「θ_{new} を作れるか？」ということです．

もしこれができれば，位相の異なる電圧と電流（と抵抗）の関係を，オームの法則的に掛け算と割り算で計算できるのです．この**何かの関数**を考えだすのが，実は以降の本章3-2から3-3へかけての結末なのです．ではこのクイズの答えまでたどり着いてみましょう．

3-2　一旦周波数を忘れて，振幅と位相，特に位相に目を向ける

それではここで周波数のことを忘れて，振幅成分と位相成分を考えてみましょう．周波数成分を考えなくて良いのは，上記の「タイミング」の説明のように，「切り替わり」が周波数であり，タイミング自体には**関係ない**からです．また計算上でも，周波数自体は変わることがないからです（計算に影響を与えない）．

この振幅と位相成分を**極座標**というもので表してみます．特に位相成分が重要です．

● 交流信号と位相との関係：何かを基準にすればよいだけ

「位相は電圧と電流の波形のタイミングの違いです」，「それはわかった．では，何を基準タイミングにして考えればよいのか」

この質問は当然でしょう．**実は何を/どちらを基準にしてもよいのです**．何かのタイミング(つまり位相)をゼロとして，それからの差分として考えればよいのです．とはいえ一般的には，**電圧を基準として考えることが多い**といえるでしょう．

また第4章4-2に示すように，強電の三相交流などでは，位相の異なる複数の電圧が使われます．この場合も同様にどれかを基準として，それからの相対的な位相量として考えればよいのです．

● 極座標で位相を示す

極座標についてまず説明します．図3-3は極座標の例です．極座標は**X軸のプラス方向を角度ゼロ**として，中心に対しての**角度**で表すようになっています．また**大きさは中心からの長さ**として表します．つまり，

- この**角度**が式(3-2)の**位相** θ になる
- **大きさ**が式(3-2)の**振幅** A になる

大きさのことは，ここでの説明では無視してもらってもかまいませんが，この大きさは，本書のこれ以降，振幅と位相を考えていくうえで大変重要なものです．

図3-3では振幅は A (1でも3でも良いのだが，なんらかの大きさということ)，位相を $\theta = \pi/4 (45°)$ として示しています．

ややこしい話ですが，より厳密いうと図にはX，Y軸が表記してあり，円で示される**極座標**の部分と，X，Yの**直交座標**の部分が一緒に表記されています．実際の図としてはこの**直交座標**の軸で表記されるのが普通です．

● 極座標で示した位相をもとにして実数と虚数で考える

図3-3のようにX軸(横軸)とY軸(縦軸)を考えると，X軸は $A\cos\theta$ になります．Y軸は $A\sin\theta$ ですね．つまりこの座標位置は $(A\cos\theta, A\sin\theta)$ と表すことができます．θ をもとにしてX，Y直交座標上の位置として表せます．

ここでX軸とY軸はそれぞれ別の軸です．以降に説明するようにX軸は**実数**になります．次にY軸を $j=\sqrt{-1}$ という**虚数**の考え方を使って[3]特殊な形の大きさで

※3：本来の数学では j ではなく i が用いられる．いっぽう電気数学で j が用いられるのは，電流が I，i なのでそれとの混乱をさけるためである．

示し，

$$\underset{\downarrow}{\text{X軸(実数)}} \qquad \underset{\downarrow}{\text{Y軸(虚数)}}$$
$$A\cos\theta \quad + \quad jA\sin\theta \quad \cdots\cdots\cdots\cdots\cdots\cdots\cdots\cdots\cdots\cdots\cdots\cdots\cdots\cdots (3\text{-}4)$$

このように足し算の形で，X，Y軸を一括で**特殊な形**として表してみましょう．

▶ **このように特殊な形で表すと**

このような形で表すことで，計算における柔軟性が(さらに以降に示すように)高くなり，なんと……式(3-3)のようなことが可能になるのです！またこのときに図3-3のX軸を実在する大きさ：**実数**として**実数軸**，Y軸を特殊な大きさ，ありえな

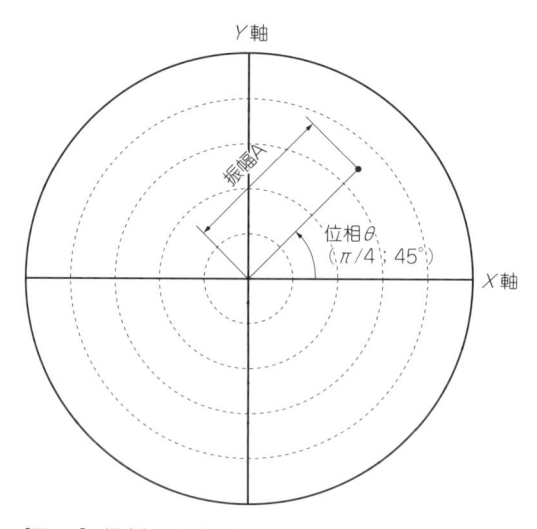

[図3-3] **極座標の例**(複素平面)

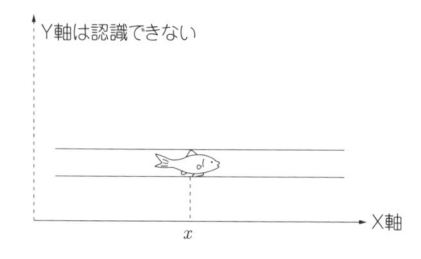

[図3-4] 1次元空間に住んでいる動物は2次元空間のY軸は認識できない．それを表現するのが虚数

第3章 位相と複素数が出てくるとわからない

い「虚」の数：**虚数**として**虚数軸**と考えます．式(3-4)を**複素数**と呼び，図3-3を**複素平面**と呼びます．

● **虚数のイメージを理解する：見えない4次元空間と虚数**

虚数のイメージを理解するために，実生活の話を例としてみましょう．3次元空間(x,y,z)しか認識できない私達には，4次元空間(x,y,z,w)は認識することができません．

同じ話として，たとえば図3-4のように，1次元空間(x)に住んでいる動物が居たとします．1次元空間は(x)のとおりX軸しかありません．そのため(x,y)の2次元空間のY軸（つまり図3-3の複素平面の虚数軸）は認識できません．

X軸を**実数**の並びの1次元空間として考えてみると，Y軸は実数では表しようがないことがわかります．実数という1次元空間で，見えない2次元空間のY軸を表現しようとするのが**虚数**です．虚数は$j=\sqrt{-1}$でわかるように「ありえない数」なのです．

3-3　複素数をeとからめて交流信号に導入する

ところで本章3-1のクイズの答えは，まだ完全には出ていません．引き続き答えを探しながら，交流信号の話に進めていってみましょう．

● **実数，虚数と複素平面を一旦まとめる**

【とても重要】ここまでの話を整理して，本書の以降全体で必要な知識として，まとめてみます．

- X軸を実数軸，Y軸を虚数軸と考える
- これが複素平面になる
- X軸（実数軸）の大きさを$A\cos\theta \Rightarrow$**実数**成分
- Y軸（虚数軸）の大きさを$A\sin\theta \Rightarrow$**虚数**成分
- 複素平面上で，式(3-4)のように$A\cos\theta + jA\sin\theta$と表せる
- これを**複素数**と言う

● **実数/虚数と複素数：実数部と虚数部は独立に計算できる**

実数と虚数が組み合わさったものが**複素数**です．つまり，

[複素数]=[実数]+j[虚数]

というかたちになります．式(3-4)も複素数です．

複素数を計算する場合，実数部と虚数部は**それぞれ独立に**計算できます．これは2次元空間の(x,y)ならxはx同士，yはy同士のそれぞれ個別に，ということとまったく一緒です．そういう点ではとても単純です．唯一，$j \times j = -1$と**虚数同士が掛けあわされると実数に戻る**点は注意してください．

▶ 複素数計算ノウハウの基本

複素数の計算例の基本を以下に示します．このように実数部と虚数部をそれぞれ独立に計算するだけです．さらに詳しくは次の節で説明します．

$$C(A + jB) = CA + jCB$$
$$(A + jB) + (C + jD) = (A + C) + j(B + D)$$
$$(A + jB) \times (C + jD) = (AC + jB \times jD) + (jB \times C + A \times jD)$$
$$= (AC - BD) + j(BC + AD)$$

● オイラーの公式を適用して e で示すと，あら便利

ここでオイラー(Leonhard Paul Euler, 1707-1783)の公式 $e^{j\theta} = \cos\theta + j\sin\theta$(詳しくは以降に示す)を適用してみると，式(3-4)は $Ae^{j\theta}$ となります．式(3-3)の[何かの関数]を見ながら，以下の式を考えてみてください．

$$A(\underbrace{\cos\theta_1 + j\sin\theta_1}) \times (\underbrace{\cos\theta_2 + j\sin\theta_2}) = Ae^{j\theta_1} \times e^{j\theta_2}$$
$$= Ae^{j(\theta_1+\theta_2)} = A[\cos(\theta_1 + \theta_2) + j\sin(\theta_1 + \theta_2)] \quad \cdots\cdots(3\text{-}5)$$

なんと，$\cos\theta_2 + j\sin\theta_2 = e^{j\theta_2}$を掛け合わせると，式(3-3)の$\theta_{new} = \theta_1 + \theta_2$が作れるではないですか！また$2\pi f$が加わっても同じ話で，

$$A\{\underbrace{\cos(2\pi ft + \theta_1) + j\sin(2\pi ft + \theta_1)}\} \times (\underbrace{\cos\theta_2 + j\sin\theta_2})$$
$$= Ae^{j(2\pi ft+\theta_1)} \times e^{j\theta_2} = Ae^{j(2\pi ft+\theta_1+\theta_2)} \quad \cdots\cdots(3\text{-}6)$$

と表すことができます．このように，

- $\cos\theta$の点をX軸$\cos$成分(実数部)とY軸$\sin$成分(虚数部)とで表してみて
- さらに$j\sin\theta$を考え，$\cos\theta + j\sin\theta$とし
- これを$e^{j\theta}$で見てみると($e^{j\theta}$ではなく$\cos\theta + j\sin\theta$でも計算結果は同じになる)
- **オームの法則的に掛け算と割り算で位相の成分を変えられる**

のです．ようやくここでクイズの答えが出ました……．なお，$\cos\theta \neq \cos\theta + j\sin\theta$なので，実は$\cos\theta$自体で考えているのではありません．それを等価的に$j$という虚数を用いて，**取り扱いしやすいように複素数として置き換えて表している**のです．

● 一旦まとめ：複素数を交流信号の考えに導入する

ここまで位相の考え方を複素数を用いて表し，なおかつ**計算するうえで位相を変えるためには複素数による掛け算として考えれば**，うまくいくことを丁寧に示してきました．キーポイントは，

- 交流は電圧と電流のタイミングが異なる(丁度同じときもあるが)
- タイミングの違いが，位相の違いそのもの
- 複素数を使えば，オームの法則の電圧，電流，抵抗の関係で，位相も表すことができる
- 条件によって電圧，電流の間の位相は変わってくる
- 信号の**振幅**Aは複素数の**大きさ**になる
- 信号の**位相**θは複素数の**角度**になる
- $e^{j\theta}$でも$\cos\theta + j\sin\theta$でも同じ
- 複素数の実数部をとることで，実際の信号の振る舞いに戻すことができる

というところです．では，実際に交流信号を複素数で表すのは，どう考えればよいかを，以下および本章3-4で説明していきましょう．

図3-5に位相と複素数と複素平面との関係をいくつか示してみましょう($e^{j\theta}$で示しているが$\cos\theta + j\sin\theta$でも同じ)．振幅も実際には考えていく必要がありますから，それも合わせて示してあります．ここでは周波数成分$2\pi ft$も記載してありますが，位相を表す上では，この周波数成分$2\pi ft$は関係ありませんので，**影響を与えません．**

▶ **大切なポイント：周波数自体は変化しないので眼中から取り外す**

繰り返しますが，電子回路を取り扱ううえで，位相は変化しますが，周波数自体$2\pi f$は変化しません．そのため，複素平面上では周波数情報$2\pi ft$のことは示さずに，

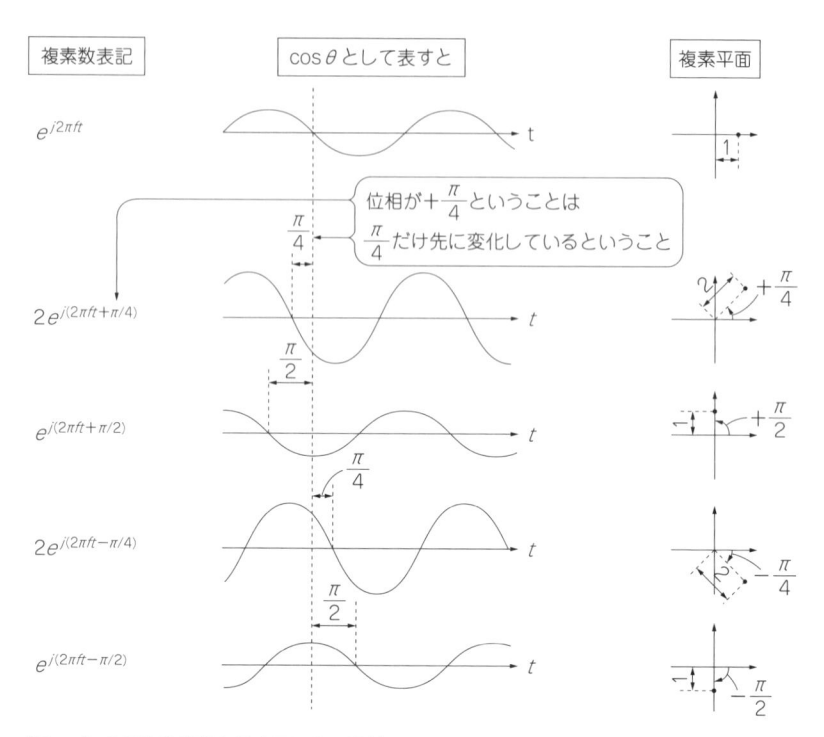

[図3-5] 位相と複素数と複素平面との関係

タイミングの違いとしての位相情報だけが示されている，それだけが必要であるということは大切なポイントです．

ちょっとアドバンス
● オイラーの公式

ここでオイラーの公式がどのように導かれるかを示してみましょう．まずeは自然対数の底とかネイピア数（John Napier, 1550-1617, ただし彼が発見したわけではない）とか呼ばれる定数で$e = 2.71828\cdots$（フナヒトハチフタハチ）となり，以下の式から求められる不思議な数値です（別の求め方もある）．

$$e = \lim_{n \to \infty} \left(1 + \frac{1}{n}\right)^n \quad \cdots\cdots\cdots\cdots\cdots\cdots\cdots\cdots\cdots\cdots\cdots\cdots\cdots (3\text{-}7)$$

また e^x を，$\frac{d}{dx}e^x$ と x で微分しても e^x のままという性質があります．ではここで $e^{j\theta}$ として級数展開してみると，

$$e^{j\theta} = 1 + j\theta - \frac{1}{2}\theta^2 - j\frac{1}{3!}\theta^3 + \frac{1}{4!}\theta^4 + j\frac{1}{5!}\theta^5 - \cdots$$

となります．さらにこれを実数部と虚数部に整理してみると，

$$e^{j\theta} = \left(1 - \frac{1}{2}\theta^2 + \frac{1}{4!}\theta^4 - \cdots\right) + j\left(\theta - \frac{1}{3!}\theta^3 + \frac{1}{5!}\theta^5 - \cdots\right)$$

となります．一方で，

$$\cos\theta = 1 - \frac{1}{2}\theta^2 + \frac{1}{4!}\theta^4 - \cdots, \quad \sin\theta = \theta - \frac{1}{3!}\theta^3 + \frac{1}{5!}\theta^5 - \cdots$$

なので，$e^{j\theta} = \cos\theta + j\sin\theta$ となるのです．

3-4　複素数もわかれば簡単，交流回路解析も一発解決

● 複素インピーダンス一本で交流回路解析ができる
▶ 電圧と電流の関係を「ねじ曲げる!?」ものは抵抗(インピーダンス)

ここまで電圧と電流との関係は，交流では条件によって位相がそれぞれ違っているのだ，と説明しました．つまりオームの法則で電圧/電流/抵抗の相互が関係づけられているという点を考えてみると，

　　電圧　⇒　電流(位相が変化する)　①
　　電流　⇒　電圧(位相が変化する)　②

というものを結びつける，つまり

① ある回路要素に電圧をかけたときに，流れる電流の位相をねじ曲げるもの：それはオームの法則で考えれば**抵抗要素**
② ある回路要素に電流を流すことで，生じる電圧(電圧降下)の**位相をねじ曲げる**もの：それはオームの法則で考えれば，やはり**抵抗要素**

となります．単純な抵抗だけでは，交流回路でこの位相をねじ曲げる要素にはなりません．ねじ曲げられる根性のある回路要素が，**コイル**や**コンデンサ**であり，それらが抵抗相当として用いられる場合なのです．

交流回路において，抵抗/コイル/コンデンサ，これらの抵抗相当の要素をひっくるめて**インピーダンス**Z**と呼びます**[※4]．インピーダンスZが電圧と電流の間の位相関係を変える要素になっているのです．

またコイルで生じるインピーダンスになる元を**インダクタンス**と呼び，コンデンサで生じるインピーダンスになる元を**キャパシタンス**(容量)と呼びます．またコイル/コンデンサで生じるインピーダンスを総括して**リアクタンス**Xと呼びます．

大事なので，まとめます．

- 電圧と電流を位相も含めて結びつけるのは**インピーダンス**Z．抵抗量に相当する(実数部と虚数部を持つ)
- 位相を変えられる要素は**コイル**と**コンデンサ**だけ
- コイル/コンデンサの抵抗量に相当するのは**リアクタンス**X(虚数部のみ)

▶ **インピーダンス**Z**とリアクタンス**X**は何が違うの？**

上の説明では，リアクタンスXはインピーダンスZの一部であるような説明をしました．インピーダンスZは式(3-4)のような実数部Rと虚数部Xを持つもので，

$$Z = R + j\underset{\text{リアクタンス}}{X} \quad \cdots\cdots\cdots\cdots\cdots\cdots\cdots\cdots\cdots\cdots\cdots\cdots\cdots\cdots\cdots\cdots\cdots\cdots\cdots\cdots\cdots\cdots \text{(3-8)}$$

となります．この虚数部Xがリアクタンスになります．つまりコイル/コンデンサは複素数(インピーダンス)の虚数部だけをもつ要素です．より詳しくは第4章4-1のp.78「位相を複素数で表せば，オームの法則で交流回路地帯もすべて制圧」で説明します．

● **複素数でオームの法則を表す**[※5]

ここまで説明してきたように，位相は複素数として表すことができます．電圧と電流の位相関係を**ねじ曲げる**ことのできるインピーダンスも，式(3-3)，式(3-5)，式(3-6)のように$e^{j\theta}$で複素数として表すことができます．また電圧と電流の大きさの相互関係(つまり抵抗と同じような部分)をZとし，$Ze^{j\theta}$として位相と大きさで表

[※4]：一般的にインピーダンスは$\dot{Z}$と表し，抵抗成分($\dot{Z}$の実数部$|Z|\cos\theta$)とリアクタンス成分($\dot{Z}$の虚数部$|Z|\sin\theta$)に分解したかたちで，複素平面にプロットする．θはインピーダンス自体の位相になる．この複素平面をインピーダンス平面とも呼ぶ．

[※5]：ここでは抵抗やリアクタンスの電圧降下の方向をプラスとして説明しているので，第2章2-1「抵抗による電圧降下の電圧極性と電流の方向を定義しておく」と同じ極性である．第8章での説明との違いがあるので，ここで一応断っておく．今のところあまり気にしなくても良い話だが．

すことができます．
　より実践的な電気数学として考えてみると，

$$Ie^{j(2\pi ft+\theta_1-\theta_2)} = \frac{Ve^{j(2\pi ft+\theta_1)}}{Ze^{j\theta_2}} \quad \left(I=\frac{V}{R}\right) \cdots\cdots\cdots\cdots\cdots\cdots\cdots\cdots (3\text{-}9)$$

となり，ここでIは電流の大きさ，Vは電圧の大きさ，Zはインピーダンスの大きさ，fは周波数，θ_1，θ_2はそれぞれの位相量です．このように複素数でオームの法則を表すことができるのです．

● **実際問題としては90°の位相変化だけを考えればよい**

　位相を変えるインピーダンス要素としては，コイルとコンデンサしかありません．**つまりリアクタンスです**．コイルは交流電圧をかければ，電流の位相は電圧から90°遅れます．コンデンサに交流電圧をかければ，電流の位相は90°進みます（これらの詳細な理由は以降で示す）．

　結局90°の位相変化は，表3-1のように$+j$，$-j$だけ残ることになります．これにリアクタンスの大きさぶんXが掛け合わされることになります．

　少し補足しておくと，

$$\frac{1}{j} = \frac{j}{j\times j} = \frac{j}{-1} = -j$$

[表3-1] コイルとコンデンサによる位相変化を複素数として表す

要素	電流の位相	複素数表現だと
コイル	$-90°\,(-\pi/2)$	$e^{-j\pi/2} = \cos(-\pi/2) + j\sin(-\pi/2)$ $= 0 - j = -j$
	オームの法則：$I = \dfrac{Ve^{j2\pi ft}}{+jX_{coil}} = \dfrac{-jVe^{j2\pi ft}}{X_{coil}}$ $\left(=\dfrac{V}{R}\right)$	
コンデンサ	$+90°\,(+\pi/2)$	$e^{+j\pi/2} = \cos(+\pi/2) + j\sin(+\pi/2)$ $= 0 + j = +j$
	オームの法則：$I = \dfrac{Ve^{j2\pi ft}}{-jX_{cap}} = \dfrac{+jVe^{j2\pi ft}}{X_{cap}}$ $\left(=\dfrac{V}{R}\right)$	

X_{coil}：インダクタンスL[H]（単位はヘンリー）のコイルのリアクタンスの大きさ
　　　$X_{coil} = 2\pi fL$
X_{cap}：容量C[F]（単位はファラッド）のコンデンサのリアクタンスの大きさ
　　　$X_{cap} = 1/2\pi fC$

となる点もポイントです．抵抗も含んでこれらの要素が複雑に組み合わされることで，複雑な位相変化が生じるだけなのです．基本はしごく単純なことです．

表3-1でコイル，コンデンサのリアクタンスの大きさも示しましたが，これについてはひきつづきさらに説明していきます．

● **まとめ……複素インピーダンス，それ自体は回路の振る舞いではない**

またここでまとめてみましょう．電圧と電流の位相関係を**ねじ曲げる**コイルとコンデンサ，それぞれの位相変化成分 ($j, -j$) と，大きさ (X_{coil}, X_{cap}) を一緒にまとめてみると，

$$\dot{X}_{coil} = jX_{coil} = j2\pi fL$$
$$\dot{X}_{cap} = -jX_{cap} = \frac{1}{j2\pi fC} = -j\frac{1}{2\pi fC}$$

となります．$\dot{X}$と上にドットがついていますが，位相関係も含まれたコイル，コンデンサの抵抗相当の量を全て表す，**複素インピーダンス**(ベクトル表記とも言う．ベクトルは第11章でも詳しく示すが，大きさと方向を持つ量のこと)になっているということです．

本章の前半のフォローにもなりますが，この複素インピーダンス自体は，回路の計算をしやすくするために使われる表現方法です．

▶ **実際の信号の振る舞いとは複素数の実数部をとることでつじつまを合わせる**

実際の回路は $V\cos(2\pi ft)$ などと実数の範囲内で動いています．そのため，

$$\dot{V} = Ve^{j(2\pi ft+\theta)} \quad \text{の実数部をとり} \quad V(t) = V\cos(2\pi ft + \theta)$$

として実際の信号の振る舞いに戻します．実数部をとる操作は，$\mathrm{Re}(\dot{V})$ とも書きます．

このように複素数表現と，実数の範囲で動いている回路との間は，この「複素数で表された$\dot{V}, \dot{I}$の**実数部をとる**」ということでつじつまを合わせます．

計算で得られる結果は同じなのですが，その微妙な違いがあることは理解しておいてください．また「実数部をとる」ということは，本書の以降でも，実際の計算でもとても重要なことです．

ちょっとアドバンス

● コイルとコンデンサで位相が変わるのを少し詳しく

最後にもう少し詳しく，コイルとコンデンサで位相が変わる理由を示してみましょう．ここでは実際のインピーダンスも計算しています．微分/積分については第5章で詳しく説明していますので参照してください．

なおここでの電圧の極性は，電圧降下の方向をプラスとして考えています．注意してください．

▶ コイル

インダクタンス L[H]のコイルによって発生する逆起電力 $\dot{V}$ は，以下の電流 $\dot{I}$ の時間変化量の式で表されます（電圧降下として極性を考えているので符号はプラス）．

$$\dot{V} = L\frac{d\dot{I}}{dt} \quad\cdots\cdots (3\text{-}10)$$

ここで電流 $\dot{I}$ を交流電流として複素数表示させて $\dot{I} = Ie^{j2\pi ft}$ とし，$\dot{I}$ を t で微分すると，

$$\frac{d\dot{I}}{dt} = j2\pi f \cdot \underbrace{Ie^{j2\pi ft}}_{\dot{I}} = j2\pi f \dot{I}$$

$$\dot{V} = L\underbrace{\frac{d\dot{I}}{dt}}_{} = j2\pi f \dot{I} L$$

$$\dot{X}_{coil} = \frac{\dot{V}}{\dot{I}} = \frac{j2\pi f \dot{I} L}{\dot{I}} = j2\pi fL$$

となり $\dot{X}_{coil} = j2\pi fL$ が得られます．

▶ コンデンサ

容量 C[F]のコンデンサに充電される電流によって発生する端子電圧 $\dot{V}$ は，以下の電流 $\dot{I}$ の時間積分の式で表されます（電圧降下として極性を考えているので符号はプラス）．

$$\dot{V} = \frac{Q}{C} = \frac{1}{C}\int \dot{I}\,dt \quad\cdots\cdots (3\text{-}11)$$

ここで Q はコンデンサに充電される電荷量で，電流が一定であれば $Q = I \times t$ ですが，変化する電流（交流や変動する場合）だと，式(3-11)のように積分で表します．

ここで電流 $\dot{I}$ を交流電流として複素数表示させて $\dot{I} = Ie^{j2\pi ft}$ とし，$\dot{I}$ を t で積分すると，

$$\dot{V} = \frac{1}{C}\int Ie^{j2\pi ft}dt = \frac{1}{C}\cdot\frac{Ie^{j2\pi ft}}{j2\pi f} = \frac{1}{C}\cdot\frac{\dot{I}}{j2\pi f} = \frac{\dot{I}}{j2\pi fC}$$

$$\dot{X}_{cap} = \frac{\dot{V}}{\dot{I}} = \frac{\dfrac{\dot{I}}{j2\pi fC}}{\dot{I}} = \frac{1}{j2\pi fC}$$

となり $\dot{X}_{cap} = 1/(j2\pi fC) = -j/(2\pi fC)$ が得られます．

これらで**表3-1**と同じ結果が得られることがわかりますね．

Column 3

離島も実は陸続き

　学生のときは，数学なり回路計算のいろいろな公式は，単なる丸暗記用の呪文，利用価値のないものと見切りをつけて，試験対策のみに使用されてきたことが多いと思います．そして覚えることばかり多くて，それぞれの関連性についてなど考えたこともなかったかもしれません．

　その後学校から社会に出て，実務で電子回路に触れていくなかで，また勉学やセミナを通じて，別のことがら，たとえば数学の基礎的理解であったり，電子回路の振る舞いの理論などを習得していくことになるでしょう．そして学校のころと比較して知識もかなり深く，広くなってくることも事実でしょう．

　これらの知識で，自分がもともと知っている，それぞれ別々と思っていた二つの公式が実は緊密に関係していることに，はっと気づくことがあります．離れていると思っていたものが，この瞬間，知識という溶剤で一つ（いや良い言い方をすれば$1+1=3$）になるのです．具体的には，その本質が理解でき，公式が脳に刻みこまれるのです．

　このように関係ないと思われていたことが緊密に関係していることは，かなり多くあります．より専門的な視点では，物理学での大統一理論への試みや，ラングランズ予想という数学の統一理論への試みなどが理学の先端分野として言えることです．

　知識を得たり理解や研究が進んだりすることで，個々人でも理論体系でも「離島も実は陸続き」という発見があるのです．これにより物事の本質をより深く理解できることは間違いありません．

　　　　—— 物事がわかってくると，よりわかってくる……．
　　　　　あれとこれが繋がっていることが ——

電子回路設計のための電気/無線数学

第4章

交流回路はオームの法則プラス複素数

❖

第3章で位相と複素数について，
交流回路の点から基本的なことを説明しました．
本章では続いて，より一般的な，回路設計現場でよく使われる
回路計算について話を進めていきます．
ここでもオームの法則が回路方程式を制しているのです．

❖

4-1　交流回路は直流と同じように計算できる

　交流回路……というと，なんとなく敷居が高いように感じますが，第3章の最初のとおり，オーディオ回路，ビデオ回路，高周波回路，その他もろもろの電子回路ほぼすべてが，この交流回路です．
　日ごろ見ている回路が，オームの法則と複素数で制することができるとわかれば，「少し理論的に回路を攻めてみようか」とも思うのではないでしょうか．

● 交流回路を実効値で計算すれば直流回路と同じになる
▶ 電力を基準に直流と交流の間の違いを「実効値」で吸収する
　実効値という考えがあります．Root Mean Square，RMS(2乗平均平方根)ともいいます．
　基本的には，単純にオームの法則で電圧と電流と抵抗の関係を計算するのであれば，この考えは特にいりません．しかし**電力の計算も含めて考える場合に，実効値で考えるからこそ**，直流回路とまったく同じに取り扱うことができるのです．

電力 P は，

$$P = V \cdot I = \frac{V^2}{R} = I^2 \cdot R \quad \cdots\cdots\cdots\cdots\cdots\cdots\cdots\cdots\cdots\cdots\cdots\cdots\cdots\cdots (4\text{-}1)$$

(電圧・電流・抵抗)

になります．ここで R は抵抗自体なので，直流でも交流でもそれ自体の大きさは変

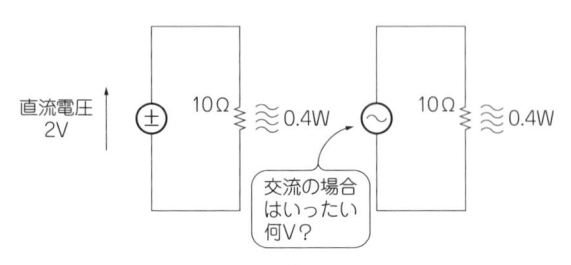

[図 4-1] 抵抗に直流電圧を加えた場合と交流電圧を加えた場合で同じ電力を生じさせるには？

（a）振幅 V_{max} のコサイン波 $V_{max}\cos(2\pi ft)$

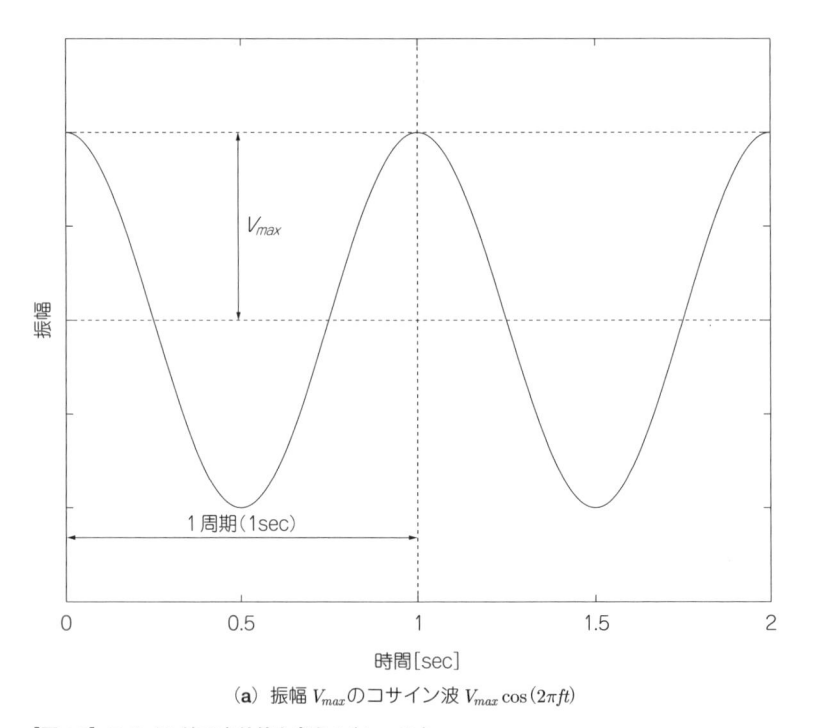

[図 4-2] コサイン波の実効値を考える（$f = 1\text{Hz}$）

わりません．

さて，図4-1のように10 Ωの抵抗に直流電圧2Vを加えれば，0.4Wの電力が生じます．ではここで交流の場合は何Vを加えれば，この0.4Wの電力が生じるでしょうか？これを求めるのが**実効値**を用いる理由なのです．

▶ **電圧の場合を例にして考えてみる**

ではコサイン波[※1]で10 Ωの抵抗に何Wが生じるかを，図4-2で説明しながら計算してみましょう．

図4-2(a)は振幅V_{max}のコサイン波$V_{max}\cos(2\pi ft)$です．**計算を簡単にするために$f=1$Hz**としておきましょう．先の式(4-1)のように電力を求めるには，この波形のそれぞれの点を「まず2乗」します．この波形が図4-2(b)になります．

この波形が抵抗$R=10$ Ωに加わります．波形それぞれのポイント（瞬間・瞬間）

※1：ここでも前章および以降の説明との統一を取るため，サイン波ではなくコサイン波として説明する．ところで波形がコサイン波でなく矩形波や三角波のような場合は，以下に説明していくように計算も変わってくるので，実効値の大きさも変わってくる．

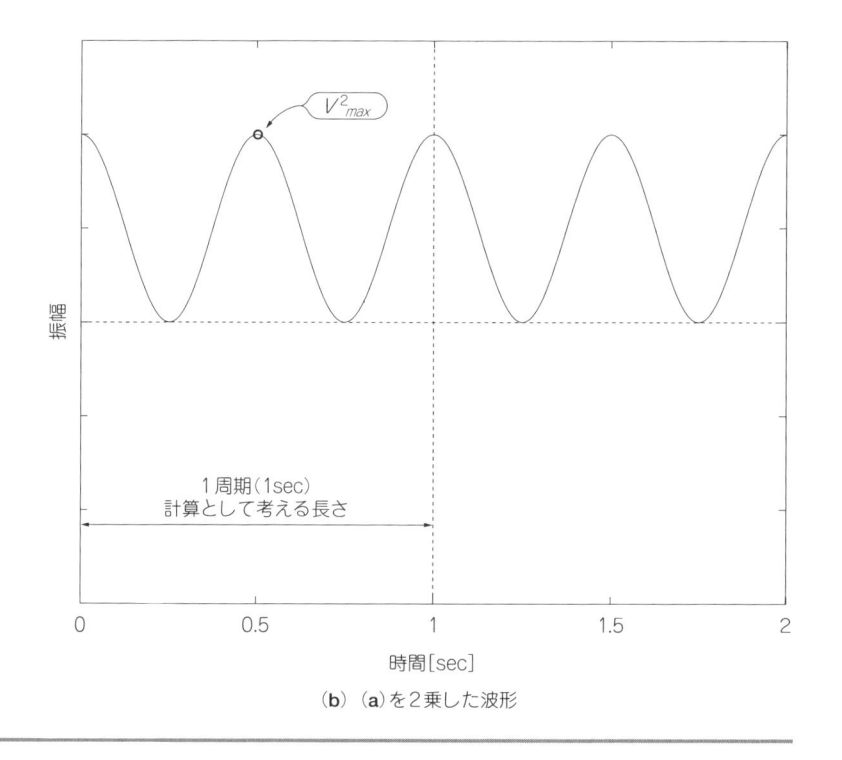

(b) (a)を2乗した波形

で抵抗Rに対して熱を生じさせるようになります．直流はいつも一定量が抵抗に加わっていましたが，交流は時間で変化しているので全体を足し合わせて「1秒間の発熱量」つまり電力を求める必要があります．それには，図4-2(b)の1周期分[※2]だけを考えてみればよいことがわかります．

ここでいよいよ**積分計算**を本格的に持ち出さなければなりません．積分は次の第5章で詳しく説明します．積分のわからない方はまずそちらを読んでから，ここに戻ってきてください．

さて，図4-2(a)の振幅V_{max}の波形が抵抗Rに加わったようすを式で表してみると，このコサイン波の2乗を1周期分（$f=1$Hzなので0～1secの間）積分したもの[※3]になるので，

$$\begin{aligned}
P &= \frac{1}{R} \times \int_0^1 V_{max}^2 \cos^2(2\pi t)\, dt = \frac{1}{R} \times \int_0^1 V_{max}^2 \left\{\frac{1+\cos(2\cdot 2\pi t)}{2}\right\} dt \\
&= \frac{1}{R} \times V_{max}^2 \cdot \left[\frac{t}{2} + \frac{1}{2}\cdot\frac{\sin(2\cdot 2\pi t)}{2\cdot 2\pi}\right]_0^1 \\
&= \frac{1}{R} \times V_{max}^2 \cdot \left\{\left(\frac{1}{2} + \frac{1}{2}\cdot\underbrace{\frac{\sin(2\cdot 2\pi)}{4\pi}}_{\text{ゼロ}}\right) - \left(\frac{0}{2} + \frac{1}{2}\cdot\underbrace{\frac{\sin(2\cdot 0)}{4\pi}}_{\text{ゼロ}}\right)\right\} \\
&= \frac{1}{R} \times \frac{V_{max}^2}{2} \quad \cdots\cdots\cdots\cdots\cdots\cdots\cdots\cdots\cdots\cdots\cdots\cdots\cdots\cdots\cdots\cdots (4\text{-}2)
\end{aligned}$$

となります．$\int$とdtの間が図4-2(b)の波形を表しています．ここでの複雑な積分計算や，$\cos^2$の変換計算はまだわからなくてかまいません．知っておいてもらいたいのは，結果が$P=V_{max}^2/2R$になることです．

▶ **長々説明したが結論は**

ここで$P=V_{DC}^2/R$として直流回路で考えた場合と比較し，振幅V_{max}のコサイン波が加わったときに同じ電力を生じる，直流電圧相当の$V_{RMS}(=V_{DC})$はどれだけかと計算すれば，

$$P = \frac{V_{max}^2}{2R} = \frac{V_{RMS}^2}{R} \left(= \frac{V_{DC}^2}{R}\right)$$

なので，$V_{RMS}=V_{max}/\sqrt{2}$になることがわかります．このようにしておけば，**電力の**

※2：実際は1/2周期ずつ同じ波形が繰り返されているので1/2周期ぶんで十分．
※3：周波数がfの場合は1secに換算するため結果をf倍する必要あり．周期$T(=1/f)$で考えれば$1/T$倍．

計算も含めて直流回路の計算とまったく同じにすることができるのです．この$V_{RMS} = V_{max}/\sqrt{2}$を**実効値**（RMS；Root Mean Square）といいます．

つまりさきの10Ωの抵抗に0.4Wの電力を生じさせるには，直流電圧だと$V_{DC} = 2$V，コサイン波だと$V_{max} = 2 \times \sqrt{2}$Vの電圧を加えればよいことがわかりますね．

なお，以降で説明するように，波形がコサイン波でなく三角波や矩形波のような場合は，計算も変わってくるため，実効値の大きさ（V_{RMS}とV_{max}の関係）も変わってくるので注意が必要です．

【まとめ：コサイン波の実効値は$V_{RMS} = \dfrac{V_{max}}{\sqrt{2}}$】

ちょっとアドバンス

● 波形がサイン波以外の場合の実効値

ここまでの説明は波形がサイン波（コサイン波）の場合についてでした．たとえば三角波とか矩形波がどうなるか計算してみましょう[※4]．

▶ まずは三角波

図4-3は三角波の波形です．ここでも計算を簡単にするために$f = 1$Hzとします．さらに式の中では$R = 1$Ω，$V_{max} = 1$Vとし，$R \times V_{max}^2 = 1$としてしまいます．1周期が1secですので電圧の変化の傾きは4（つまり$4V_{max}t$）になり，計算してみると，

$$\begin{aligned} P &= 4^2 \left\{ \int_0^{0.25} t^2 dt + \int_{0.25}^{0.75} (-t+0.5)^2 dt + \int_{0.75}^{1} (t-1)^2 dt \right\} \\ &= 4^2 \left\{ \left[\frac{1}{3}t^3\right]_0^{0.25} + \left[-\frac{1}{3}(-t+0.5)^3\right]_{0.25}^{0.75} + \left[\frac{1}{3}(t-1)^3\right]_{0.75}^{1} \right\} \\ &= 4^2 \frac{4}{3}(0.25)^3 = \frac{1}{3} \end{aligned} \quad \text{(4-3)}$$

つまり$P = V_{max}^2/3R$となり，実効値V_{RMS}は$V_{RMS} = V_{max}/\sqrt{3}$になります．コサイン波の場合とは振幅と実効値の関係が違いますね．

【まとめ：三角波の実効値は$V_{RMS} = \dfrac{V_{max}}{\sqrt{3}}$】

※4：ひずみ波も含めて，このような正弦波形状ではない信号の電力を計算するには，信号をフーリエ級数に展開し，それぞれの項の電力を計算したうえで足し合わせる．

▶ つぎは矩形波

矩形波はもっと簡単です．ここでも $f=1\mathrm{Hz}$, $R=1\,\Omega$, $V_{max}=1\mathrm{V}$ とします．計算してみると，

$$P = \int_0^{0.5} 1^2 dt + \int_{0.5}^1 (-1)^2 dt$$
$$= \Big[t\Big]_0^{0.5} + \Big[t\Big]_{0.5}^1 = 1 \quad\cdots\cdots\cdots\cdots\cdots\cdots\cdots\cdots\cdots\cdots\cdots\cdots\cdots\cdots\cdots\cdots\cdots(4\text{-}4)$$

なんですね．振幅 V_{max} がそのまま実効値になるのです．

【まとめ：矩形波の実効値は $V_{RMS}=V_{max}$】

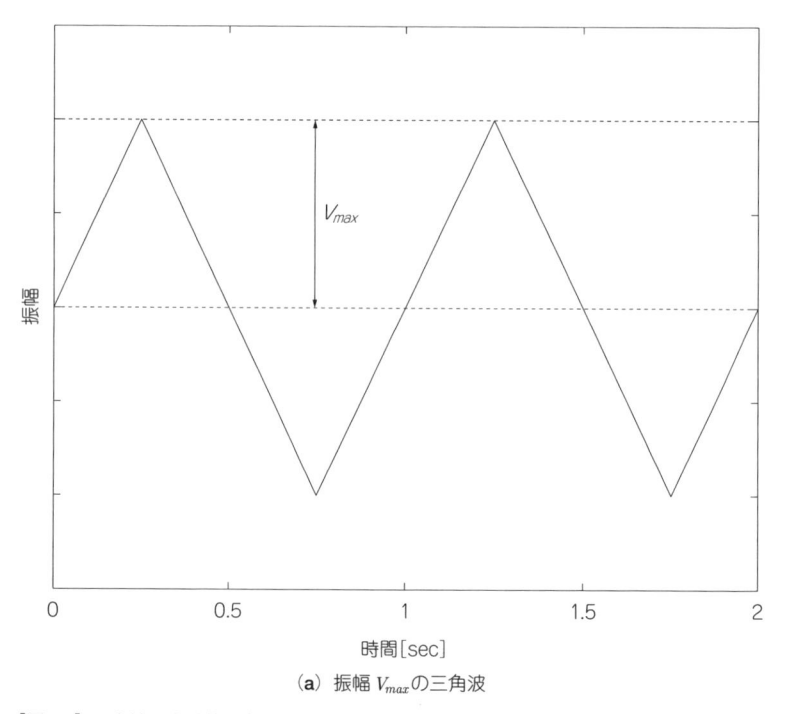

(a) 振幅 V_{max} の三角波

[図4-3] 三角波の実効値を考える（$f=1\mathrm{Hz}$）

ちょっとアドバンス

● **実効値以外での値の表し方**

　実効値以外にも**平均値**という表し方があります．平均値は波形の半周期の平均を計算するものです．コサイン波，三角波の実効値が異なるように，波形形状により平均値もそれぞれ異なります．

▶ **平均値を計算する**

　まずサイン波の平均値 V_{Avr} を計算してみましょう．ここでは振幅 V_{max} のサイン波 $V_{max}\sin(2\pi ft)$ とし，簡単にするために $V_{max}=1\mathrm{V}$，$f=1\mathrm{Hz}$ とします．ここでコサイン波としていないのは，サイン波だと**図4-4**のように，時間0sec～0.5secが波形の上半分になり計算が楽だからです．とはいえサイン波とコサイン波は位相が90°違うだけで，本来は同じものなので得られる結果は同じです．

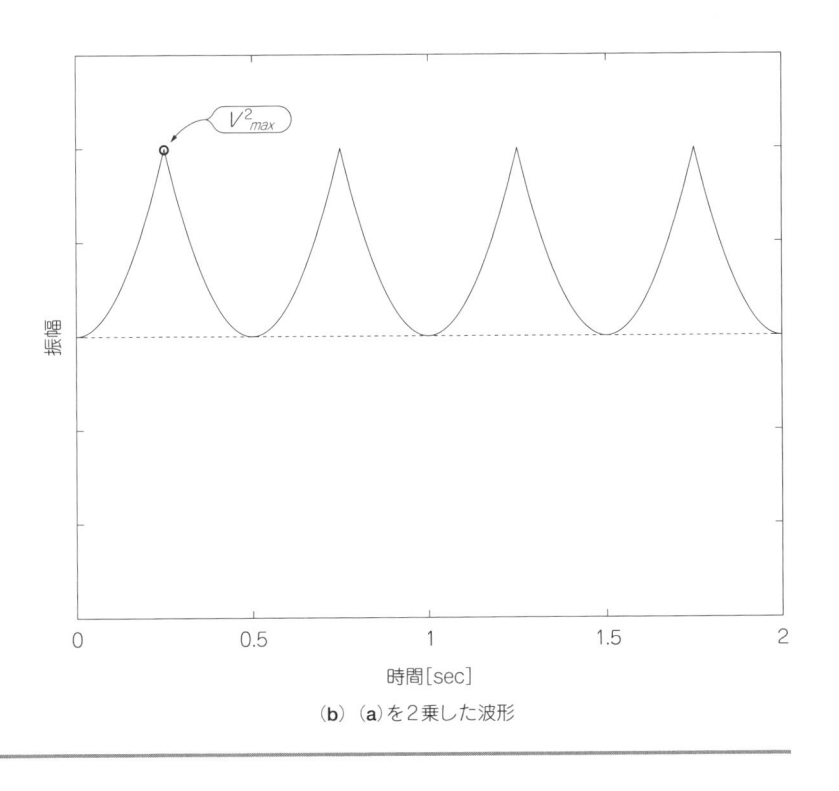

V^2_{max}

(**b**) (**a**)を2乗した波形

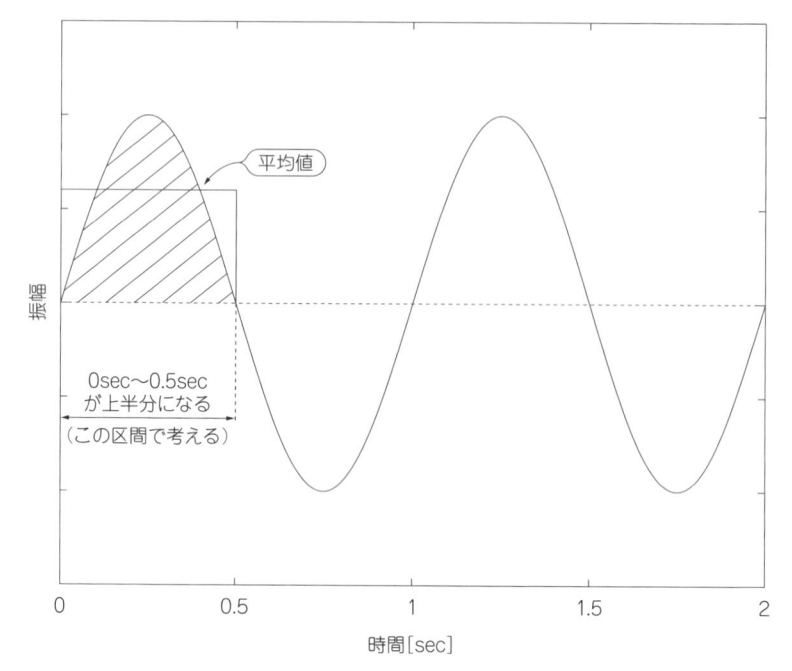

[図4-4] 平均値計算で sin を使う理由と平均値計算の考え方

ここで波形を半周期分の時間で積分するため，1/0.5 と積分する時間の逆数を掛けます[※5]．1周期の平均をとるとゼロになってしまうので，時間 0sec～0.5sec の上半分だけで考えます．

$$V_{Avr} = \frac{1}{0.5} \int_0^{0.5} \sin(2\pi t)\,dt = 2 \cdot \frac{1}{2\pi}\left[-\cos(2\pi t)\right]_0^{0.5}$$
$$= \frac{1}{\pi} \cdot -1 \cdot \{\cos(\pi) - \cos(0)\} = \frac{1}{\pi} \cdot -1 \cdot (-1-1) = \frac{2}{\pi} \quad \cdots\cdots(4\text{-}5)$$

【まとめ：サイン波の平均値は $V_{Avr} = \dfrac{2V_{max}}{\pi}$】

次に三角波の平均値を計算してみましょう．**図4-3の波形と同じもの**，かつ簡単

※5：1/0.5＝2であるため，半周期を積分したものの2倍，つまり1周期相当になる．逆に1周期すべてを平均(積分)するとゼロになる．抵抗とコンデンサで平均化回路を作ってその出力を測れば同じくゼロになるのは当然である．本来の平均値はゼロではあるが，ここでは**半周期のみ**で考えて，その平均を取っているので注意すること(そのため半サイクル平均値とも呼ぶ)．

にするために $V_{max}=1\mathrm{V}$, $f=1\mathrm{Hz}$ とします．

$$\begin{aligned}V_{Avr} &= \frac{1}{0.5}\left\{\int_0^{0.25} 4t\,dt + \int_{0.25}^{0.5} 4(-t+0.5)\,dt\right\} \\ &= \frac{1}{0.5}\left\{\left[\frac{4}{2}t^2\right]_0^{0.25} + \left[-\frac{4}{2}(-t+0.5)^2\right]_{0.25}^{0.5}\right\} \\ &= \frac{1}{0.5}\frac{4}{2}\{(0.25^2-0)+(0+0.25^2)\} = \frac{1}{2}\end{aligned}$$ ……………………………(4-6)

【まとめ：三角波の平均値は $V_{Avr}=\dfrac{V_{max}}{2}$】

計算は省略しますが……，

【まとめ：矩形波の平均値は $V_{Avr}=V_{max}$】

▶ 実効値/平均値/波形率/波高率

波形率とか波高率（クレスト・ファクタとも呼ばれる）という比率の考え方があります．それぞれ以下で表されます．なお振幅は**尖頭値**とも呼ばれます．

波形率 $=\dfrac{\text{実効値}}{\text{平均値}}$

波高率 $=\dfrac{\text{尖頭値}}{\text{実効値}}$ （クレスト・ファクタ）

表4-1にサイン波と三角波の振幅（尖頭値）/実効値/平均値/波形率/波高率の関係

[表4-1] 振幅（尖頭値）/実効値/平均値/波形率/波高率の関係

	サイン波	三角波
振幅（尖頭値）	V_{max}	V_{max}
実効値	$\dfrac{V_{max}}{\sqrt{2}}$	$\dfrac{V_{max}}{\sqrt{3}}$
平均値	$\dfrac{2V_{max}}{\pi}$	$\dfrac{V_{max}}{2}$
波形率	$\dfrac{\pi}{2\sqrt{2}}$	$\dfrac{2}{\sqrt{3}}$
波高率	$\sqrt{2}$	$\sqrt{3}$

を示しておきます．

● 位相を複素数で表せば，オームの法則で交流回路地帯もすべて制圧
▶ 実効値で考えれば残るは位相

ここまでの説明のように，オームの法則は交流回路でも同じように取り扱えます．このポイントは

- 実効値で考える
- 複素数で位相を考える

のたった2点だけだといえます．とくに位相については第3章で説明したように，たとえば $e^{j\theta}$，$+j$，$-j$ など複素数で位相のズレを表せばよいということです．

「これでオームの法則により交流回路をすべて表せる」と言い切っても良いくらい，このポイントは大切かつ，基本的かつ……，とてもシンプルなことがらなのです．

あとは直流回路と同じように式を立てればよいのです．

● 基本的かつ必要な複素数計算ハウツー

オームの法則を用いたいろいろな回路構成の計算を，より詳細に次の節で説明していきます．ここでの計算は以下に示すような，複素数計算における「ハウツー」が必要です．これらの計算の仕方をベースにして考えていけばよいし，ほぼすべてがこのハウツーで計算できます．

▶ 基本公式

第3章3-3で挙げたものを再掲します．

$$A(B + jC) = AB + jAC$$
$$(A + jB) + (C + jD) = (A + C) + j(B + D)$$
$$(A + jB) \times (C + jD) = (AC + jB \times jD) + (jB \times C + A \times jD)$$
$$= (AC - BD) + j(BC + AD)$$
$$j \times j = -1$$

▶ オイラーの公式に関係する基本公式

ここはとても大事なので別立てにしました．

$$A + jB = \sqrt{A^2 + B^2}(\cos\theta + j\sin\theta) = \sqrt{A^2 + B^2}e^{j\theta}$$
$$\theta = \tan^{-1}\frac{B}{A}$$

上記で$A+jB$の大きさは$\sqrt{A^2+B^2}$であることに注意してください．図3-2の複素平面を考えてもわかるように，実数部と虚数部はX，Y軸同士の関係です．この90°ずれたものを合成するのは，ピタゴラスの定理であり，$\sqrt{A^2+B^2}$になるのです．さらに位相θはAとBの合成された方向とX軸の方向との角度差になります．

この公式は以降でもとても重要なポイントです（複素インピーダンスなどで）．

▶ 共役複素数

$A+jB$に$A-jB$を掛けるとどうなるでしょう？

$$(A + jB) \times (A - jB) = A^2 - jAB + jAB - j^2B^2 = A^2 + B^2 \dots\dots\dots\dots\dots(4\text{-}7)$$

となります．虚数部の符号を**反転**し，**掛け合わせる**と，実数部だけの値になるのです．$A+jB$に対し$A-jB$を**共役複素数/複素共役**[※6]といいます．これは以下に示すような，分母を実部だけにするやり方や**電力の計算**で非常に大切な役割を担っています．この式だけは覚えておいてください．

ちなみに，$\dot{V} = A + jB$，$V_{max} = \sqrt{A^2+B^2}$，$\theta = \tan^{-1}(B/A)$とすると，

$$\dot{V} \times \dot{V}^* = (A + jB) \times (A - jB) = V_{max}e^{j\theta} \times V_{max}e^{-j\theta} = V_{max}^2 e^{(j\theta - j\theta)}$$
$$= V_{max}^2 e^0 = V_{max}^2 = A^2 + B^2 \dots\dots\dots\dots\dots\dots\dots\dots\dots\dots\dots(4\text{-}8)$$

と式(4-7)と同じ結果になります．

▶ 分母を実数のみにする

分母を実数にして，式の中身を複数の項（実際は実数部と虚数部）に分離して計算していくことは回路計算ではとても大切です．これは以下のように計算していきます．ここでも共役複素数が重要な役割をしています．

※6：complex conjugateという．$z = A + jB$とすれば，共役複素数を$z^* = A - jB$と表す．

$$\frac{A+jB}{C+jD} = \frac{(A+jB)(C-jD)}{(C+jD)(C-jD)} = \frac{(AC+BD)+j(BC-AD)}{C^2+D^2}$$
$$= \frac{AC+BD}{C^2+D^2} + j\frac{BC-AD}{C^2+D^2}$$

掛ける

　これで分母が実数になりましたから，式の前半が複素数の実数部，後半が虚数部と，あらためて分離できることがわかりますね．

　$A+jB$ だと説明のリアルさに欠けるので，**図 4-5** のように抵抗 R とリアクタンス X_{coil} のコイルが並列につながった形の合成インピーダンスを求めることで，この計算をしてみましょう[※7]．並列回路で計算すると合成インピーダンス $\dot{Z}_{all}$[※8] は，

共役を掛ける

$$\dot{Z}_{all} = \frac{R \times jX_{coil}}{R+jX_{coil}} = \frac{jX_{coil}R(R-jX_{coil})}{(R+jX_{coil})(R-jX_{coil})} = \frac{jX_{coil}R(R-jX_{coil})}{R^2+X_{coil}^2}$$
$$= \frac{X_{coil}^2 R + jX_{coil}R^2}{R^2+X_{coil}^2} = \frac{X_{coil}^2 R}{R^2+X_{coil}^2} + j\frac{X_{coil}R^2}{R^2+X_{coil}^2} \quad \cdots\cdots\cdots (4\text{-}9)$$

(1項2項交換)

と[実数部]+[虚数部]というかたちになります．ここで抵抗は $\theta = 0$，コイル/コンデンサは $\theta = \pm \pi/2$（$+90°$ と $-90°$）の位相になりますが，合成インピーダンス Z_{all} の位相は $90°$ にはなりません．これは，

$$\theta = \tan^{-1}\left(\frac{\frac{X_{coil}R^2}{R^2+X_{coil}^2}}{\frac{X_{coil}^2 R}{R^2+X_{coil}^2}}\right) = \tan^{-1}\left(\frac{X_{coil}R^2}{X_{coil}^2 R}\right) = \tan^{-1}\left(\frac{R}{X_{coil}}\right) \quad \cdots\cdots (4\text{-}10)$$

となります．

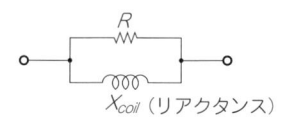

[図 4-5] 抵抗とコイルが並列につながった回路

※7：上記では式の分子を $A+jB$ としているが，ここでは分子は虚数だけになっている．説明の目的は「分母を実数のみにする」ことであるから，実際には同じことを説明している．

※8：$\dot{Z}$ と上にドットがついているが，第 3 章で説明したように，位相関係も含まれた，**複素インピーダンス**（ベクトル表記）という意味である．またインピーダンスは Z，リアクタンスは X を用いる．なお，本節以降は表記を簡略化するため，上にドットはつけないので注意いただきたい．

▶ $2\pi f$まで考えて答えを求めてみよう

第3章で説明したように,

$$\dot{X}_{coil} = jX_{coil} = j2\pi fL, \quad \dot{X}_{cap} = -jX_{cap} = \frac{1}{j2\pi fC}$$

になります.この$2\pi f$が入った式で同じように考えてみましょう.第3章3-1のp.56で説明したように,$2\pi f = \omega$(角周波数)として,ωもここから使っていきます.

こんどはjX_{coil}ではなく,$-jX_{cap}$のコンデンサで考えてみましょう.抵抗とコンデンサが並列に接続されたときの合成インピーダンスZ_{all}は,

$$Z_{all} = \frac{R \times (-jX_{cap})}{R - jX_{cap}} = \frac{R \times \frac{1}{j2\pi fC}}{R + \frac{1}{j2\pi fC}} = \frac{R \times \frac{1}{j\omega C}}{R + \frac{1}{j\omega C}} = \frac{R}{1 + j\omega CR}$$

$$= \frac{R(1 - j\omega CR)}{(1 + j\omega CR)(1 - j\omega CR)} = \frac{R - j\omega CR^2}{1 + (\omega CR)^2}$$

$$= \frac{R}{1 + (\omega CR)^2} - j\frac{\omega CR^2}{1 + (\omega CR)^2} \quad \cdots\cdots\cdots\cdots\cdots (4\text{-}11)$$

となり,[実数部]+[虚数部]というかたちにできます.途中で$j\omega C$を分子/分母にかけて,$1/j\omega C$の分数形式をなくすことが,計算の定石でありポイントです.

4-2　ホントに使える設計現場の交流回路計算

「オームの法則と複素数で交流回路を制することができる」のを,実際の回路を例にして計算してみましょう.

● 抵抗とコイル/コンデンサを組み合わせたローパス/ハイパス・フィルタ回路
▶ 抵抗とコイルによるローパス・フィルタ回路

電子回路設計ではあまり抵抗とコイルを用いてフィルタ回路は作りません.次に示す抵抗とコンデンサでフィルタを作ることが多いのです.しかし,コイルとコンデンサを対として考えることができるので,まずはここで紹介します.

図4-6(a)は抵抗とコイルによるローパス・フィルタ回路です.ここに図のように電圧の実効値V,周波数fの交流信号が加わると,出力端子に現れる電圧は以下

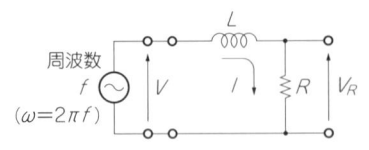

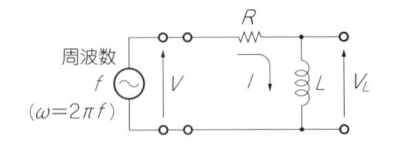

(a) 抵抗とコイルによるローパス・フィルタ　　(b) 抵抗とコイルによるハイパス・フィルタ

[図4-6] 抵抗とコイルによるフィルタ回路

のようにオームの法則を用いて求めることができます．

- 抵抗 R とコイル L の合成インピーダンス：$Z = R + j2\pi fL = R + j\omega L$
  （上記では周波数 f を $2\pi f = \omega$ として角周波数としてある）
- 回路に流れる電流：$I = \dfrac{V}{R + j\omega L}$
- 抵抗の両端の電圧：$V_R = I \cdot R = \dfrac{V \cdot R}{R + j\omega L}$

となります．ここではオームの法則的に実効値で計算しているので，周波数成分 $e^{j\omega t}$（$\cos \omega t$ を $e^{j\theta}$ のかたちで表している）は式に含まれていません．もし瞬間・瞬間のコサイン波形を表記するのであれば，$e^{j\omega t}$ と電圧の尖頭値（振幅であり実効値 V を $\sqrt{2}$ 倍する）を用いて，

$$抵抗の両端の電圧波形：V_R = \frac{\sqrt{2}VRe^{j\omega t}}{R + j\omega L}$$

と表せばよいのです．といってもここまでの説明のように，実際は**実効値**を使って，**オームの法則**と**複素数**だけで計算が済んでしまうのです．

さて，V_R の式を変形し，

$$H(\omega) = \frac{V_R}{V} = \frac{R}{R + j\omega L} \quad \cdots\cdots\cdots\cdots\cdots\cdots\cdots\cdots\cdots\cdots\cdots\cdots (4\text{-}12)$$

伝達関数 $H(\omega)$，つまり入出力の関係[※9]として示してみると，この回路がフィルタ

※9：伝達関数という．$H(\omega)$ と書くことが多い．(ω) が使われているが，実際には $\omega = 2\pi f$ であり，「f の変化に対して考えている」と思えばよい．

としてどう動いているかを式で表すことができるのです．ここで $R = 30\,\Omega$，$L = 1\mathrm{mH}$ として $H(\omega)$ を計算したものが**図4-7**です．このように周波数が大きくなるにしたがい，伝達関数 $H(\omega)$ が減衰していきます．

▶ **抵抗とコイルによるハイパス・フィルタ回路**

図4-6(b)は抵抗とコイルによるハイパス・フィルタ回路です．ここでも同様に計算してみましょう．

- 抵抗 R とコイル L の合成インピーダンス：$Z = R + j2\pi f L = R + j\omega L$
- 回路に流れる電流：$I = \dfrac{V}{R + j\omega L}$
- コイルの両端の電圧：$V_L = I \cdot j\omega L = \dfrac{V \cdot j\omega L}{R + j\omega L}$
- 伝達関数：$H(\omega) = \dfrac{V_L}{V} = \dfrac{j\omega L}{R + j\omega L}$ ……………………………………(4-13)

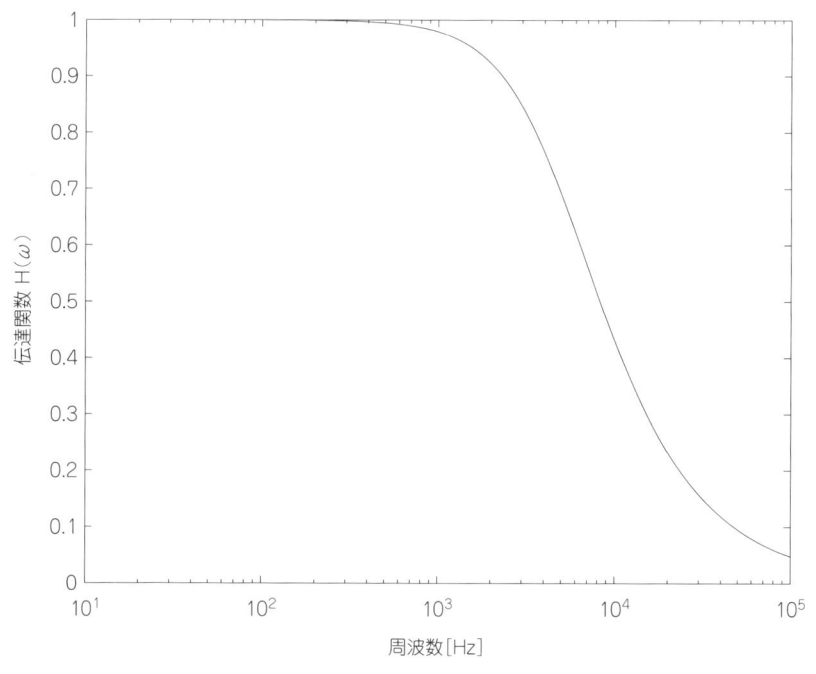

[**図4-7**] **図4-6(a)の回路の入出力関係：伝達関数 $H(\omega)$**（周波数が大きくなるにしたがい，出力の振幅が減衰していく）

となります．これを $R=30\,\Omega$，$L=1\text{mH}$ として $H(\omega)$ を計算したものが，**図4-8**です．このように周波数が小さくなるにしたがい，$H(\omega)$ が減衰していきます（$f=\omega=0$ でゼロになる）．

▶ 抵抗とコンデンサによるローパス・フィルタ回路

図4-9(a)は抵抗とコンデンサによるローパス・フィルタ回路です．ここも同様に計算してみましょう．

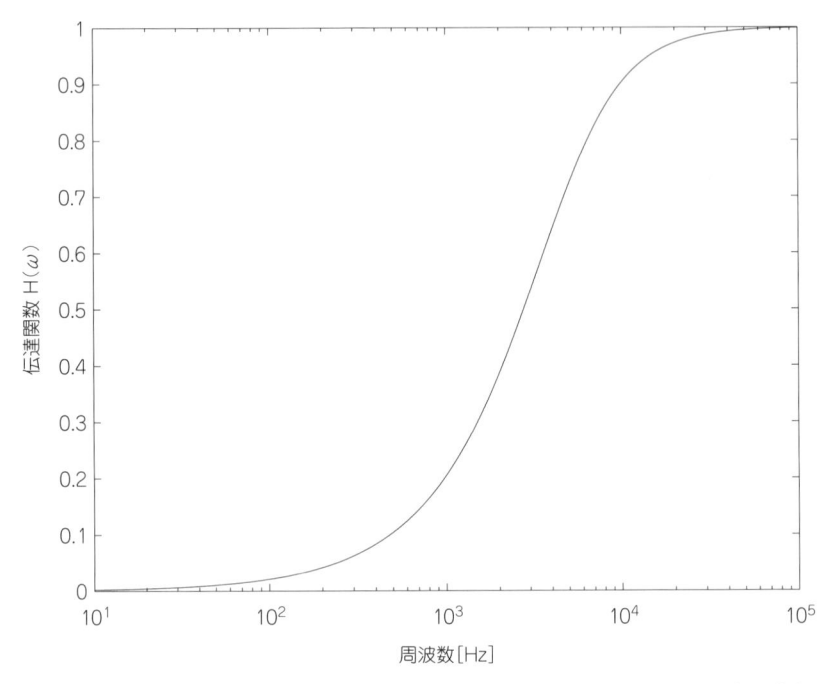

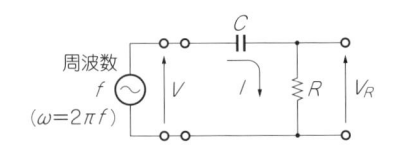

[図4-8] 図4-6(b)の回路の伝達関数 $H(\omega)$ （周波数が小さくなるにしたがい，出力の振幅が減衰していく）

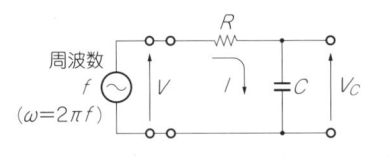

(a) 抵抗とコンデンサによるローパス・フィルタ　　(b) 抵抗とコンデンサによるハイパス・フィルタ

[図4-9] 抵抗とコンデンサによるフィルタ回路

・抵抗 R とコンデンサ C の合成インピーダンス：$Z = R + \dfrac{1}{j2\pi fC} = R + \dfrac{1}{j\omega C}$

・回路に流れる電流：$I = \dfrac{V}{R + \dfrac{1}{j\omega C}}$

・コンデンサの両端の電圧：$V_C = I \cdot \dfrac{1}{j\omega C} = \dfrac{V \dfrac{1}{j\omega C}}{R + \dfrac{1}{j\omega C}} = \dfrac{V}{j\omega CR + 1}$ （$j\omega C$を分母・分子へ掛ける）

・伝達関数：$H(\omega) = \dfrac{V_C}{V} = \dfrac{1}{1 + j\omega CR}$ ……………………………(4-14)

となります．$R = 30\,\Omega$，$C = 1\mu\mathrm{F}$ として $H(\omega)$ を計算したものが，**図4-10**です．このように周波数が大きくなるにしたがい，$H(\omega)$ が減衰していきます．

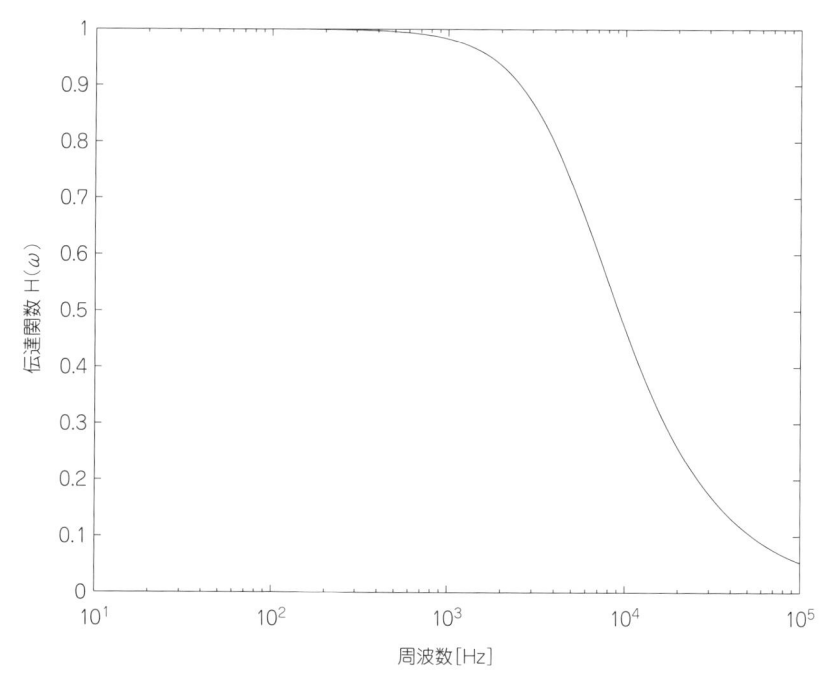

[**図4-10**] 図4-9(a)の回路の伝達関数 $H(\omega)$（周波数が大きくなるにしたがい，出力の振幅が減衰していく）

▶抵抗とコンデンサによるハイパス・フィルタ回路

図4-9(b)は抵抗とコンデンサによるハイパス・フィルタ回路です．ここも計算してみましょう．

・抵抗 R とコンデンサ C の合成インピーダンス：$Z = R + \dfrac{1}{j2\pi fC} = R + \dfrac{1}{j\omega C}$

・回路に流れる電流：$I = \dfrac{V}{R + \dfrac{1}{j\omega C}}$

※ jωCを分母，分子へ掛ける

・抵抗の両端の電圧：$V_R = I \cdot R = \dfrac{V \cdot R}{R + \dfrac{1}{j\omega C}} = \dfrac{V \cdot j\omega CR}{j\omega CR + 1}$

・伝達関数：$H(\omega) = \dfrac{V_R}{V} = \dfrac{j\omega CR}{1 + j\omega CR}$ ……………………………………(4-15)

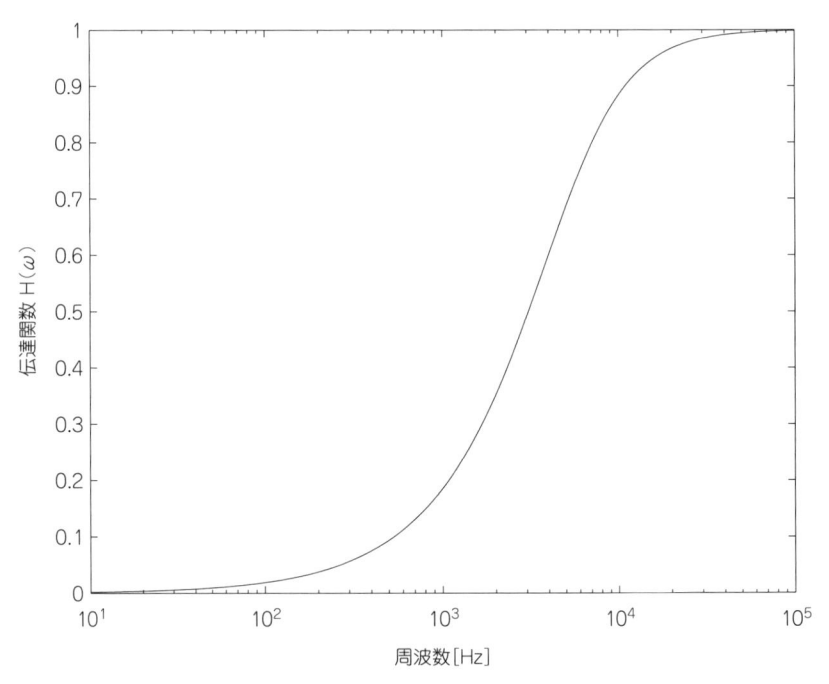

[図4-11] 図4-9(b)の回路の伝達関数 $H(\omega)$（周波数が小さくなるにしたがい，出力の振幅が減衰していく）

となります．$R=30\,\Omega$，$C=1\,\mu\mathrm{F}$として$H(\omega)$を計算したものが，**図4-11**です．このように周波数が小さくなるにしたがい，$H(\omega)$が減衰していきます．

▶ **3dBカットオフ周波数**

上記の図4-7，図4-8，図4-10，図4-11で減衰量が$1/\sqrt{2}$になるところを**カットオフ周波数**と呼びます．$1/\sqrt{2}$はdBで表すと$20\log(1/\sqrt{2})\simeq-3$と，$-3\mathrm{dB}$になります．この関係を数式で検討してみましょう．

抵抗とコイルのローパス・フィルタの伝達関数は，式(4-12)のとおり，

$$H(\omega)=\frac{R}{R+j\omega L} \quad\cdots\cdots\text{[式(4-12)再掲]}$$

でした．ここで，$R=\omega L$になるところを考えてみましょう．p.78の「オイラーの公式に関係する基本公式」でも説明したように，複素数$A+jB$の大きさは$\sqrt{A^2+B^2}$です．ωLにRを代入して再度，式を大きさ（| |は絶対値）で考えてみると，

$$|H(\omega)|=\left|\frac{R}{R+jR}\right|=\frac{R}{\sqrt{R^2+R^2}}=\frac{R}{\sqrt{2}R}=\frac{1}{\sqrt{2}} \quad\cdots\cdots(4\text{-}16)$$

となります．$1/\sqrt{2}$は先の$-3\mathrm{dB}$であり，$R=\omega L$となる周波数が$-3\mathrm{dB}$となるカットオフ周波数になるのです．その周波数fは，

$$R=\omega L,\quad R=2\pi f L,\quad f=\frac{R}{2\pi L}$$

で求められます．

同じようにコンデンサでも考えてみましょう．抵抗とコンデンサのローパス・フィルタの伝達関数は，式(4-14)のとおり，

$$H(\omega)=\frac{1}{1+j\omega CR} \quad\cdots\cdots\text{[式(4-14)再掲]}$$

なので，$1=\omega CR$のところが，$1/\sqrt{2}$のポイントです．その周波数fは，

$$1=\omega CR,\quad 1=2\pi fCR,\quad f=\frac{1}{2\pi CR}$$

(a) 直列共振回路　　(b) 並列共振回路

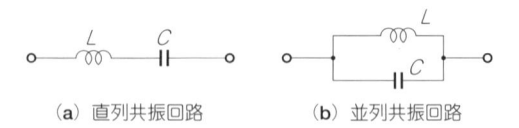

[図 4-12] コイル/コンデンサによる共振回路

で求められます※10.

● コイル/コンデンサによる共振回路
▶ 直列共振回路は共振するとインピーダンスがゼロ

ようやく「無線数学」らしい項目が出てきました．図 4-12(a)はコイルとコンデ

※10：なお $H(\omega) = 1/(1 + j\omega CR)$ の式で，ω が大きくなって $1 \ll \omega CR$ となる周波数では，$H(\omega) = 1/j\omega CR$ と近似できる．

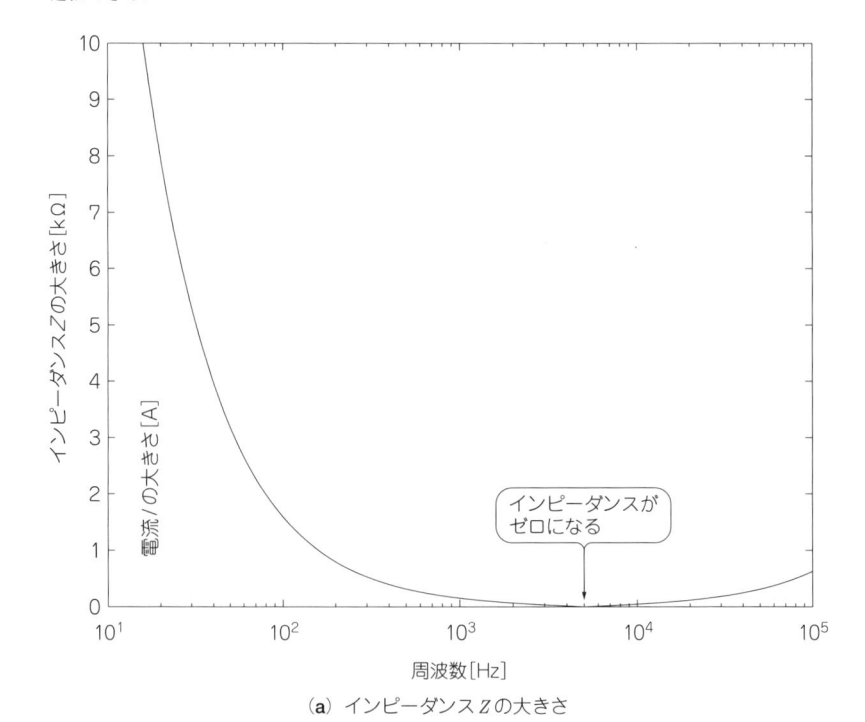

(a) インピーダンス Z の大きさ

[図 4-13] 直列共振回路のインピーダンス Z と回路に流れる電流 I の大きさ（$V = 1\text{V}$，$L = 1\text{mH}$，$C = 1\mu\text{F}$）

ンサが直列に接続された直列共振回路です．これを式を使って解析してみましょう．
コイル L とコンデンサ C の合成インピーダンス Z は，

$$Z = j\omega L + \frac{1}{j\omega C} \quad \cdots\cdots\cdots\cdots\cdots\cdots\cdots\cdots\cdots\cdots\cdots\cdots\cdots\cdots\cdots\cdots\cdots (4\text{-}17)$$

であり，回路に流れる電流は，

$$I = \frac{V}{j\omega L + \dfrac{1}{j\omega C}} = \frac{V}{j\left(\omega L - \dfrac{1}{\omega C}\right)} \quad \cdots\cdots\cdots\cdots\cdots\cdots\cdots\cdots\cdots\cdots (4\text{-}18)$$

となりますが，なんと $\omega L = 1/\omega C$ になると合成インピーダンス Z がゼロになってしまいます！つまり回路には無限大の電流 I が流れてしまうのです（実際の回路ではロスがあるため，無限大にはならない）．

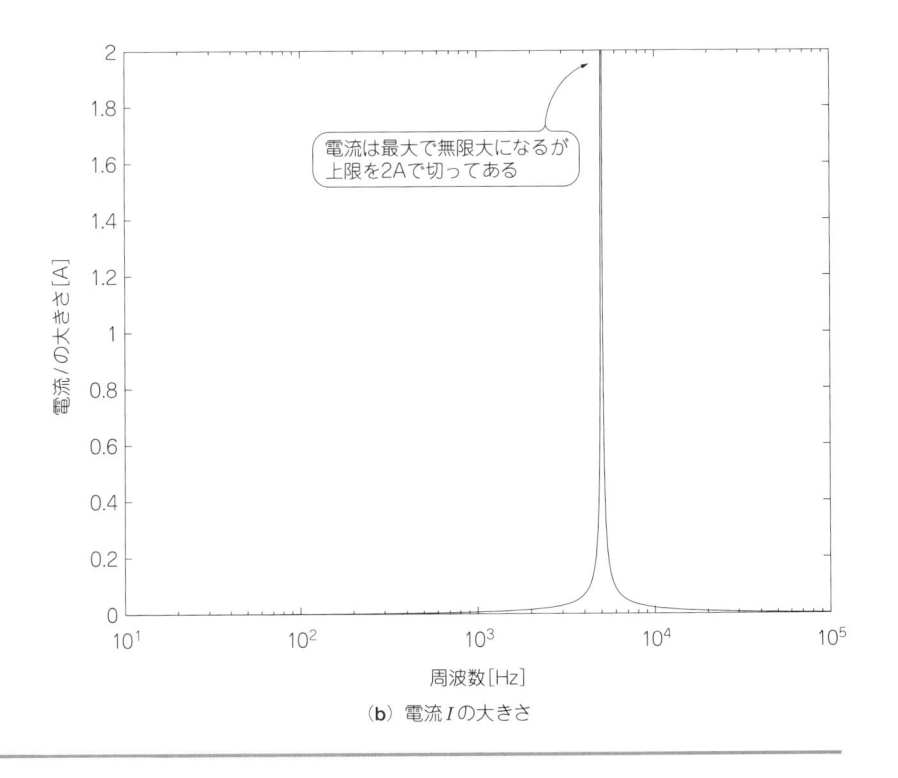

（**b**）電流 I の大きさ

$\omega L = 1/\omega C$ であることから，$\omega = 2\pi f$ の f が特定の周波数において，Z がゼロになることがわかります．この特定の周波数を**共振周波数**と呼びます．

$V = 1\mathrm{V}$，$L = 1\mathrm{mH}$，$C = 1\mu\mathrm{F}$ として，図4-12(a)の直列共振回路の周波数 f とインピーダンス Z および電流 I の大きさ(それぞれ絶対値．位相は考えない)を計算したものを図4-13(a)と(b)にそれぞれ示します．

$\omega L = 1/\omega C$ となる共振周波数 f_{res} (f-resonant)は，

$$\omega L = \frac{1}{\omega C}, \quad \omega^2 = \frac{1}{LC}, \quad f_{res} = \frac{1}{2\pi\sqrt{LC}}$$

で求められます．

▶ 並列共振回路は共振するとインピーダンスが無限大

図4-12(b)はコイルとコンデンサが並列に接続された並列共振回路です．これも式を使って解析してみましょう．コイル L とコンデンサ C の合成インピーダンス Z

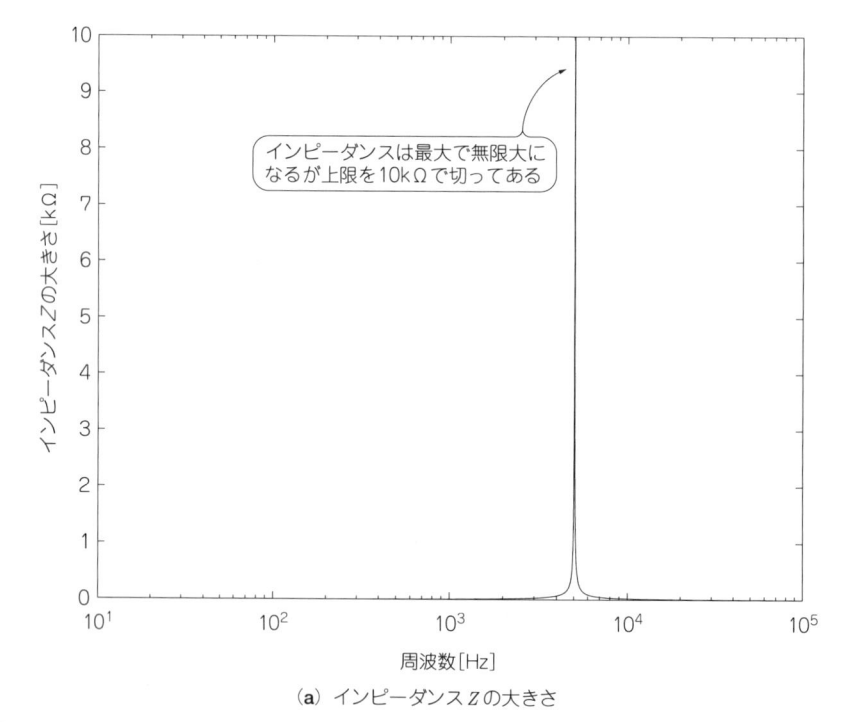

インピーダンスは最大で無限大になるが上限を10kΩで切ってある

(a) インピーダンス Z の大きさ

[図4-14] 並列共振回路のインピーダンス Z と回路に流れる電流 I の大きさ ($V = 1\mathrm{V}$，$L = 1\mathrm{mH}$，$C = 1\mu\mathrm{F}$)

は，

$$Z = \frac{j\omega L \times \dfrac{1}{j\omega C}}{j\omega L + \dfrac{1}{j\omega C}} = \frac{L}{C} \cdot \frac{1}{j\omega L + \dfrac{1}{j\omega C}} \quad \cdots\cdots (4\text{-}19)$$

であり，回路に流れる電流は，

$$I = \frac{V}{Z} = V \cdot \overbrace{\frac{C}{L}\left(j\omega L + \frac{1}{j\omega C}\right)}^{1/Z} = V \cdot \frac{C}{L}\left(j\omega L - j\frac{1}{\omega C}\right) \quad \cdots\cdots (4\text{-}20)$$

となりますが，なんと $\omega L = 1/\omega C$ になると合成インピーダンス Z が無限大になってしまいます！つまり回路には電流が流れなくなってしまうのです．

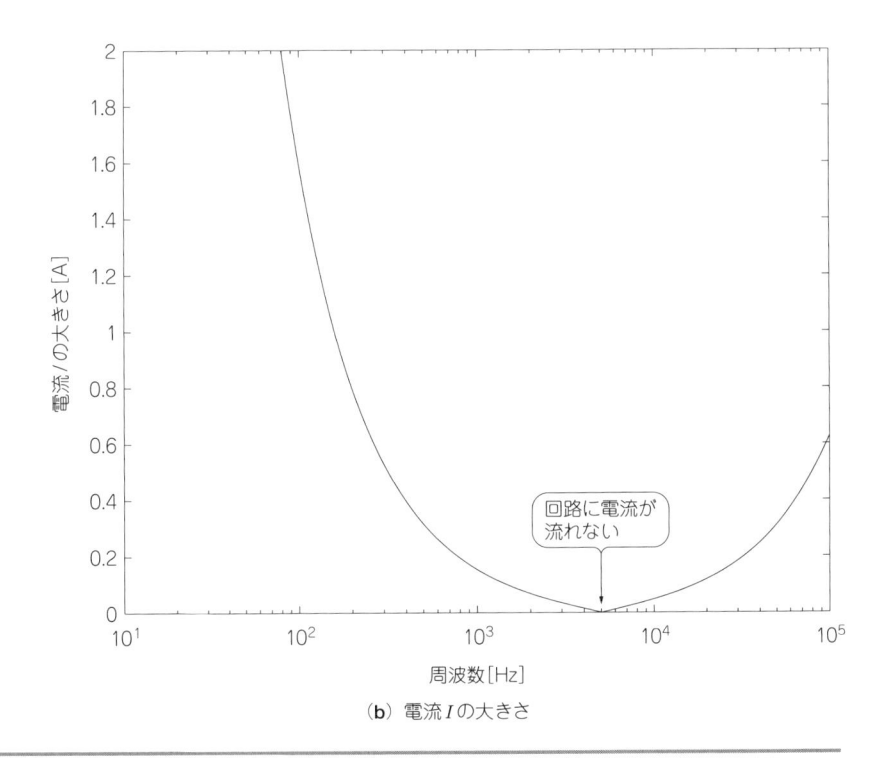

(b) 電流 I の大きさ

ここでも f が特定の周波数で Z が無限大になることがわかります．これも**共振周波数**です．共振周波数 $f_{res} = 1/2\pi\sqrt{LC}$ で，これも直列共振回路と同じです．

$V = 1\text{V}$，$L = 1\text{mH}$，$C = 1\mu\text{F}$ として，**図 4-12(b)** の並列共振回路の周波数 f とインピーダンス Z および電流 I の大きさ（それぞれ絶対値．位相は考えない）を計算したものを図 4-14(a) と (b) にそれぞれに示します．

▶ **抵抗を持つ直列共振回路と Q 値：共振性能が低下してくる**

図 4-12 の回路に抵抗 R が付加された場合を考えてみましょう．机上の計算だけであれば抵抗など考えなくてもよいのでしょうが，実際の回路ではコイルの抵抗分（銅損）や，鉄損/渦電流損などの等価的な抵抗，そしてコンデンサでは無限大の抵

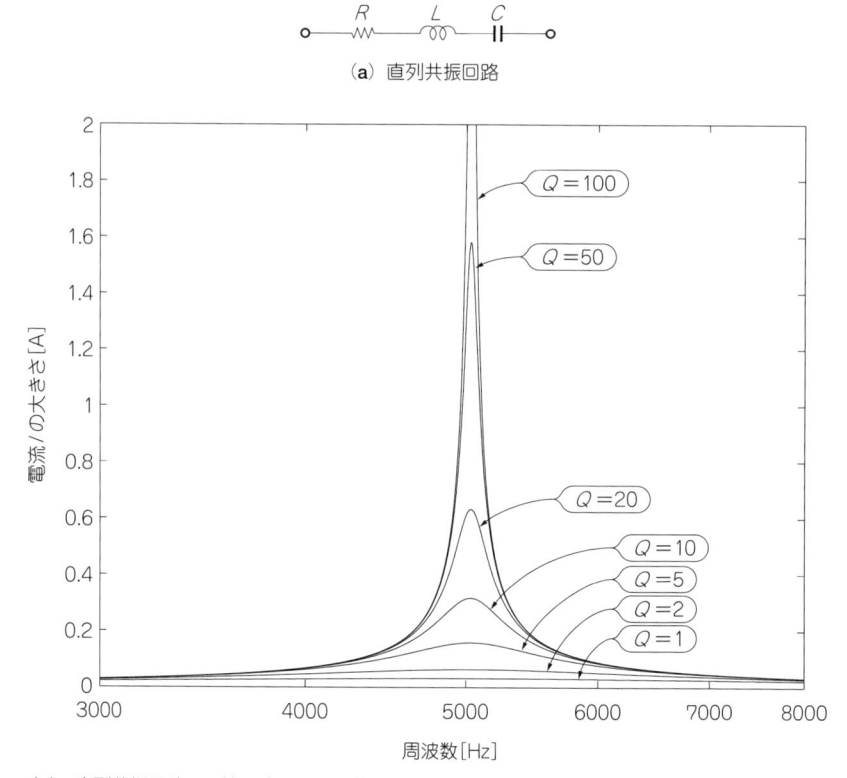

(a) 直列共振回路

(b) 直列共振回路の Q 値の違いによる共振の鋭さ（交流電圧源 1V のときの回路に流れる電流 I）

[図 4-15] **抵抗 R を持つ共振回路**（グラフは $L = 1\text{mH}$，$C = 1\mu\text{F}$ のとき．図 4-13，図 4-14 に比べ周波数軸が拡大されている）

抗のはずが，誘電体損などにより抵抗損が発生します．

回路計算をしていくうえで，これらの抵抗成分を考慮に入れなければ，現場での回路設計では使い物にならないのです．

まえおきはこれくらいにして，ここでも式を使って解析してみましょう．

図 4-15(a)の抵抗 R が付加された直列共振回路の合成インピーダンス Z は，

$$Z = R + j\omega L + \frac{1}{j\omega C} \quad \cdots\cdots\cdots\cdots\cdots\cdots\cdots\cdots\cdots\cdots\cdots\cdots\cdots\cdots\cdots\cdots\cdots\cdots\cdots\cdots\cdots (4\text{-}21)$$

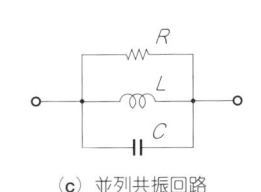

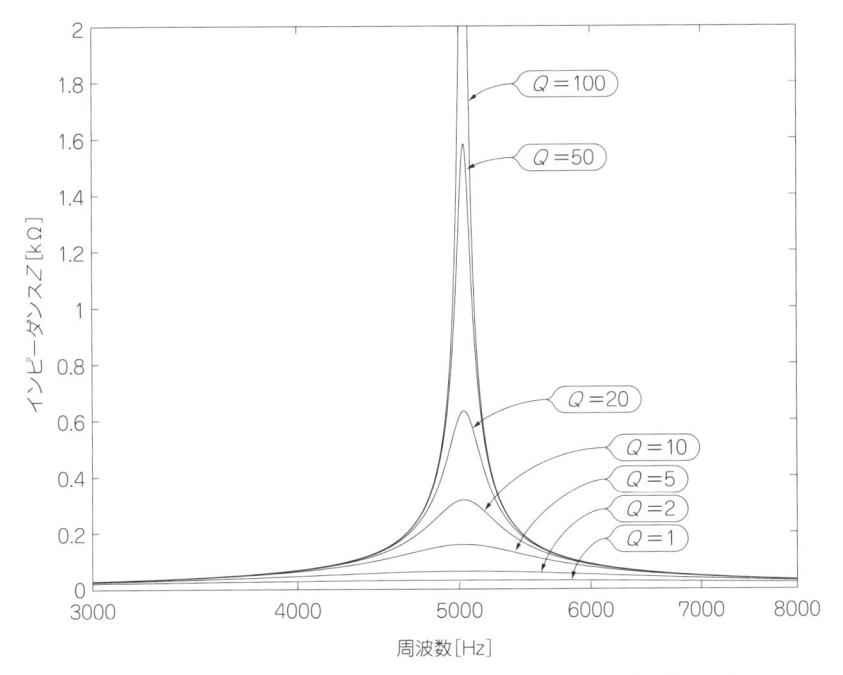

(c) 並列共振回路

(d) 並列共振回路の Q 値の違いによる共振の鋭さ(回路のインピーダンス Z)

であり，回路に流れる電流は，

$$I = \frac{V}{Z} = \frac{V}{R + j\omega L + \dfrac{1}{j\omega C}} = \frac{V}{R + j\left(\omega L - \dfrac{1}{\omega C}\right)} \quad \cdots\cdots (4\text{-}22)$$

となります．共振周波数 ω_{res} ($\omega_{res}L = 1/\omega_{res}C$, $\omega_{res} = 1/\sqrt{LC}$) においては，合成インピーダンス Z は抵抗成分だけが残り，$Z_{res} = R$ になります．つまり共振周波数では回路は純抵抗成分 R しかないように見えるのです．

ところが本来は R は**ゼロ**であってほしいわけで，R が大きくなれば共振性能は低下してしまうことになります．この性能を示す指標を Q 値（Quality Factor）と呼び，以下の式で示します．Q 値は高いほうが良い性能となります．

$$Q = \frac{\omega_{res}L}{R} = \frac{1}{\omega_{res}CR} \quad \cdots\cdots (4\text{-}23)$$

ここで ω_{res} は共振周波数（角周波数）です．式の覚え方としては，$Q = X/R$ となっていますから，X と R の関係式であり，R が小さければ性能が良いという点から**分母が R** だと思ってください（並列共振は逆）．

図 4-15(b) に Q 値を変えたときの，**回路に流れる電流 I** の変化のようすを示します．$L = 1\text{mH}$，$C = 1\mu\text{F}$ です．直列共振回路においては，Q 値が大きくなるにしたがい共振周波数で回路に流れる電流が大きくなることがわかります．

▶ **抵抗を持つ並列共振回路と Q 値**

次は並列共振回路です．**図 4-15(c)** の抵抗 R が付加された並列共振回路の合成インピーダンス Z は，※11

$$\frac{1}{Z} = \frac{1}{R} + \frac{1}{j\omega L} + j\omega C = \frac{1}{R} - j\frac{1}{\omega L} + j\omega C \quad \cdots\cdots (4\text{-}24)$$

であり，回路に流れる電流は，

$$I = \frac{V}{Z} = V \cdot \left(\frac{1}{R} - j\frac{1}{\omega L} + j\omega C\right) \quad \cdots\cdots (4\text{-}25)$$

となります．共振周波数 ω_{res} ($1/\omega_{res}L = \omega_{res}C$, $\omega_{res} = 1/\sqrt{LC}$) では，合成イン

※11：この式では並列回路の計算を逆数（アドミッタンス）で求めるやりかたで表している．

ピーダンス Z は抵抗成分だけが残り，$Z_{res} = R$ になります．つまり並列共振回路でも，共振周波数では回路は純抵抗成分 R しかないように見えるのです．

ところが並列共振回路では，本来 R は**無限大**であってほしいわけで，R が小さくなれば共振性能は低下してしまうことになります．そのため Q 値の考え方は直列共振回路の式(4-23)と異なり，[※12]

$$Q = \frac{R}{\omega_{res}L} = \omega_{res}CR \quad \cdots\cdots\cdots\cdots\cdots\cdots\cdots\cdots\cdots\cdots\cdots\cdots\cdots\cdots\cdots\cdots\cdots\cdots\cdots (4\text{-}26)$$

と分子と分母が逆になります．ここでの式の覚え方としては，R が大きければ性能が良いということなので，**分子が R だと思ってください**（直列共振と逆）．

また図4-15(d)に Q 値を変えたときの，**回路のインピーダンス Z の変化のようす**を示します（ここではインピーダンスを見ているので注意）．$L = 1\text{mH}$，$C = 1\mu\text{F}$ です．並列共振回路においては，Q 値が大きくなるにしたがいインピーダンスが大きくなるので，共振周波数で回路に流れる電流が小さくなることがわかります．

▶ **実際の設計と Q 値**

実際の設計においては，コイルとコンデンサではコイルの方が Q 値の低下に影響を与える（直列抵抗が大きい）ので注意します．高周波回路ではコイルの Q 値は数十というレベルです．

またコイルのカタログでの表記として，共振状態を考えずに，ある周波数におけるインダクタンスと直列抵抗の比として Q 値を表すことが多々あります（コンデンサは第8章8-3のp.243のように $\tan\delta$ で表される）．

なお，本書では説明しませんが，並列共振回路でコイルに等価直列抵抗がある場合，共振周波数が若干ずれるという特性があります．

● **交流の電力の考え方は3種類ある**

図4-16のような抵抗 R とリアクタンス X のついている負荷があったとします．ここに電圧 V がかかり，V と位相のずれた電流 I が流れ込んでいたとします．交流ではこのときに，単純計算での見かけ上の電力と，実際に負荷で消費される電力と，負荷では消費されない電力の3種類があります．それぞれ，

※12：実は並列共振の場合の Q も，コイル L と抵抗 R が直列，それに並列にコンデンサ C が繋がるモデルが現実である．これを第9章9-1，p.256のように直列並列変換して並列抵抗に変換することで，この式が得られる．コイル／コンデンサそれぞれに流れる電流は Q 倍になるので，並列共振は「タンク回路」とも呼ばれる．詳細については，以下の「共振周波数がずれる」という説明の答えも含めて，参考文献(1)や参考文献(50)を参照のこと．

- 単純計算での見かけ上の電力　　皮相電力(apparent power)
- 実際に負荷で消費される電力　　有効電力(real power)
- 負荷では消費されない電力　　　無効電力(reactive power)

と呼びます．ここではそれぞれがどういうモノであるかを説明していきましょう．

▶ 皮相電力

電圧と電流が位相θだけずれていたとします．電圧の実効値をV，電流の実効値をIとすると，電圧と電流のコサイン波の時間波形$v(t)$，$i(t)$は以下のように表せます[13]．

$$v(t) = \sqrt{2}Ve^{j\omega t}, \quad i(t) = \sqrt{2}Ie^{j\omega t+\theta} \quad \cdots\cdots\cdots\cdots\cdots\cdots\cdots\cdots\cdots\cdots\cdots (4\text{-}27)$$

ここでωはコサイン波の角周波数です．**皮相電力**Sは単純に$S = VI$です．まるっきり単純です．しかしこれは実際に負荷で消費される電力ではありません．そのため[W]（ワット）ではなく[VA]（ボルト・アンペア）という単位になります．

▶ 有効電力

上の式(4-27)をもっと簡単にしてみます．$e^{j\omega t}$は時間で変化する波形だけなので計算には関係ないので削除し，大きさは実効値表記とし，cosとsinだけで$v(t)$と$i(t)$の位相差成分θのみ示してみると，

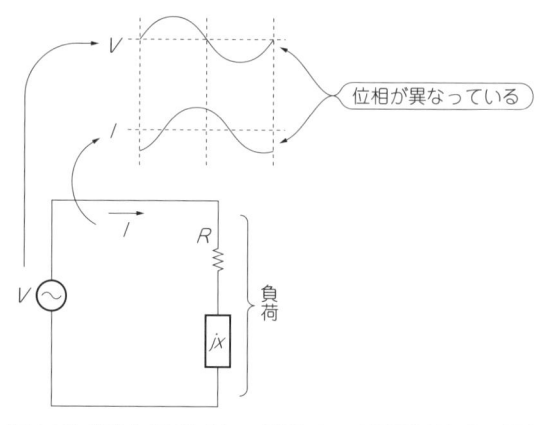

[図4-16] 抵抗とリアクタンス負荷にかかる電圧と流れ込む電流

※13：時間変動する意味合いを込めて，別の記号として小文字を用いて示してある．

$$v = V, \quad i = I(\cos\theta + j\sin\theta) \quad \cdots\cdots\cdots\cdots\cdots\cdots\cdots\cdots\cdots\cdots\cdots\cdots\cdots (4\text{-}28)$$

であり，複素数としての電力は $VI(\cos\theta + j\sin\theta)$ になります．ここで実際に負荷で消費される電力は，この複素数のうち実数部だけになります．これが**有効電力** P で，単位は[W]（ワット）です．

つまり有効電力 P は $P = VI\cos\theta$ で，これが抵抗での電力＝損失となり，熱になります．この $\cos\theta$ を特に強電分野では**力率**と呼びます．

▶ **無効電力**

負荷では消費されない電力があります．これを**無効電力** Q と呼び，$Q = VI\sin\theta$ で上記の複素数のうちの虚数部だけになります．無効電力の単位は[Var]（バール）です．この無効電力は負荷で損失にはなりません．この理由を説明してみます．

ここで $I(\cos\theta + j\sin\theta)$ の虚数部分を $I_r = I\sin\theta$ とします．これは V と90°位相がずれています．90°位相のずれた波形同士はコサイン波とサイン波であり，それらが掛け算されると，

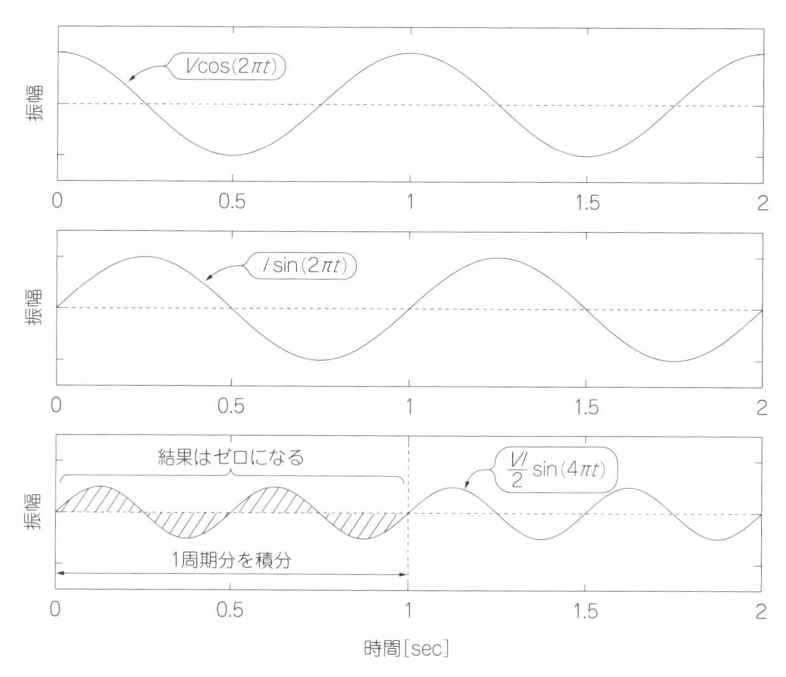

[図4-17] $V\cos(2\pi t)$ と $I\sin(2\pi t)$ が掛け算され積分されるようす

$$V\cos(\omega t) \times I\sin(\omega t) = \frac{VI}{2}\sin(2\omega t) \quad \cdots\cdots\cdots\cdots\cdots\cdots\cdots\cdots\cdots (4\text{-}29)$$

と2倍の周波数相当になります．式(4-2)と同様に1周期分を積分で計算[※14]してみると($f=1$Hzとして)，

$$\begin{aligned} P &= \int_0^1 V\cos(2\pi t) \times I\sin(2\pi t)\, dt = \int_0^1 \frac{VI}{2}\sin(2\times 2\pi t)\, dt \\ &= \frac{VI}{2}\left[-\frac{1}{4\pi}\cos(4\pi t)\right]_0^1 = \frac{VI}{2}\left(-\frac{1}{4\pi}+\frac{1}{4\pi}\right) = 0 \quad \cdots\cdots\cdots\cdots\cdots (4\text{-}30) \end{aligned}$$

と結果はゼロになります(つまり損失がない)．この積分のようすを図4-17にも示します．これはコイルやコンデンサが電力を消費しないのと同じことを言っています[※15]．

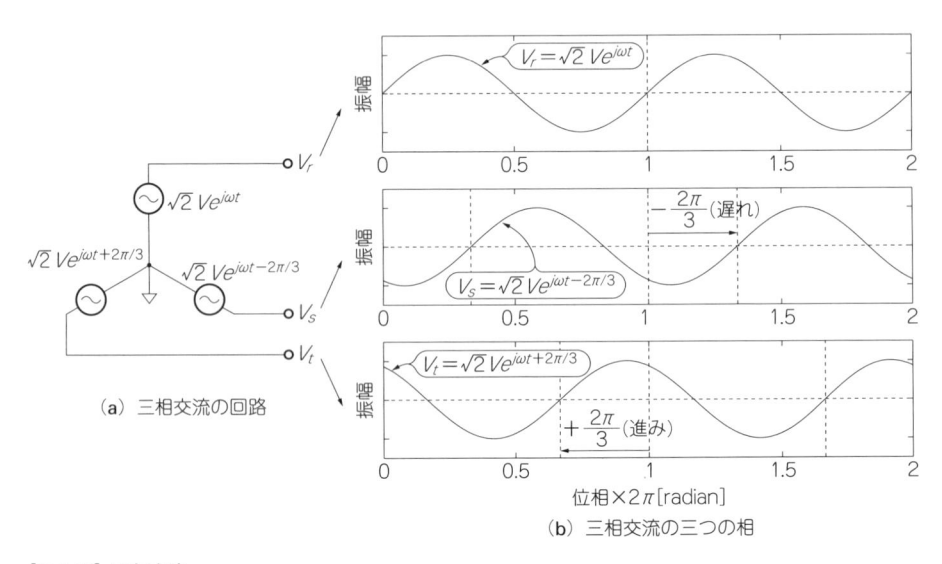

[図4-18] 三相交流

※14：積分については第5章を先に参照していただきたい．
※15：強電の計算で，送電線のインピーダンスが $R+jX$ で，送端電圧 V_s，受端電圧 V_r，負荷有効電力 P，無効電力 Q とすると，$V_s \cdot V_r = V_r^2 + (RP+XQ)$ という式がある．「これは変だぞ」と思い自分で計算してみると，確かに，無視できるとも言える項があることがわかった．そのあとで教科書をみると，この式は簡略式であることもわかった．

● **強電では必須の三相交流**

強電では三相交流というものが使われます．これは図4-18(a)のように3本の電線を用いて，図4-18(b)のように三つの相の交流を伝送するというものです．

この三つの相はUVW相とかRST相とか呼ばれますが，それぞれが120°ずつずれています．つまり，

$$\left.\begin{array}{l} V_r = \sqrt{2}V e^{j\omega t} \\ V_s = \sqrt{2}V e^{j\omega t - 2\pi/3} \\ V_t = \sqrt{2}V e^{j\omega t + 2\pi/3} \end{array}\right\} \quad \cdots\cdots\cdots\cdots\cdots\cdots\cdots\cdots\cdots\cdots\cdots\cdots\cdots\cdots (4\text{-}31)$$

と表せます．弱電と強電，まったく異なるようですが，電気数学として理論的に見た場合はどちらも同じなのです．

4-3　三角関数の公式は覚えなくても使えるようにしておこう

「交流回路はオームの法則プラス複素数」という本章のアピール・ポイントから考えれば，$e^{j\omega t} = \cos(\omega t) + j\sin(\omega t)$がわかっていれば十分ともいえますが，実際にはcosを2乗したり，sinとcosを掛け合わせたり，いままでにも説明してきたような，三角関数の公式を利用した変換が結構必要です．ここでは図を駆使して，必要最低限のぶんを，わかりやすく説明していきましょう．

必要最低限と言った以上，説明する公式に関連する公式も多数あるのですが，それらは簡単に示すだけにしますので，他の参考書を参照してください．といっても，「本質的にはどういうふうに信号が振る舞うのか」という点で考えれば，直感的に理解できるようにしてありますので，安心してください[※16]．

● **コサイン波を2乗する**

さきの式(4-2)で電力を求めるために用いたものです．

$$\cos^2(\omega t) = \frac{1 + \cos(2\omega t)}{2} \quad \cdots\cdots\cdots\cdots\cdots\cdots\cdots\cdots\cdots\cdots\cdots\cdots\cdots\cdots (4\text{-}32)$$

と2乗すると図4-19のように**周波数が2倍**になり，平均レベル(中心値)1/2を真ん

※16：設計現場レベルであれば数式の厳密さがどうこうは問題ではなく，波形としてどのように振る舞っているかを直感的にイメージできるほうが大切である．

中にして変化する信号になることがわかります．周波数**2倍**と中心が**1/2**という点がポイントです．また$\sin^2(\omega t)$も以下のように計算できます．

$$\sin^2(\omega t) = \frac{1 - \cos(2\omega t)}{2} \quad \cdots\cdots\cdots\cdots\cdots\cdots\cdots\cdots\cdots\cdots\cdots\cdots\cdots\cdots (4\text{-}33)$$

さらに$2\omega t = \omega' t$として両辺の$\sqrt{}$を取れば，半角の公式というのも導けます．

● **サイン波とコサイン波を掛け合わせる**

先の無効電力の説明の式(4-30)で用いたものです．

$$\sin(\omega t) \times \cos(\omega t) = \frac{1}{2}\sin(2\omega t) \quad \cdots\cdots\cdots\cdots\cdots\cdots\cdots\cdots\cdots\cdots (4\text{-}34)$$

これは**倍角の公式**と呼ばれるものです．ここでも図4-20のように**周波数が2倍**になりますが，ゼロ・レベルを真ん中にして変化する信号になることがわかります．これを1周期ぶん積分すれば当然ゼロになることがわかりますね．

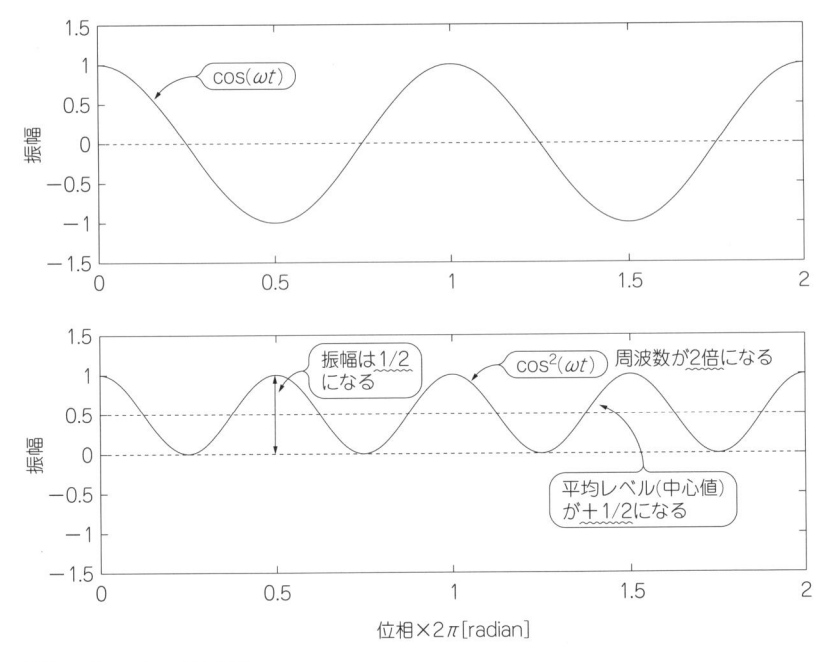

[図4-19] cosとcos²の波形

なお倍角の公式としては，$\cos(2\omega t) = \cos^2(\omega t) - \sin^2(\omega t)$ もありますが，回路計算としてはほとんど使われることはありません．

● 掛け算を足し算に直す

これは無線通信回路の変調/復調や，周波数変換で使われる公式です．二つの周波数 ω_1, ω_2 を掛け合わせるときに使われます．

$$\begin{aligned}\cos(\omega_1 t) \times \cos(\omega_2 t) &= \frac{1}{2}\{\cos(\omega_1 t + \omega_2 t) + \cos(\omega_1 t - \omega_2 t)\} \\ &= \frac{1}{2}\{\cos(\omega_1 + \omega_2)t + \cos(\omega_1 - \omega_2)t\}\end{aligned} \quad \cdots\cdots (4\text{-}35)$$

この式は**積和変換公式**と呼ばれるものです．これは**図 4-21** のように**足した周波数** $(\omega_1 + \omega_2)$ と**引いた周波数** $(\omega_1 - \omega_2)$ が生じます（それぞれの振幅は 1/2 になっている）．もう少し説明しておくと，ここでは電気数学らしく $\cos(\omega t)$ として式を示しましたが，$\cos\theta_1$, $\cos\theta_2$ で考えてもまったく同じです．そのため他の（三角関数として取り扱っている）参考書では，一般化のため θ で説明されていますので，頭にい

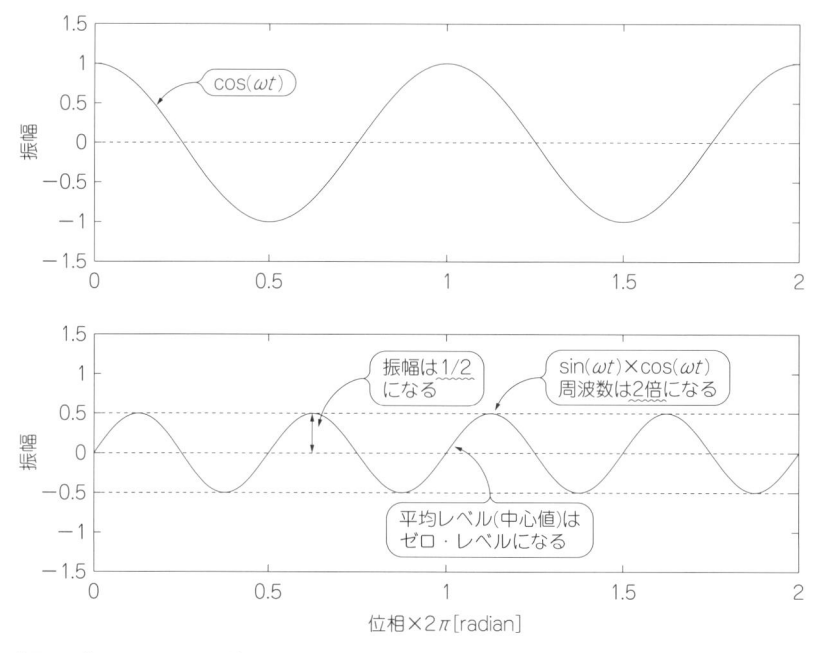

[図 4-20] $\cos$ と $\sin\cdot\cos$ の波形

れておいてください.

なお積和変換公式としては，$\sin\theta_1 \times \cos\theta_2$，$\cos\theta_1 \times \sin\theta_2$，$\sin\theta_1 \times \sin\theta_2$ もありますが，知っておくべきことは「足した周波数と引いた周波数が1/2の振幅で発生する」ことだけと言っていいでしょう．なお**表4-2**に積和変換公式をまとめておき

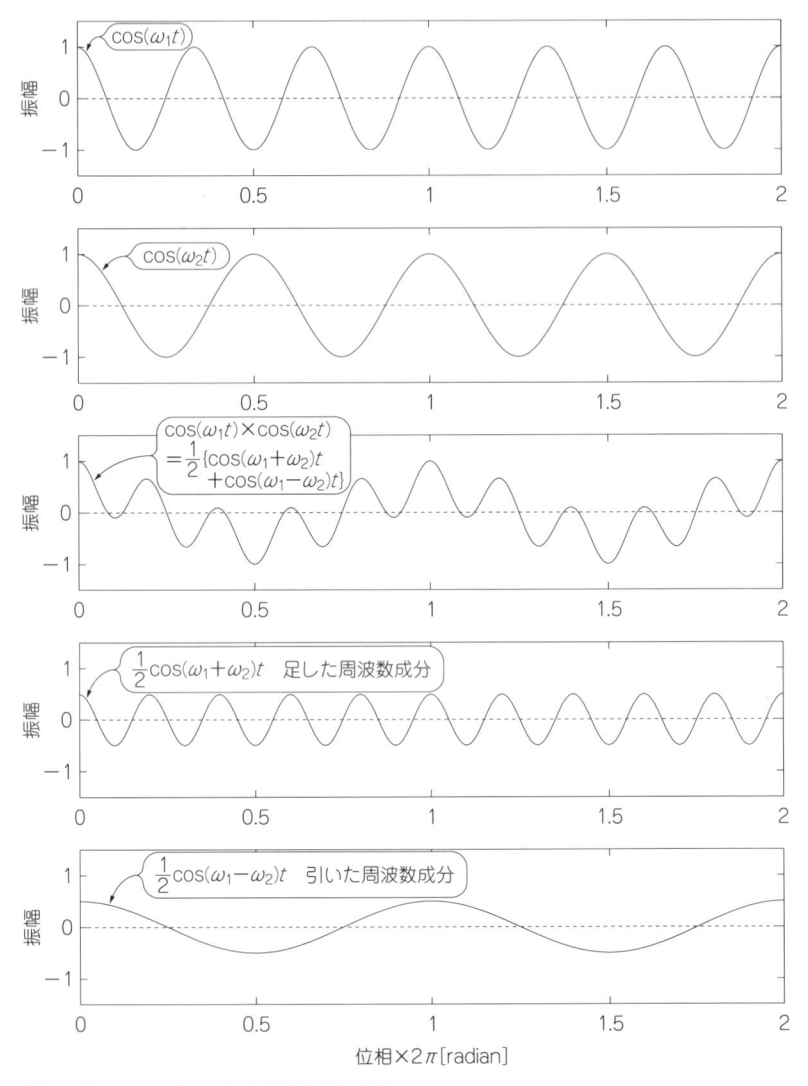

[図4-21] $\cos(\omega_1 t)$ と $\cos(\omega_2 t)$ を掛け合わせる

[表4-2] 積和変換公式

積のかたち	和のかたち
$\sin\theta_1 \cdot \cos\theta_2$	$\dfrac{\sin(\theta_1+\theta_2)+\sin(\theta_1-\theta_2)}{2}$
$\cos\theta_1 \cdot \sin\theta_2$	$\dfrac{\sin(\theta_1+\theta_2)-\sin(\theta_1-\theta_2)}{2}$
$\cos\theta_1 \cdot \cos\theta_2$	$\dfrac{\cos(\theta_1-\theta_2)+\cos(\theta_1+\theta_2)}{2}$
$\sin\theta_1 \cdot \sin\theta_2$	$\dfrac{\cos(\theta_1-\theta_2)-\cos(\theta_1+\theta_2)}{2}$

[表4-3] 和積変換公式

和のかたち	積のかたち
$\sin\theta_1 + \sin\theta_2$	$2\sin\dfrac{\theta_1+\theta_2}{2}\cdot\cos\dfrac{\theta_1-\theta_2}{2}$
$\sin\theta_1 - \sin\theta_2$	$2\cos\dfrac{\theta_1+\theta_2}{2}\cdot\sin\dfrac{\theta_1-\theta_2}{2}$
$\cos\theta_1 + \cos\theta_2$	$2\cos\dfrac{\theta_1+\theta_2}{2}\cdot\cos\dfrac{\theta_1-\theta_2}{2}$
$\cos\theta_1 - \cos\theta_2$	$-2\sin\dfrac{\theta_1+\theta_2}{2}\cdot\sin\dfrac{\theta_1-\theta_2}{2}$

ました.

　さらに補足ですが，**和積変換公式**というものもあり，$\sin\theta_1+\sin\theta_2$，$\sin\theta_1-\sin\theta_2$，$\cos\theta_1+\cos\theta_2$，$\cos\theta_1-\cos\theta_2$から，$\sin$，$\cos$の積の形にする公式もあります．電気数学ではあまり使われませんが，これも**表4-3**にまとめておきました[※17]．

Column 4
パーセント・インピーダンス

　電子回路に従事している人には「パーセント・インピーダンス」という用語は聞きなれないと思います．これは強電の世界で使われている用語で，変圧器の内部インピーダンスによる電圧降下を変圧器の定格電圧で割ったもので，異なる容量の変圧器を並列にして運転する場合などの計算が非常に簡略化できます．
　弱電が専門の私も，強電関連の国家試験を受験する中でこれに初めて出会い，「なんだこれは？」と戸惑いも覚えました．しかしよく見てみると上記のように，計算のしやすさのために「単純に定義を変えているだけなのだ」と気がつきました．
　つまりインピーダンスの定義のみが異なるだけで，「本質の議論としては変圧器という回路網の計算をしている事には何らかわりない」ということなのです．
　余談ですが，強電関連の国家試験では三相交流の計算がかなり多く出てきます．単純に位相が120°ずれているから三相交流が良くできている，ということではなく，中性点接地方式ごとによる1線地絡問題など，挙動の計算が非常に興味深く，そういう点でホントに良くできているな，と深く実感したものでした．

※17：式(4-35)を$\omega_1 t+\omega_2 t=\theta_1$，$\omega_1 t-\omega_2 t=\theta_2$として逆に計算してみれば，積和変換公式からこれを求められる．

電子回路設計のための電気/無線数学

第5章

微分と積分は水とコップ

❖

微分/積分というと，聞いただけで，食わず嫌いで「もうわからない！」
となりがちかもしれません．しかし数式で示されていることであっても，
実際には現実の日常生活で普段体験していることと全く同じであり，
逆にいうとそれを数式で示しているだけなのです．
本章では日常生活で起きていることを例にとって，
微分と積分がどんなものであるかを考えていきます．

❖

5-1 微分と積分を説明するまえに

● 微分/積分は日常生活でも目の前にある

普段生活している中にも，微分や積分の考え方を何気なく応用しているものが多々あります．本章では微分と積分の意味あいとそれぞれの関係を，水とコップを例にとり説明していきます．水とコップの例以外にも，移動速度と距離の関係などもまさしくこの微分/積分の関係であるといえます．

またこの微分/積分も，ほぼ全てが「足す」，「引く」，「かける」，「割る」で理解できます．恐れることはありません．

● 短い区間/時間で考える

微分/積分ともども言えることは，短い区間とか時間で一つの単位を考えるということです．たとえば時間で考えるとすれば，24時間かかる出来事を $1\mu sec$（$=10^{-6}sec$）ごとで見ていけば，ある時間とその $1\mu sec$ あとは，ほとんど変化しない状態だということは，直感的に日常生活でもわかることだといえます．

この $1\mu sec$ の時間を，さらにより短い時間，つまり限りなくゼロに近づけて考え

る．これが微分/積分の基本的な考え方なのです．

5-2　コップに注ぐ水で微分を理解する

● コップの水の量を基準にすれば注ぎ込む水が微分なのだ

図5-1のように，コップに水が注がれていたとします．人間がペット・ボトルからコップに水を注ぐとすれば，ペット・ボトルの狭い口からとくとくと注がれる量は，いつも一定ではありません．注がれる量は多くなったり少なくなったりします．同じように注ぐ人がペット・ボトルの傾きを変えれば，これも注がれる量が変わることになります．

コップの中の水の量を基準として考えてみましょう．ある時間に100ccだとします．この5秒後に180ccだったとしても，この間にとくとくと注がれる量は時間ごとに変化するため，水の量は一定量で増加することはありません．

ところがある時間に100ccだったとして，その$1\mu sec$後に100.00002ccだとすると，

- $1\mu sec$で0.00002cc増えた
- この間の変化量は一定だとみなすことができる

[図5-1] ペット・ボトルからコップに水を注ぐ

ということが言えます．このときの水の注がれる量を「単位時間（たとえば1sec）あたりの注入量」として考えてみれば，

$$単位時間注入量 = \frac{0.00002\text{cc}}{1\mu\text{sec}} = 20\text{cc/sec}$$

と計算することができます．これは「ある一瞬をとった，瞬時の平均注入量」とも言えます．これが**微分**なのです．……これだけです．

ここではコップがいっぱいになるまでの十数秒のうちの1μsecを短い時間（区間）であると考えましたが，微分はこの**短い時間をゼロに限りなく近づけていく**，「微に入り細に入り，分割する」と考えるわけなのです．

● **もう少し数学らしく微分を示す**

コップに水が注がれて，水の量が**図5-2**のように変化していたとします．これは注ぐ人がペット・ボトルを傾けるようすと，とくとくと注がれるようすから，水の

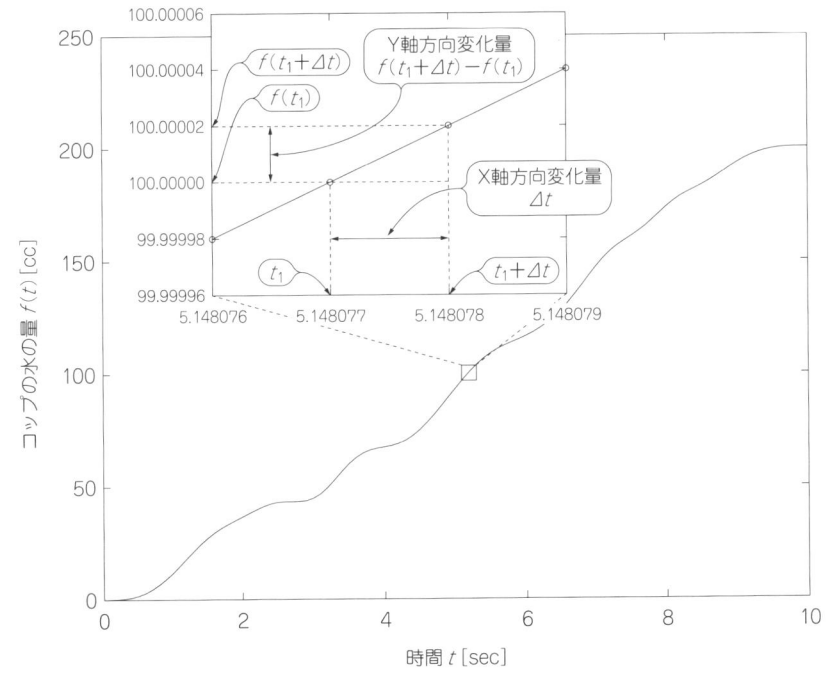

[図5-2] コップの水の量をグラフ化して$f(t)$とする

量は一定で増えていきません．この水の量を$f(t)$として，時間tの関数として考えてみましょう．

① たとえばある時間t_1のとき（上記の100ccであるとき）の水の量を$f(t_1)$とする
② $1\mu sec$の時間（実際にはかなり短い時間）をΔtとする
③ $1\mu sec$後の水の量は$f(t_1+\Delta t)$になる
④ 「$1\mu sec$で0.00002cc増えた」増分は$f(t_1+\Delta t)-f(t_1)$と表現できる
⑤ この間の変化量は一定だとみなすことができる

これをもとに時間t_1のときの**単位時間相当**の注入量を考えれば，

$$単位時間注入量 = \frac{f(t_1+\Delta t)-f(t_1)}{\Delta t}$$

と表すことができます．ここでΔtをゼロに限りなく近づけるように考えます．

$$単位時間注入量 = f'(t_1) = \lim_{\Delta t \to 0}\left\{\frac{f(t_1+\Delta t)-f(t_1)}{\Delta t}\right\} \quad \cdots\cdots (5\text{-}1)$$

ここで$\lim_{\Delta t \to 0}$は，Δtを限りなくゼロに近づけるというものです．$f'(t_1)$はあとで説明します．これをもとに図5-2を見てください．拡大してある部分でのX軸方向の変化量はΔtであり，Y軸方向の変化量は$f(t_1+\Delta t)-f(t_1)$です．Δtの間のY軸方向の変化量は完全に一定だとみなせるといえます．上の式(5-1)は図5-2の拡大部分のY方向の変化量/X方向の変化量，つまり**傾き**だということがわかりますね．

時間t_1のときの単位時間注入量=$f'(t_1)$としましたが，この$f'(t_1)$が$t=t_1$のときの$f(t)$の線の**傾き**（これを**微分係数**と呼ぶ）を示しているのです．

いまは$t=t_1$として「ある時点t_1」で考えましたが，これをtのままとし関数の全域で考えたもの……$f'(t)$（これを**導関数**と呼ぶ），これが微分の数学的な考え方です．とはいっても日常生活を例にすると単純だとわかりますね．「微分は傾き」なのです．

▶ **微分/導関数の表し方**

昔の数学者ごとにそれぞれ微分/導関数の表し方に違いがあり，それが現在でも異なる表記方法として用いられています．以下は全て同じことを言っているだけですので，何も心配しないでください（変数をtとしているが，xでも何でも，記号を何にするかの違いだけで同じこと）．

$$f'(t), \quad \{f(t)\}', \quad \dot{f}(t), \quad \frac{d}{dt}f(t), \quad \frac{df(t)}{dt}, \quad y', \quad \frac{dy}{dt}$$

ここで $\frac{dy}{dt}$ ($\frac{dy}{dx}$ も同じ) は，よく見るかたちかと思います．ここまで説明してきたように $dt = \Delta t$ [※1]，つまり X 軸方向の変化量であり，$dy = f(t+\Delta t) - f(t)$ は Y 軸方向の変化量なので，$\frac{dy}{dt}$ はただ割り算している[※2]ということだけなのです．

● **電気/無線数学で利用する微分公式**

詳しい説明は微分/積分の参考書に任せることにして，ここでは電気/無線数学でよく利用する微分計算を公式として示しましょう（変数を t としている．t を x にしても全く同じ．A は定数）．

$$A' = 0, \quad t' = 1, \quad (At)' = A, \quad (At^2)' = 2At, \quad (At^n)' = nAt^{n-1}$$

$$\left(\frac{A}{t}\right)' = -\frac{A}{t^2}, \quad \left(\frac{A}{t^2}\right)' = -\frac{A}{2t^3}, \quad \left(\frac{A}{t^n}\right)' = -\frac{A}{nt^{n+1}}$$

$$(\sin t)' = \cos t, \quad (\cos t)' = -\sin t, \quad \{\sin(At)\}' = A\cos(At)$$

$$\{\sin(\omega t)\}' = \omega \cos(\omega t), \quad (e^t)' = e^t, \quad (e^{jt})' = je^{jt}, \quad (e^{j\omega t})' = j\omega e^{j\omega t}$$

$$(\log_e t)' = \frac{1}{t} \quad (\log_e t = \ln t)$$

$$\{f(t) \pm g(t)\}' = \{f(t)\}' \pm \{g(t)\}', \quad \{f(t)g(t)\}' = f'(t)g(t) + f(t)g'(t)$$

$$\left\{\frac{f(t)}{g(t)}\right\}' = \frac{f'(t)g(t) - f(t)g'(t)}{\{g(t)\}^2}$$

● **少し複雑な微分計算——「合成関数の微分」**

$y = f(t), \quad t = g(x)$ というように，「y の変数 t は，x の関数である」というとき，つまり，

※1：もう少しきちんと説明しておくと，$dt = \lim_{\Delta t \to 0} \Delta t$ である．
※2：「ただ」とは言っても限りなくゼロにまで細かくしている……**極限**をとっていることは忘れてはならない．

$$y = f(t) = f\{g(x)\}, \quad t = g(x) \quad \cdots\cdots (5\text{-}2)$$

という場合，y' は以下のように表せます．

$$y' = \frac{df(t)}{dx} = \frac{dy}{dx} = \frac{dy}{dt} \cdot \frac{dt}{dx} = f'(t)\frac{dt}{dx} \quad \cdots\cdots (5\text{-}3)$$

これでは何だかわからないので，具体的に示してみましょう．たとえば，

$$y = (\sin x)^2 \quad \cdots\cdots (5\text{-}4)$$

を微分してみましょう[※3]．これは式 (4-33) を用いても解けますが，ここでは $y = t^2$，$t = \sin x$ としてみると，

$$\frac{dy}{dt} = 2t, \quad \frac{dt}{dx} = \cos x$$

$$\therefore \quad y' = \frac{dy}{dx} = \frac{dy}{dt} \cdot \frac{dt}{dx} = 2t \cdot \cos x = 2\sin x \cdot \cos x \quad \cdots\cdots (5\text{-}5)$$

と計算できます．この結果は式 (4-33) を用いて微分し，式 (4-34) で変換したものとも同じになります．

考え方からすれば，「y について変数 t での傾き $\dfrac{dy}{dt}$ を計算し，次にそれを t と x の傾きの関係 $\dfrac{dt}{dx}$ で補正する」とでもいえるでしょう．いずれにしても，dy, dx, dt は**細かく分割された長さ**なので，単純な四則計算という意味からしても，このように x と y の式に dt を入れることもできるし，「単に $\dfrac{dt}{dt}$ は打ち消しあうだけだ」ということもわかりますね．

▶ $\{\sin(\omega t)\}'$ とか $(e^{j\omega t})'$ を考える

微分公式として $\{\sin(\omega t)\}'$ とか $(e^{j\omega t})'$ などの式を，上記ではそのまま示してありました．実はこれらの式も合成関数なのです．まず $y = \sin(\omega t)$ を $y = \sin\theta$ という形

※3：一般的には $\sin^2 x$ と書く．

に，$\theta = \omega t$ としてみれば，

$$y' = \frac{dy}{dt} = \frac{dy}{d\theta} \cdot \frac{d\theta}{dt}, \quad \frac{dy}{d\theta} = \cos\theta, \quad \frac{d\theta}{dt} = \omega,$$

$$\frac{dy}{dt} = \frac{dy}{d\theta} \cdot \frac{d\theta}{dt} = \cos\theta \times \omega = \omega\cos(\omega t) \quad \cdots\cdots\cdots\cdots\cdots (5\text{-}6)$$

となります．同じように $y = e^{j\omega t}$ を $y = e^\theta$ という形に，$\theta = j\omega t$ としてみれば，

$$y' = \frac{dy}{dt} = \frac{dy}{d\theta} \cdot \frac{d\theta}{dt}, \quad \frac{dy}{d\theta} = e^\theta, \quad \frac{d\theta}{dt} = j\omega,$$

$$\frac{dy}{dt} = \frac{dy}{d\theta} \cdot \frac{d\theta}{dt} = e^\theta \times j\omega = j\omega e^{j\omega t} \quad \cdots\cdots\cdots\cdots\cdots (5\text{-}7)$$

となります．先に公式として説明してあったのは，合成関数の微分だったのです！

5-3　コップに注ぐ水で積分を理解する

● 注ぎ込む水を基準にすればコップの水の量が積分なのだ

再度，図5-3のようにコップに水が注がれていたとします．今度はコップの中に**注がれる水の量**を基準として考えてみましょう．理解しやすくするために，今度は時間をかけて少しずつ注いでいたとしましょう．

図のように気ままなサルが注いでいるので，少しずつ注いでいるとはいえ，ずっと一定ではありません．ある時間に0.1秒間あたり1.0ccであったり，この1分後には0.1秒間あたり2.0ccになったりします．それぞれの**短い時間の0.1秒あたり**では**同じ量**が注がれると考えます．

ところが，コップは注がれる水を全て受け止めていますから，いかように注がれたとはいえ，注がれるすべての量はコップの中の水の量になります．では，クイズです．

- コップは空だったとする
- 水が注がれ始めたときは，0.1秒間あたり1.0ccであった（0〜0.1sec）
- 次の0.1秒間（これも短い時間）も1.0ccだった（0.1〜0.2sec）
- その次の0.1秒間（またまた短い時間）は1.2ccだった（0.2〜0.3sec）

- ずっと待っている……．気ままに注がれるため，水量は（たとえば0.1秒間あたり0.5cc～3.0cc程度の間で）変わっている
- 1分たって「はいストップ！」．なお，最後のこのときは，2.0ccだった（59.9～60.0sec）

さてコップの中の水の量，注がれた水の量の全体はいくらでしょうか．これは，0.1秒間ごとの水の量を足し合わせれば（「コップの水の量を量ればいいだろう！」というのはナシだとして），

$$コップの中の水の量 = 1.0\mathrm{cc}(@0～0.1\mathrm{sec}) + 1.0\mathrm{cc}(@0.1～0.2\mathrm{sec}) \\ + 1.2\mathrm{cc}(@0.2～0.3\mathrm{sec}) + \cdots + 2.0\mathrm{cc}(@59.9～60.0\mathrm{sec})$$

と計算することができます．これは「短い時間ごとの注入された量を，**それぞれ一定量だったとして足し合わせる**」とも言えます．これが**積分**なのです．……微分だけでなく，積分だってこれだけなのです．

ここでは気ままなサルがいい加減に注いでいるうちの0.1secを，短い時間（区間）であるとし，それらを足し合わせると考えましたが，積分は，

[図5-3] 気ままなサルがでコップに水を注ぐ（少しずつ注いでいる）

- この短い時間をゼロに限りなく近づけていき
- その短い時間では変化はないものとして
- それを**足し合わせる**

と考えるわけです．この「短い時間をゼロに」という点では，微分と同じ考え方が生かされているのです．

● **もう少し数学らしく積分を示す**

微分の説明のとき，単位時間注入量＝$f'(t_1)$としました．ここでは単位時間注入量を基準として，

$$単位時間注入量 = f(t)\,[\mathrm{cc/sec}]$$

と考えましょう．この気ままなサルが注ぐ量の変化を，**図5-4**のように$f(t)$として

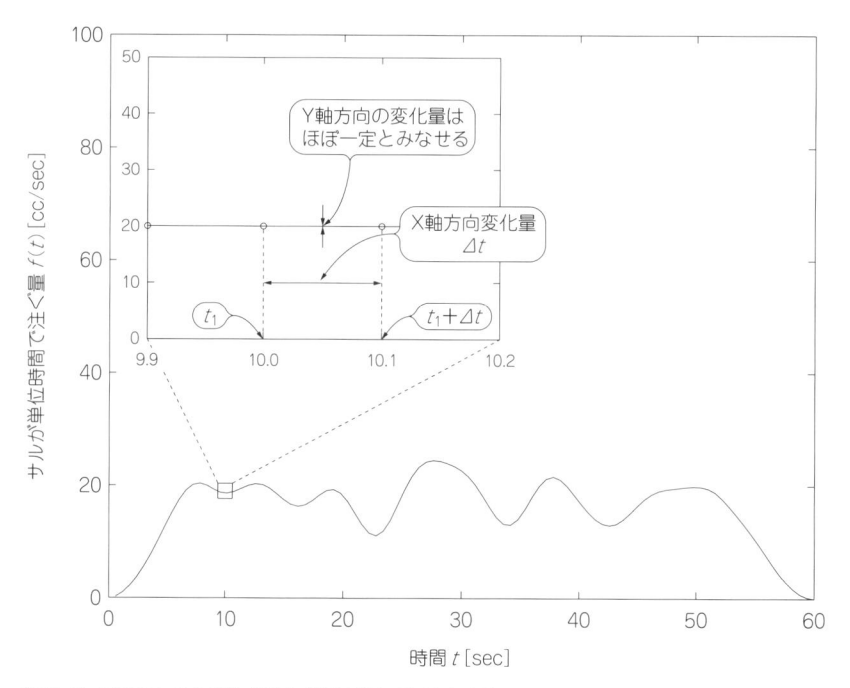

[図5-4] 気ままなサルが注ぐ量をグラフ化して$f(t)$とする

みます．わがままサルが注いでいるので，注がれる水の量は一定ではありません．

しかし，図中の拡大してある部分で，X軸方向の計測時間をΔtとすれば，Y軸方向の変化はほぼ一定だとみなすことができます．さらにこのΔtの時間をゼロに限りなく近づけていったもの，その無限に小さい時間量をdtとすれば，このときY軸方向の変化はほとんど無いので，ゼロとみなすことができます．

つまりdtと，ある時間$t = t_1$の単位時間注入量$f(t_1)$とを掛け合わせたものは，

ある時間t_1における「非常に短い時間dt」の注入量$= f(t_1) \times dt$

となります．たとえば図5-4の$t = 10\text{sec}$時点の単位注水量が20cc/secだったとすると，$dt = 0.1\text{sec}$の短い時間においては，拡大されている部分のように$f(t)$はほぼ変化しないので，20cc/secと0.1secの**長方形の面積を求める**ことになるのです[$f(10\text{sec}) \times dt$ということ]．この$0.1\text{sec}$を無限に小さくし，そしてその長方形の面積を**足し合わせ**ていくのが**積分**です．

いよいよ積分記号を使いますが，ここまでの説明を，

$$\int_{t_0}^{t_1} f(t)\,dt = \lim_{\Delta t \to 0} \{f(t_0) \times \Delta t + f(t_0 + \Delta t) \times \Delta t + f(t_0 + 2\Delta t) \times \Delta t$$
$$+ \cdots + f(t_0 + (N-2)\Delta t) \times \Delta t + f(t_0 + (N-1)\Delta t) \times \Delta\}$$
$$\text{ただし}\ N = \frac{t_1 - t_0}{\Delta t}$$

として数式で積分(定積分)を定義できます．何のことはない，$\int$は「微に入り細に入り分割した量を足し合わせる」ということなんですね[※4]．

▶ **さらにもう少し説明すると**

ここまで積分を定義してきましたが，$\int_{t_0}^{t_1} f(t)\,dt$は，図5-4の$f(t)$を$t = t_0 \sim t_1$という部分で切り取った面積であるともいえます．

ただし，これは2次元で直感的に考えるとこうなりますが，体積積分とか球面の表面積積分など，電気/無線数学ではもう少し複雑な積分が使われています．

もう一点，本書の後半で積分がかなり出てきますが，積分の式の考え方の基本と

※4：微分と同じく，変数をtとしてきたが，xでも何でも，記号を何にするかの違いだけで同じこと．

して，$\int$ と dt は，$\int dt$ のようにワン・セットではなく，$f(t)\,dt$ という「微に入り細に入り分割した量」を，足し合わせる行為が $\int$ であるということです．$\int$ と dt は別モノだと，分離して考えていったほうが良いでしょう．

▶ 定積分と不定積分

定積分とは「t_0 から t_1 まで」と積分する**範囲が決まっている**ものです．一方**不定積分**は特に積分する範囲を決めることなく，積分の形を示すだけのものです．本書では実際の回路の動きを考えていますので，不定積分は考えなくても，あまり問題ありません(定積分を主に理解すればよい．そのためここでは簡単に説明するのみ)．

さて，不定積分は，

$$\int f(t)\,dt = \{f(t) \text{ を積分した結果}\} + C \quad\cdots\cdots\cdots\text{(5-8)}$$

と積分した結果プラス定数 C(積分定数と呼ぶ)として表します．積分定数 C はコップの中に最初から入っていた水の量(初期値)だといえます．この積分定数 C はいくつでもかまわないのですが，ゼロも含めて何らかの初期値があるということです．

積分の考え方自体は，積分定数 C がいくつか(コップの中に最初から入っていた水の量がいくつか)ということは特に関係がありません．そのため，

$$\{f(t) \text{ を積分した結果} + C\}' = f(t) \quad\cdots\cdots\cdots\text{(5-9)}$$

と微分すれば，定数 C はなくなってしまいます．微分/積分の関係としても数学的につじつまがあうということです．

● 電気/無線数学で利用する積分公式

微分の項と同様，ここでは電気/無線数学でよく利用する積分計算を公式として示しましょう(変数を t としている．t を x にしても全く同じ．A は定数．また不定積分の形だが積分定数 C は省略している)．

p.109 の微分公式と比較してみてください．微分と積分は逆の関係であることもわかりますね．

$$\int 1\,dt = t, \quad \int A\,dt = At, \quad \int At\,dt = \frac{1}{2}At^2, \quad \int At^n\,dt = \frac{A}{n+1}t^{n+1}$$

$$\int \frac{1}{t}\,dt = \log_e|t| \quad (\log_e t = \ln t)$$

$$\int \frac{A}{t^2}\,dt = -\frac{A}{t}, \quad \int \frac{A}{t^3}\,dt = -\frac{A}{2}\frac{1}{t^2}, \quad \int \frac{A}{t^n}\,dt = -\frac{A}{n-1}\frac{1}{t^{n-1}}$$

$$\int \sin t\,dt = -\cos t, \quad \int \cos t\,dt = \sin t$$

$$\int \sin(At)\,dt = -\frac{1}{A}\cos(At), \quad \int \cos(\omega t)\,dt = \frac{1}{\omega}\sin(\omega t)$$

$$\int e^t\,dt = e^t, \quad \int e^{jt}\,dt = \frac{1}{j}e^{jt}, \quad \int e^{j\omega t}\,dt = \frac{1}{j\omega}e^{j\omega t}$$

$$\int \{f(t) \pm g(t)\}dt = \int f(t)\,dt \pm \int g(t)\,dt$$

$$\int_a^c f(t)\,dt = \int_a^b f(t)\,dt + \int_b^c f(t)\,dt, \quad \int_a^b f(t)\,dt = -\int_b^a f(t)\,dt$$

● **少し複雑な積分計算——「置換積分」**

少し複雑な微分計算では「合成関数の微分」というものを示しました．積分でも同様な考えで計算をすることができます．これを**置換積分**と言います．

複雑な関数 $y = f(t)$ を求めたいとき，以下の手順で置換積分を行います．

- 別の変数 x を用いて関数 $y = f(t)$ の一部を $x = G(t)$ で置き換える
- $x = G(t)$ は "$t = g(x)$" という，$x = G(t)$ から t を求める G の逆関数 $g(x)$ が定義できるものであること
- 逆に $t = g(x)$ で置き換えて $x = G(t)$ を求めても良い
- $f(t)$ の関数を $x = G(t)$ と $t = g(x)$ を用いて，$f(x)$ の関数に置き換える
- $\dfrac{dt}{dx} = g(x)'$ を計算する
- 積分範囲を変数 t から x に，$x = G(t)$ を使って変更する

つまり，

$$y = f(t) = f\{g(x)\} = f(x) \quad x = G(t),\ t = g(x) \quad \cdots\cdots (5\text{-}10)$$

という形にできるとき，積分範囲 $t = a \sim b$ の y の定積分は以下のように表せます．

$$\int_a^b y \, dt = \int_a^b f(t) \, dt = \int_{G(a)}^{G(b)} f(x) g(x)' \, dx = \int_{G(a)}^{G(b)} f(x) \frac{dt}{dx} \, dx \quad \cdots\cdots\cdots\cdots (5\text{-}11)$$

$$\uparrow \atop t = g(x)$$

ここで dt から dx に積分対象が変わっているので，積分範囲もそれに合わせて，$x = G(a) \sim G(b)$ になります．しかし，これでもまだ何だかわからないので，具体的な例を示してみましょう．

$$f(t) = e^{j\omega t} \quad \cdots\cdots\cdots\cdots\cdots\cdots\cdots\cdots\cdots\cdots\cdots\cdots\cdots\cdots\cdots\cdots\cdots\cdots\cdots\cdots\cdots\cdots\cdots\cdots (5\text{-}12)$$

を $t = 0 \sim T$ まで積分してみましょう．ここでは $x = j\omega t$，$f(x) = e^x$ と置換してみます．

$$\int_0^T f(t) \, dt = \int_0^T e^{j\omega t} \, dt = \int_0^{j\omega T} e^x \frac{dt}{dx} \, dx \quad \cdots\cdots\cdots\cdots\cdots\cdots\cdots\cdots (5\text{-}13)$$

このように途中まで計算できます．積分範囲は $t = 0 \sim T$ から，$x = 0 \sim j\omega T$ にかわります．ではここで $\dfrac{dt}{dx}$ を求めます．

$$x = j\omega t, \quad t = \frac{x}{j\omega}, \quad \frac{dt}{dx} = \frac{1}{j\omega}$$

となりますから，

$$\int_0^{j\omega T} \underbrace{e^x}_{f(x)} \frac{dt}{dx} \, dx = \int_0^{j\omega T} e^x \frac{1}{j\omega} \, dx = \frac{1}{j\omega} \left[e^x\right]_0^{j\omega T} = \frac{1}{j\omega} \left(e^{j\omega T} - 1\right) \quad \cdots\cdots\cdots\cdots (5\text{-}14)$$

と答えを得られます．また，

$$\frac{d}{dt}\left(\frac{1}{j\omega} e^{j\omega t}\right) = e^{j\omega t}$$

になっていることもわかりますね．

> ちょっとアドバンス

● **複数の関数の合成として取り扱う部分積分**

　もともと二つの関数，たとえば $a(t)$，$g(t)$ が，$a(t) \cdot g(t)$ と掛け算のかたちになっており，それを積分する場合，片方の関数 $a(t)$ をある関数 $f(t)$ を微分したもので，

$$a(t) = f'(t)$$

と置き換えることが可能であれば，

$$\int_a^b a(t)g(t)dx = \int_a^b f'(t)g(t)dx = \Big[f(t)g(t)\Big]_a^b - \int_a^b f(t)g'(t)\,dt \quad \cdots\cdots (5\text{-}15)$$

と計算できます．これを**部分積分の公式**といいます．電気/無線数学では用いられる機会は多くありませんが，第6章6-2のp.152でも示しているように知っておくべきものなので，ここで取り上げます．

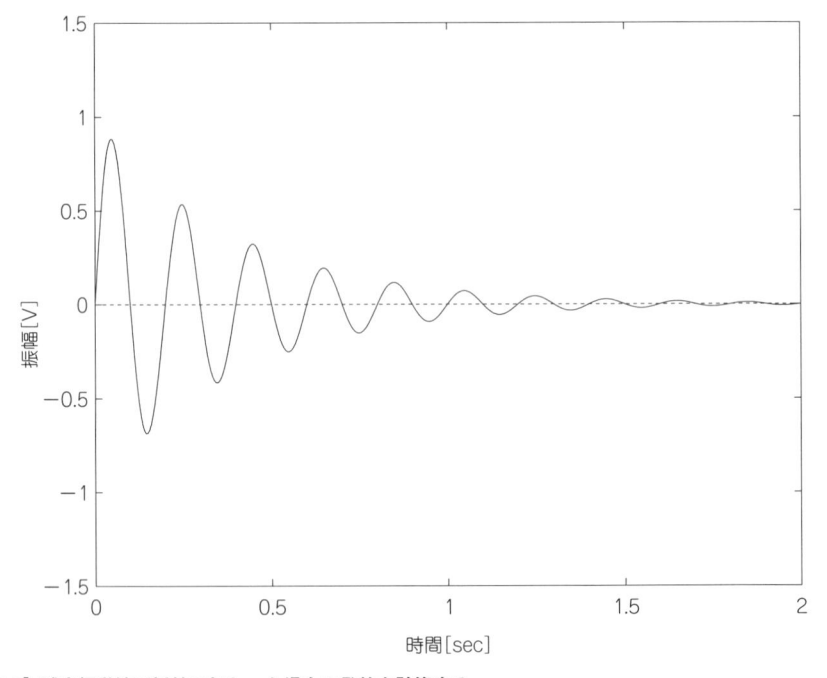

[図5-5] 減衰振動波が抵抗に加わった場合の発熱を計算する

部分積分の例として，図5-5に示すような減衰振動波の電圧，

$$v(t) = A\sin(\omega t)e^{(-t/\tau)} \quad \cdots\cdots\cdots\cdots\cdots\cdots\cdots\cdots\cdots\cdots\cdots\cdots\cdots\cdots\cdots\cdots \text{(5-16)}$$

が抵抗Rに加わった場合の発熱量Qを考えてみましょう．この減衰振動波は第6章6-3のp.156でリンギングを例にしていますが，もっと電力の大きい回路でも生じる可能性のある波形です．

さて，抵抗Rに$v(t)$が加わったことで抵抗Rで生じる発熱Qは，電力$P(t) = v^2(t)/R$を時間tで0〜∞まで積分した，

$$Q = \int_0^\infty P(t)\,dt = \int_0^\infty \frac{v^2(t)}{R}dt = \frac{A^2}{R}\int_0^\infty \sin^2(\omega t)e^{(-2t/\tau)}\,dt \quad \cdots\cdots\cdots \text{(5-17)}$$

（v^2なので 以後で計算）

となります．この積分の部分を計算してみると，式(4-33)の$\sin^2(\omega t)$の変換を用いて，

$$\int_0^\infty \sin^2(\omega t)e^{(-2t/\tau)}\,dt = \frac{1}{2}\int_0^\infty \{e^{(-2t/\tau)} - \cos(2\omega t)e^{(-2t/\tau)}\}dt$$
$$= \frac{1}{2}\int_0^\infty e^{(-2t/\tau)}dt - \frac{1}{2}\underbrace{\int_0^\infty \cos(2\omega t)e^{(-2t/\tau)}dt}_{①}$$
$$= \frac{1}{2}\int_0^\infty e^{(-2t/\tau)}dt - \frac{1}{2}I \quad \cdots\cdots\cdots\cdots\cdots\cdots\cdots\cdots\cdots\cdots\cdots\cdots \text{(5-18)}$$

（$\sin^2\theta = \frac{1}{2} - \frac{1}{2}\cos 2\theta$より）

ここで積分の①部分をIで置き換えてあります．さらに①部分を取り出して，

$$a(t) = \cos(2\omega t) = f'(t), \quad f(t) = \frac{1}{2\omega}\sin(2\omega t)$$
$$g(t) = e^{(-2t/\tau)}, \quad I = \int_0^\infty \cos(2\omega t)e^{(-2t/\tau)}dt \quad \leftarrow \text{式(5-18)の①部分を書き直した．}$$

とすれば，式(5-18)の①の部分は式(5-15)を用いて部分積分でき，

$$I = \int_0^\infty \cos(2\omega t)e^{(-2t/\tau)}dt = \Big[f(t)g(t)\Big]_0^\infty - \int_0^\infty f(t)g'(t)\,dt$$
$$= \left[\underbrace{\frac{1}{2\omega}\sin(2\omega t)}_{f(t)} \cdot \underbrace{e^{(-2t/\tau)}}_{g(t)}\right]_0^\infty - \int_0^\infty \underbrace{\frac{1}{2\omega}\sin(2\omega t)}_{f(t) \; ②} \cdot \underbrace{\frac{-2}{\tau}e^{(-2t/\tau)}}_{g'(t) \; ③}\,dt \quad \cdots\cdots \text{(5-19)}$$

さらに②，③それぞれの部分をあらためて，

$$a(t) = \frac{1}{2\omega}\sin(2\omega t) = f'(t), \quad f(t) = \frac{-1}{4\omega^2}\cos(2\omega t)$$
$$g(t) = \frac{-2}{\tau}e^{(-2t/\tau)}$$

として部分積分すれば，この②，③の部分は，

$$\int_0^\infty \frac{1}{2\omega}\sin(2\omega t)\cdot \frac{-2}{\tau}e^{(-2t/\tau)}\,dt$$
$$= \left[\underbrace{\frac{-1}{4\omega^2}\cos(2\omega t)}_{f(t)}\cdot \underbrace{\frac{-2}{\tau}e^{(-2t/\tau)}}_{g(t)}\right]_0^\infty - \int_0^\infty \underbrace{\frac{-1}{4\omega^2}\cos(2\omega t)}_{f(t)}\cdot \underbrace{\frac{4}{\tau^2}e^{(-2t/\tau)}}_{g'(t)}\,dt$$
$$= \left[\frac{-1}{4\omega^2}\cos(2\omega t)\cdot \frac{-2}{\tau}e^{(-2t/\tau)}\right]_0^\infty + \frac{1}{\omega^2\tau^2}\int_0^\infty \cos(2\omega t)\cdot e^{(-2t/\tau)}\,dt$$
$$= \left[\frac{1}{2\omega^2\tau}\cos(2\omega t)\cdot e^{(-2t/\tau)}\right]_0^\infty + \frac{1}{\omega^2\tau^2}I \quad \cdots\cdots\cdots\cdots\cdots (5\text{-}20)$$

と，式の右辺にも I が出てきました．I を求めるため，式(5-19)に式(5-20)を代入し，

$$I = \left[\frac{1}{2\omega}\sin(2\omega t)\cdot e^{(-2t/\tau)}\right]_0^\infty - \underbrace{\int_0^\infty \frac{1}{2\omega}\sin(2\omega t)\cdot \frac{-2}{\tau}e^{(-2t/\tau)}\,dt}_{\text{式(5-19)のうち式(5-20)で計算した部分}}$$
$$= \left[\frac{1}{2\omega}\sin(2\omega t)\cdot e^{(-2t/\tau)}\right]_0^\infty - \underbrace{\left[\frac{1}{2\omega^2\tau}\cos(2\omega t)\cdot e^{(-2t/\tau)}\right]_0^\infty - \frac{1}{\omega^2\tau^2}I}_{\text{式(5-20)}}$$
$$= [0-0] - \left[0 - \frac{1}{2\omega^2\tau}\right] - \frac{1}{\omega^2\tau^2}I, \quad I + \frac{1}{\omega^2\tau^2}I = \frac{1}{2\omega^2\tau},$$
$$I = \frac{\tau}{2(\omega^2\tau^2+1)} \quad \cdots\cdots\cdots\cdots\cdots\cdots\cdots\cdots\cdots\cdots\cdots\cdots\cdots\cdots\cdots (5\text{-}21)$$

あらためて式(5-17)に，この計算結果を代入してみると，

$$Q = \int_0^\infty P(t)\,dt = \frac{A^2}{R}\int_0^\infty \sin^2(\omega t)e^{(-2t/\tau)}\,dt = \frac{A^2}{2R}\int_0^\infty e^{(-2t/\tau)}dt - \frac{A^2}{2R}I$$

$$= \frac{A^2}{2R}\left[-\frac{\tau}{2}e^{(-2t/\tau)}\right]_0^\infty - \frac{A^2}{2R}I = \frac{A^2}{2R}\left[-0+\frac{\tau}{2}\right] - \frac{A^2}{2R}I$$

$$= \frac{A^2}{2R}\left\{\frac{\tau}{2} - \frac{\tau}{2(\omega^2\tau^2+1)}\right\} = \frac{A^2\tau}{4R}\left(1 - \frac{1}{\omega^2\tau^2+1}\right)\ [\text{J}]\quad\cdots\cdots\cdots (5\text{-}22)$$

（式(5-18)の導出）

これだけの熱量が抵抗 R に発生することがわかります．これを抵抗の熱容量で割れば，温度上昇が計算できます．また，式(5-16)の $v(t)$ が $T[\text{sec}]$ で繰り返せば，抵抗 R には $Q/T[\text{W}]$ の電力が消費されることになります※5．

5-4　電気/無線数学でよく使う微分/積分計算の例

● 最大電力伝達条件を微分して求める

微分して最大値/最小値を求めることは，電気数学の計算における**定石**です．かなりの部分で応用されます．ここでは第9章9-1で説明する，最大電力伝達の式を例にしてみます．第9章9-1も参照していただきたいのですが，「負荷抵抗 R_L(R-load)が信号源抵抗 R_S(R-source)に等しいときに，負荷抵抗 R_L に最大の電力が供給される」という最大電力伝達の条件があります．

まずはじめに説明をわかりやすくするため，R_S=50Ωで R_L を変化させた場合の電力伝達量を数値計算で求めてみたものを，参考のために図5-6に示します．

▶ **微分を用いれば，図5-6の最大電力伝達量のところを求めることができる**

図5-6の最大点は傾きがゼロになっています．さきの説明のように**微分は傾き**であることから，式を1回微分して，それをイコール・ゼロとし傾きがゼロの点を求めます．ここでのX軸の値（R_L の値）を計算してみれば，この最大のポイントを求められます．では実際にやってみましょう．R_L を変数とした電力 P の式は，

$$P(R_L) = \left(\frac{V}{R_S+R_L}\right)^2 \cdot R_L = \left(\frac{V^2}{R_S^2+2R_SR_L+R_L^2}\right)R_L \quad\cdots\cdots\cdots (5\text{-}23)$$

（式(5-24)で使用）

となり，ここで V^2 以外の，抵抗ぶんの逆数，

※5：第6章6-3の式(6-44)は式(6-42)の $D<0$ の条件であり，このとき $\omega^2\tau^2>0$ である．式(5-22)の答えがプラスであるためには $\omega^2\tau^2>0$ であり，いつも式(5-22)は成り立つことになる．

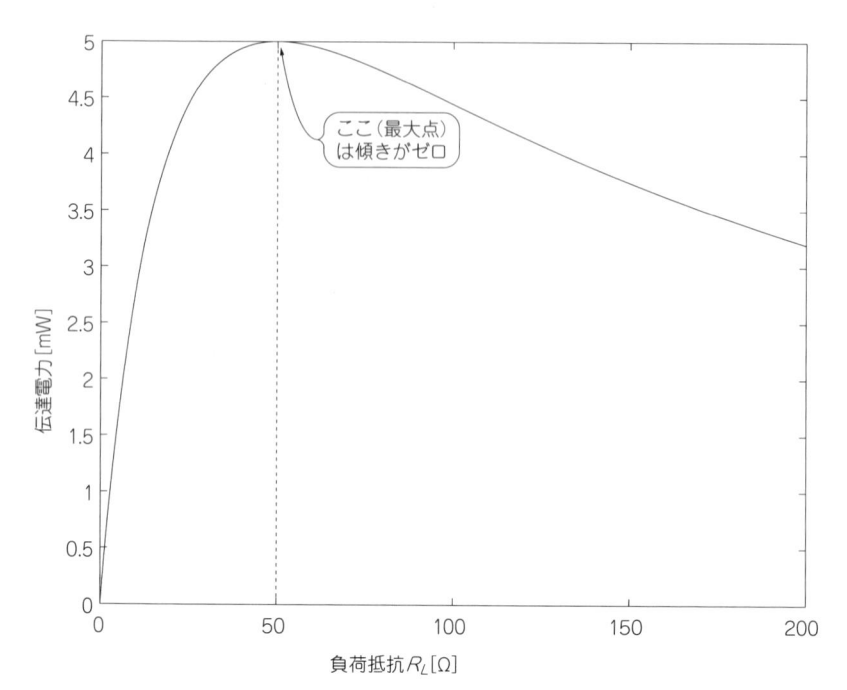

[図5-6] R_L を変化させた場合の電力伝達量（$R_S=50\Omega$, $V_S=1\text{V}$）

$$Y(R_L) = \frac{R_S^2 + 2R_S R_L + R_L^2}{R_L} = \frac{R_S^2}{R_L} + 2R_S + R_L \quad \cdots\cdots (5\text{-}24)$$

を考えます[※6]．これを R_L について1回微分すると（変数を R_L としているが，$R_L = x$ として $\dfrac{dY(x)}{dx}$ でもよく，記号を何にするかの違いだけで同じこと），

$$\frac{dY(R_L)}{dR_L} = -\frac{R_S^2}{R_L^2} + 0 + 1 \quad \cdots\cdots (5\text{-}25)$$

になります．これをゼロと置いて R_L について計算すると，

※6：Y を使ったのは，「アドミッタンス」であるから．アドミッタンスは Y がよく用いられる．

$$-\frac{R_S^2}{R_L^2} + 0 + 1 = 0, \quad \frac{R_S^2}{R_L^2} = 1, \quad R_L^2 = R_S^2, \quad R_L = R_S \quad \cdots\cdots\cdots\cdots\cdots\cdots (5\text{-}26)$$

と $R_L = R_S$ になりましたね．ここが $Y(R_L)$ の最小点になり，$P(R_L)$ の最大点になります．図5-6を見てもそうなっていることがわかります．

▶ ここって最大点？最小点？

なおこれだけだと，最大点なのか最小点なのかは区別がつきません（傾きがゼロである点だから，どちらかわからない）．より厳密には，$\dfrac{dY(R_L)}{dR_L}$ をもう1回微分して，$R_L = R_S$ と代入してみた結果，

$$\frac{d^2 Y(R_L)}{d(R_L)^2} = \frac{d}{d(R_L)}\left(-\frac{R_S^2}{R_L^2} + 1\right) = \frac{R_S^2}{2R_L^3} + 0 \bigg|_{R_L = R_S} = \frac{1}{2R_S} > 0 \quad \cdots\cdots\cdots (5\text{-}27)$$

がこのようにプラスである場合は，$Y(R_L)$ の最小点［$(P(R_L)$ の最大点］になります．マイナスの場合は最大点と判断することができます（$|_{R_L = R_S}$ は R_L に R_S を代入するという意味）．

● サイン/コサイン波の実効値と平均値を積分で計算する

これは既に式(4-2)でコサイン波の実効値として，

$$\begin{aligned}
P &= \frac{1}{R} \times \int_0^1 V_{max}^2 \cos^2(2\pi t)\, dt = \frac{1}{R} \times \int_0^1 V_{max}^2 \left\{\frac{1 - \cos(2 \cdot 2\pi t)}{2}\right\} dt \\
&= \frac{1}{R} \times V_{max}^2 \cdot \left[\frac{t}{2} - \frac{1}{2} \cdot \frac{\sin(2 \cdot 2\pi t)}{2 \cdot 2\pi}\right]_0^1 \\
&= \frac{1}{R} \times V_{max}^2 \cdot \left\{\left(\frac{1}{2} - \frac{1}{2} \cdot \frac{\sin(2 \cdot 2\pi)}{4\pi}\right) - \left(\frac{0}{2} - \frac{1}{2} \cdot \frac{\sin(2 \cdot 0)}{4\pi}\right)\right\} \\
&= \frac{1}{R} \times \frac{V_{max}^2}{2} \quad \cdots\cdots\cdots\cdots\cdots\cdots\cdots\cdots\cdots\cdots\cdots\cdots\cdots\cdots\cdots\cdots [式(4\text{-}2)再掲]
\end{aligned}$$

また式(4-5)でサイン波の平均値 V_{Avr} として，

$$\begin{aligned}
V_{Avr} &= \frac{1}{0.5} \int_0^{0.5} \sin(2\pi t)\, dt = 2 \cdot \frac{1}{2\pi}\left[-\cos(2\pi t)\right]_0^{0.5} \\
&= \frac{1}{\pi} \cdot -1 \cdot \{\cos(\pi) - \cos(0)\} = \frac{1}{\pi} \cdot -1 \cdot (-1 - 1) = \frac{2}{\pi} \quad \cdots\cdots\cdots [式(4\text{-}5)再掲]
\end{aligned}$$

と，それぞれ示してきました．このように積分を利用して実効値や平均値の計算を行います．

● コンデンサ・インプット型全波整流回路の力率を積分で計算する

図5-7のコンデンサ・インプット型全波整流回路は「力率が悪いので問題だ」と近年言われています（力率については第4章4-2のp.95「交流の電力の考え方は3種類ある」を参照のこと）．ここでは積分計算を使ってこれを示してみましょう．なお計算をかなり簡略化[※7]してあるため，回路というよりシステムだとして考えてください．

負荷の時定数 $C \cdot R_L$ はある程度大きいものとして，$V_{max} = V_{load}$（負荷の電圧；V-load）と考えます．負荷に流れる電流は一定で $I_{load} = V_{load}/R_L$ だとします．半周期に必要とする電荷量 Q は，

$$Q = \int_0^\pi \frac{V_{load}}{R_L} d\theta = \left[\frac{V_{load}}{R_L}\theta\right]_0^\pi = \frac{V_{load}}{R_L}\pi \quad \cdots\cdots (5\text{-}28)$$

となります．0～πで積分するのは波形の形状を角度表示θで考えているためで，実際は時間 t での積分を意図しています．入力（ダイオード）からは Q と同じ電荷量が流れ込まなくてはなりません．

一方で図5-7の波形のように，半周期中にダイオードから C に電流が流れ込むのは，$(\theta = \theta_1 \sim \pi/2)$ の非常に短い間だけです．この時間のあいだの電流波形 $I_{in}(\theta)$ はサイン波で変化すると考えると，

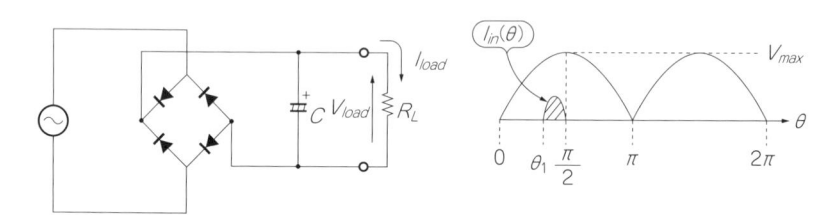

[図5-7] コンデンサ・インプット型全波整流回路

※7：ある程度厳密に計算してみようかと思って検討を進めてみたが，かなり近似させたり簡略化させてみても計算量が相当あるので，諦めてポイントのみ示すことにした．現実的にも計算は困難度が高いため，実務ではO. H. Schadeの計算図表などを用いて，グラフィカルに各種の値を求めることが多いようである．

$$I_{in}(\theta) = A \sin\left(\pi \frac{\theta - \theta_1}{\pi/2 - \theta_1}\right) \quad (\text{ただし } \theta_1 \leqq \theta \leqq \pi/2) \quad \cdots\cdots (5\text{-}29)$$

となります．A はあとで求めますが，$Q = V_{load}\pi/R_L$ にこの入力量をあわせるための仮定数です．半周期でコンデンサに流れ込む電流量 Q_{in} は，$I_{in}(\theta)$ を半周期にわたって積分することで求めます．それは，

$$Q_{in} = A\left\{\int_0^{\theta_1} 0\, d\theta + \int_{\theta_1}^{\pi/2} \sin\left(\pi \frac{\theta - \theta_1}{\pi/2 - \theta_1}\right) d\theta + \int_{\pi/2}^{\pi} 0\, d\theta\right\}$$

$$= A \int_{\theta_1}^{\pi/2} \sin\left(\pi \frac{\theta - \theta_1}{\pi/2 - \theta_1}\right) d\theta \quad \cdots\cdots (5\text{-}30)$$

と，短い期間での電流だけになります．ではここで置換積分として，

$$x = \pi \frac{\theta - \theta_1}{\pi/2 - \theta_1}, \quad \frac{d\theta}{dx} = \frac{\pi/2 - \theta_1}{\pi}$$

とすると，式(5-30)は，

$$Q_{in} = A \int_{\theta_1}^{\pi/2} \sin\left(\pi \frac{\theta - \theta_1}{\pi/2 - \theta_1}\right) d\theta = A \int_0^{\pi} \sin x \frac{d\theta}{dx} dx$$

$$= A \int_0^{\pi} \sin x \frac{\pi/2 - \theta_1}{\pi} dx = \frac{A(\pi/2 - \theta_1)}{\pi}\left[-\cos x\right]_0^{\pi}$$

$$= \frac{A(\pi/2 - \theta_1)}{\pi}(-1)(-1 - 1) = \frac{2A(\pi/2 - \theta_1)}{\pi} \quad \cdots\cdots (5\text{-}31)$$

と計算できます．$Q = Q_{in}$ だと考えてみると[※8]，式(5-28)，式(5-31)より，

$$\frac{V_{load}}{R_L}\pi = \frac{2A(\pi/2 - \theta_1)}{\pi}, \quad A = \frac{\pi^2 V_{load}}{2R_L(\pi/2 - \theta_1)}$$

$$\therefore (\text{故に}) \quad I_{in}(\theta) = \frac{\pi^2 V_{load}}{2R_L(\pi/2 - \theta_1)} \sin\left(\pi \frac{\theta - \theta_1}{\pi/2 - \theta_1}\right) \quad \cdots\cdots (5\text{-}32)$$

$$(\text{ただし } \theta_1 \leqq \theta \leqq \pi/2)$$

というような大きさの入力電流波形 $I_{in}(\theta)$ になります．

※8：コンデンサというコップに注ぎ込まれる量と，コップから流れ出る量が同じということ．

▶ $I_{in}(\theta)$ から実効値 I_{rms} を計算してみる.

式(5-32)のような電流波形 $I_{in}(\theta)$ の実効値を計算してみます．実効値 I_{rms} は式(4-2)でも説明しましたが，もう少しきちんと示してみると，

$$I_{rms} = \sqrt{\frac{1}{\pi}\int_0^\pi \{I_{in}(\theta)\}^2\, d\theta} \quad\cdots\cdots\cdots\cdots\cdots\cdots\cdots\cdots\cdots\cdots\cdots (5\text{-}33)$$

と $I_{in}(\theta)$ を2乗したものを積分し，積分した長さ π で割ったものです．この I_{rms} は，

$$I_{rms} = \frac{\pi^2 V_{load}}{2R_L(\pi/2-\theta_1)}\sqrt{\underbrace{\frac{1}{\pi}\int_{\theta_1}^{\pi/2}\sin^2\left(\pi\frac{\theta-\theta_1}{\pi/2-\theta_1}\right)d\theta}_{\text{次で計算}}} \quad\cdots\cdots (5\text{-}34)$$

となり，式(5-30)と同じ置換積分により，ルートの中だけを計算してみると，

$$\frac{1}{\pi}\int_0^\pi \sin^2 x\, \frac{d\theta}{dx}dx = \frac{1}{\pi}\int_0^\pi \sin^2 x\, \frac{\pi/2-\theta_1}{\pi}dx = \frac{\pi/2-\theta_1}{\pi^2}\int_0^\pi \sin^2 x\, dx$$
$$= \frac{\pi/2-\theta_1}{\pi^2}\int_0^\pi \frac{1-\cos 2x}{2}dx = \frac{\pi/2-\theta_1}{\pi^2}\int_0^{2\pi}\frac{1-\cos w}{2}\frac{dx}{dw}dw$$
$$= \frac{\pi/2-\theta_1}{\pi^2}\int_0^{2\pi}\frac{1-\cos w}{2}\frac{1}{2}dw = \cdots = \frac{\pi/2-\theta_1}{\pi^2}\cdot\frac{\pi}{2}$$

ここで途中の計算を一部省略していますが，式(4-2)のコサイン波の実効値の計算のあたりを参考にしてください（ここで $w=2x$ と，もう1回置換積分されている）．これにより式(5-34)は，

$$I_{rms} = \frac{\pi^2 V_{load}}{2R_L(\pi/2-\theta_1)}\sqrt{\frac{\pi/2-\theta_1}{\pi^2}\cdot\frac{\pi}{2}} = \frac{\pi^2 V_{load}}{2R_L}\sqrt{\frac{1}{2\pi(\pi/2-\theta_1)}} \quad\cdots\cdots (5\text{-}35)$$

が得られます．入力皮相電力 S および出力負荷電力 P は，

$$S = \frac{V_{max}}{\sqrt{2}}I_{rms} = \frac{V_{load}}{\sqrt{2}}\frac{\pi^2 V_{load}}{2R_L}\sqrt{\frac{1}{2\pi(\pi/2-\theta_1)}} = \frac{V_{load}^2}{4R_L}\sqrt{\frac{\pi^3}{\pi/2-\theta_1}}$$
$$P = \frac{V_{load}^2}{R_L}$$

と計算できます．ただし $V_{max}=V_{load}$ となっています（入力電圧波形はサイン波のま

まなので$1/\sqrt{2}$で実効値の計算になっている). 力率$\cos\phi=P/S$より,

$$\cos\phi = \frac{P}{S} = \frac{\cancel{\dfrac{V_{load}^2}{R_L}}}{\cancel{\dfrac{V_{load}^2}{4R_L}}\sqrt{\dfrac{\pi^3}{\pi/2-\theta_1}}} = 4\sqrt{\dfrac{(\pi/2-\theta_1)}{\pi^3}} \quad \cdots\cdots (5\text{-}36)$$

と$\pi/2-\theta_1$が小さいほど, $\cos\phi=1$からは程遠い, 小さい力率の値になってしまうことがわかります($\theta_1=0$でも$\cos\phi=0.9$になる).

Column 5

江崎玲於奈博士を間近にして

ある団体主催で, ノーベル賞の江崎玲於奈博士を招いたシンポジウムが開催されました.

講演の最初の方で, 江崎博士よりしきりに「ユニークさ」という言葉が出てきました. 金儲けをするにはユニークさが……というものですが, いろいろな面で散々苦しい思いをしてきた私としては, 「従来技術は既に多岐に亘り, ユニークさを自分の(知識の少ない)頭だけで考案することは, そう簡単にはできないはずだ」と思いつつ講演を聴いていました. 「いったい何が江崎博士の**ユニーク**の本質なのだろう……」

後半のスライドで, 古典数学/古典力学を打ち立てたアイザック・ニュートンの例が取り上げられました. 「巨人の肩の上に乗り, 遠くを見る」というニュートンの言葉を引用し説明を始めました. 私の頭の中に閃光が走ったのです！「そうだ！今までの経験からも全てそうだ……！」

従来の技術, 研究, 知識, そして経験. 従来の**全て**を理解したうえで, その先人の成果を**全て自らの**ものとしたうえで, 自己のアイディアを打ち立てるのだ. すべてを理解した土台の上に立脚したものが, 自己であり, **ユニークさ**なのだ……, と.

電磁気/電磁波を, まるで神からの啓示のように正確に表すことを可能にしたマクスウェルの方程式でさえも, 第12章で説明するように, 何人もの先人の研究成果に立脚し, その上に打ち立てられた金字塔なのです.

電子回路設計のための電気/無線数学

第6章
SPICEなんて使わずに過渡現象を手計算してみよう

❖

PC上で回路図を描いて，パラメータを設定して「ボタン・ポン！」で
過渡現象解析をするのが，現代の回路設計ともいえるでしょう．
しかし，回路の振る舞いが直感的にわかっていなければ，なぜそうなるのか，
どうすれば問題点を解決できるのか，路頭に迷ってしまいます．
ここでは過渡現象がどのように計算上で振る舞うのかを
やさしく説明していきます．

❖

6-1　過渡現象/過渡応答とは何だろう

● 過渡現象はどんなもの？

　回路の動きには**定常状態**と**過渡状態**という考え方があります．定常状態は図6-1のように，ここまで説明してきたようなサイン波を基本とした，連続的に同じ信号が繰り返し，回路に加わっている状態です．

　「交流回路を考えるにもオームの法則で制圧できる」と説明してきました．交流

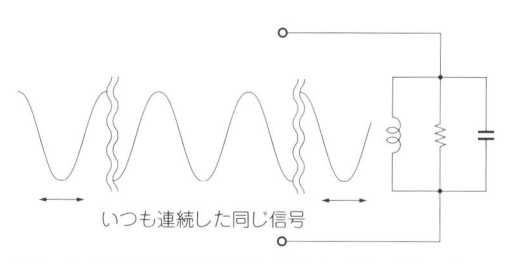

［図6-1］交流信号は定常状態の考え方．同じ信号が繰り返される

いつも連続した同じ信号

信号は定常状態であり，定常状態であれば，ここまで説明してきたようにオームの法則で制圧できます．

定常状態に対して，本章で説明していく過渡現象/過渡応答（過渡状態）は，信号の一発芸とも言える振る舞いを考えるものです．それを考えるには，ここまでの考えを若干拡張しなければなりません．

▶ 信号の一発芸，その振る舞いを考える

過渡現象は，図6-2のように停まってる柔らかいボールをキックするようなものだと言ってよいでしょう．キックされたボールの振る舞い，それが**過渡応答**です．

停まっているボールは，キックする寸前までは，停止している状態です．キックした瞬間を $t=0$ として，それからボールが動き出します．ボール自体も伸縮しながら移動していきます．

同じことを電気回路で考えてみます．キックすることは，図6-3(a)のように電源のスイッチを入れる，つまり抵抗/コイル/コンデンサのつながっている回路に電気が供給される「スイッチON！」ということです[※1]．また図6-3(b)のように**電圧源・電流源の大きさが安定状態から急しゅんに変化する場合**も，このキックすることに相当します（これは特にディジタル回路で見られる状態）．

電源を入れたり，電源の大きさを安定状態から急しゅんに変化させることで，回路＜ボール＞が動き出し，それから回路＜ボール＞自体も振動＜伸縮＞しながら動作して＜移動して＞いきます．つまりキックするという瞬間を起点とした動作，こ

- 停止している状態のボール
- キックした瞬間を $t=0$ とする
- ボールが動き出し伸縮しながら移動する

[図6-2] 停まってる柔らかいボールをキックする

※1：スイッチONだけでなく，スイッチOFFの場合も過渡現象になる．また電源は直流だけではなく，交流電源の場合でも過渡現象として取り扱える．

れが過渡現象の過渡応答，過渡現象の電気的振る舞いです．

「過渡現象」，それは回路が動作をはじめ，その短時間に興味深い動きを示す，「信号の一発芸」だといえるかもしれません．

なお，以後では「スイッチを入れる」という表現を用いていきます．

▶現代の回路設計での過渡現象解析はSPICEなどの電子回路シミュレータを用いる「が……」

現代では，ここから示すような方法を使って過渡現象解析を行なうことはなく，だいたいはPC上でSPICE(Simulation Program with Integrated Circuit Emphasis)などの電子回路シミュレータを活用して解析を行なうことがほとんどです[※2]．

そのためこれらの方程式上の振る舞いを「ある程度」はわからなくても，回路設計や解析ができるといってもいいでしょう．

しかしいくら電子回路シミュレータを用いても，基本的な回路の振る舞いを理解していないかぎり，そのシミュレーション上で**発生する問題点の解決，改良をすることはできません**．電子回路シミュレータは単に与えられたものの結果を出すだけだからです．

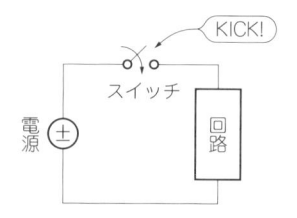

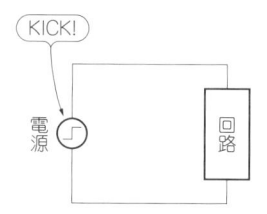

（a）電源のスイッチを入れる　　（b）電圧源・電流源の大きさが安定状態から急しゅんに変化する

[図6-3] 電気回路ではキックするのは……

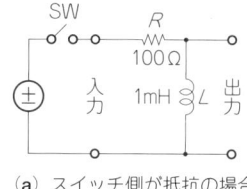

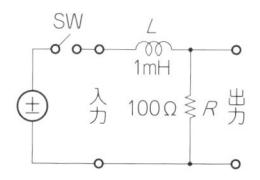

（a）スイッチ側が抵抗の場合　　（b）スイッチ側がコイルの場合
　　（微分型／ハイパス型回路）　　　（積分型／ローパス型回路）

[図6-4] 抵抗とコイルを用いた回路例

※2：そういう点では本章のタイトルはキャッチ・コピーみたいなもの．

その点からすれば，これから示していく過渡現象の数学的な考え方，回路としての振る舞いをよく理解しておくことは，絶対に必要な技術であるといえるでしょう．

● 過渡現象を例を用いてイメージしよう

それでは実際の回路で，過渡現象がどのように振る舞うかを示してみましょう．ここでは四つの例を示してみます．図6-4は抵抗とコイルを用いた回路の2例です．また図6-6は抵抗とコンデンサを用いた回路の2例です．

ポイントとしては，回路素子の要素として過渡現象を発生させるものは，コイルもしくはコンデンサがつながっているものです．抵抗だけの回路ではこれを一発芸させても，過渡現象は生じません．その一方で回路素子としては，抵抗とコイルとコンデンサしか，モデル化してみると存在しません．過渡現象の対象として「コイルとコンデンサがついているもの」とすれば，ほぼ回路内のすべてのものが当てはまるとも言えるでしょう．

▶ 抵抗とコイルを用いた回路例を考える ―1―

あらためて図6-4ですが，これは抵抗とコイルを用いた回路です．(a)は入力側が抵抗で，(b)はコイルになっています．

出力端子にオシロ・スコープをつないで，この回路の電源スイッチを入れたときの波形を図6-5に示します．この電源の電圧は5Vです．

入力側が抵抗の図6-4(a)の場合には，出力は図6-5(a)のように最初に5Vまで垂直に立ち上がって，それから徐々に低下していき，ゼロに戻ります．つまりコイルは

- コイルに電圧が加わった最初は，電流が流れることを拒み(①瞬間的な抵抗量として考えると無限大になる)

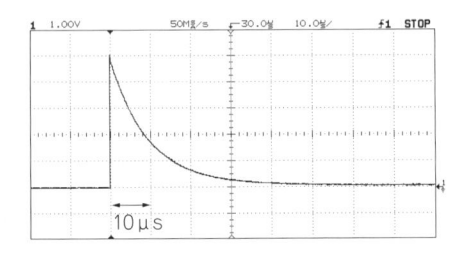

(a) スイッチ側が抵抗の場合
（微分型/ハイパス型回路）

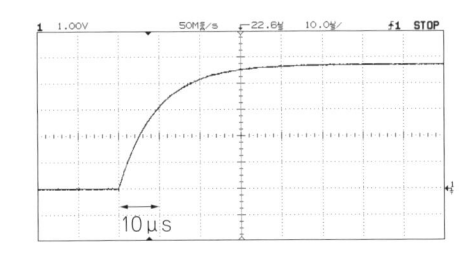

(b) スイッチ側がコイルの場合
（積分型/ローパス型回路）

[図6-5] 抵抗とコイルを用いた回路での過渡応答

- そのあと徐々に電流が流れるように振る舞い(②瞬間的な抵抗量としては，だんだん小さくなる)
- しまいには電流を完全に流す(③抵抗量としてはゼロになる)

というように動きます．
　これは「信号の一発芸」としてコイルという素子を見た場合，「最初は突っ張っているが，だんだんガマンができなくなって，最後には素通しになる」という芸だといえるでしょう．過渡現象の応答として，コイルはこのように振舞うのです[※3]．

▶ 抵抗とコイルを用いた回路例を考える —2—

　入力側がコイルの図6-4(b)の場合には，出力は図6-5(b)のように最初は0Vのまま，それから徐々に立ち上がっていき5Vになります．コイルで制御された電流量で抵抗に電圧降下が生じるからです．ここでもコイルは，
「コイルに電圧が加わった最初は，電流が流れることを拒み(①瞬間的な抵抗量は無限大)，そのあと，徐々に電流が流れるように振る舞い(②瞬間的な抵抗量はだんだん小さくなる)，しまいには電流を完全に流す(③抵抗量はゼロ)」
というように動きます．
　このようにコイルは，電圧が加わっても短い時間では電流をなかなか通さない特性があることがわかりますね[※4]．

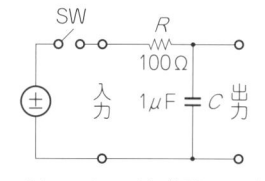

　　　(a) スイッチ側が抵抗の場合　　　　　　(b) スイッチ側がコンデンサの場合
　　　　(積分型/ローパス型回路)　　　　　　　　(微分型/ハイパス型回路)

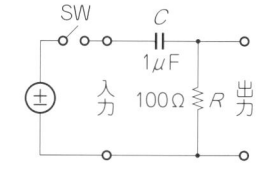

[図6-6] 抵抗とコンデンサを用いた回路例

※3：過渡応答という特殊な状態として振舞うように感じられるが，定常状態でも連続信号が入力され，それに対して続けざまにコイルが応答しているようなものなので，コイル自体の動きとしては過渡状態であれ定常状態であれ，本人のしている仕事としてはなんら変わりはない．以下，コンデンサも含めて全て同じ．

※4：理解を進めるために「電流を通さない」と表現してきたが，実際は $v = L\dfrac{di(t)}{dt}$ で逆起電力が働くためである(電圧降下として極性を考えているので符号はプラス．第8章8-1では起電力として極性を考えているので符号はマイナスになっている)．

▶ 抵抗とコンデンサを用いた回路例を考える —1—

つぎは図6-6です．これは抵抗とコンデンサを用いた回路です．(a)は入力側が抵抗で，(b)はコンデンサになっています．

出力端子にオシロ・スコープをつないで，この回路の電源スイッチを入れたときの波形を図6-7に示します．この電源の電圧も5Vです．

入力側が抵抗の図6-6(a)の場合には，出力は図6-7(a)のように最初は0Vのままで，それから徐々に立ち上がっていき，5Vになります．つまりコンデンサは，

- コンデンサに電圧が加わった最初は，電流は完全に素通しになり（①瞬間的な抵抗量としてはゼロになる）
- そのあと徐々に電流が流れなくなるように振る舞い（②瞬間的な抵抗量としては，だんだん大きくなる）
- しまいには電流が流れることを完全拒む（③抵抗量として考えると無限大になる）

というように動きます．

これは「信号の一発芸」としてコンデンサという素子を見た場合，「最初は素通しだが，だんだんアップアップになって，最後には通らなくなる」という芸だといえるでしょう．過渡現象の応答として，コンデンサはこのように振る舞うのです．

▶ 抵抗とコンデンサを用いた回路例を考える —2—

入力側がコンデンサの図6-6(b)の場合には，出力は図6-7(b)のように最初に5Vまで垂直に立ち上がって，それから徐々に低下していき，ゼロに戻ります．コンデンサで制御された電流量で抵抗に電圧降下が生じるからです．ここでもコンデンサ

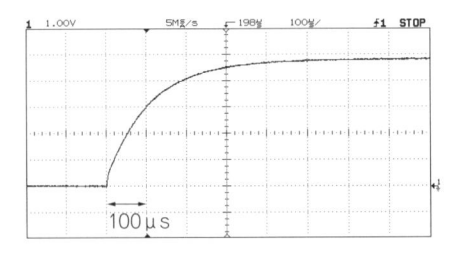

(a) スイッチ側が抵抗の場合
(積分型/ローパス型回路)

(b) スイッチ側がコンデンサの場合
(微分型/ハイパス型回路)

[図6-7] 抵抗とコンデンサを用いた回路での過渡応答

は，「コンデンサに電圧が加わった最初は，電流は完全に素通しになり（①瞬間的な抵抗量はゼロ），そのあと徐々に電流が流れなくなるように振る舞い（②瞬間的な抵抗量はだんだん大きくなる），しまいには電流が流れることを完全に拒む（③抵抗量は無限大）」というように動きます．

このようにコンデンサは，最初は電流が素通しで，時間が経つと通さなくなる特性があることがわかりますね※5．

● **回路方程式の立て方**（といっても，もっと簡単にできるんだ）

「電流を短い時間ではなかなか通さない」特性があるコイル，「最初は電流が素通しで，時間が経つと通さなくなる」特性があるコンデンサ．それぞれの特性を数式で表したものは，実は既に式(3-10)と式(3-11)に示した式になります．あらためて示してみると※6，

$$v_{coil}(t) = L\frac{di(t)}{dt} \quad \cdots\cdots\cdots\cdots\cdots\cdots\cdots\cdots\cdots\cdots\cdots\cdots\cdots\cdots\cdots\cdots\cdots\cdots\cdots (6\text{-}1)$$

$$v_{cap}(t) = \frac{Q(t)}{C} = \frac{1}{C}\int i(t)\,dt \quad \cdots\cdots\cdots\cdots\cdots\cdots\cdots\cdots\cdots\cdots\cdots (6\text{-}2)$$

電圧降下として極性を考えているので，これらの式の符号はプラスです．ここではコイル（coil）とコンデンサ（capacitor）の端子電圧という意味で $v_{coil}(t)$，$v_{cap}(t)$ と記述を別けてみました．また後半でラプラス変換との区分けをつけるため**小文字**で示してありますので，この点も注意してください．

▶ 過渡応答と定常状態の違いは？

ポイントを箇条書きで示します．

- 過渡応答であっても定常状態であっても，コイル/コンデンサ自体の動き…
  …本人のしている仕事としては，どちらの状態であれ**なんら変わりはない**
- そのため，上記の式は過渡/定常のどちらの状態にも当てはまる

※5：理解を進めるために「電流を通す」と表現してきたが，実際は $v = \int \frac{i(t)}{C}dt = \frac{Q(t)}{C}$（$Q(t)$はコンデンサに充電される電荷量）で電荷による端子電圧が発生するためである．（電圧降下として極性を考えているので符号はプラス）．

※6：第3章や第4章では上にドットをつけているが，それらは位相関係も含まれた定常的な交流信号のベクトル表記の意味である．ここでは過渡応答を明示的に区別するため，小文字かつ時間要素 t を加えてあり，上にドットはつけていないので注意いただきたい．

- つまり，過渡現象の応答の回路方程式を立てるのも，今まで示してきた定常状態とまったく同じように考えられる

ということです．では図6-4および図6-6の回路それぞれについて，回路方程式を立てて計算してみましょう．……といっても，式を微分方程式として解いていく過程はとても難しいので，限界もあります．そこで本章6-2に示すように，実際はラプラス変換を使いもっともっと**簡単**に**計算**して答えを得ます．

● 抵抗とコイルを用いた回路

図6-4の抵抗とコイルを用いた回路で，回路方程式を立ててみます．同図(a)でも(b)でも素子が直列につながっているので，ここで立てる方程式(回路の振る舞いを求める基本的な式)は同じになります．なお応答時間tに関係するという意味で，それぞれ(t)としてtの変数にしてあります．

$$E = Ri(t) + v_{coil}(t) = Ri(t) + L\frac{di(t)}{dt} \quad \cdots\cdots (6\text{-}3)$$

ここで電流は，電流の変化そのものである項$i(t)$と，電流を微分したものに比例する項$\frac{di(t)}{dt}$があります．この式の形を**微分方程式**と呼びます．しかしこのままでは，$i(t)$なり$v_{coil}(t)$を簡単な計算で求めることはできません．

それでは実際に式(6-3)を解いてみますが，微分方程式としての解法は簡単ではなく，本章の目的である「ラプラス変換で」という範囲を超えますので，ここでは答えだけを示します．詳細は過渡現象論の本や，微分方程式の本を参照してください．

さて，ここでEはスイッチONで入力される電圧[※7]なので，定数として考えてしまって問題ありません．求める対象はtを変数とした$i(t)$です．まず，

$$E = Ri(t) + v_{coil}(t) = Ri(t) + L\frac{di(t)}{dt}, \quad L\frac{di(t)}{dt} + Ri(t) = E,$$
$$\frac{di(t)}{dt} + \frac{R}{L}i(t) = \frac{1}{L}E \quad \cdots\cdots (6\text{-}4)$$

[※7]：ここまで電圧はVを用いてきたが，過渡応答で変動する電圧$v(t)$および後半のラプラス変換された$V(s)$と，ここで示す「一定の電圧レベル」という意味合いを区別するため，Eを用いることとした．第11章や第12章でEを電界として用いているが，それとも異なるので注意いただきたい．

という形に変形すると，これは微分方程式の一般形式（一階線形微分方程式），

$$\frac{dy}{dx} + ay = F(x) \quad \cdots\cdots\cdots\cdots\cdots\cdots\cdots\cdots\cdots\cdots\cdots\cdots\cdots\cdots\cdots\cdots\cdots\cdots\cdots (6\text{-}5)$$

と同じになり，この解（説明すると長いのでばっさり省く）を用いて，式(6-4)を解いてみると，

$$i(t) = \frac{E}{R}\left(1 - e^{-Rt/L}\right) \quad \cdots\cdots\cdots\cdots\cdots\cdots\cdots\cdots\cdots\cdots\cdots\cdots\cdots\cdots\cdots\cdots (6\text{-}6)$$

が求まります．これが図6-4(a)，(b)の直列接続回路に流れる電流になります．

▶ 図6-4(a)のスイッチ側が抵抗の場合

この場合，出力端子電圧 v_o はコイルの端子電圧 v_{coil} なので，

$$\begin{aligned} v_o = v_{coil}(t) &= L\frac{di(t)}{dt} = L \cdot \frac{E}{R}\left(1 - e^{-Rt/L}\right)' \\ &= \frac{LE}{R} \cdot \left(-\frac{R}{L}\right)\left(-e^{-Rt/L}\right) = Ee^{-Rt/L} \quad \cdots\cdots\cdots\cdots\cdots\cdots (6\text{-}7) \end{aligned}$$

となります．ここで $R = 100\Omega$，$L = 1\text{mH}$，$E = 5\text{V}$ として計算してみると，まさしくこれは図6-5(a)の過渡応答そのものになります．

▶ 図6-4(b)のスイッチ側がコイルの場合

この場合，出力端子電圧 v_o は $Ri(t)$ なので，

$$v_o = Ri(t) = R \cdot \frac{E}{R}\left(1 - e^{-Rt/L}\right) = E\left(1 - e^{-Rt/L}\right) \quad \cdots\cdots\cdots\cdots\cdots (6\text{-}8)$$

となります．ここでも同じように実際の素子定数を入れて計算してみると，これもまさしく図6-5(b)の過渡応答になります．

● 抵抗とコンデンサを用いた回路

図6-6の抵抗とコンデンサを用いた回路でも，回路方程式を立ててみます．同図(a)と(b)でも素子が直列につながっているので，ここでも立てる方程式は同じです．式は上記の抵抗とコイルの場合と同じく，

$$E = Ri(t) + v_{cap}(t) = Ri(t) + \frac{Q}{C} = Ri(t) + \frac{1}{C}\int i(t)\,dt \quad \cdots\cdots\cdots\cdots (6\text{-}9)$$

となりますが，ここでは少しテクニックを使って，先の式(6-4)や式(6-5)の形式にしてみます．まずコンデンサの端子電圧 $v_{cap}(t)$ と電流 $i(t)$ との関係は，

$$v_{cap}(t) = \frac{1}{C}\int i(t)\,dt, \quad \frac{dv_{cap}(t)}{dt} = \frac{1}{C}\frac{d}{dt}\int i(t)\,dt = \frac{1}{C}i(t),$$

$$i(t) = C\frac{dv_{cap}(t)}{dt} \quad\cdots\cdots\cdots\cdots\cdots\cdots\cdots\cdots\cdots\cdots\cdots\cdots\cdots\cdots\cdots\cdots\cdots\cdots\cdots\cdots\cdots\cdots\cdots\cdots\cdots\cdots (6\text{-}10)$$

なので，式(6-9)は，

$$E = Ri(t) + v_{cap}(t) = R \cdot C\frac{dv_{cap}(t)}{dt} + v_{cap}(t),$$

$$\frac{dv_{cap}(t)}{dt} + \frac{1}{CR}v_{cap}(t) = \frac{1}{CR}E \quad\cdots\cdots\cdots\cdots\cdots\cdots\cdots\cdots\cdots\cdots (6\text{-}11)$$

（← 両辺を 1/CR で割る，$i(t)$）

となり，これは式(6-5)と同じ形にすることができます．こうなれば話は簡単で，同じように式(6-11)を解いてみると［式(6-4)の $R=1$，$L=CR$ と見立てて解いてみると］，

$$v_{cap}(t) = E\left(1 - e^{-t/CR}\right) \quad\cdots\cdots\cdots\cdots\cdots\cdots\cdots\cdots\cdots\cdots\cdots\cdots (6\text{-}12)$$

が求まります．これが図6-6(a)，(b)のコンデンサの端子電圧になります．

▶ **図6-6(a)のスイッチ側が抵抗の場合**

この場合，出力端子電圧 v_o はコンデンサの端子電圧 v_{cap} なので，上の式(6-12)が答えになります．ここで $R=100\Omega$，$C=1\mu F$，$E=5V$ として計算してみると，まさしくこれは図6-7(a)の過渡応答そのものになります．

▶ **図6-4(b)のスイッチ側がコンデンサの場合**

この場合，出力端子電圧 v_o は $E - v_{cap}(t)$ なので，

$$v_o = E - v_{cap}(t) = E - E\left(1 - e^{-t/CR}\right) = Ee^{-t/CR} \quad\cdots\cdots\cdots\cdots (6\text{-}13)$$

となります．ここでも同じように実際の素子定数を入れて計算してみると，これもまさしく図6-7(b)の過渡応答になります．

● 時定数：過渡現象の基準時間

先の式(6-6)や式(6-12)に，tR/L，t/CRという部分がありました．たとえば，ある基準時間t_{ref} (t-reference) を考え，$t = t_{ref} = L/R$とか$t = t_{ref} = CR$と置いてみると，この基準時間t_{ref}のとき，式(6-6)や式(6-12)のeの指数部が1になり，大きさは最終値の$(1 - 1/e)$倍となります．

このt_{ref}を**時定数**とよび，一般的にはτ（タウ）と表します．このτは過渡応答の進みの速い遅いを表す定数になり，τが小さいほど過渡現象が高速に進んでいくことになります．

当然τが異なっても進度時間が異なるだけで，過渡現象の応答波形自体は**時間軸方向に縮んだり，伸びたりしているだけで，形状は同じ**ものなのです．

● 微分方程式を解くのも限界がある

このように過渡応答は，回路方程式を立てて，それを微分方程式として解いていけば求まることがわかりました．しかし，ここでは単純に2素子の回路を計算しただけであり，コイルやコンデンサが複雑に接続された実際の回路の方程式は**そう簡単には解けない**のです．

そこで次の節で登場するラプラス変換が，その代わりの過渡現象計算の立役者として活躍することになります．

6-2　過渡現象計算の有能工具「ラプラス変換」

● ラプラス変換とは何だろう

ラプラス変換[※8]は

- ある信号が時間軸tを基準として（変数として）$f(t)$と表されているものを
- "s"という複素数の変数をもつ，ある関数を掛け合わせ積分してみることで
- この複素数変数"s"（複素周波数／ラプラス演算子／ラプラス変数とも呼ぶ．領域や表現方法とも言えるだろう）の関数に$f(t)$を変換し

[※8]：ラプラス変換と同じ考え方を電気技師，のちに研究者であったヘビサイド (Oliver Heaviside, 1850-1925) が当初提案していたが，「厳密ではない」としてかなり批判をうけたようである．理論屋ではなく回路屋の私としては，実用方式を編み出したという点でヘビサイドに喝采を送りたい．またラプラス変換はラプラス (Pierre Simon Laplace, 1749-1827) が基本となる積分変換を体系づけ，そのあとにBromwichらが微分方程式の解法として応用／体系づけた．さらにそれらの基礎となる原点はオイラー（前出，Leonhard Paul Euler, 1707-1783）のようである．

- この"s"という**複素周波数**軸上の変数での，関数$F(s)$と考えることで
- 回路やシステムの解析を**簡単化**しよう

というものです（この段階では説明を理解できなくてもOK）．

　なおsは複素数なのですが，ラプラス変換を工具として使うだけであれば，sが何者かを考える必要はありません（この節の後半で数学的背景も若干説明する）．

▶ "s"という違う言葉をしゃべる技術者に任せる

　ラプラス変換は「時間tという変数から複素周波数sという変数に視点をかえ，そのsという不思議な言葉や思考で物事を考えましょう」というものです．

　ラプラス変換を普段の実生活のイメージで以下に説明してみましょう．電子回路

［図6-8］ラプラス変換を普段の実生活のイメージで理解する．電気屋とは違う思考回路を持つメカ屋に，自分では考えられないような方法で図面を作ってもらう

第6章　SPICEなんて使わずに過渡現象を手計算してみよう

設計技術者と機構設計技術者はそれぞれペアで仕事をすることが多いですが,「違う言葉でしゃべる」とか「考え方が違う」という話もよく聞きます.**図6-8**はそれを例にしてみました.

【時間軸 t で回路方程式を考える.しかし微分/積分形式でとても複雑】

あなたはある会社に勤務する,電子回路設計技術者(電気屋)だったとします.ある特殊な形状のケースを作る必要ができました.電気屋の自分では,設計の仕方や構造が思いつかず,どうしようもありません.

【ラプラス変換をする】

ちょっと恐そうだけど能力の高い機構設計技術者(メカ屋)の先輩に,恐る恐るお願いしました.お願いの内容を自分が知っている製図知識でポンチ絵を書きました(e^{-st} を乗算する).それを先輩メカ屋に説明しました($0 \sim \infty$ まで積分する).

【不思議な変数 s で複素周波数の軸で計算する】

そのメカ屋はポンチ絵を見て,メカ屋独特の(電気屋からは想像できないような[※9])思考とアイディアで独特な構造の特殊ケースの図面を起こしてくれました.

【ラプラス逆変換をする】

メカ屋の先輩は,図面とさらに仕様書まで書いてくれ(e^{st} を乗算する),説明してくれました(虚数部を $-j\infty \sim +j\infty$ まで積分する).あなたはこの図面と仕様書を受取り,説明を聞いてケースの構造を確認しました[※10].

【変換した結果は時間軸 t の方程式になり,自分の目的に使用する】

あなたは自分ではどうしても上手くできなかったケースが,その先輩メカ屋がいとも簡単に構想を練り上げ,図面ができたことに感銘をうけ,なおかつ周辺のアクセサリも図面に書き加え,試作業者にケースの試作依頼をすることができました.

▶ **ラプラス変換は e^{-st} を掛けて積分する**

ある変数 $f(t)$ をラプラス変換し,変数 s の関数 $F(s)$ にするには,

$$F(s) = \int_0^\infty f(t)e^{-st}\,dt \quad \cdots\cdots(6\text{-}14)$$

$$F(s) = \mathscr{L}f(t) \quad \cdots\cdots(6\text{-}15)$$

と,もともとの関数に e^{-st} を掛け合わせ,ゼロから無限大まで積分します.下の式

※9:いろいろな製品の構造を見てみると,「よくこんな構造が思いつくな!」と感心することが多くある.電気屋としてはメカ屋のその思考回路は想像もできない.ここはそういう想いも含まれている.

※10:このラプラス逆変換の計算手順は本書では説明しない(以後の本文も参照のこと).

(6-15)の$\mathcal{L}$は「$f(t)$をラプラス変換する」という意味です[※11]．この$\mathcal{L}$は深い意味はなく，「ラプラス変換しますよ」という程度のことで，LaplaceのLを洒落て書いてあるだけです．

実際にラプラス変換を使って回路方程式を解いていくうえでは，sが何者かを考える必要はありません．

▶「スイッチON！」との関係（とても重要）

過渡現象を扱うラプラス変換は，ある時点でスイッチが入り，それからの「信号の一発芸」を計算していくためのものです（本章の最初に説明したように，電源の大きさを安定状態から急しゅんに変化させた場合もあてはまる）．式(6-14)の積分の開始も，$t=0$からとなっています．

そのため以下の**表6-1**のラプラス変換表についても，$t=0$のときにスイッチON（もしくは急しゅんに変化）になり，それから回路が動作していることを前提としています．また同じく注意点として，スイッチONのときに電圧E[V]が加わり，それ以降連続して同じ電圧である場合を$E \cdot U(t)$と表します．$U(t)$はユニット・ステップ関数（単位階段関数）と呼ばれ，回路が$t=0$から動作していることを明示的に表すものです（**図6-9**にこのようすを示す）．

なお，**表6-1**では全て$t=0$のときにスイッチONされるものと考えているので，$U(t)$は明示的には示していません．$U(t)$があるものとして考えてください．

▶複素数変数sと$j\omega$との関係（これも重要）

定常状態の交流信号では，$j\omega$で素子のインピーダンスを表しました．定常状態の交流信号で式を考えれば，回路方程式上では，複素数変数sと$j\omega$とは，**置き換えが可能**です．これは本節p.150「ちょっとアドバンス：ラプラス変換の数学的背景を考える：積分変換の収束範囲」にも示されるように，変数sが周波数の意味合いも持っているからです．

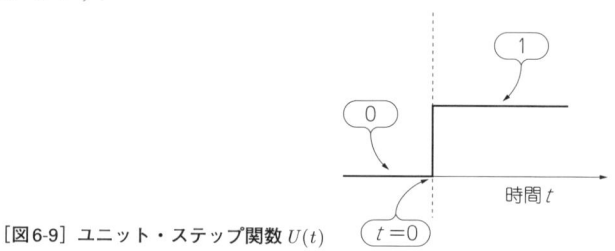

[図6-9] ユニット・ステップ関数$U(t)$

※11：LaTeXを使っている人はわかると思うが，LaTeXでの数式版組はかなり美しいのだが，このラプラス変換のフォント$\mathcal{L}$だけは今一つ美しくない．本書では異なるフォントを用いて，ちょっとこだわってみた．なおこのフォントはCalligraphic Font（書道という意味あい）と呼ばれるもの．

● **SPICE 代わりにラプラス変換を用いる手順（前座）**

　SPICE を使う代わりに，過渡現象をラプラス変換を用いて回路方程式から解いていくには，以下の手順でやっていきます．

▶ **ラプラス変換するには変換表を活用する**

　ラプラス変換をするには，変換したい関数 $f(t)$ に対して，式(6-14)のように e^{-st} を掛け合わせて積分します．しかしイチイチ積分をしてラプラス変換するのであれ

[表6-1] 電気/無線数学で必要なラプラス変換表

$f(t)$ (時間 t の関数)	→$\mathcal{L}$(ラプラス変換)→ ←$\mathcal{L}^{-1}$(ラプラス逆変換)←	$F(s)$ (s 平面の関数)
$\dfrac{df(t)}{dt}$	微分則「大事！」	$sF(s) - f(0+)$
$\int^t f(t)dt$	積分則「大事！」	$\dfrac{F(s)}{s} + \dfrac{Init(0)}{s}$
$a \cdot f(t) + b \cdot g(t)$	線形則	$a \cdot F(s) + b \cdot G(s)$
$f(at)$	相似則	$\dfrac{1}{a}F\left(\dfrac{s}{a}\right)$
$f(t - t_1)U(t - t_1)$	推移則	$e^{-t_1 s}F(s)$
$e^{-at}f(t)$	変移則	$F(s + a)$
$U(t)$	ユニット・ステップ関数	$\dfrac{1}{s}$
e^{-at}	指数減衰関数	$\dfrac{1}{s + a}$
e^{at}	指数関数	$\dfrac{1}{s - a}$
$e^{-j\omega t}$	複素周波数	$\dfrac{1}{s + j\omega}$
t	比例関数	$\dfrac{1}{s^2}$
$\sin(\omega t)$	サイン波	$\dfrac{\omega}{s^2 + \omega^2}$
$\cos(\omega t)$	コサイン波	$\dfrac{s}{s^2 + \omega^2}$
$e^{-at}\sin(\omega t)$	減衰サイン波	$\dfrac{\omega}{(s + a)^2 + \omega^2}$
$e^{-at}\cos(\omega t)$	減衰コサイン波	$\dfrac{s}{(s + a)^2 + \omega^2}$

※1．最後の二つは変移則をそのまま使っている例
※2．$Init(0) = \int_{-\infty}^{0} f(t)dt$．　$f(0+)$ および $Init(0)$ ともども初期値

ば，手間ばかりかかって有能な工具にはなりえません．

そのため一般的には，良く使うラプラス変換の基本公式を用意しておき，その公式に基づき変換をしていきます．表6-1は電気/無線数学で必要なラプラス変換をまとめてみたものです．これは必要最低限のものですので，より複雑なものはラプラス変換の専門書を参照してください(とはいえ現実的にはこれで十分だろう)．

▶ 最後にラプラス逆変換をするが，これも変換表でOK

ラプラス変換をして回路の動きを計算した結果を，tの時間関数に戻す，**ラプラス逆変換**というものを最後に行ないます[※12]．**表6-1**の左から右側はラプラス変換($\mathcal{L}$)ですが，それを右から左にして考えれば，それがラプラス逆変換($\mathcal{L}^{-1}$)になります．このように変換表を使ってtからsに，そして計算結果を逆のsからtに変換していけばいいだけなのです．

なおラプラス変換と逆ラプラス変換は，

$F(s) = \mathcal{L}f(t)$ ……………………………………………[ラプラス変換．式(6-15)再掲]
$f(t) = \mathcal{L}^{-1}F(s)$ ……………………………………………[ラプラス逆変換]

と一般的に表記します．

▶ ラプラス変換した結果でも四則演算は一緒？

大切なポイントです．たとえば$f(t) + g(t)$だったら，そのラプラス変換したものも$F(s) + G(s)$ですし，$f(t) - g(t)$も$F(s) - G(s)$です．しかし$f(t) \times g(t)$は$F(s) \times G(s)$では**ありません**．

まず，$f(t) \times g(t)$のラプラス変換は非常に困難度が高いといえます(そのため割愛する)．一方で$F(s) \times G(s)$となる元である$f(t)$と$g(t)$との関係は，

$$F(s) \times G(s) = \mathcal{L}\left\{\int_0^t f(\tau)g(t-\tau)d\tau\right\}$$ …………………………………… (6-16)

と表されます．これを畳み込み演算と呼びます．

電気回路解析においては，ラプラス変換で畳み込みを使うことはほとんどないと言ってよく，その一方で，信号解析などではフーリエ変換が用いられますが，フー

※12：ラプラス逆変換は以降のp.153「ちょっとアドバンス：ラプラス逆変換の数学的背景を考える：$F(s)$の極がポイント」に示すBromwich-Wagner積分というもので行われる．これは難易度が高く本書の範囲を超えると考えられるため，本書では数式は示さない．参考文献(42)，参考文献(46)などを参照いただきたい．

リエ変換を用いたフィルタの時間応答解析などで畳み込み演算がよく使われます．これについては本書の範囲を超えるので，たとえば参考文献(45)を参照してみてください．

▶ 微分と積分とラプラス変換

これらもラプラス変換で回路方程式を立てるうえで，大切なポイントです．**表6-1**のラプラス変換表でも示すように，$f(t)$の微分，$\dfrac{df(t)}{dt}$のラプラス変換は，

- $F(s)$にsを掛ける．つまり$sF(s)$（初期値がゼロの場合．一般的にはこれでよいし，この理解でほぼ十分）
- 初期値がある場合は，$sF(s) - f(0+)$．$f(0+)$はtがプラス側ゼロ極限での$f(t)$の値ということ

同じく$f(t)$の積分，$\displaystyle\int^t f(t)dt$のラプラス変換は，

- $\displaystyle\int^t$のとおり，積分の下限は任意にしてある（下限は初期値に関係する）
- $F(s)$をsで割る．つまり$\dfrac{F(s)}{s}$が$f(t)$の積分（初期値がゼロの場合．これは時間ゼロからの定積分$\displaystyle\int_0^t f(t)dt$ということ．一般的にはこれでよいし，この理解でほぼ十分）
- 初期値がある場合は，無限過去からの定積分$\displaystyle\int_{-\infty}^t f(t)dt$ということ．このときは$\dfrac{F(s)}{s} + \underbrace{\dfrac{1}{s}\int_{-\infty}^0 f(t)dt}_{Init(0)}$．この$Init(0)$が初期値（過去からの累積値）．
- **表6-1**ではこの初期値を$Init(0)$としている．また積分下限も，ゼロもしくは無限過去の両方を想定して「わざと」記載していない
- 初期値がsで割られていることからわかるように，$t = -\infty \sim 0$まで$f(t)$を積分した答えを係数としたユニット・ステップ関数$U(t)$が$t = 0$で，初期値の大きさとして加わるのだと考えられる

と考えればよいだけです．これらは式(6-25)や式(6-26)にも関係しています．

▶「そもそも論」で煙に巻かず

とはいえ，これ以上「ラプラス変換とは……」という「そもそも論」で理想を語るだけの説明を続けると，読者の方を煙に巻いてしまう危惧があります．そこで使い方の方針だけをまず示して，節を一つ改めて，実際のやり方を説明していきましょう．そのやり方ですが……，

──────── 一般数学的なアプローチ(SPICE代わりにならない) ────────
(A1) 最初に微分方程式を立てる
(A2) ラプラス変換表で微分方程式の各項をラプラス変換する

──────── SPICE代わりに使うアプローチ ────────
(B1) 各回路素子ごとの電圧 v と電流 i の関係を微分/積分の関係として表す
(B2) これを変換表を使ってラプラス変換する
(B3) 電圧を基準にするか，電流を基準にするかで，このラプラス変換された要素を用いて回路方程式を**単純**に立てる

──────── そのあとに続く共通のアプローチ ────────
(C1) 式を整理する
(C2) 部分分数展開する
(C3) ラプラス逆変換する
(C4) これが求める過渡応答の時間波形になる

では，やってみましょう！

● SPICE代わりにラプラス変換を用いる手順(実例)

本章6-1の図6-4の抵抗とコイルの回路例を，ラプラス変換で解いてみましょう．先ほど説明したように，ラプラス変換の基本式(6-14)は使わず，表6-1のラプラス変換表を使ってみます．

▶一般数学的なアプローチ(SPICE代わりにならない)

純粋な数学的アプローチになりますので，回路解析としては適切ではないでしょう．一応やり方を説明しておきます．

(A1) 最初に微分方程式を立てる

図6-4の式(6-3)を再度示します．

$$E = Ri(t) + L\frac{di(t)}{dt} \quad \cdots\cdots\cdots\cdots\cdots\cdots\cdots\cdots\cdots\cdots\cdots\cdots\cdots\cdots\cdots\cdots\text{[式(6-3)再掲]}$$

(A2) ラプラス変換表で微分方程式の各項をラプラス変換する

ここで E は「スイッチON！」なので，$E \cdot U(t)$ となります（この E は単なる電圧量）．それぞれの項をラプラス変換してみます．**表6-1**のラプラス変換表を用いて[※13]，

$$\frac{E}{s} = RI(s) + L \cdot sI(s) \quad \cdots\cdots\cdots\cdots\cdots\cdots\cdots\cdots\cdots\cdots\cdots\cdots\cdots\cdots\text{(6-17)}$$

になります．この $I(s)$ は電流の過渡現象状態 $i(t)$ をラプラス変換したものですが，この時点ではこれがなんだか，どんなものだかわかりません．これがラプラス変換の結果として求められるものです．ここでは単に何らかの電流 $I(s)$ があり，それを式で使うと考えてください．しかし逆にSPICE代わりに計算するのであれば……，

▶ **SPICE代わりに使うアプローチ**[※14]

(B1) 各回路素子ごとの電圧 v と電流 i の関係を微分の式として表す

$$v_R(t) = Ri(t), \quad v_{coil}(t) = L\frac{di(t)}{dt}$$

(B2) この関係をラプラス変換する

$$V_R(s) = RI(s), \quad V_{coil}(s) = L \cdot sI(s) \quad \cdots\cdots\cdots\cdots\cdots\cdots\cdots\cdots\cdots\text{(6-18)}$$

ここで $V_R(s)$，$V_{coil}(s)$ は，電圧の過渡現象状態 $v_R(t)$，$v_{coil}(t)$ をラプラス変換したもので，この時点ではこれがなんだか，どんなものだかわかりません．ここでも単に何らかの電圧があり，それを式で使うと考えてください．

(B3) 電圧を基準にするか，電流を基準にするかで，このラプラス変換された要素を用いて回路方程式を**単純**に立てる

$$\frac{E}{s} = RI(s) + L \cdot sI(s) \quad \cdots\cdots\cdots\cdots\cdots\cdots\cdots\cdots\cdots\cdots\cdots\cdots\cdots\cdots\text{(6-19)}$$

※13：**表6-1**の微分則によれば，$\mathcal{L}\frac{df(t)}{dt} = F(s) - f(0+)$ と初期値 $f(0+)$ が必要だが，ここは簡単化のために $f(0+) = 0$ と仮定してある．

※14：先ほどとまったく同じ結果になっているが，アプローチが違うことを理解してほしい．

このように素子ごとにラプラス変換されたものを足し算で組み合わせるだけでよいのです．これは，式(6-17)と当然同じになります．つづいて……，

▶ **そのあとに続く共通のアプローチ**

(C1) 式を整理する

式(6-19)を$I(s)$で整理してみると，

$$\frac{E}{s} = (R+sL)I(s), \quad I(s) = \frac{E}{s(R+sL)}$$

となりますが，このままでは変換表には対応するラプラス逆変換はありません（もし，ここで得られた式が変換表に載っていれば，そのまま逆変換すれば答えが求まる）．そのため，**部分分数展開**という方法で式を変形します．

(C2) 部分分数展開する

$$I(s) = \frac{E}{s(R+sL)} = \frac{E}{R}\frac{1}{s\left(1+\frac{sL}{R}\right)} = \frac{E}{R}\frac{\frac{R}{L}}{s\left(\frac{R}{L}+s\right)}$$

$$= \frac{E}{R}\left(\frac{1}{s} - \frac{1}{s+\frac{R}{L}}\right)$$

$$\therefore (なぜなら) \quad \frac{1}{s} - \frac{1}{s+\frac{R}{L}} = \frac{\left(s+\frac{R}{L}\right)-s}{s\left(s+\frac{R}{L}\right)} = \frac{\frac{R}{L}}{s\left(s+\frac{R}{L}\right)} \quad \cdots\cdots (6\text{-}20)$$

と，$1/s$だとか，$1/(s+a)$の形に分解します．こうすると，**表6-1**の変換表で対応するラプラス逆変換が見つかるからです．

(C3) ラプラス逆変換する

ここまでくれば，あとは**表6-1**を用いて逆変換するだけです[※15]．逆変換した結果

※15：※12の続きだが，Bromwich-Wagner積分による逆変換の計算自体は，Jordanの補助定理を適用した複素関数積分の留数を求める問題に帰着する．このプロセスは※12のとおり本書の範囲を超えると思うので，単に変換表を用いた議論だけに限定しておく（なお本節の後半で数学的背景を少し説明する）．

が時間応答 $i(t)$ になります．

$$i(t) = \mathcal{L}^{-1} I(s) = \frac{E}{R} \cdot \mathcal{L}^{-1} \left(\frac{1}{s} - \frac{1}{s + \frac{R}{L}} \right) = \frac{E}{R} \cdot \left(1 - e^{-Rt/L} \right) \quad \cdots\cdots\cdots\cdots (6\text{-}21)$$

(C4) これが求める過渡応答の時間波形になる

これはまさしく微分方程式を解いた場合の答え，式(6-6)とまったく一緒だということがわかりますね．

▶ **部分分数展開する一般的なやり方**

部分分数展開の一般的なやり方も説明しておきましょう．たとえばラプラス演算子 s と定数 a，b のある式，

$$\frac{1}{(s+a)(s+b)} \quad \cdots\cdots\cdots\cdots\cdots\cdots\cdots\cdots\cdots\cdots\cdots\cdots\cdots\cdots\cdots\cdots\cdots\cdots\cdots (6\text{-}22)$$

というものがあったとすると，これを，

$$\frac{1}{(s+a)(s+b)} = \frac{X}{s+a} + \frac{Y}{s+b}$$

と足し算に分割します（X，Y はあとで計算する未定係数）．これが部分分数に展開される基本的なかたちです．次に未定係数 X を求めるために両辺に $(s+a)$ を掛けて，

$$\frac{(s+a)}{(s+a)(s+b)} = \frac{X(s+a)}{s+a} + \frac{Y(s+a)}{s+b}$$

さらに約分したうえで $s = -a$ と置くと，

$$\frac{1}{-a+b} = X + \frac{Y \times 0}{-a+b}, \quad X = \frac{1}{b-a}$$

と X が求まります．Y を求めるには両辺に $(s+b)$ を掛け合わせ，約分したうえで $s = -b$ とすればいいのです．

こうすることで，部分分数展開したそれぞれの項の分子の部分を求めることができます．

● **ラプラス変換されたインピーダンスも考えられる**

インピーダンスもラプラス変換の対象として考えることができます．(B2)の式(6-18)で$I(s)$と$V_R(s)$，$V_{coil}(s)$との関係を，

$$V_R(s) = RI(s), \quad V_{coil}(s) = L \cdot sI(s) \quad \cdots\cdots\cdots\cdots\cdots\text{[式(6-18)再掲]}$$

と示しました．また$I(s)$と$V_{cap}(s)$も，式(6-10)のコンデンサの電圧$v_{cap}(t)$と電流$i(t)$の関係から，

$$v_{cap}(t) = \frac{1}{C}\int i(t)\,dt, \quad \frac{dv_{cap}(t)}{dt} = \frac{1}{C}\frac{d}{dt}\int i(t)\,dt,$$
$$i(t) = C\frac{dv_{cap}(t)}{dt} \quad \cdots\cdots\cdots\cdots\cdots\text{[式(6-10)再掲]}$$

これをラプラス変換し，$V_{cap}(s) =$ として変形してみると，

$$I(s) = \mathcal{L}i(t) = \mathcal{L}\left(C\frac{dv_{cap}(t)}{dt}\right) = C \cdot sV_{cap}(s), \quad V_{cap}(s) = \frac{1}{C} \cdot \frac{I(s)}{s} \quad \cdots\text{(6-23)}$$

と$I(s)$と$V_{cap}(s)$との関係が求められます．「ラプラス変換されたインピーダンス$Z(s)$」というものを考えれば，式(6-18)および式(6-23)より，

$$V_R(s) = RI(s), \qquad Z_R(s) = \frac{V_R(s)}{I(s)} = R \quad \cdots\cdots\cdots\cdots\text{(6-24)}$$

$$V_{coil}(s) = L \cdot sI(s), \qquad Z_L(s) = \frac{V_{coil}(s)}{I(s)} = sL \quad \cdots\cdots\cdots\cdots\text{(6-25)}$$

$$V_{cap}(s) = \frac{1}{C} \cdot \frac{I(s)}{s}, \qquad Z_C(s) = \frac{V_{cap}(s)}{I(s)} = \frac{1}{sC} \quad \cdots\cdots\cdots\cdots\text{(6-26)}$$

というものがそれぞれ得られるわけです．ラプラス変換されたインピーダンスも回路方程式を立てるのと全く同じく取り扱えます．

> ちょっとアドバンス

● **ラプラス変換の数学的背景を考える：積分変換の収束範囲**

「余計な話は興味がないよ」という方は読み飛ばして，このまま次の本章6-3に進んでいただいてOKです．ここではラプラス変換のラプラス演算子sを考えるこ

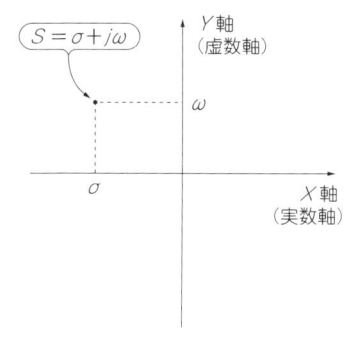

[図6-10] ラプラス演算子sは$s = \sigma + j\omega$という複素数

とで，ラプラス変換の数学的背景に少し入り込んでみましょう．

▶ **ラプラス演算子sは振幅成分と周波数成分の組み合わせ**

sは複素数であり$s = \sigma + j\omega$と一般的に表します．σは当然xでも，ωは当然yでも，つまり$s = x + jy$でもいいのですが，少し理由があります．σは減衰項とも言える振幅成分，ωは角周波数に相当する周波数成分となります．そのため一般的には$s = \sigma + j\omega$と表し，これを**複素周波数**と呼びます．

図6-10に示しますが，$s = \sigma + j\omega$は**図3-2**の複素平面と同じように考えることができます．σをX軸(実数軸)に，ωをY軸(虚数軸．とくにこの場合は周波数軸と呼ぶ)にとった複素平面を，s平面とかラプラス平面とか複素周波数平面と呼びます．

▶ **sの振幅成分の項σを追ってみる**

ラプラス変換は，e^{-st}を掛けて，変数tにより区間$t = 0 \sim \infty$で積分することで，変数をtからsに変換する「積分変換」です．e^{-st}で$f(t)$を制御するようなものと言えるでしょう．

この積分変換の答えが有限な大きさをもつ(収束する)ための条件を考えます．ここではその条件に関係するsの振幅項σを考えてみましょう．

では，単純に直線的に上昇する関数，

$$f(t) = t \quad \cdots\cdots\cdots\cdots\cdots\cdots\cdots\cdots\cdots\cdots\cdots\cdots\cdots\cdots\cdots\cdots\cdots\cdots\cdots\cdots\cdots\cdots\cdots (6\text{-}27)$$

をラプラス変換することを例にしてみます．これは，

$$F(s) = \int_0^\infty f(t)e^{-st}\,dt = \int_0^\infty te^{-(\sigma+j\omega)t}\,dt = \int_0^\infty te^{-\sigma t}e^{-j\omega t}\,dt$$

$$= \int_0^\infty te^{-\sigma t}\{\cos(-\omega t) + j\sin(-\omega t)\}dt$$

$$= \int_0^\infty te^{-\sigma t}\cos(\omega t)\,dt - j\int_0^\infty te^{-\sigma t}\sin(\omega t)\,dt \quad \cdots\cdots (6\text{-}28)$$

と cos と sin を含む積分計算の足し算になります．式(6-28)の第1項の $\cos(\omega t)$ を考えると，これは $\omega t = 2\pi$ の周期でプラスとマイナスが繰り返されるだけのものです．積分しても大きくなっていきません．そのためまずは σ だけ考え，ω が関係する部分は考えないでおきます．

▶ ラプラス変換として成立するかは積分変換計算が収束するかどうか

上記のように式(6-28)の $\cos(\omega t)$ の項は繰り返し信号なので，∞まで積分していっても累積して大きくなっていくことはありません．第2項も j がついているのと，sin である違いのみです．つまり「ω の成分は積分の収束には関係ない」と考えることができます．

そこで相当に厳密ではありませんが(怒られるかもしれないが)，基本的な意味あいの説明のため，$\cos(\omega t) = 1$ と「しちゃって」σ だけを考えてみると，式(6-28)の第1項は(なお第2項も同じ)，

$$\int_0^\infty te^{-\sigma t}\,dt = \left[t \cdot \frac{-e^{-\sigma t}}{\sigma}\right]_0^\infty - \int_0^\infty \frac{-e^{-\sigma t}}{\sigma}\,dt$$

$$= \underbrace{\left[-\frac{t}{\sigma \cdot e^{\sigma t}}\right]_0^\infty}_{(イ)} - \underbrace{\left[\frac{e^{-\sigma t}}{\sigma^2}\right]_0^\infty}_{(ロ)} \quad \cdots\cdots\cdots\cdots (6\text{-}29)$$

と計算できます※16．式(6-28)の積分は t の積分なので，基本的には σ とは関係ありません．しかし「σ がいくつであるか」で，式(6-29)の積分が収束するかどうか(ラプラス変換として成立するかどうか)が決まります．

▶ σ が積分の収束に大きく影響する「収束条件」になる

σ に視点をあてて考えてみましょう．式(6-29)の(イ)の〜〜〜で示す[ ]の第1項の∞側は，$\sigma > 0$ であれば，$t = e^{\sigma t}$ を超えたところで $t < e^{\sigma t}$ となりゼロに収束しま

※16：第5章5-3のp.118で説明した部分積分法で，$f(x) = t$, $g'(x) = (-e^{-\sigma t}/\sigma)' = e^{-\sigma t}$ と置いて求めている．

す※17．(ロ)で示す[ ]の第2項についても同じで，$\sigma>0$であれば，∞側はゼロになります．つまり式(6-29)は$\sigma>0$であれば，

$$\underbrace{\left[-\frac{t}{\sigma \cdot e^{\sigma t}}\right]_0^\infty}_{(イ)} - \underbrace{\left[\frac{e^{-\sigma t}}{\sigma^2}\right]_0^\infty}_{(ロ)} = \underbrace{\left(-\frac{\infty}{\sigma \cdot e^{\sigma \infty}} - \frac{-0}{\sigma \cdot e^{\sigma 0}}\right)}_{(イ)} - \underbrace{\left[\frac{1}{\sigma^2 \cdot e^{\sigma t}}\right]_0^\infty}_{(ロ)}$$

$$= 0 - 0 - \underbrace{\left(0 - \frac{1}{\sigma^2 \cdot e^{\sigma 0}}\right)}_{(ロ)} = \frac{1}{\sigma^2} \quad \left(=\frac{1}{s^2}\right) \quad \cdots\cdots(6\text{-}30)$$

と有限な値になります．このように$t=0\sim\infty$の積分で式(6-28)の積分変換式が収束するためには，σが「ある条件σ_cである必要」（σ-convergence；convergenceは「収束」という意味）があります．これを**収束条件**と言います．

式(6-27)の場合，収束条件は$\sigma_c>0$です．この収束条件σ_cはラプラス変換する元の関数により異なりますので注意してください．

逆にいうとσ_cはある決まった大きさではなく，式(6-27)の場合$\sigma_c>0$であれば何でもよいと言えます．そのためsの$j\omega$部分は何でもいいが，実数部$\mathrm{Re}(s)=\sigma_c>0$である必要が「少なくとも」あることになります※18．

このようにラプラス変換は，収束条件（収束領域とも言う）σ_cの範囲で成立する（定義できる）ことがわかりますね．

ちょっとアドバンス

● **ラプラス逆変換の数学的背景を考える：$F(s)$の極がポイント**

▶ $F(s)$の極(pole)から信号の振る舞いが類推できる

こんどは逆変換についてです．周波数ω_0の減衰サイン波関数$f(t)=e^{-at}\sin(\omega_0 t)$を考えます．なんだか禅問答のような話が続きますが，興味がある方のためにだけ，もう少し説明します．たとえば$f(t)=e^{-at}\sin(\omega_0 t)$のラプラス変換の結果$F(s)$は，

$$F(s) = \mathcal{L}e^{-at}\sin(\omega_0 t) = \frac{\omega_0}{(s+a)^2+\omega_0^2} \quad \cdots\cdots(6\text{-}31)$$

なお，この場合の収束条件は$\sigma_c>-a$です．

※17：$\lim_{x\to\infty}f(x)/g(x)$の極限値での収束は，ド・ロピタルの法則でも計算（確認）ができる．
※18：$\mathrm{Re}(s)$はsの実数部"real part"をとるということ．数学上の表現を$\Re(s)$といかめしく書かれている電気数学の参考書もあり，吐き気をもよおしがちだが，わかってしまえばColumn 1のとおりである．

ここで $F(s)$ の分母 $(s+a)^2 + \omega_0^2$ がゼロのときは，$F(s) = \infty$ になります．このときの s を極(pole)と呼びます．この極 s_p (s-pole)を求めてみると，

$$(s_p+a)^2 + \omega_0^2 = 0, \quad (s_p+a)^2 = -\omega_0^2,$$
$$s_p + a = \sqrt{-1} \cdot (\pm\omega_0) = \pm j\omega_0, \quad s_p = -a \pm j\omega_0$$

です．また極 s_p の実数部 $\mathrm{Re}(s_p)$ は，収束条件 σ_c に対して $\mathrm{Re}(s_p) < \sigma_c$ ということがわかります[※19]．

▶ ラプラス逆変換と収束条件 σ_c と極 s_p

ラプラス逆変換はBromwich-Wagner積分という，複素関数積分/Jordanの補助定理/留数定理の組み合わせで成り立っています．このBromwich-Wagner積分は，参考文献(42)や参考文献(46)を参照していただくこととして，本書ではそのイメージだけを示していきます．

難しい話はよしとして，この考え方としては収束条件 σ_c と極 s_p が図6-11のように $\mathrm{Re}(s_p) < \sigma_c$ でありさえすればよいといえます．この関係で複数ある（一つの場合もある）極 s_p の情報（これが留数）を拾って足し合わせることがBromwich-Wagner積分，つまりラプラス逆変換であり，その結果，元の関数 $f(t)$ に逆変換できるのです．

▶ 極 s_p がもともとの信号波形の情報を持っている

ところで s_p を e^{st} の s に代入してみると[ちなみにラプラス逆変換のBromwich-Wagner積分は e^{st} を $F(s)$ に掛け算する．e^{st} で $F(s)$ を制御するようなものと言えるだろう]，

$$e^{s_p t} = e^{(-a \pm j\omega_0)t} = e^{-at} \cdot e^{\pm j\omega_0 t} = \begin{cases} e^{-at}\{\cos(\omega_0 t) + j\sin(\omega_0 t)\} \\ e^{-at}\{\cos(\omega_0 t) - j\sin(\omega_0 t)\} \end{cases} \quad \cdots\cdots (6\text{-}32)$$

二つの信号が得られます．たとえばこれらを引き算すると $2je^{-at}\sin(\omega_0 t)$ と，もともとの時間領域の減衰サイン波関数に近いものが得られます[※20]．

つまり極である $s_p = -a \pm j\omega_0$ の実数部 $-a$ が信号の減衰を表し，虚数部 $j\omega_0$ が信

[※19]：LCRの受動回路の過渡応答を考える場合には，極 s_p は $\mathrm{Re}(s_p) \leq 0$，$\mathrm{Re}(s_p) < \sigma_c$ になり，ゼロ以下となる．また，より一般化した（数学としての）ラプラス変換においては，収束条件 σ_c も極 $\mathrm{Re}(s_p)$ もゼロより大きいところに存在することがある．しかしこの場合でも $\mathrm{Re}(s_p) < \sigma_c$ である．

[※20]：「たとえば……」ぐらいで考えてもらいたい．複素関数積分の「留数定理」を使って逆ラプラス変換の結果を求めることとほぼ同じことをしている．ここはイメージをつかんでもらうためにこうなってしまうが，きちんとBromwich-Wagner積分を使って留数定理により逆ラプラス変換をすれば，ちゃんと $f(t) = e^{-at}\sin(\omega_0 t)$ が得られる．

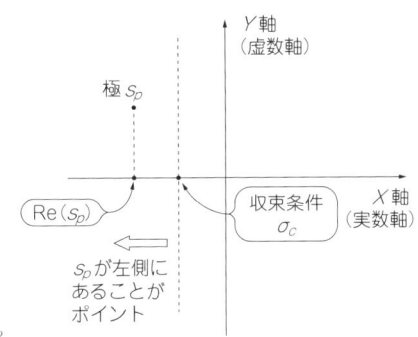

[図6-11] ラプラス逆変換の収束条件 σ_c と極 s_p

号の振動(周波数)を示しているのです．

このように極 s_p の値というのが，もともとの信号波形を表していることがわかります．

6-3　実際にラプラス変換で回路方程式を解いてみよう

● 基本LR/CR回路をラプラス変換で解いてみよう

本章6-1の図6-4の抵抗とコイルについては，既に本章6-2で解いてみました．ここでは図6-6の抵抗とコンデンサの回路例を用いて，これをラプラス変換で解いてみましょう．さきほどは $I(s)$ について考えましたが，ここでは $V(s)$ を使って求めていきます．

ここでも解き方としては，**単に素子ごとにラプラス変換したものを，普通の回路方程式と同じように単純に立てるだけです**．

式(6-11)を改めて示し，さらに少し変形すると，

$$E = Ri(t) + v_{cap}(t) = R \cdot C \frac{dv_{cap}(t)}{dt} + v_{cap}(t),$$

$$E = v_{cap}(t) + CR\frac{dv_{cap}(t)}{dt} \quad \cdots\cdots\cdots\cdots\cdots\cdots\cdots\cdots\cdots\cdots\cdots\cdots [式(6\text{-}11)再掲]$$

これをラプラス変換すると，

$$\frac{E}{s} = V_{cap}(s) + CR \cdot sV_{cap}(s) \quad \cdots\cdots\cdots\cdots\cdots\cdots\cdots\cdots\cdots\cdots\cdots\cdots (6\text{-}33)$$

となり式(6-19)と同様な式になります．これを部分分数展開してラプラス逆変換すると，

$$\frac{E}{s} = (1 + sCR)V_{cap}(s)$$

$$V_{cap}(s) = \frac{E}{s(1+sCR)} = \frac{E}{sCR\left(\frac{1}{CR}+s\right)} = \left(\frac{\cancel{CR}}{\cancel{sCR}} - \frac{1}{s+\frac{1}{CR}}\right)E,$$

CRでくくる

$$v_{cap}(t) = E\left(1 - e^{-t/CR}\right) \quad \cdots\cdots\cdots\cdots\cdots\cdots\cdots\cdots\cdots\cdots\cdots (6\text{-}34)$$

これはまさしく微分方程式を解いた場合の答えの式(6-12)と，まったく一緒だということがわかりますね．

● ディジタル回路で発生するリンギングを過渡現象とラプラス変換で考えよう

図6-12(a)のような，プリント基板上に長いパターンがあり，ディジタル信号ドライバICと受信ICが離れて配置されている場合を考えてみます．受信ICはディジ

(a) プリント基板上のようす

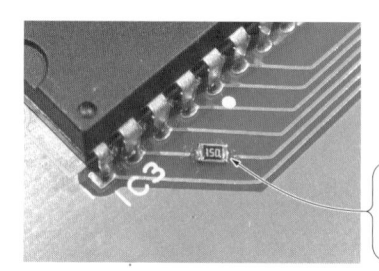

(c) 数10Ωの抵抗を直列に挿入しリンギングを止める

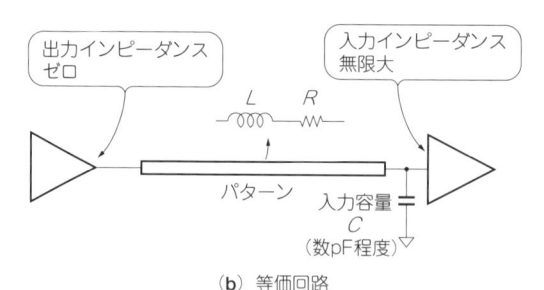

ここでは一例として15Ωの抵抗を直列に挿入している

出力インピーダンスゼロ

入力インピーダンス無限大

L R

パターン

入力容量 C（数pF程度）

(b) 等価回路

[図6-12] プリント基板上に長いパターンがあり，ディジタル信号ドライバICと受信ICが離れて配置されている

タル回路であれば**CMOS構成**であり，入力インピーダンスがかなり大きく（ここでは無限大と考える），かつ一般的に数pF程度の入力容量 C を持っています．

また，パターンは等価的にコイルと同じであり，だいたい1mmで1nH程度と言われています．このインダクタンスを L だとします．さらにパターンにも導体抵抗 R があります．

このディジタル回路を等価回路として表したものが，**図6-12（b）**です．実際にプリント基板を作って試作してみると，受信ICのところでディジタル信号に**図6-13**のようなリンギング（余計な振幅振動）が発生していて困ってしまう場面に遭遇することがあります．

経験的には，**図6-12（c）**のようにパターンの途中に数10Ωの抵抗を直列に挿入してリンギングを止めるようにします．これがどのような現象で起こっているかを，過渡現象の考え方でラプラス変換を使って理論的に考えてみましょう．

▶ **ラプラス変換で考える**

コンデンサの電圧 $V_{cap}(s)$ と電流 $I(s)$ の関係は式(6-23)に示したとおり，

$$I(s) = \mathcal{L}i(t) = \mathcal{L}\left(C\frac{dV_{cap}(t)}{dt}\right) = C \cdot sV_{cap}(s),$$

$$V_{cap}(s) = \frac{1}{sC}I(s) \quad \cdots\cdots\cdots\cdots\cdots\cdots\cdots\cdots\cdots\cdots\cdots\cdots\cdots\cdots\cdots\cdots\cdots\cdots\text{[式(6-23)再掲]}$$

でした．では $V_{cap}(s)$ と p.146(B2)の $V_R(s)$，$V_{coil}(s)$ を用いて，**図6-12（b）**の回路についてLCR直列回路の方程式を立ててみると，

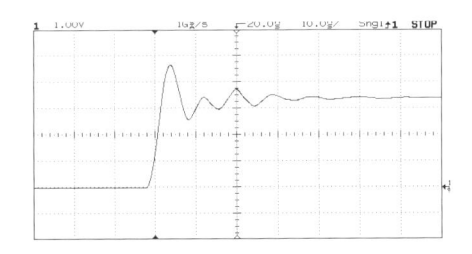

[図6-13] ディジタル回路の信号受信ICのところで発生するリンギング

$$\frac{E}{s} = V_{coil}(s) + V_{cap}(s) + V_R(s) = sLI(s) + \frac{1}{sC}I(s) + RI(s) \quad \cdots\cdots\cdots\cdots (6\text{-}35)$$

これをさらに$I(s)$についてまとめると，

$$\frac{E}{s} = \left(Ls + \frac{1}{Cs} + R\right)I(s),$$

$$I(s) = \frac{E}{Ls^2 + Rs + \frac{1}{C}} = \frac{E}{L}\frac{1}{s^2 + \frac{R}{L}s + \frac{1}{LC}} \quad \cdots\cdots\cdots\cdots\cdots\cdots\cdots\cdots (6\text{-}36)$$

（ムでくくる）

と計算できます．ここで部分分数展開するために，**分母**を$(s+\alpha)(s+\beta)$の形に因数分解してみます．学校で習った$ax^2 + bx + c = 0$の根の公式，

$$\alpha, \beta = \frac{-b \pm \sqrt{b^2 - 4ac}}{2a} \quad \cdots\cdots\cdots\cdots\cdots\cdots\cdots\cdots\cdots\cdots\cdots\cdots\cdots\cdots (6\text{-}37)$$

を使って計算し，さらに変形し，根α，βを求めてみると，

$$\alpha, \beta = \frac{-\frac{R}{L} \pm \sqrt{\left(\frac{R}{L}\right)^2 - 4\frac{1}{LC}}}{2} = -\frac{R}{2L} \pm \frac{2}{2}\sqrt{\left(\frac{R}{2L}\right)^2 - \frac{1}{LC}} \quad \cdots\cdots\cdots (6\text{-}38)$$

となります．ここで，

$$\frac{1}{\sqrt{LC}} = \omega_o, \quad \frac{2L}{R} = \tau \quad \cdots\cdots\cdots\cdots\cdots\cdots\cdots\cdots\cdots\cdots\cdots\cdots\cdots\cdots (6\text{-}39)$$

と置いてみると，

$$\alpha = -\frac{1}{\tau} + \sqrt{\left(\frac{1}{\tau}\right)^2 - \omega_o^2}, \quad \beta = -\frac{1}{\tau} - \sqrt{\left(\frac{1}{\tau}\right)^2 - \omega_o^2} \quad \cdots\cdots\cdots\cdots (6\text{-}40)$$

が得られました．ではここで式(6-36)を根α，βを用いて書き直し，部分分数に展開してみると，

$$I(s) = \frac{E}{L} \frac{1}{s^2 + \frac{R}{L}s + \frac{1}{LC}}$$

$$= \frac{E}{L} \frac{1}{\left\{s - \underbrace{\left(-\frac{1}{\tau} + \sqrt{\left(\frac{1}{\tau}\right)^2 - \omega_o^2}\right)}_{\alpha}\right\}\left\{s - \underbrace{\left(-\frac{1}{\tau} - \sqrt{\left(\frac{1}{\tau}\right)^2 - \omega_o^2}\right)}_{\beta}\right\}}$$

$$= \frac{E}{2L\sqrt{D}} \cdot \left(\frac{1}{s + \frac{1}{\tau} - \sqrt{D}} - \frac{1}{s + \frac{1}{\tau} + \sqrt{D}}\right) \quad \cdots\cdots (6\text{-}41)$$

ここで $\sqrt{}$ の中が長いので，$D = \left(\frac{1}{\tau}\right)^2 - \omega_o^2$ と置いてあります．式(6-41)をラプラス逆変換してみると，

$$i(t) = \mathcal{L}^{-1}I(s) = \frac{E}{2L\sqrt{D}}\left\{\exp\left(-\frac{t}{\tau} + \sqrt{D}t\right) - \exp\left(-\frac{t}{\tau} - \sqrt{D}t\right)\right\} \cdots (6\text{-}42)$$

となります．この $\exp(x)$ は e^x の肩の x が表記上で小さくなってしまうので，見やすくするために使うものです（exponential の exp）．計算もようやくここまで来ました……[21]．

▶ D の条件を考える①：$D < 0$ のとき

上記で D，τ，ω_0 ととりあえず置いてみました．$D < 0$ のときは，

$$D = \left(\frac{1}{\tau}\right)^2 - \omega_o^2 = \left(\frac{R}{2L}\right)^2 - \frac{1}{LC} < 0$$

$$\left(\frac{R}{2L}\right)^2 < \frac{1}{LC}, \quad R < \frac{2L}{\sqrt{LC}} = 2\sqrt{\frac{L}{C}} \quad \cdots\cdots\cdots\cdots (6\text{-}43)$$

です（$-2\sqrt{L/C}$ もあるが，現実的ではないので，取り扱わない）．$D < 0$ のときは，式(6-42)の exp( ) の中が複素数になります．それが何なのかを計算しながら考えてみましょう．

---

[21]：「こんなに面倒なら SPICE で！」と思うかもしれないが，なぜそうなるのかを理解しておくことは非常に大切である．

D の絶対値を $|D|$ としてみると，$D<0$ なので $\sqrt{D}=j\sqrt{|D|}$ なので，

$$i(t) = \frac{E}{2Lj\sqrt{|D|}}\left\{\exp\left(-\frac{t}{\tau}+j\sqrt{|D|}t\right) - \exp\left(-\frac{t}{\tau}-j\sqrt{|D|}t\right)\right\}$$

$$= \frac{E}{2Lj\sqrt{|D|}}\left\{e^{(-t/\tau)}\cdot e^{j\sqrt{|D|}t} - e^{(-t/\tau)}\cdot e^{-j\sqrt{|D|}t}\right\}$$

$$= \frac{E}{2Lj\sqrt{|D|}}\left\{e^{j\sqrt{|D|}t} - e^{-j\sqrt{|D|}t}\right\}e^{(-t/\tau)}$$

$$= \frac{E}{2Lj\sqrt{|D|}}\left\{\cos\left(\sqrt{|D|}t\right) + j\sin\left(j\sqrt{|D|}t\right)\right.$$

$$\left. -\cos\left(\sqrt{|D|}t\right) - j\sin\left(-\sqrt{|D|}t\right)\right\}e^{(-t/\tau)}$$

$$= \frac{\cancel{j}2E}{2L\cancel{j}\sqrt{|D|}}\sin\left(\sqrt{|D|}t\right)e^{(-t/\tau)} = \frac{E}{L\sqrt{|D|}}\sin\left(\sqrt{|D|}t\right)e^{(-t/\tau)} \quad \cdots(6\text{-}44)$$

（手書き注記: sin 2つぶん，プラスになる）

$e^{(-t/\tau)}$ の減衰波形

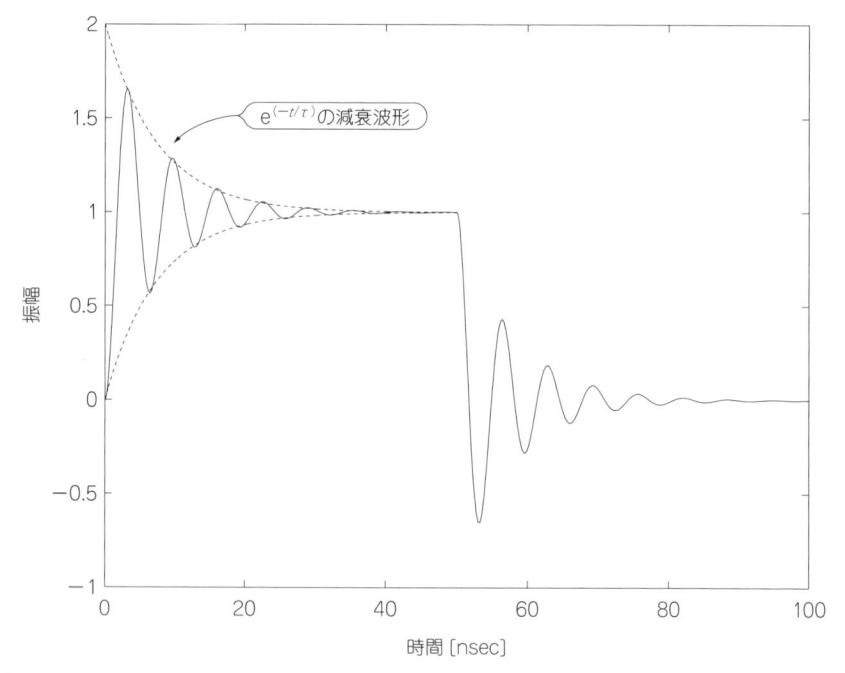

[図6-14] $R<2\sqrt{L/C}$ の条件のときはリンギングが発生する（$R=27\Omega$，$L=100\mathrm{nH}$，$C=10\mathrm{pF}$ の例）

これは図6-14のようなsinの振動と$e^{(-t/\tau)}$の減衰波形が一緒になった波形です。つまりディジタル回路で発生するリンギングが生じている状態です．式(6-43)の$R < 2\sqrt{L/C}$の条件のとおり，図6-12のプリント基板のパターン上の抵抗成分Rが小さいときにこの状態になることがわかります．

▶ Dの条件を考える②：$D = 0$のとき

$D = 0$のときは，

$$D = \left(\frac{1}{\tau}\right)^2 - \omega_o^2 = \left(\frac{R}{2L}\right)^2 - \frac{1}{LC} = 0 \quad \cdots\cdots\cdots\cdots\cdots (6\text{-}45)$$

になります．式(6-38)の根α，βを求める式に上記を代入して考えてみると，

$$\alpha = \beta = -\frac{R}{2L} \pm \sqrt{\left(\frac{R}{2L}\right)^2 - \frac{1}{LC}}\bigg|_{D=0} = -\frac{R}{2L} \pm \sqrt{0} = -\frac{R}{2L} \quad \cdots\cdots (6\text{-}46)$$

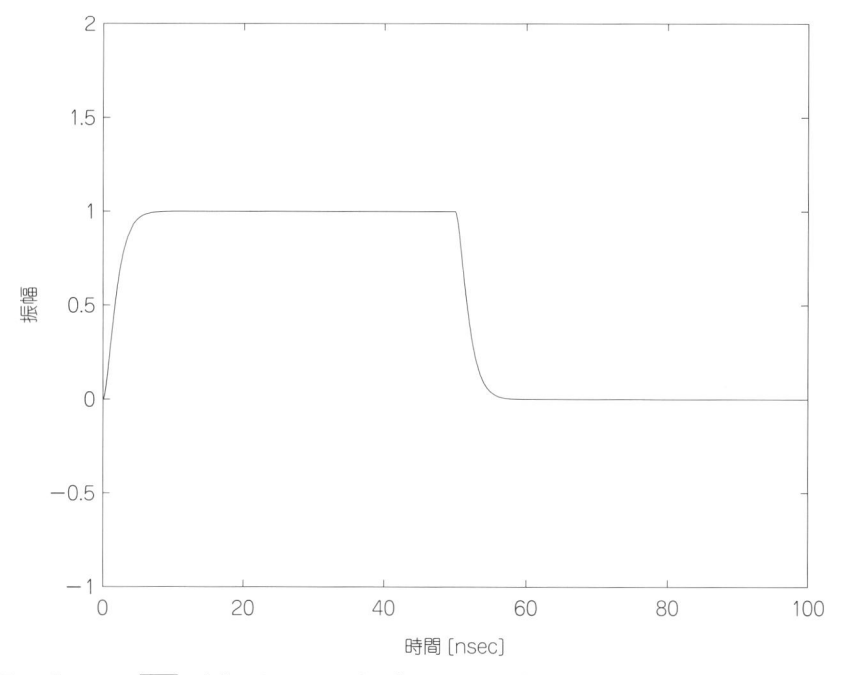

[図6-15] $R = 2\sqrt{L/C}$の条件のときはリンギングは発生しない（$R = 200\Omega$，$L = 100\text{nH}$，$C = 10\text{pF}$の例）

となります（これを重根と呼ぶ）．式(6-41)の部分分数に展開する前の部分に，上記の根を代入してみると，

$$I(s) = \frac{E}{L} \frac{1}{\left(s + \frac{R}{2L}\right) \cdot \left(s + \frac{R}{2L}\right)} = \frac{E}{L} \frac{1}{\left(s + \frac{R}{2L}\right)^2} \quad \cdots\cdots\cdots (6\text{-}47)$$

$s - \alpha \qquad s - \beta$

となります．これをラプラス逆変換してみると（表6-1の$\mathcal{L}\{e^{-at}f(t)\}$と$\mathcal{L}t = 1/s^2$を活用），

$$i(t) = \mathcal{L}^{-1}I(s) = \frac{E}{L}t\exp\left(-\frac{R}{2L}t\right) = \frac{E}{L}te^{-t/\tau} \quad \left(\tau = \frac{2L}{R}\right) \quad \cdots\cdots (6\text{-}48)$$

これは図6-15のような減衰波形です．図6-12のプリント基板のパターン上の抵抗成分が大きくなって$R = 2\sqrt{L/C}$の条件になるときはリンギングは生じません．

▶ Dの条件を考える③：$D > 0$のとき

図6-12のプリント基板のパターン上の抵抗成分Rがさらに大きくなっていった場合です．これは図6-12(c)のようにリンギングを抑えるために，直列に抵抗を挿入した場合と言えるでしょう．この抵抗を「ダンピング抵抗」と，また抵抗を挿入することを「Qダンプする」と言います．$D > 0$なので，

$$D = \left(\frac{1}{\tau}\right)^2 - \omega_o^2 = \left(\frac{R}{2L}\right)^2 - \frac{1}{LC} > 0,$$
$$\left(\frac{R}{2L}\right)^2 > \frac{1}{LC}, \quad R > \frac{2L}{\sqrt{LC}} = 2\sqrt{\frac{L}{C}} \quad \cdots\cdots\cdots\cdots\cdots (6\text{-}49)$$

になります．この$D > 0$のときは式(6-42)の$\exp()$の中は実数になります．$D > 0$で$\sqrt{D} > 0$なので，

$$\begin{aligned}
i(t) &= \frac{E}{2L\sqrt{D}}\left\{\exp\left(-\frac{t}{\tau} + \sqrt{D}t\right) - \exp\left(-\frac{t}{\tau} - \sqrt{D}t\right)\right\} \\
&= \frac{E}{2L\sqrt{D}}\left\{e^{(-t/\tau)} \cdot e^{\sqrt{D}t} - e^{(-t/\tau)} \cdot e^{-\sqrt{D}t}\right\} \\
&= \frac{E}{2L\sqrt{D}}\left\{e^{\sqrt{D}t} - e^{-\sqrt{D}t}\right\}e^{(-t/\tau)} \\
&= \frac{E}{2L\sqrt{D}}2\sinh\left(\sqrt{D}t\right)e^{(-t/\tau)} = \frac{E}{L\sqrt{D}}\sinh\left(\sqrt{D}t\right)e^{(-t/\tau)} \quad \cdots\cdots (6\text{-}50)
\end{aligned}$$

これは**図6-16**のように，sinh（ハイパボリック・サイン）の減衰波形と $e^{(-t/\tau)}$ の減衰波形が一緒になった波形です．**図6-12**のプリント基板のパターン上の抵抗成分が $R > 2\sqrt{L/C}$ の条件のときは上記の②と同様，リンギングは生じません．

ここまででわかることは[※22]，「**図6-12**のようなパターンと回路において，経験的にパターンの途中に数10Ωの抵抗を直列に挿入してリンギングを止めることは，数式としてはこのような関係が成立し，リンギングが生じなくなっている」ということです．

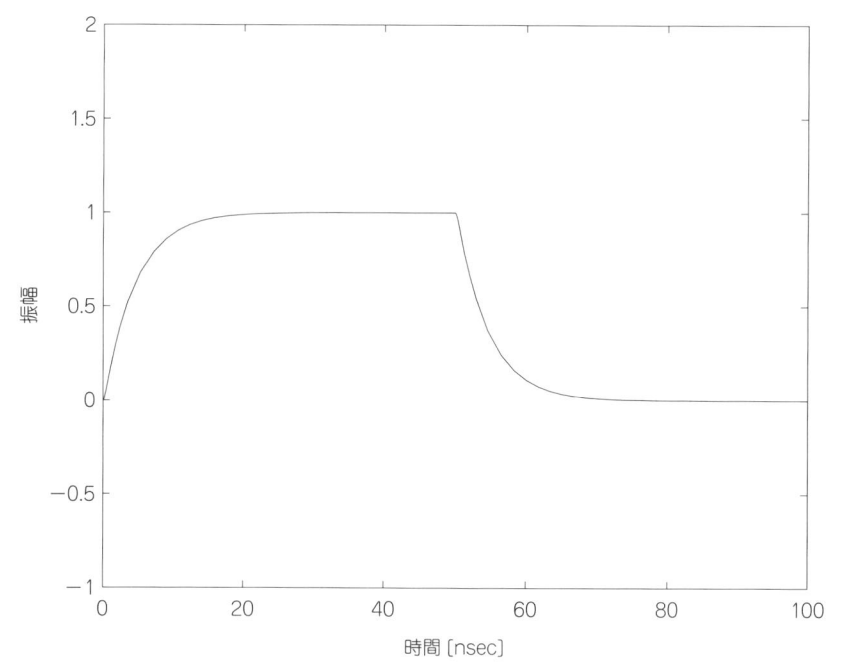

[図6-16] $R > 2\sqrt{L/C}$ の条件のときもリンギングは発生しない（$R = 470\Omega$，$L = 100\text{nH}$，$C = 10\text{pF}$ の例）

※22：ここまで $i(t)$ で計算しているが，入力容量のコンデンサの両端の電圧 $v(t)$ は $v(t) = \int \dfrac{i(t)}{C} dt$ であり，$i(t)$ が振動していれば $v(t)$ も振動するということ．

● リレーのコイルに発生する逆起電力を過渡現象とラプラス変換で考えよう

「リレーの駆動コイルをOFFするときに発生する逆起電力を吸収するため，図6-17(a)のようにダイオードを逆方向に入れなさい」．これはリレーを使った回路を設計するときに，かならず先輩から教わる言葉です．ここでも経験的にダイオード(バリスタも同様)を挿入して機器を設計していると思います．

ここでは，これがどのような現象で起こっているかを，過渡現象の考え方でラプラス変換を使って理論的に考えてみましょう．

p.146の(B1)のように駆動コイルの電圧 $v_{coil}(t)$ と電流 $i(t)$ の関係を微分の式として表し，さらに(B2)のようにこれをラプラス変換し $V_{coil}(s)$，$I(s)$ で表してみると，

$$v_{coil}(t) = L\frac{di(t)}{dt}, \quad V_{coil}(s) = L \cdot sI(s) - i(0) \cdots\cdots\cdots\cdots\cdots\cdots\cdots\cdots\cdots\cdots\cdots (6\text{-}51)$$

となります．ここで $i(0)$ という項がありますが，これは**表6-1**の微分則

$$\mathcal{L}\frac{df(t)}{dt} = sF(s) - f(0)$$

の初期値 $f(0)$ であり，p.147の※13にあるように，ここまでは簡単化のため，ゼロとして無視してきたものです．この逆起電力の説明では，**これが大事**になります．

さて，**図6-17(b)** のようにリレー駆動コイルの回路をモデル化してみます．ここでダイオードはないものとしています．リレーがONしているとき，つまり駆動コ

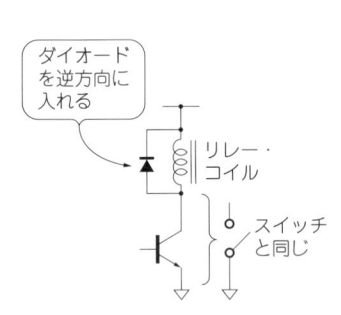

(a) OFF時の逆起電力を吸収するため
　　ダイオードを逆方向に入れて対策する

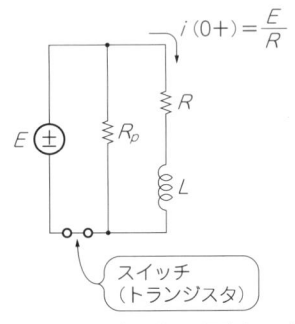

(b) リレー駆動コイルの回路をモデル化する
　　（ダイオードは記載していない）

[図6-17] リレー駆動コイルをOFFするときに発生する逆起電力

164　第6章　SPICEなんて使わずに過渡現象を手計算してみよう

イルに電流が流れているとき[※23]，電源 E で駆動用抵抗 R（だいたい数100Ω）を通じて，コイル L に対して電流を流し込んでいます．

　駆動コイルには並列に，R と比較してかなり大きい浮遊成分の抵抗 R_p（R-parastic, コイルの損失なども含む．だいたい数100kΩ程度だろうか）が存在しているとします．

　ここで $R \ll R_p$ なので，コイル L に定常状態で流れている電流 $i(0+)$［これはラプラス変換での初期値 $f(0+)$ に相当］は，R_p に流れる分を無視できますから，

$$i(0+) = \frac{E}{R + R_p} \simeq \frac{E}{R} \quad \cdots\cdots(6\text{-}52)$$

と表すことができます．スイッチがOFFになった瞬間がスタートになりますので，このときの回路は図6-18のように L と R と R_p との直列接続回路になります．これを過渡的に流れる電流 $I(s)$ を使って回路方程式として考えると，

$$V_{coil}(s) + V_{Rc}(s) = L\overbrace{\left\{sI(s) - \underbrace{\frac{E}{R}}_{i(0+)}\right\}}^{V_{coil}(s)} + (R + R_p)I(s) = 0 \quad \cdots\cdots(6\text{-}53)$$

となります．直列に繋がった抵抗 $R+R_p$ の合成端子間電圧を $V_{Rc}(s)$（V-R-combination）としてみました．これを $I(s)$ について整理すると，

$$(sL + R + R_p)I(s) = L\frac{E}{R}, \quad I(s) = \frac{LE}{R(sL + R + R_p)} \quad \cdots\cdots(6\text{-}54)$$

（$I(s)$ で解く）

となり，式(6-51)の $V_{coil}(s)$ に代入し，$R \ll R_p$ を考慮してみると，

[※23]：過渡現象状態ではなく，完全に安定した定常状態がスタートと考える．これはp.132の「抵抗とコイルを用いた回路例を考える ―1―」にあるように「最初は突っ張っているが，だんだんガマンができなくなって，最後には素通しになる」の素通し状態ということ．

$$V_{coil}(s) = L\left\{sI(s) - \frac{E}{R}\right\} = sL\frac{LE}{R(sL + R + R_p)} - \frac{LE}{R}$$
$$\simeq \left(sL\frac{1}{sL + R_p} - 1\right)\frac{LE}{R} = \left\{\frac{sL - (sL + R_p)}{sL + R_p}\right\}\frac{LE}{R}$$
$$= \left(\frac{-R_p}{sL + R_p}\right)\frac{LE}{R} = -\left(\frac{\frac{R_p}{L}}{s + \frac{R_p}{L}}\right)\frac{LE}{R} \quad\cdots\cdots(6\text{-}55)$$

これをラプラス逆変換して $v_{coil}(t)$ を求めると,

$$v_{coil}(t) = \mathcal{L}^{-1}V_{coil}(s) = -\frac{R_p}{L} \cdot \frac{LE}{R}\mathcal{L}^{-1}\left(\frac{1}{s + \frac{R_p}{L}}\right)$$
$$= -\frac{R_p}{R}Ee^{-R_p t/L} \quad\cdots\cdots(6\text{-}56)$$

になります.ここでマイナス符号がついていることがポイントで,この場合の過渡電圧は図6-18や図6-19のように逆方向に発生します.また $R \ll R_p$ と簡略化しましたが,この電圧 $v_{coil}(t)$ の大きさも,もともとの E と比較してもかなり大きく,R_p/R 倍になることがわかります.

この大きな逆電圧は,リレー駆動コイルをスイッチするトランジスタに悪い影響を与えますので,図6-17(a)のようにダイオードを図の方向,つまり逆方向に挿入し逆起電力を吸収させるのです.

● 初期値定理と最終値定理で最初と最終状態がわかる

例というよりラプラス変換の応用のようなものです.初期値定理は時間 $t = 0+$($0+$ はプラス側ゼロ極限.スタートすぐということ)の状態を,ラプラス変換された $F(s)$ の式から求めるというもので,

$$f(0+) = \lim_{t \to 0+} f(t) = \lim_{s \to \infty} s \cdot F(s) \quad\cdots\cdots(6\text{-}57)$$

で計算できます.s を掛け合わせて $s = \infty$ の状態を求めるだけです.

一方で最終値定理は時間 $t = \infty$ の状態を求めるのに,同じように,

$$f(\infty) = \lim_{t \to \infty} f(t) = \lim_{s \to 0} s \cdot F(s) \quad \cdots\cdots (6\text{-}58)$$

とするものです．このようにラプラス変換⇒計算⇒ラプラス逆変換⇒$t=0$とか$t=\infty$と代入し，初期値/最終値を求めるプロセスでなくとも，ラプラス変換された状態で初期値/最終値を求めることができるのです．

▶ 抵抗とコイルを用いた回路例を考える

実際に図6-4の抵抗とコイルの回路の式(6-3)をラプラス変換した，式(6-17)で考えてみましょう．式(6-17)を$I(s)$で整理したものを再掲すると，

$$I(s) = \frac{E}{s(R+sL)} \quad \cdots\cdots (6\text{-}59)$$

ですが，これを上記の初期値定理に当てはめて，電流値$i(0+)$を求めてみると，

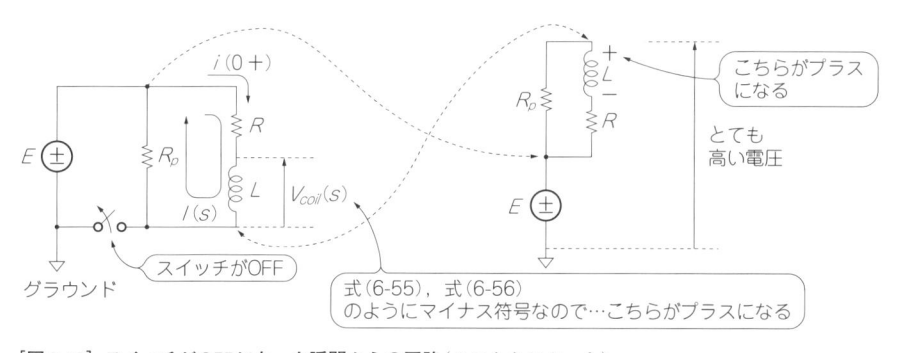

[図6-18] スイッチがOFFになった瞬間からの回路（ここからスタート）

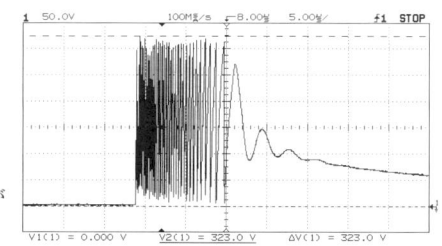

[図6-19] 過渡電圧が発生するようす（寄生容量成分があるので発振しているような波形になっている）

6-3 実際にラプラス変換で回路方程式を解いてみよう

$$i(0+) = \lim_{s \to \infty} sI(s) = \lim_{s \to \infty} \not{s} \frac{E}{\not{s}(R+sL)} = \lim_{s \to \infty} \frac{E}{R+sL}$$

分母・分子に $1/s$ を掛ける

$$= \lim_{s \to \infty} \frac{\frac{E}{s}}{\frac{R}{s}+L} = \frac{\frac{E}{\infty}}{\frac{R}{\infty}+L} = 0 \quad \cdots\cdots\cdots\cdots\cdots (6\text{-}60)$$

となり $i(0+)=0$ が得られました．さらに最終値定理に当てはめて，電流値 $i(\infty)$ を求めてみると，

$$i(\infty) = \lim_{s \to 0} sI(s) = \lim_{s \to 0} \frac{E}{R+sL} = \frac{E}{R} \quad \cdots\cdots\cdots\cdots\cdots (6\text{-}61)$$

となり $i(\infty)=E/R$ が得られました．これは本章6-1のp.133の「最初は突っ張っているが，だんだんガマンができなくなって，最後には素通しになる」そのものだということがわかります．

▶ **抵抗とコンデンサを用いた回路例を考える**

図6-6の抵抗とコンデンサの場合は，式(6-9)〜(6-11)で電圧 $v(t)$ に関して回路方程式を立てていきました．しかしここでは $i(0+)$ と $i(\infty)$ を求めるために $I(s)$ の式にしてみましょう．そのため式(6-23)の $V_{cap}(s) = I(s)/sC$ を応用してみます．そうすると式(6-9)は，

$$\mathcal{L}E \cdot U(t) = \mathcal{L}\{Ri(t) + v_{cap}(t)\}, \quad \frac{E}{s} = RI(s) + \frac{1}{sC}I(s) = \left(R + \frac{1}{sC}\right)I(s),$$

$I(s)$ でくくる ／ $I(s)$ で解く

$$I(s) = \frac{\frac{E}{s}}{R + \frac{1}{sC}} \quad \cdots\cdots\cdots\cdots\cdots\cdots\cdots\cdots\cdots\cdots\cdots\cdots\cdots (6\text{-}62)$$

となります．これを初期値定理に当てはめて，電流値 $i(0+)$ を求めてみると，

分母・分子へ C を掛ける

$$i(0+) = \lim_{s \to \infty} sI(s) = \lim_{s \to \infty} \not{s} \cdot \frac{\frac{E}{\not{s}}}{R + \frac{1}{sC}} = \lim_{s \to \infty} \frac{CE}{CR + \frac{1}{s}}$$

$$= \frac{\not{C}E}{\not{C}R + \frac{1}{\infty}} = \frac{E}{R} \quad \cdots\cdots\cdots\cdots\cdots\cdots\cdots\cdots\cdots (6\text{-}63)$$

となり $i(0+) = E/R$ が得られました．さらに最終値定理に当てはめて，電流値 $i(\infty)$ を求めてみると，

$$i(\infty) = \lim_{s \to 0} sI(s) = \lim_{s \to 0} \frac{CE}{CR + \frac{1}{s}} = \lim_{s \to 0} \frac{sCE}{sCR + 1} = \frac{0}{CR + 0} = 0 \quad \cdots\cdots\cdots (6\text{-}64)$$

となり $i(\infty) = 0$ が得られました．これは本章6-1のp.134の「最初は素通しだが，だんだんアップアップになって，最後には通らなくなる」そのものだということが（ラプラス変換のアプローチでも同じだということが）わかりますね．

Column 6
シミュレーションの有効性

　まさにシミュレーション全盛期です．回路でもシステムでも，かなり多くの分野でシミュレーションが使われています．複雑化した現在の設計においては，事前にシミュレーションで動作の細部まで検討しておかなければ，試作後の『あと戻り工数が多大』にかかり，オン・タイムで設計を完了させることができません．

　しかしながら，シミュレーションはコンピュータ上で作り上げられた仮想の空間です．実社会ではありえないようなことが，数字上の答えとして，いとも簡単に結果として出てきます（Blockbuster Sci-Fi Movieでもそんなものがあったな，と思いおこす方も多いだろう）．

　これは往々に設定する条件なり，計算式が間違っていることが理由です．また適切にモデル化できていないことも良くあります．特に経験の浅い回路設計技術者などは，「適切に設定されているのか，適切な値が答えとして出てきているのか」を考えることなしに，盲目的にシミュレーションで答えを出してしまうことがあります．これでは何のためにシミュレーションをしているのかわかりません．

　また一方でシミュレーションでも，すべての条件やパラメータを取り込んで，完全無比に模倣（シミュレート）することはできません．かならず誤差が出てきます．シミュレーションを盲目的に信じず，設計に対してのアタリをつけるためくらいに割り切って考えるべきでしょう．最後は現物での確認が必須です．

　シミュレーションと本書との接点で重要なことは，どういう理論をもとに動いているかを理解しておき（本書で繰り返し述べられているような），アタマの中でイメージしながら試行を繰り返すことでしょう．またシミュレーションの開始時には，非常に簡単な条件を最初に設定してみて，自分の想定ときちんと合うかどうかを確認することもとても重要です．

　「アタリをつけられないシミュレーションは休むに似たり」というところでしょうか．

電子回路設計のための電気/無線数学

第7章
苦手だった回路理論の計算ははんだゴテと同じツール

❖

ここまでで，回路計算はオームの法則と複素数がわかれば（過渡現象はラプラス変換も使って），ほぼ解決できることがわかりました．それでは実際に回路理論の計算を現実の回路の解析とか，直面している問題を解決するために活用してみましょう．

❖

7-1　回路理論を現実の電子回路に応用する

● 部品の精度と算術の精度を比較してみれば……

　第1章でも説明しているように，実際の電子回路での現実的精度は数％程度です．これは電子部品自体の誤差が，大きいものだと5％〜10％もあるからです．そのため，そのオーダで回路の計算をしていけば，ほとんど間に合ってしまいます（高精度アナログ回路は別格だが）．1％程度の精度まで求めておけばほぼ十分でしょう．

　この誤差（ばらつき）による回路動作の変動への影響こそ，SPICEなどの電子回路シミュレータのモンテカルロ解析（ばらつき解析）でPC上で評価すべきことだといえます．

　数式の計算についても同じく，無視できる項は取り去ってしまい，大きく影響を与える項だけを考えて，どんどん簡略化してしまうことも一つと言えるでしょう．回路が大枠としてどのように振る舞うのか，それを理解する，アタリをつけるということが大事といえます．

　第1章で出てきた"Rule of thumb"．これがプリント基板上にある，目の前にある実在の電子回路を解析するアプローチの本質かもしれません．

　それでは，はんだゴテを握って試作基板を目の前にするように，回路理論と計算をツールとして，実際の電子回路の動きを考えていってみましょう．

● **便利に使おう鳳・テブナンの定理**

第2章2-2で説明したように，図7-1の回路(中がどんな構成になっているかわからない)において，鳳・テブナンの定理は式(2-12)のとおり，以下で示されます．

$$I = \frac{V_{open}}{R_{out} + R_L} \quad \cdots\cdots\cdots\cdots\cdots\cdots\cdots\cdots\cdots\cdots\cdots\cdots\cdots\cdots\cdots\cdots\cdots\cdots\cdots\cdots\cdots (7\text{-}1)$$

ここでV_{open}は出力端子をオープンにしたときに測定される電圧(開放端電圧，V-open)，R_{out}(R-output)は等価的な内部直列抵抗，R_L(R-load)は出力端子に負荷としてつないだ抵抗，Iはそのとき流れる電流です．

図7-1(a)のように中身がなんだかまったくわからない回路であっても，「等価的にみると同図(b)のように，電圧源V_{open}に直列にR_{out}が接続されたものと同じ」と考える，これが鳳・テブナンの定理です．

▶ **便利な応用例：ICの出力端子の出力抵抗を計算する**

アナログICだとか高周波ICなどの出力端子は，その出力抵抗R_{out}がどれだけかというと，結構データシートではわからないこともあります．しかし外部回路に接続する素子の関係でR_{out}の大きさを知ることが必要になる場合があります．

またOPアンプを開放利得が低下してくる周波数で用いているとき，出力インピーダンスが上昇してきますが[※1]，これを実験的に求めたいこともあります．これらを求めるには

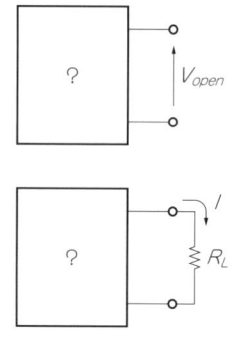

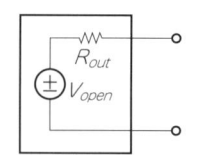

(a) 中身がなんだか全くわからない回路　　(b) 等価的にみると電圧源V_{open}に直列にR_Sが接続されたものと同じ

[図7-1] 鳳・テブナンの定理

※1：詳しくはOPアンプに関する書籍，および本章のp.205「フィードバックによる出力抵抗の低減」を読んでいただきたい．

① 出力端子をオープンにして，そのときの開放電圧 V_{open} を測定する
② 適当な抵抗 R_L を接続して，流れる電流 I を測定する

として，鳳・テブナンの定理を使って求めることができます．R_{out} は式(7-1)を変形させた，

$$R_{out} = \frac{V_{open}}{I} - R_L \quad \cdots\cdots\cdots\cdots\cdots\cdots\cdots\cdots\cdots\cdots\cdots\cdots\cdots\cdots\cdots\cdots\cdots\cdots\cdots (7\text{-}2)$$

で求めることができます．とは言っても実際には交流信号の場合が多いので，電流 I を測定することは結構面倒です．そのため以下および図7-2のように求めることが多いといえます．

① 出力端子をオープンにして，そのときの開放電圧 V_{open} を測定する［図7-2(a)］
② 適当な抵抗 R_L を接続し，出力電圧 V_{load}（V-load）を測定する［図7-2(b)］

こうすれば同じ電圧測定方法（たとえばオシロ・スコープ）で，計算に必要となる二つの測定値を測定できます．これら V_{open}，V_{load} の測定値を用いて，

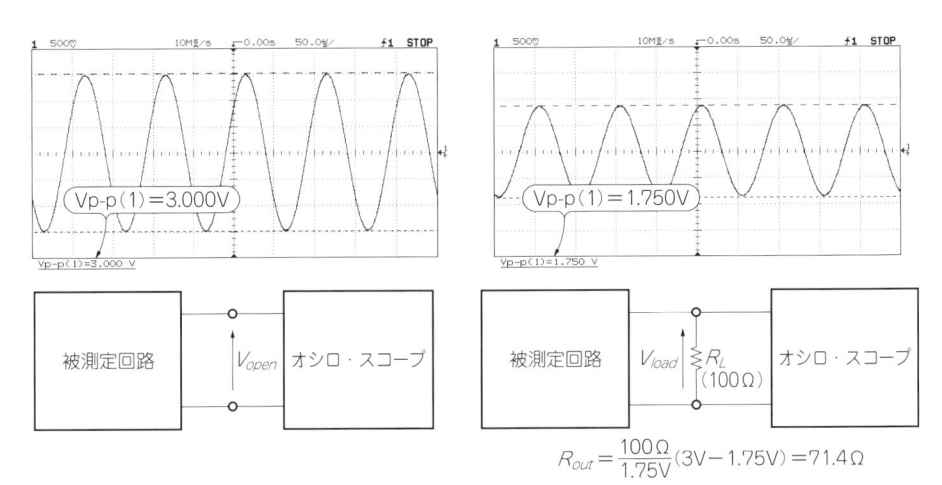

(a) 出力端子をオープンにして開放電圧 V_{open} を測定

(b) 適当な抵抗 R_L を接続して出力電圧 V_{load} を測定

$$R_{out} = \frac{100\,\Omega}{1.75\text{V}}(3\text{V} - 1.75\text{V}) = 71.4\,\Omega$$

[図7-2] オシロ・スコープなどで二つの変数を測定する

$$V_{open} = I(R_{out} + R_L) = IR_{out} + IR_L = \frac{V_{load}}{R_L}R_{out} + V_{load} \quad (V_{load} = IR_L),$$

$$R_{out} = \frac{R_L}{V_{load}}(V_{open} - V_{load}) \quad \cdots\cdots\cdots\cdots\cdots\cdots\cdots\cdots\cdots\cdots\cdots\cdots\cdots\cdots (7\text{-}3)$$

←左端の V_{open} と R_{out} で解く

の式に代入してみると，R_{out} が得られます．

　なお，ここでオシロ・スコープなどで測定するときに，V_{open}，V_{load} は尖頭値でも，ピークからピークの値でもかまいません．それぞれの値は比例関係にあるだけなので，別に実効値を求めなくても計算ができるのです．

● 結合コンデンサを小さくしたとき，インピーダンスで鳳・テブナンの定理を考えるときは注意が必要

　中がどんな構成になっているかわからない，図7-1の回路の場合を考えましたが，ここまでは純粋な抵抗成分 R_{out} があるとして考えていました．

　ほとんどの電子回路の場合には，たとえ図7-3のように結合コンデンサで直流電圧成分をカットしてある回路であっても，上記の方法で R_{out} が求められます．これは結合コンデンサ C のインピーダンス $X_{cap} = 1/j2\pi fC = -j/\omega C$ が，信号の周波数 f で R_{out} に対して十分に小さく（$X_{cap} \ll R_{out}$）なるからです．

　といってもそうとはいえない場合もあるでしょう．ここではその場合を考えてみます．

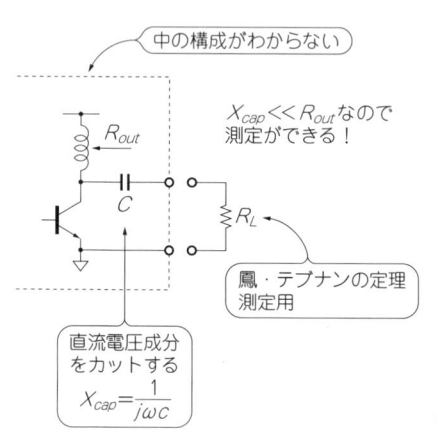

[図7-3] コンデンサで直流電圧成分をカットしてある回路でも鳳・テブナンの定理で R_{out} を求められる

図7-4は図7-3の回路で，$f = 100\text{MHz}$，$R_{out} = 100\Omega$，$R_L = 50\Omega$，$C = 10\text{pF}$とした場合の各部の電圧です．これは結合コンデンサCを小さくしてインピーダンスX_{cap}を上げ，結合度を下げた場合です（「疎に結合」という）．回路方程式を立ててみると，直列回路なので素子ごとの電圧ベクトルの足し算になり，全体の電圧$\dot{V}_S$（V-series）は，

$$\dot{V}_S = \dot{I} \times R_{out} - \dot{I}\frac{j}{\omega C} + \dot{I} \times R_L = \dot{I}(100\Omega - j160\Omega + 50\Omega) \quad \cdots\cdots\cdots\cdots (7\text{-}4)$$

ここで$\dot{I}$は回路に流れる電流です．ここでは位相が変わるという意味から（ここまで省略してきた）ドットを改めてそれぞれにつけて，ベクトルであることを明示してあります．

次に各素子の端子電圧を考えます．

R_{out}の端子電圧： $\quad\quad\quad\quad\quad \dot{V}_{(Rout)} = \dot{I} \times R_{out}$

R_Lの端子電圧： $\quad\quad\quad\quad\quad\quad \dot{V}_{(RL)} = \dot{I} \times R_L$

コンデンサの端子電圧： $\quad\quad\quad \dot{V}_{cap} = \dot{I} \times \left(-\frac{j}{\omega C}\right)$

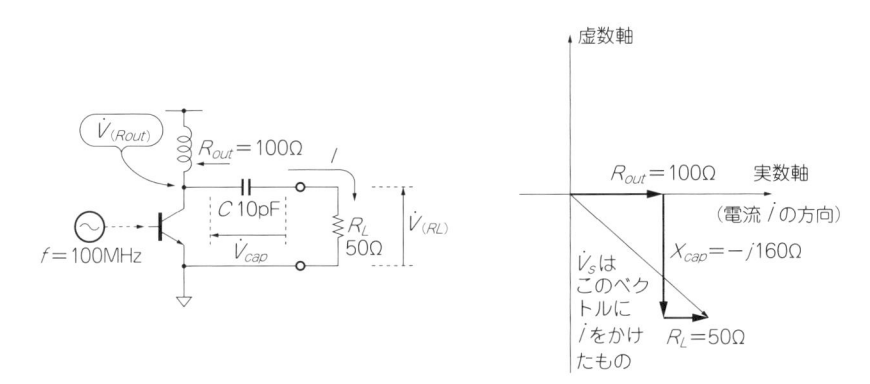

[図7-4] 図7-3の回路で，$f = 100\text{MHz}$，$R_{out} = 100\Omega$，$R_L = 50\Omega$，$C = 10\text{pF}$の場合の各素子のインピーダンスをインピーダンス平面上に表してみた

ここで素子ごとのインピーダンスの相対的大きさおよび位相の相互関係が，そのまま素子ごとの端子電圧の相対的大きさおよび位相の相互関係になります（すべて$\dot{I}$が掛け算されているため，$\dot{I}$の大きさ/位相がいくつであれ，端子電圧は相互にインピーダンスと同じ関係のままになる）．

　そこで，図7-4のように各素子のインピーダンスの大きさ/位相を複素平面上に表してみると（これをインピーダンス平面と呼ぶ），それがそのまま各素子の端子電圧のベクトルに比例することになります．

　つまり，それらを足し合わせ$\dot{I}$を掛けたものが，$\dot{V}_S$になります．

　この「位相の異なるもの同士を足し合わせるときに，鳳・テブナンの定理がどうなるか」これを計算してみましょう．

▶ 位相の異なるもの同士を足し合わせるときどうなるか

　ではさっそく計算してみましょう．

$$\dot{V}_S = \dot{I}(100\Omega - j160\Omega + 50\Omega) = \dot{I}(150\Omega - j160\Omega),$$
$$\dot{I} = \frac{\dot{V}_S}{150\Omega - j160\Omega}, \quad \dot{V}_{(RL)} = \dot{I} \times R_L = \frac{\dot{V}_S}{150\Omega - j160\Omega} \times 50\Omega$$

となりますから，$\dot{V}_{(RL)}$の絶対値$|\dot{V}_{(RL)}|$を求めてみましょう[※2]．

$$|\dot{V}_{(RL)}| = \left|\frac{\dot{V}_S \times 50}{150 - j160}\right| = \frac{|\dot{V}_S| \times 50}{\sqrt{150^2 + 160^2}} = \frac{|\dot{V}_S| \times 50}{219} = 0.228|\dot{V}_S|$$

になります．一方で$X_{cap} = -j160\Omega$が実数（160Ω）だと仮定すると（ここではすべてが同位相になるので，ベクトルのドットは付けない），

$$V_{(RL)} = \frac{V_S \times 50}{100 + 160 + 50} = \frac{V_S \times 50}{310} = 0.161 V_S$$

となります．つまりコンデンサやコイルのリアクタンスが影響し，位相が異なっているほうが，R_Lの端子電圧として現れる量が**大きくなる**ことがわかります．この点により単純な鳳・テブナンの定理では，このような場合は正しく計算ができません．これは注意すべきことです．

※2：p.79の基本公式でも説明したように，複素数$A + jB$の大きさは$\sqrt{A^2 + B^2}$であり，これを分母に応用する．

● **結合コンデンサを大きくすると，時定数を念頭にした回路の検討が必要だ**

第6章で説明した過渡現象の例を，図7-5(a)の回路で考えてみましょう．

一般的に電子回路は，素子の出力インピーダンス(誰しも「出力インピーダンス」と言う．実際には出力抵抗という意図のことが多い)R_{out}は低めになっています．このR_{out}は鳳・テブナンの定理で説明した，出力抵抗R_{out}と同じものです．

その一方で，入力端子は高めのインピーダンスR_{in}です．この出力と入力の間(段間と呼ぶ)は直流電圧レベルが異なっているので，結合コンデンサCを段間に接続し，直流をカットし交流成分のみを伝達するようにします．

しかし，この結合コンデンサCが大きい場合(さきほどは疎に結合するために結合コンデンサを小さくした例を示した)，電源ON時に結合コンデンサCと図7-5(a)中のR_{out}とR_{in}とで生じる過渡現象により，入力端子の直流電圧レベル(バイアス電圧と呼ぶ)が**本来必要とされる目的の電圧レベル**に到達するのに，時間がかかる問題が生じることがあります．

とくに消費電流を低減するために，回路の電源を頻繁にON/OFFする低電力回路設計の場合には非常に注意すべきことです．

▶ **ラプラス変換を使って検討してみる**

図7-5(a)の回路を解析のためにさらにモデル化してみたのが，図7-5(b)の等価回路です．この電源ON時の振る舞いを解析するために，ラプラス変換を使ってみ

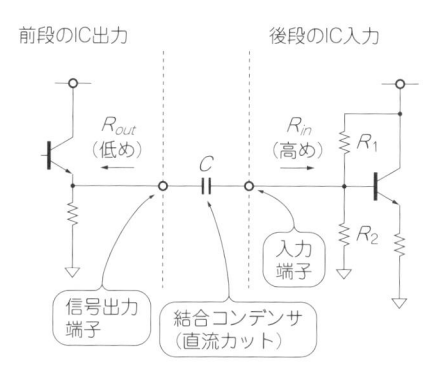

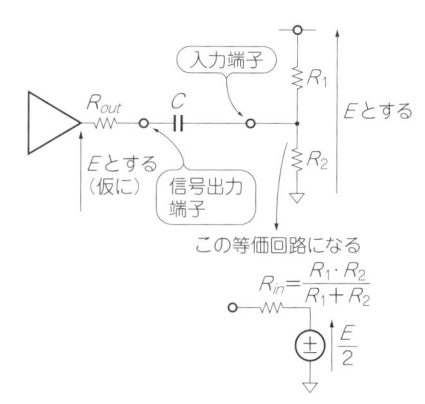

(a) 実際の回路(若干モデル化してある)　　(b) 解析のためにモデル化してみる

[図7-5] 出力インピーダンスR_{out}は低く，入力インピーダンスR_{in}は高めであり，結合コンデンサの過渡応答を考慮しなくてはならないことがある

ましょう．出力端子電圧は E[V]で，電源ON後ゼロ時間で立ち上がるものとし，入力端子の回路は R_1，R_2 の並列接続になり，R_{out} とで E が分圧されるとします．入力端子の等価抵抗 R_{in} は，

$$R_{in} = \frac{R_1 \cdot R_2}{R_1 + R_2} \quad \cdots\cdots(7\text{-}5)$$

さらに鳳・テブナンの定理をこの入力端子に対して用いると，図7-5(c)のように電圧源 $E/2$ に R_{in} が接続されている等価回路になります．

次に R_{in}，R_{out}，C をラプラス変換して s 領域で考えてみると，

$$\frac{E}{s} = I(s)\left(R_{out} + \frac{1}{sC} + R_{in}\right) + \frac{E}{2s}, \quad \frac{E}{2s}\text{が残り．}I(s)\text{で解く}$$

$$I(s) = \frac{E}{2s}\frac{1}{\left(R_{out} + \frac{1}{sC} + R_{in}\right)} \quad \cdots\cdots(7\text{-}6)$$

入力端子の電圧 $v(t)$ をラプラス変換した $V(s)$ は，

$$V(s) = I(s)R_{in} + \frac{E}{2s} = \frac{E}{2s}\frac{R_{in}}{\left(R_{out} + \frac{1}{sC} + R_{in}\right)} + \frac{E}{2s} \quad \text{分母・分子へ}sC\text{を掛ける}$$

$$= \frac{E}{2s}\frac{sR_{in}C}{sC(R_{out} + R_{in}) + 1} + \frac{E}{2s} = \frac{E}{2}\frac{R_{in}C}{sC(R_{out} + R_{in}) + 1} + \frac{E}{2s} \quad \cdots\cdots(7\text{-}7)$$

となります．試しにここで第6章6-3の初期値定理と最終値定理を用いてみると，

$$v(0+) = \lim_{s \to \infty} sV(s) = \lim_{s \to \infty} \frac{E}{2}\frac{R_{in}C}{C(R_{out} + R_{in}) + \frac{1}{s}} + \frac{E}{2}$$

$$= \frac{E}{2}\frac{R_{in}}{R_{out} + R_{in}} + \frac{E}{2} \quad \cdots\cdots(7\text{-}8)$$

$$v(\infty) = \lim_{s \to 0} sV(s) = \lim_{s \to 0} \frac{E}{2}\frac{sR_{in}C}{sC(R_{out} + R_{in}) + 1} + \frac{E}{2}$$

$$= \frac{E}{2}\frac{0 \times R_{in}C}{0 \times C(R_{out} + R_{in}) + 1} + \frac{E}{2} = \frac{E}{2} \quad \cdots\cdots(7\text{-}9)$$

となり最終的には(当然ながら)入力端子は$E/2$[V]に落ち着くこともわかります。
$v(t)$を求めるために式(7-7)をラプラス逆変換してみると，

$$v(t) = \mathcal{L}^{-1}V(s) = \mathcal{L}^{-1}\left\{\frac{E}{2}\frac{R_{in}C}{sC(R_{out}+R_{in})+1} + \frac{E}{2s}\right\}$$

$$= \mathcal{L}^{-1}\left\{\frac{E}{2}\frac{\frac{R_{in}}{R_{out}+R_{in}}}{s+\frac{1}{C(R_{out}+R_{in})}} + \frac{E}{2s}\right\}$$

$\frac{1}{R_{out}+R_{in}}$ で分母・分子を割る

$$= \frac{ER_{in}}{2(R_{out}+R_{in})}\exp\left\{-\frac{t}{C(R_{out}+R_{in})}\right\} + \frac{E}{2} \quad \cdots\cdots\cdots\cdots (7\text{-}10)$$

が得られます[※3]。

▶ これでわかること

上記でわかることは，電源を入れた最初に入力端子電圧$v(t)$が式(7-8)の電圧まで一瞬で上昇し(実際は$R_{out} \ll R_{in}$なので，ほぼE[V])，そのあと$\tau = C(R_{out}+R_{in})$の時定数で変化し，EをR_{in}とR_{out}で分圧した電圧$E/2$まで下がってくるようになります。

つまり「段間のコンデンサCが大きかったり，R_{in}が大きかったりすると，電源を入れてもすぐには回路が定常状態にならない(立ち上がらない)」ということです。回路設計での「めやす」とすれば，だいたい時定数τの3倍以上の時間を取れば，回路が安定すると言ってよいでしょう(このとき最終値の95％まで到達する)。

▶ IC内部でも同じように発生することがある

IC外部のコンデンサだけではなく，とくにOPアンプには図7-6のように動作を安定にさせるために，内部にコンデンサがあります。

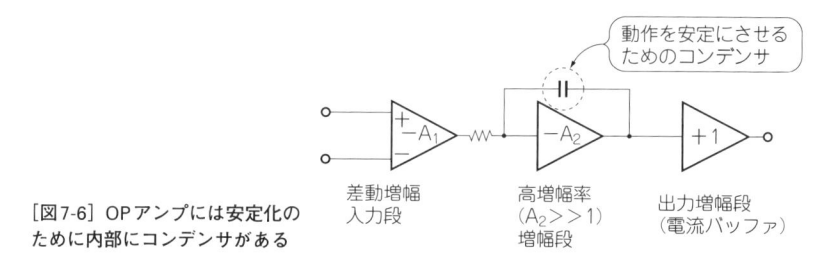

[図7-6] OPアンプには安定化のために内部にコンデンサがある

差動増幅入力段 / 高増幅率($A_2 \gg 1$)増幅段 / 出力増幅段(電流バッファ)

動作を安定にさせるためのコンデンサ

※3：$\exp(x)$は，e^xの肩のxが表記上で小さくなってしまうので，見やすくするために使うもの。第6章のp.159のとおり。

これがさらにミラー効果(本章の後半, p.200で説明する)による影響を受けて, より時定数が長くなり, 電源ON時に回路が定常状態に立ち上がる(バイアス・レベルが安定する)まで, 結構時間がかかることがあります. これは注意すべきことでしょう.

● **いつも忘れるな「このコイル, コンデンサは何Ω?」**

ここで示すことはとても単純ですが, **とても大切**なことです.

「ディジタル回路の電源バイパスに適当に挿入したコンデンサ」. まずはこれが何Ωになっているかを十分に注意することです. コンデンサのインピーダンスは $X_{cap} = 1/j2\pi fC$ ですが, たとえば $f = 10\text{MHz}$ の場合を計算してみましょう.

$$C = 10\mu\text{F} \qquad X_{cap} = \frac{1}{j2\pi \times 10 \times 10^6 (\text{MHz}) \times 10 \times 10^{-6}(\mu\text{F})}$$
$$= 0.0016\Omega$$

$$C = 1\mu\text{F} \qquad X_{cap} = 0.016\Omega$$

$$C = 0.1\mu\text{F} \qquad X_{cap} = 0.16\Omega$$

$$C = 10\text{nF}\,(0.01\mu\text{F}) \qquad X_{cap} = 1.6\Omega$$

実際はバイパス・コンデンサは1Ω以下程度あれば十分ですので, 10MHz程度のクロック速度のディジタル回路でも, 0.1μF程度で十分であることがわかります[※4]. これは使用する周波数によったり, またより高い無線/高周波回路において

(a) コンデンサが直接素子につながっている

(b) 一旦レギュレータで安定化させている

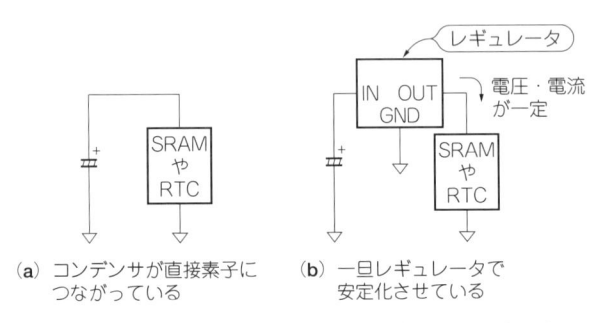

[図7-7] 電気二重層コンデンサをバックアップ電源として応用する

※4: 同じく, コンデンサの自己共振周波数もあり, これを越すとコンデンサがコイルになる. 容量の大きいコンデンサほど自己共振周波数が低く, そういう点からも適切な容量を選択する必要がある.

はCの大きさがさらに小さくても十分だということです．

チョーク・コイルや雑音防止コイルについても同じで，いつも$X_{coil} = j2\pi fL$を考えているべきです．

● **コンデンサを充電/放電していくとき（バックアップ電源としての応用）**

図7-7のように電気二重層コンデンサをスタティックRAM(SRAM)やリアルタイム・クロック(RTC)用のバックアップ電源に用いる場合があります．このバックアップ時間を考えてみましょう．

▶ **被バックアップ素子が抵抗Rでモデル化できる場合**

まず図7-7(a)のコンデンサが直接バックアップされる素子につながっている場合です．素子は抵抗Rでモデル化できます．Eは機器の電源がONしているときにCに充電される満充電時の電圧です．この場合の放電曲線$v(t)$は，

$$v(t) = Ee^{-t/CR} \quad \cdots\cdots\cdots\cdots\cdots\cdots\cdots\cdots\cdots\cdots\cdots\cdots\cdots\cdots\cdots\cdots\cdots\cdots\cdots (7\text{-}11)$$

です．バックアップされる素子の下限電源電圧をE_{min}とし，どれだけの時間バックアップが可能かを考えると，

$$E_{min} = Ee^{-t/CR}, \quad \frac{E_{min}}{E} = e^{-t/CR},$$
$$\log_e\left(e^{-t/CR}\right) = \log_e\left(\frac{E_{min}}{E}\right), \quad -\frac{t}{CR} = \log_e\left(\frac{E_{min}}{E}\right),$$
$$t = -CR \log_e\left(\frac{E_{min}}{E}\right) \quad (\log_e = \ln) \quad \cdots\cdots\cdots\cdots\cdots\cdots\cdots (7\text{-}12)$$

となります[※5]．たとえば$E = 5\text{V}$, $E_{min} = 3\text{V}$, $C = 0.1\text{F}$, $R = 1\text{M}\Omega$としてみると

$$t = -0.1\text{F} \times 1 \times 10^6 \Omega \times \log_e\left(\frac{3\text{V}}{5\text{V}}\right)$$
$$= -1 \times 10^5 \times \log_e(0.6) = -1 \times 10^5 \times (-0.511) = 52200\text{sec}$$

となり，だいたい14時間はバックアップできることになります．

▶ **被バックアップ素子が定電流負荷でモデル化できる場合**

一方で図7-7(b)は一旦レギュレータで安定化させている場合です．電圧が安定

※5：$\log_e e^x = x$になることに注意．

化されていますので，電圧が変動しても流れる電流は変わりません（レギュレータ内部の消費ぶんは考えない）．

図7-7(a)の回路でも，素子に流れる電流が電圧変動によって変化しない場合は，この条件と同じと言えるでしょう．この場合の放電曲線 $v(t)$ は，

$$v(t) = E - \frac{1}{C}\int i(t)\,dt = E - \frac{1}{C}i_{back}t \quad \cdots\cdots\cdots\cdots\cdots\cdots\cdots\cdots (7\text{-}13)$$

となります．積分の部分は定電流の放電になるので，i_{back} の一定値で考えます．さきほどと同じ条件で，どれだけの時間，バックアップが可能かを考えると（なお $i_{back} = 1\mu A$ で考えている）

$$E_{min} = E - \frac{1}{C}i_{back}t, \quad t = \frac{C}{i_{back}}(E - E_{min})$$

$$t = \frac{0.1\text{F}}{1\times 10^{-6}\text{A}}(5\text{V} - 3\text{V}) = 200000\text{sec}$$

となり，だいたい55時間はバックアップできることになります．

● オシロ・スコープのプローブ/内部容量計算

「オシロ・スコープの入力インピーダンスは高いのだ」とふだんは何気なく使っていると思います．実際にはオシロ・スコープの信号入力端子には，図7-8(a)のように数pF程度の内部容量がどうしても寄生的に生じてしまいます．

さらに実際には，10：1プローブ（電圧が1/10になるもの）を使えば，同図のプローブの分圧抵抗と内部容量により，第4章4-2のp.84「抵抗とコンデンサによるロー・パス・フィルタ回路」のようにロー・パス・フィルタになってしまい，正しい周波数特性を維持することができません．

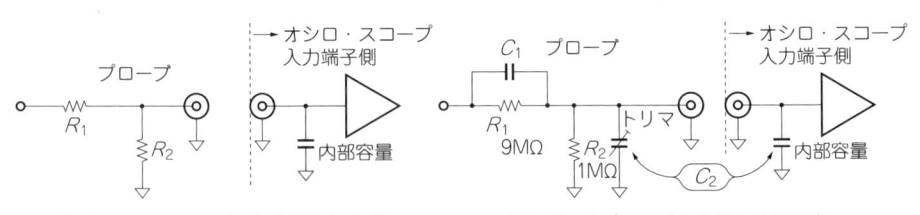

(a) オシロ・スコープの入力端子および 10：1プローブ（その基本回路）の等価回路

(b) 10：1プローブの実際の等価回路

[図7-8] オシロ・スコープの10：1プローブ

オシロ・スコープがこの10：1プローブを使っても，高い周波数まできちんと周波数特性を維持したままで，なぜ測定ができるかを考えてみましょう．

図7-8(b)は10：1プローブの実際の等価回路です．一般的に$R_1 = 9\mathrm{M}\Omega$, $R_2 = 1\mathrm{M}\Omega$になっています（普通に考えれば，高い周波数に使えるような抵抗の大きさではない）．またR_1にC_1，R_2にC_2がついています．C_2はプローブ側の容量と，信号入力端子の内部容量を足し合わせたものです．

この回路の入力V_{in}(V-input)と出力V_{out}(V-output)の関係式を求めてみましょう．抵抗の分圧の考えから，

$$V_{out} = \frac{\dfrac{R_2 \times \dfrac{1}{j\omega C_2}}{R_2 + \dfrac{1}{j\omega C_2}}}{\dfrac{R_1 \times \dfrac{1}{j\omega C_1}}{R_1 + \dfrac{1}{j\omega C_1}} + \dfrac{R_2 \times \dfrac{1}{j\omega C_2}}{R_2 + \dfrac{1}{j\omega C_2}}} V_{in} = \frac{\dfrac{R_2}{1 + j\omega C_2 R_2}}{\dfrac{R_1}{1 + j\omega C_1 R_1} + \dfrac{R_2}{1 + j\omega C_2 R_2}} V_{in}$$

$$= \frac{R_2}{R_1 \dfrac{1 + j\omega C_2 R_2}{1 + j\omega C_1 R_1} + R_2} V_{in} \quad\cdots\cdots\cdots\cdots\cdots\cdots\cdots\cdots\cdots\cdots (7\text{-}14)$$

← 式(7-15)

と計算できます（$1 + j\omega C_2 R_2$のほうを分子/分母に掛けることがミソ．そうすることで分子が1になり，計算が簡単になる）．ここでV_{in}とV_{out}の関係が周波数ωに依存しない条件を考えてみると，$j\omega$のある部分がキーになること，つまり以下がωに依存せず1であればC_1, C_2に無関係になることがわかります．

$$\frac{1 + j\omega C_2 R_2}{1 + j\omega C_1 R_1} = 1 \quad\cdots\cdots\cdots\cdots\cdots\cdots\cdots\cdots\cdots\cdots\cdots\cdots\cdots\cdots\cdots\cdots\cdots (7\text{-}15)$$

さらに計算していくと，

$$\cancel{1} + \cancel{j\omega} C_1 R_1 = \cancel{1} + \cancel{j\omega} C_2 R_2, \quad C_1 R_1 = C_2 R_2 \quad\cdots\cdots\cdots\cdots\cdots\cdots (7\text{-}16)$$

が得られることがわかります．つまりそれぞれのCRの積が等しければ，図7-8のように信号入力端子に寄生的に存在する，どうしても無くせない内部容量があっても，周波数特性を劣化させることなく無事に1/10が実現できるのです．

図7-9のようにオシロ・スコープのプローブには調整用トリマがついています．

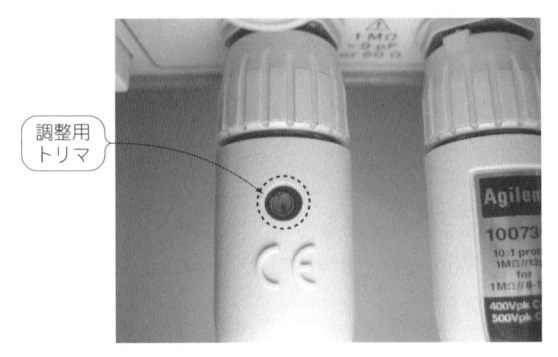

[図7-9] オシロ・スコープのプローブの調整用トリマの例

これは図7-8(b)のC_2が可変になっており，式(7-16)を満足するように調整できるようになっているのです．

7-2　回路理論と抵抗を用いた回路の計算

　抵抗を用いた回路の計算は，日常よく手計算でやるものです．さらにこれはインピーダンス/複素数で考えれば，そのまま交流回路でも応用できます．ここでは抵抗を用いた少し複雑な回路の計算について考えていきましょう．

●「パラった抵抗」分流回路の計算
　抵抗を並列にして[※6]電流を分流させる場合が往々にしてあります．図7-10の回路を考えてみましょう．電流IがR_1，R_2に分流して流れる場合，R_1，R_2それぞれに流れる電流は

$$I_{R1} = \frac{R_2}{R_1 + R_2}I, \quad I_{R2} = \frac{R_1}{R_1 + R_2}I \quad \cdots\cdots (7\text{-}17)$$

になります．**分子は反対側の抵抗の大きさ**(R_1側ならR_2)になります．これは単純ですが，結構使う式なので覚えておいたほうが良いでしょう．
　とくに抵抗素子の電力消費量が問題になるとき，このように分流させることが多く，このときの片側の抵抗(たとえばR_1側)の電力P_1は，

※6：「パラレル接続した」というのを「パラった」という人も多い．

$$P_1 = \left(\frac{IR_2}{R_1+R_2}\right)^2 R_1 \quad \cdots\cdots\cdots\cdots\cdots\cdots\cdots\cdots\cdots\cdots\cdots\cdots\cdots\cdots\cdots\cdots\cdots\cdots\cdots (7\text{-}18)$$

で計算できます．

● センサ回路や精密測定などの直流ブリッジの計算

　電子回路としてはブリッジ回路を組むことは少ないかもしれません．しかし参考文献(23)を見てもわかるように，センサ回路だとか精密測定などにブリッジ回路がよく使われています．

　ここではブリッジ回路の基本を説明し，その平衡条件を示します．

　ブリッジは図7-11のような回路構成で，R_1，R_2，R_3，R_4の四つの抵抗があります．この形の構成をホイートストン・ブリッジと呼びます．古くは標準抵抗器を用いた測定として，このブリッジが用いられました．

　端子V_{out}に電圧計や電流計をつないでおき，$R_1 = R_2$に抵抗の大きさをきちんと合せておきます（絶対値はいくつかはわからなくても良い．同じにするだけなら簡単にできる）．そしてR_3に正確な抵抗値がわかっている標準抵抗器を接続し，R_4に被測定抵抗を接続します．

　ここでV_{out}間の電圧がゼロ（電流計の場合も当然ゼロ）になるように，R_4を調整すれば，

$$V_{out} = \frac{R_3}{R_1+R_3}\cancel{E} - \frac{R_4}{R_2+R_4}\cancel{E} = 0, \quad \frac{R_3}{R_1+R_3} = \frac{R_4}{R_2+R_4},$$

$$\frac{R_1+R_3}{R_3} = \frac{R_2+R_4}{R_4}, \quad \frac{R_1}{R_3}+\cancel{1} = \frac{R_2}{R_4}+\cancel{1}, \quad \frac{R_1}{R_3} = \frac{R_2}{R_4} \quad \cdots\cdots\cdots (7\text{-}19)$$

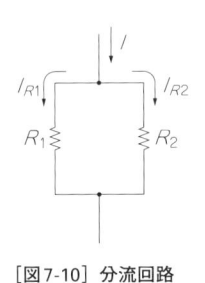

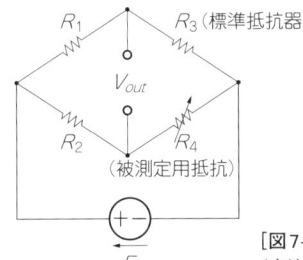

[図7-10] 分流回路

[図7-11] ホイートストン・ブリッジ（直流ブリッジ）

から，

$$R_4 = \frac{R_2}{R_1} R_3 = R_3 \quad (\because R_1 = R_2) \cdots\cdots\cdots\cdots\cdots\cdots\cdots\cdots\cdots\cdots\cdots(7\text{-}20)$$

と R_4 を絶対精度もふくめて正しく校正することができます．この電圧をゼロにすることを「ブリッジを平衡させる」といいます．

ここで $R_1 = R_2$ としましたが，R_1, R_2 は絶対値がわからなくても，二つの比が正確に出ていればよい点がポイントです．さらには $R_1 = R_2$ と同じでなくてもよく $R_1 = k R_2$ と k 倍の比が正しく出ていてもブリッジの平衡は成り立ちます．このときは，$R_4 = k R_3$ になります[※7]．

▶ 交流ブリッジもある

直流のみならず，交流のブリッジもあります．これはインダクタンスや容量を測定するのに用いられます．参考文献(3)のように，いろいろな種類があります．

ここでも考え方は同じで，V_{out} をゼロにするということです．一例とすれば，R_3 を既知のインピーダンス $Z_3 (= R_3 + jX_3)$ として，R_4 を被測定インピーダンス $Z_4 (= R_4 + jX_4)$ とし，ブリッジを平衡させて R_4，X_4 を求めます．

● △-Y 変換，Y-△ 変換も覚えておくと結構便利

図7-12(a)のように抵抗 R_{ab}, R_{bc}, R_{ca}（もしくはインピーダンス Z_{ab}, Z_{bc}, Z_{ca}）が接続された回路を △（デルタ）型回路と呼びます．一方で図7-12(b)のように抵抗

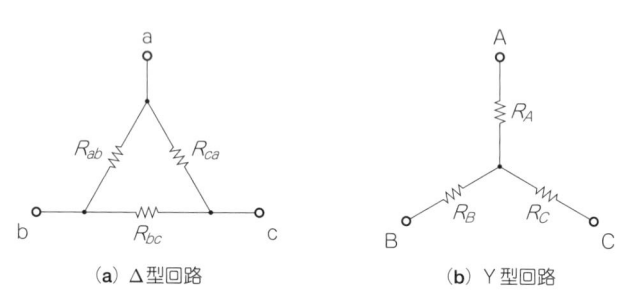

(a) △型回路　　　(b) Y型回路

[図7-12] △型回路とY型回路

※7：詳細は割愛するが，ブリッジが不平衡のときの V_{out} は簡単に求まるが，電流計をつないだときの電流 I を回路方程式から求めることは結構大変（特にブリッジ外にも直列抵抗分がある場合）．ところが鳳・テブナンの定理を応用すれば，いとも簡単に I を求められる．

R_A, R_B, R_C（もしくはインピーダンス Z_A, Z_B, Z_C）が接続された回路をY（ワイ）型回路と呼びます．

この二つの回路は以下の式で相互に変換することができます．複素数のインピーダンスでもそのまま変換できます．

▶ △-Y変換（デルタ・ワイ変換）

図7-12（a）の△型回路から同図（b）のY型回路に変換してみます．

$$\left.\begin{aligned}R_A &= \frac{R_{ca}R_{ab}}{R_{ab} + R_{bc} + R_{ca}} \\ R_B &= \frac{R_{ab}R_{bc}}{R_{ab} + R_{bc} + R_{ca}} \\ R_C &= \frac{R_{bc}R_{ca}}{R_{ab} + R_{bc} + R_{ca}}\end{aligned}\right\} \quad \cdots\cdots(7\text{-}21)$$

それぞれの分母は全部の抵抗を足し合わせ，分子はたとえば端子A，aであれば，そこにつながっている2本の抵抗を掛け合わせます．

もしすべての抵抗値が同じであれば，△-Y変換した結果は1/3倍の抵抗値になります．

▶ Y-△変換（ワイ・デルタ変換）

図7-12（b）のY型回路から同図（a）の△型回路に変換してみます．

$$\left.\begin{aligned}R_{ab} &= \frac{R_AR_B + R_BR_C + R_CR_A}{R_C} \\ R_{bc} &= \frac{R_AR_B + R_BR_C + R_CR_A}{R_A} \\ R_{ca} &= \frac{R_AR_B + R_BR_C + R_CR_A}{R_B}\end{aligned}\right\} \quad \cdots\cdots(7\text{-}22)$$

それぞれの分母はたとえば端子A-B間であれば，それと関係ない抵抗R_Cを用い，分子は抵抗2個同士をそれぞれ掛け合わせ，さらに足し合わせます．

もしすべての抵抗値が同じであれば，Y-△変換した結果は3倍の抵抗値になります．

▶ こんな変換は何に使うのだ？

なぜこんな変換が必要なのでしょうか．回路が接続される組み合わせにより，回路方程式を立てるときに計算が面倒な場合があるのです．たとえば，上記のブリッ

ジ回路でブリッジの外に直列抵抗分がついている場合や，格子状に抵抗が接続されている場合などが例になります．

また以下のアッテネータのπ型とT型の間の変換にも利用できます．

● **アッテネータの定数はこうやって決まっている**

図7-13は高周波回路でよく用いられるπ型アッテネータです．入出力の特性インピーダンス（たとえばZ_0イコール50Ωとか75Ωというもの．虚数部はゼロ）を変化させずに電力を減衰させるものです．出力ポートに負荷抵抗として規定の特性インピーダンス値Z_0をつないで，入力ポートから見るとZ_0で，その逆に入力ポートにZ_0をつないでも，出力ポートから見るとZ_0というものです．

この関係がどうなっているかを式で示してみましょう．入力ポート側から見える合成抵抗R_{in}がZ_0になりますから，

$$R_{in} = \frac{R_1 \left(R_2 + \frac{R_1 Z_0}{R_1 + Z_0} \right)}{R_1 + R_2 + \frac{R_1 Z_0}{R_1 + Z_0}} = Z_0 \quad \cdots\cdots (7\text{-}23)$$

となります．次に減衰率を定義します．図7-13において入力ポートの基準点①(V_{in})から出力ポートの基準点②(V_{out})での電圧の低下は，

$$\frac{V_{out}}{V_{in}} = \frac{\frac{R_1 Z_0}{R_1 + Z_0}}{R_2 + \frac{R_1 Z_0}{R_1 + Z_0}} = k \leqq 1 \quad \cdots\cdots (7\text{-}24)$$

で表されます．ここで減衰量をkとしてあります．アッテネータとして設計するためには，Z_0とこの値kを最初に決めますが，だいたいは減衰量dB（デシベル）で「何dBにしよう！」と決めます．一方kはdBでない真の値（真値）なので，dBから変換が必要です（この場合dB量は減衰量なので，マイナス値になる）．変換は，

$$[\text{dB}] = 20 \log_{10} k, \quad k = 10^{[\text{dB}]/20} \quad \cdots\cdots (7\text{-}25)$$

で相互に計算できます．電圧比なのでlogは20倍になっています．ではR_1，R_2を求めてみましょう．式(7-24)を変形させると，

$$\frac{R_1 Z_0}{k(R_1+Z_0)} = R_2 + \frac{R_1 Z_0}{R_1+Z_0},$$

$$R_2 = \frac{R_1 Z_0}{k(R_1+Z_0)} - \frac{k R_1 Z_0}{k(R_1+Z_0)} = \frac{(1-k)R_1 Z_0}{k(R_1+Z_0)} \quad \cdots\cdots\cdots\cdots\cdots\cdots (7\text{-}26)$$

となります．この右辺を式(7-23)に代入してみます．式(7-23)は，

$$\frac{R_1\left(R_2+\dfrac{R_1 Z_0}{R_1+Z_0}\right)}{\left(R_1+R_2+\dfrac{R_1 Z_0}{R_1+Z_0}\right)} = Z_0, \quad \cdots\cdots\cdots\cdots\cdots\cdots [式(7\text{-}23)再掲]$$

$$R_1\underbrace{\left(R_2+\frac{R_1 Z_0}{R_1+Z_0}\right)}_{取り出す} = Z_0\underbrace{\left(R_1+R_2+\frac{R_1 Z_0}{R_1+Z_0}\right)}_{取り出す} \quad \cdots\cdots\cdots (7\text{-}27)$$

ですが，この ⌒ の部分だけ取り出して，式(7-26)を代入してみると，

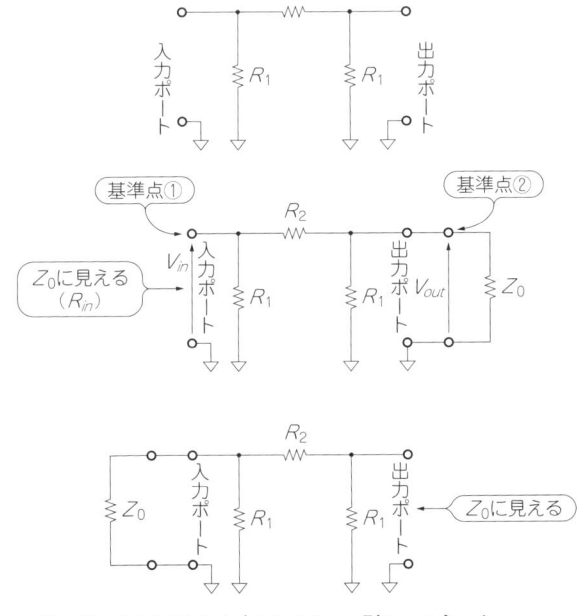

[図7-13] 高周波回路でよく用いられるπ型アッテネータ

$$R_2 + \frac{R_1 Z_0}{R_1 + Z_0} = \underbrace{\frac{(1-k)R_1 Z_0}{k(R_1 + Z_0)}}_{\text{式 (7-26)}} + \frac{R_1 Z_0}{R_1 + Z_0} = \frac{(1-k)R_1 Z_0}{k(R_1 + Z_0)} + \frac{kR_1 Z_0}{k(R_1 + Z_0)}$$

$$= \frac{(1-k)R_1 Z_0 + kR_1 Z_0}{k(R_1 + Z_0)} = \frac{R_1 Z_0}{k(R_1 + Z_0)}$$

が得られます．これを改めて式(7-27)のカッコの部分に代入してみると，

$$R_1 \frac{R_1 Z_0}{k(R_1 + Z_0)} = Z_0 \left\{ R_1 + \frac{R_1 Z_0}{k(R_1 + Z_0)} \right\},$$

$$\frac{R_1}{k(R_1 + Z_0)} = 1 + \frac{Z_0}{k(R_1 + Z_0)} = \frac{k(R_1 + Z_0) + Z_0}{k(R_1 + Z_0)},$$

$$R_1 = k(R_1 + Z_0) + Z_0, \quad R_1 - kR_1 = Z_0 + kZ_0,$$

$$(1-k)R_1 = (1+k)Z_0, \quad R_1 = \frac{1+k}{1-k}Z_0 \quad \cdots\cdots\cdots\cdots\cdots (7\text{-}28)$$

と R_1 が得られます．さらに式(7-26)にこの答えを代入してみると，

$$R_2 = \frac{(1-k)R_1 Z_0}{k(R_1 + Z_0)} \quad [\text{式 (7-26)}], \quad R_1 = \frac{1+k}{1-k}Z_0 \quad [\text{式 (7-28)}],$$

$$R_2 = \frac{(1-k)\frac{1+k}{1-k}Z_0 Z_0}{k\left(\frac{1+k}{1-k}Z_0 + Z_0\right)} = \frac{(1+k)Z_0}{k\left(\frac{1+k}{1-k} + 1\right)} = \frac{(1+k)Z_0}{k\frac{(1+k)+(1-k)}{1-k}}$$

$$= \frac{(1+k)Z_0}{\frac{2k}{1-k}} = \frac{(1+k)(1-k)Z_0}{2k} = \frac{(1-k^2)Z_0}{2k} \quad \cdots\cdots\cdots\cdots (7\text{-}29)$$

が得られます．これで式(7-25)で減衰量，式(7-28)で R_1，式(7-29)で R_2 が得られました．試しに $Z_0=50\,\Omega$ として計算してみると表7-1のようになります．

[表7-1] $Z_0 = 50\Omega$ としてアッテネータの R_1，R_2 を計算してみる

減衰量[dB]	真値減衰量(k)	計算による答え		よく使われる抵抗	
		R_1	R_2	R_1	R_2
-3	0.708	292.4	17.6	330	18
-6	0.501	150.5	37.4	150	39
-10	0.316	96.2	71.2	100	75
-20	0.100	61.1	247.5	62	240

また Δ-Y 変換をすれば，π 型アッテネータを T 型アッテネータに変換することができます．

7-3　回路理論と電子部品/電子素子

● トランス巻線比と電圧/電流/インピーダンス

次の第8章8-1で，より詳しくトランスを電磁気的視点から見ていきますが，ここでは「回路部品として応用するときのトランス」という視点で考えてみます．

トランスは**図7-14**のように，n_1 回巻かれた巻線（1次巻線）と，n_2 回巻かれた巻線（2次巻線）との間を電磁誘導でエネルギーを伝達させるものです．トランスにロスがなく，エネルギーがすべて伝達されるとして以下の話を進めます．

トランスの1次巻線の電圧を V_1，2次巻線の電圧を V_2 とすると

$$\frac{V_1}{V_2} = \frac{n_1}{n_2} \quad \cdots\cdots (7\text{-}30)$$

となり巻線数の比，**巻線比に比例**します（こうなる詳しい理由は第8章で説明する）．巻線比が100：500であれば，100Vを入れれば500Vが出てきます．

では電流はどうなるでしょうか．1次側から2次側に伝達されるエネルギーは増減はありません．つまり1secあたりに伝達されるエネルギー，これは電力（単位はワット[W]）になりますが，$P_1 = P_2$ になります．これを電圧と電流の関係で示してみると，

$$P_1 = P_2, \quad I_1 V_1 = I_2 V_2, \quad \frac{I_1}{I_2} = \frac{V_2}{V_1} = \frac{n_2}{n_1} \quad \cdots\cdots (7\text{-}31)$$

になり，電流量は**巻線比に反比例**します．

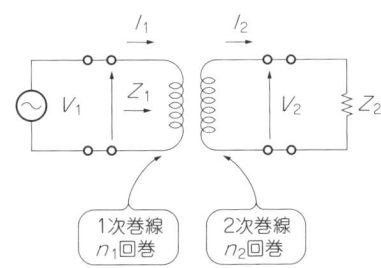

[図7-14] トランスの基礎の基礎

▶ インピーダンスは巻線比の2乗になる

次にインピーダンス Z はどうなるでしょうか．これもここまでの関係を応用すれば簡単に計算できます．$Z = V/I$ なので，式(7-31)を少しいじってみると，

両辺に $1/I_1 I_2$ を掛ける

$$I_1 V_1 (\leftarrow P_1) = I_2 V_2 (\leftarrow P_2), \quad \frac{I_1 V_1}{I_1 I_2} = \frac{I_2 V_2}{I_1 I_2}, \quad \frac{V_1}{I_1}\frac{I_1}{I_2} = \frac{V_2}{I_2}\frac{I_2}{I_1},$$

$$Z_1 \frac{I_1}{I_2} = Z_2 \frac{I_2}{I_1}, \quad \frac{Z_1}{Z_2} = \frac{I_2}{I_1}\frac{I_2}{I_1} \quad \frac{Z_1}{Z_2} = \left(\frac{I_2}{I_1}\right)^2 = \left(\frac{n_1}{n_2}\right)^2 \quad \cdots\cdots\cdots\cdots (7\text{-}32)$$

となることがわかります．つまり $Z_1/Z_2 = (n_1/n_2)^2$ とインピーダンスは**巻線比の2乗に比例**することがわかります．

トランスについては，この V，I，Z と巻線比との関係だけは少なくとも覚えておいてください．

● トランジスタのセルフ・バイアスの計算（簡単化のしかた）

いきなりトランジスタの原理説明もせず，トランジスタを応用した回路を説明することは気が引けますが，回路計算としてちょっと一捻りが必要なセルフ・バイアスについて，計算という点から説明してみます[※8]．

高周波回路では，**図7-15**のようなセルフ・バイアス回路で設計した増幅回路を見ることがあります．ベースからグラウンドへの抵抗が一つ省略できること，電源ラインのデカップリングにも R_1 を併用できるなど，コスト・ダウンのメリットがあるからでしょう．

▶ 直流電流増幅率 h_{FE} のバラツキに対する I_C の変動量を考えるのが目的

トランジスタの動作の特徴は，ベース・エミッタ間電圧は $V_{BE} = 0.6\mathrm{V}$（V-base-emitter）程度でほぼ一定，いっぽう直流電流増幅率は $h_{FE} = I_C/I_B =$ 数10〜数100（hybrid-parameter-forward-emitter）というようにバラツキがあるものです．h_{FE} はベースに流れ込む電流量 I_B（I-base）がコレクタ電流 I_C（I-collector）として増幅される率のことです．

ではこれを基本にして**図7-15**の回路の方程式を立てて，h_{FE} の大きさのTYP値（Typical値，カタログ値）とコレクタ電流 I_C が決まっているものとして R_1，R_2 を

※8：ということで，申し訳ないが，トランジスタ回路の設計手法はCQ出版社から良書がたくさん出ているので，そちらを参照いただきたい．

求め，h_{FE}の大きさがバラついたときのI_Cの変動量を見てみましょう[※9]．

まずベース電位 $V_{BE} = 0.6\text{V}$ として，R_1，R_2の式を立ててみます．

$$E = R_1(I_B + I_C) + R_2 I_B + 0.6 = R_1\left(\underbrace{\frac{I_C}{h_{FE}}}_{I_B} + I_C\right) + R_2 \underbrace{\frac{I_C}{h_{FE}}}_{I_B} + 0.6 \quad \cdots (7\text{-}33)$$

この式さえあればh_{FE}のバラツキの計算はできますが，ここでまず回路定数の決め方を一応説明しておきましょう．

▶ **ちょっと横道**── R_1，R_2を決定する手順（簡単化のしかた）

最初に目的のI_Cを決めます．R_1の電圧降下を$E/10 \sim E/5$程度にしますが[※10]，ここでは$E/10$とし$I_C/h_{FE} \ll I_C$と簡単化してR_1を求めてみます．図7-15と式(7-33)を応用してR_1での電圧降下の式を立てると，

$$\frac{E}{10} = R_1\left(\cancel{\frac{I_C}{h_{FE}}} + I_C\right) \simeq R_1 I_C, \quad R_1 = \frac{E}{10 I_C} \quad \cdots\cdots\cdots\cdots\cdots\cdots (7\text{-}34)$$

と計算できます．R_2は同じく式(7-33)より，

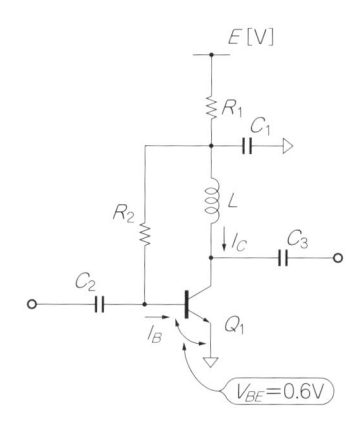

[図7-15] トランジスタのセルフ・バイアス回路

※9 ：「なぜI_Cの変動量を？」と思うかもしれないが，このバイアス方式はh_{FE}のバラツキに対して，他の方式と比較してもI_Cの変動量が大きいため．
※10：この部分は信号の振幅に応用できないバイアス専用の電圧．そのため小さくしたいところだが，小さくするとh_{FE}のバラツキに対してI_Cの変動量が大きくなる．

$$E = \underbrace{\frac{E}{10}}_{R_1 \text{の電圧降下}} + \underbrace{R_2 \frac{I_C}{h_{FE}}}_{R_2\text{で解く}} + 0.6, \quad R_2 = \frac{h_{FE}}{I_C}\left(E - \frac{E}{10} - 0.6\right) \quad \cdots\cdots\cdots (7\text{-}35)$$

で求めます．

▶ 実際に h_{FE} のバラツキに対する I_C の変動量を計算する

では式(7-33)を用いて I_C の変動量を計算してみましょう．ここまでですべての定数は決まりました．式(7-33)を I_C について整理し，ここでも $1 \ll h_{FE}$ として簡単化してみると，

$$E = R_1\left(\frac{I_C}{h_{FE}} + I_C\right) + R_2\frac{I_C}{h_{FE}} + 0.6 = I_C\left\{\frac{R_1(1+h_{FE})}{h_{FE}} + \frac{R_2}{h_{FE}}\right\} + 0.6,$$

$$E - 0.6 = I_C\frac{R_1(1+h_{FE}) + R_2}{h_{FE}} \simeq I_C\frac{h_{FE}R_1 + R_2}{h_{FE}},$$

$$I_C = \frac{h_{FE}(E-0.6)}{h_{FE}R1 + R_2} = \frac{E-0.6}{R_1}\frac{h_{FE}}{h_{FE} + \frac{R_2}{R_1}} \quad \cdots\cdots\cdots\cdots\cdots\cdots\cdots\cdots\cdots\cdots\cdots (7\text{-}36)$$

この式に h_{FE} の下限，TYP値，上限を入れて計算してみれば，I_C のバラツキがわかります．

同じ型番のトランジスタでも h_{FE} はかなりバラつき，選別されていないままの製品であれば，たとえば100〜500など広範囲にばらつきます．量産品として生産ラインに流すときは，このバラツキも許容する設計にしなくてはいけません（もしくはランク指定する）．

I_C が h_{FE} の変化によって影響を受ける度合いを，h_{FE} の微分で見てみると，

$$\frac{dI_C}{dh_{FE}} = \frac{E-0.6}{R_1}\left(\frac{h_{FE}}{h_{FE} + \frac{R_2}{R_1}}\right)' = \frac{E-0.6}{R_1} \cdot \frac{\frac{R_2}{R_1}}{\left(h_{FE} + \frac{R_2}{R_1}\right)^2}$$

$$= (E-0.6)\frac{R_2}{(h_{FE}R_1 + R_2)^2} \quad \cdots\cdots\cdots\cdots\cdots\cdots\cdots\cdots\cdots (7\text{-}37)$$

となります．ちなみにここでの微分は

$$\left\{\frac{f(t)}{g(t)}\right\}' = \frac{f'(t)g(t) - f(t)g'(t)}{\{g(t)\}^2}$$

の公式(第5章5-2のp.109)が用いられています．

ここでh_{FE}以外の影響度を考えてみると，R_2と比べて，R_1が分子になく，また分母でも2乗の形をしているので，R_1が大きくなるほうが$\frac{dI_C}{dh_{FE}}$は小さくなります．結果的にR_1が大きくなるほうがI_Cへの影響度合いが下がってくることがわかります[※11]．

● 差動増幅回路のエミッタ側回路構成による性能の違い

図7-16は差動増幅回路と呼ばれるものです．2個のトランジスタを向かい合わせにして増幅回路を構成します．この増幅器の出力は，入力端子の端子電圧v_1，v_2の**差分**量が得られます．差動増幅はOPアンプや計測回路の入力段などでなくてはならない回路技術です．

では図7-16(a)の回路をモデル化した同図(b)の回路で，動作を解析してみましょう．

▶ トランジスタをモデル化すると

トランジスタをモデル化するにはいろいろな考え方がありますが，図7-16(b)では非常にシンプルにしたモデルとしています[※12]．Q1側を考えると，ベース（ここが入力になる）にかかった電圧v_1が抵抗r_{in1}に流れ，r_{in1}に流れる電流量をh_{FE}倍したものが，コレクタ電流I_{C1}としてコレクタからエミッタにかけて流れるようになっています．

また重要なポイントですが，二つのトランジスタQ1，Q2は特性が同じものだとします．実際でも**特性**が揃っているものを使うことが大前提です．

このモデルをもとに回路を式で表して，入出力の関係がどうなるかを示してみましょう．

図7-16のように，二つの入力端子の端子電圧をV_1，V_2，それぞれの入力抵抗をr_{in1}，r_{in2}，エミッタ抵抗R_E（R-emitter）に流れる電流をI_E（I-emitter）とすると，以

[※11]：ただし，あまりR_1を大きくしてしまうと「信号の振幅に応用できないバイアス専用の電圧」ばかりが大きくなり，得策でない．適度な限界を考えること．また式(7-37)のR_1とR_2でどちらが影響を与えやすいかを厳密に考えるには，R_1，R_2それぞれの偏微分，つまり$\frac{\partial dI_C}{\partial R_1 dh_{FE}}$と$\frac{\partial dI_C}{\partial R_2 dh_{FE}}$を計算し比較してみれば証明できる．

[※12]：V_{BE}の0.6Vの電圧降下もここでは無視している．またここでは**小信号領域**として完全線形（比例関係にある）システムだとモデル化している．実際問題としてもR_Eによるエミッタ負帰還が効いているので線形であると考えて差し支えない．また$g_m = I_C/V_{in}$としてモデル化している参考書もあるが，考え方はほぼ同じでよい．

下の式が成り立ちます（$h_{FE} = h_{FE1} = h_{FE2}$とし，二つのトランジスタの$h_{FE}$などの特性が完全に揃っているものとする）．これらの式はそれぞれ，図7-16(b)のモデル化した回路から同図(c)のように，一部分を切り出した形で方程式を立ててあります．

$$V_1 = I_{B1}r_{in1} + R_E I_E \quad \cdots\cdots\cdots\cdots\cdots\cdots\cdots\cdots\cdots\cdots\cdots\cdots (7\text{-}38)$$

$$V_2 = I_{B2}r_{in2} + R_E I_E \quad \cdots\cdots\cdots\cdots\cdots\cdots\cdots\cdots\cdots\cdots\cdots\cdots (7\text{-}39)$$

$$\begin{aligned}I_E &= h_{FE}I_{B1} + I_{B1} + h_{FE}I_{B2} + I_{B2} \\ &= (h_{FE} + \cancel{1})I_{B1} + (h_{FE} + \cancel{1})I_{B2} \simeq h_{FE}I_{B1} + h_{FE}I_{B2} \quad \cdots\cdots\cdots (7\text{-}40)\end{aligned}$$

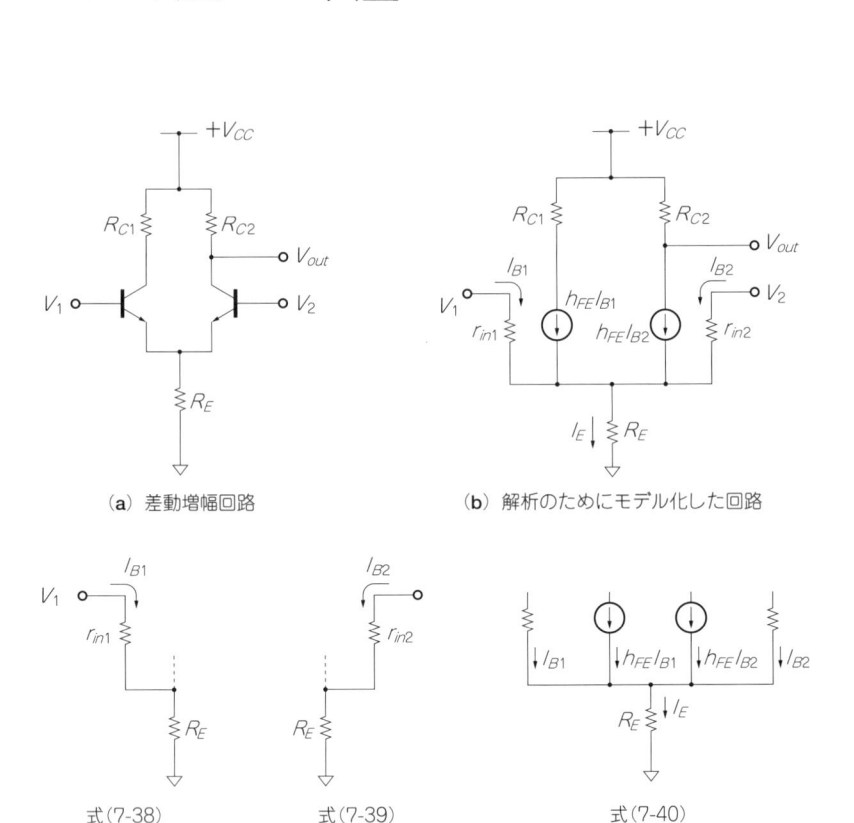

(a) 差動増幅回路

(b) 解析のためにモデル化した回路

式(7-38)　　　式(7-39)　　　式(7-40)

(c) 方程式を立てるため計算部分を切り出す

[図7-16] トランジスタによる差動増幅回路

式(7-40)を式(7-38)および式(7-39)に代入してみると,

$$V_1 = I_{B1}r_{in1} + R_E(h_{FE}I_{B1} + h_{FE}I_{B2}), \quad \leftarrow 式(7\text{-}40)$$
$$= (r_{in1} + R_E h_{FE})I_{B1} + R_E h_{FE} I_{B2} \quad \cdots\cdots (7\text{-}41)$$

$$V_2 = I_{B2}r_{in2} + R_E(h_{FE}I_{B1} + h_{FE}I_{B2}), \quad \leftarrow 式(7\text{-}40)$$
$$= R_E h_{FE} I_{B1} + (r_{in2} + R_E h_{FE})I_{B2} \quad \cdots\cdots (7\text{-}42)$$

が得られます.これから $I_{C2}(=h_{FE}I_{B2})$ を計算するために,I_{B2} を求めます.まず式(7-42)より,

$$I_{B1} = \frac{V_2 - (r_{in2} + R_E h_{FE})I_{B2}}{R_E h_{FE}} \quad \cdots\cdots (7\text{-}43)$$

これを式(7-41)に代入すると

$$V_1 = (r_{in1} + R_E h_{FE})\left(\frac{V_2 - (r_{in2} + R_E h_{FE})I_{B2}}{R_E h_{FE}}\right) + R_E h_{FE} I_{B2},$$
$$V_1 - R_E h_{FE} I_{B2} = (r_{in1} + R_E h_{FE})\frac{V_2 - (r_{in2} + R_E h_{FE})I_{B2}}{R_E h_{FE}},$$
$$(V_1 - R_E h_{FE} I_{B2})R_E h_{FE} = (r_{in1} + R_E h_{FE})\{V_2 - (r_{in2} + R_E h_{FE})I_{B2}\}$$
$$= (r_{in1} + R_E h_{FE})V_2 - (r_{in1} + R_E h_{FE})(r_{in2} + R_E h_{FE})I_{B2}$$
$$V_1 R_E h_{FE} = (r_{in1} + R_E h_{FE})V_2 - \{r_{in1}r_{in2} + (r_{in1} + r_{in2})R_E h_{FE}\}I_{B2}$$

二つのトランジスタの特性が揃っているので $r_{in} = r_{in1} = r_{in2}$ とすると,

$$V_1 R_E h_{FE} = (r_{in} + R_E h_{FE})V_2 - (r_{in}^2 + 2r_{in1}R_E h_{FE})I_{B2},$$
$$(r_{in}^2 + 2r_{in}R_E h_{FE})I_{B2} = (r_{in} + R_E h_{FE})V_2 - V_1 R_E h_{FE} \quad \cdots\cdots (7\text{-}44)$$

$r_{in} \ll R_E h_{FE}$ なので[※13],

※13:実際には R_{in} はベース内部抵抗とエミッタ内部抵抗の足し算であり,数Ωから数100Ω程度.また R_E は数kΩかつ h_{FE} も十分に大きいため,この式が成り立つ.

$$I_{B2} = \frac{(r_{in}' + R_E h_{FE})V_2 - V_1 R_E h_{FE}}{r_{in}^2 + 2r_{in}R_E h_{FE}} \simeq \frac{(V_2 - V_1)R_E h_{FE}}{r_{in}^2 + 2r_{in}R_E h_{FE}}$$
$$= \frac{(V_2 - V_1)R_E h_{FE}}{r_{in}(r_{in} + 2R_E h_{FE})} \simeq \frac{(V_2 - V_1)R_E h_{FE}}{r_{in}(2R_E h_{FE})} = \frac{V_2 - V_1}{2r_{in}} \quad \cdots\cdots\cdots (7\text{-}45)$$

と I_{B2} が得られました．つまり V_{out} は，

$$V_{out} = V_{CC} - R_{C2}I_{C2} = V_{CC} - R_{C2}h_{FE}I_{B2}$$
$$= V_{CC} - R_{C2}h_{FE}\frac{V_2 - V_1}{2r_{in}} \quad \cdots\cdots\cdots\cdots\cdots\cdots\cdots\cdots\cdots\cdots (7\text{-}46)$$

となり，入力端子の端子電圧 V_1, V_2 の差分が出力として得られます．これが差動増幅の基本的な考え方につながるのです．しかしここでは，$r_{in} \ll R_E h_{FE}$ として簡略化しています……．

▶ 誤差と同相入力電圧を考える

では，簡略化した部分をもう少し考えてみましょう．式(7-45)の計算の最初のあたりで簡略化する前の分子を考えると，

$$I_{B2} \propto (r_{in} + R_E h_{FE})V_2 - V_1 R_E h_{FE} = r_{in}V_2 + (V_2 - V_1)R_E h_{FE} \quad \cdots\cdots (7\text{-}47)$$

となっています．∝は**比例する**という意味です．極性と直流成分を無視すると $V_{out} \propto I_{B2}$ なので，本来であれば $V_{out} \propto (V_2 - V_1)$ ですが，$r_{in}V_2$ が誤差成分として V_{out} に現れてしまうことがわかります．

単に**誤差**だけであれば「まあいいか……」と言えるかもしれません(言えない場合も多いが)．しかし差動増幅器の本分について考えてみましょう．差動増幅器は入力信号 V_1 と V_2 が一緒に上昇していく場合(これを**同相電圧**という)，このときでも本来は出力は変動しない一定量(ゼロ出力)を保っていてほしいわけです．

しかし式(7-47)の誤差 $r_{in}V_2$ があるため叶いません．出力電圧 V_{out} が変動し性能劣化してしまいます．この性能指標を**同相成分除去性能比** CMRR (Common Mode Rejection Ratio)と言い，これが大きければ良い性能の差動増幅器である，ということが言えます．ではどうすればこの性能を向上できるでしょうか．

▶ CMRR向上のためエミッタ側を定電流回路にする

図7-16の回路のCMRRを向上させるための方策として，図7-17のようにエミッタ側を定電流回路で置き換えてみます．これでどうなるかを計算してみましょう．

まず，Q1，Q2のエミッタがつながっている点の電圧を V_E としてみます．これは定電流回路につながっているので，何Vになるかは周辺の電流との関係で一定として決まりません．変動するものとしてまずは理解しておいてください．では計算してみます．

$$V_1 = I_{B1} r_{in1} + V_E, \quad I_{B1} = \frac{V_1 - V_E}{r_{in1}} \quad \cdots\cdots\cdots (7\text{-}48)$$

$$V_2 = I_{B2} r_{in2} + V_E, \quad I_{B2} = \frac{V_2 - V_E}{r_{in2}} \quad \cdots\cdots\cdots (7\text{-}49)$$

$$I_E = h_{FE} I_{B1} + I_{B1} + h_{FE} I_{B2} + I_{B2} = I_{const} \quad (constant) \quad \cdots\cdots (7\text{-}50)$$

式(7-48)および式(7-49)を式(7-50)に代入し，$r_{in} = r_{in1} = r_{in2}$ とすると，

$$(h_{FE}+1)I_{B1} + (h_{FE}+1)I_{B2} = (h_{FE}+1)\left(\underbrace{\frac{V_1 - V_E}{r_{in1}}}_{I_{B1}} + \underbrace{\frac{V_2 - V_E}{r_{in2}}}_{I_{B2}} \right)$$

$$= (h_{FE}+1)\frac{(V_1 - V_E) + (V_2 - V_E)}{r_{in}} \quad (= r_{in1} = r_{in2})$$

$$= (h_{FE}+1)\frac{V_1 + V_2 - 2V_E}{r_{in}} = I_{const} \quad \cdots\cdots\cdots (7\text{-}51)$$

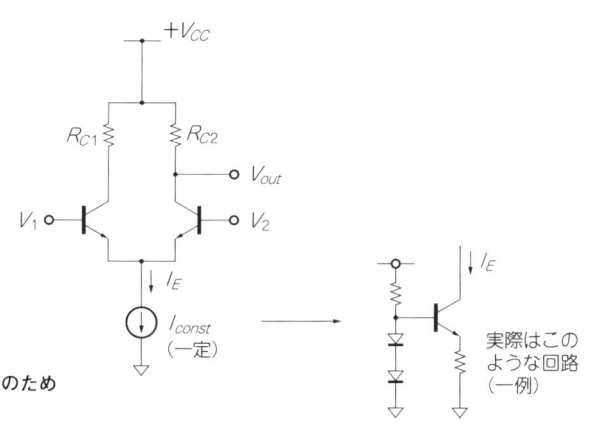

[図7-17] 図7-16の回路をCMRR向上のためエミッタ側を定電流回路にした

7-3 回路理論と電子部品/電子素子

ここから V_E を求めると，

$$\underbrace{V_1 + V_2 - 2V_E}_{} = \frac{r_{in}I_{const}}{h_{FE}+1}, \quad \underbrace{V_E}_{} = \frac{1}{2}\left(V_1 + V_2 - \frac{r_{in}I_{const}}{h_{FE}+1}\right) \quad \cdots\cdots\cdots (7\text{-}52)$$

が得られます．これから $I_{C2}(=h_{FE}I_{B2})$ を計算するために，式(7-49)の I_{B2} の式に式(7-52)の V_E を代入すると，

$$I_{C2} = h_{FE}I_{B2} = h_{FE}\frac{\overbrace{V_2 - V_E}^{\text{式(7-49)}}}{r_{in}} = h_{FE}\frac{V_2 - \frac{1}{2}\left(V_1 + V_2 - \frac{r_{in}I_{const}}{h_{FE}+1}\right)}{r_{in}} \text{式(7-52)}$$

$$= h_{FE}\frac{\frac{1}{2}\left(V_2 - V_1 + \frac{r_{in}I_{const}}{h_{FE}+1}\right)}{r_{in}} = \underbrace{\frac{h_{FE}(V_2-V_1)}{2r_{in}}}_{} + \frac{h_{FE}I_{const}}{2(h_{FE}+1)} \quad \cdots\cdots (7\text{-}53)$$

<- 分離！

と，どの項も無視せずともキレイに $V_2 - V_1$ だけの項が分離されました．これをもとに V_{out} を計算すると， $V_{out} \propto (V_2 - V_1) + K$（ただし K は定数）となり，完全に式(7-47)での $r_{in}V_2$ の影響を受けない，**誤差も同相入力による出力変動もない**性能の高い（CMRRの大きい）差動増幅器を得ることができます．

● 回路屋泣かせのミラー効果

本章の前半のp.180でもミラー効果の話を少し出しました．この問題があるので，特に高周波回路技術者は結構苦しい思いをすることがあります．

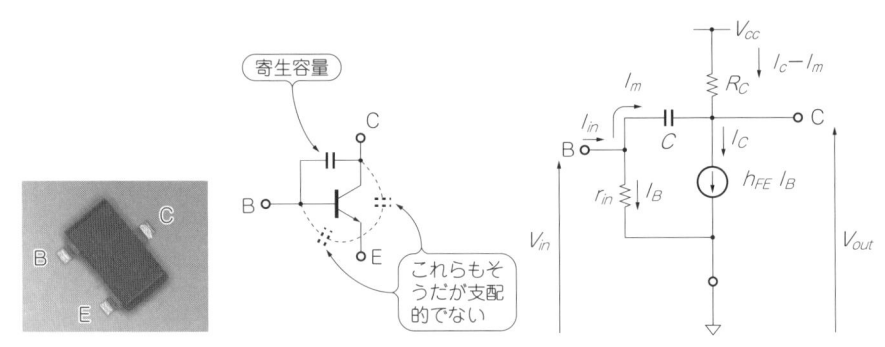

(a) トランジスタのパッケージ　(b) エミッタ接地でのベース／コレクタ間寄生容量　(c) 解析のためにモデル化した回路

[図7-18] トランジスタをエミッタ接地で増幅器を構成する場合，パッケージで寄生容量が生じる

エミッタ接地トランジスタ増幅器を構成する場合，トランジスタのパッケージなどで寄生容量ができてしまいます．図7-18のようにベースとコレクタ間にある寄生容量Cにより，トランジスタの高速動作が阻まれるという問題があります．これをミラー効果(John Milton Miller 1915-)といいます．

このCがどのように関係するかを示していきます．なお図7-18(c)のように，トランジスタのモデルは上記の図7-16の差動増幅回路と同じものを使います．

回路に入力される電流をI_{in}とすれば，この電流はトランジスタのr_{in}に流れる分I_Bと，Cに流れる分I_m(I-miller)に分流します(つまり$I_{in} = I_B + I_m$)．このr_{in}に流れる部分$I_B = V_{in}/r_{in}$が本来の増幅に寄与する部分になり，コレクタ電流I_Cは，

$$I_C = h_{FE}I_B = h_{FE}\frac{V_{in}}{r_{in}} \quad\cdots\cdots (7\text{-}54)$$

となります．これを元に出力電圧V_{out}を求めます．V_{CC}は直流部分ですので，ここを無視してしまうと，

$$V_{out} = V_{CC} - (\overbrace{I_C - I_m}^{R_C を流れる電流})R_C = V_{CC} - (I_B h_{FE} - I_m)R_C \quad (直流を無視する)$$
$$= -(h_{FE}I_B - I_m)R_C = -(h_{FE}\frac{V_{in}}{r_{in}} - I_m)R_C \quad\cdots\cdots (7\text{-}55)$$

ここで$I_C = h_{FE}I_B \gg I_m$で簡略化したうえで，電圧増幅率A_V(Amplitude-Voltage)を求めると，

$$V_{out} \simeq -h_{FE}\frac{V_{in}}{r_{in}}R_C, \quad \frac{V_{out}}{V_{in}} = -\frac{h_{FE}R_C}{r_{in}} = -A_V \quad\cdots\cdots (7\text{-}56)$$

さらにI_mを求めると，

$$I_m = \frac{V_{in} - V_{out}}{\frac{1}{j\omega C}} = \frac{V_{in} + A_V V_{in}}{\frac{1}{j\omega C}} = V_{in}(1 + A_V)j\omega C \quad\cdots\cdots (7\text{-}57)$$

となりますので，これを図7-19のように入力にシャント[※14]されているコンデンサC_S(C-shunt)と考え直し，そのインピーダンス$X_S = V_{in}/I_m$(X-shunt)としてみると，

[※14]：信号ラインとグラウンド間に，つまり回路に対して並列につながっている，という意味．

$$X_S = \frac{V_{in}}{I_m} = \frac{1}{(1+A_V)j\omega C} = \frac{1}{j\omega C_S} \quad \cdots\cdots\cdots\cdots\cdots\cdots\cdots\cdots\cdots\cdots\cdots\cdots (7\text{-}58)$$

となり，図7-19のようにCが$1+A_V$倍された，$C_S = (1+A_V)C$という大きさのコンデンサがベースとグラウンド間についていることと等価になります．

ここに図7-19のような信号源および入力回路の抵抗分Rがありますので，時定数$\tau = (1+A_V)CR$とかなり大きいローパス・フィルタができあがってしまうことがわかります．つまりもともと高速なトランジスタでも，ミラー効果により動作速度がかなり遅くなってしまいます．

▶ カスコードにしてミラー効果を低減させる

上記のミラー効果を図7-20のような回路を用いることで，低減させることができます．この回路はカスコード接続と呼ばれるものです．

Q1のコレクタの電位はQ2のエミッタで決定されてしまうため，Q1のコレクタには電圧振幅は発生しません．つまり図7-20のコンデンサCの右側の端子(V_{out})は一定のままなので$A_V = 0$になり，上記の図7-18および式(7-58)までに説明したような影響が発生しなくなるのです（Q2には電流量$h_{FE}I_B$が伝わることになる）．

● フィードバックによる歪みや出力抵抗の低減

増幅器にフィードバック（負帰還）をかけると，利得が安定したり，位相特性が平坦になったり，ここで挙げるような出力抵抗や歪みの低減が可能です．ここではフィードバックがどのような仕組みで出力抵抗や歪みを低減するのか説明していきましょう．

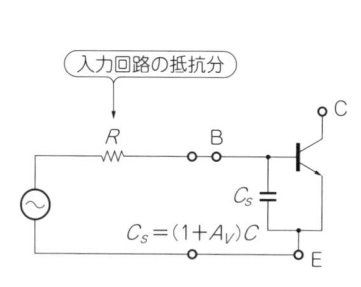

[図7-19] ミラー効果の成分をC_Sでシャントしたものとして考える

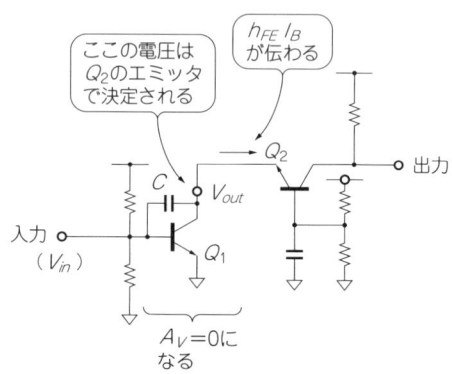

[図7-20] Q1, Q2のトランジスタのカスコード接続でミラー効果を低減させる

他の参考書では，フィードバック回路の説明を単なるブロック図として取り扱っているものも多く，現実的なところでは何なのか直感的に理解できないと思います．そこでここでは実際のOPアンプ回路をもとにして，電子回路的思考で考えてみます．

　図7-21はOPアンプの非反転増幅回路です．このOPアンプは利得Aが有限（たとえば1000倍）だとします．プラス端子電圧をv_p(v-plus)，マイナス端子電圧をv_m(v-minus)とするとOPアンプの出力電圧V_{out}との関係は，

$$V_{out} = A(v_p - v_m) \quad \cdots\cdots\cdots\cdots\cdots (7\text{-}59)$$

となります．プラス端子v_pに入力信号が加わり，マイナス端子v_mに出力V_{out}からフィードバックされた電圧が加わります．

▶ **フィードバックによる歪みの低減**

　内部回路の歪みが大きい，性能の悪いOPアンプだとします．これをフィードバックなしで使ったとすると，たとえばプラス端子とマイナス端子間$(v_p - v_m)$に1mVが入力されれば1V，2mVが入力されれば本来2Vなのが2.5Vが出てくるような代物だと考えます．普通に考えればこれでは使えません．

　これをモデル化すると，**図7-22**(a)ようにOPアンプの出力に歪み成分V_d(V-distortion)が重畳されているもの，

$$V_{out} = A(v_p - v_m) + V_d \quad \cdots\cdots\cdots\cdots\cdots (7\text{-}60)$$

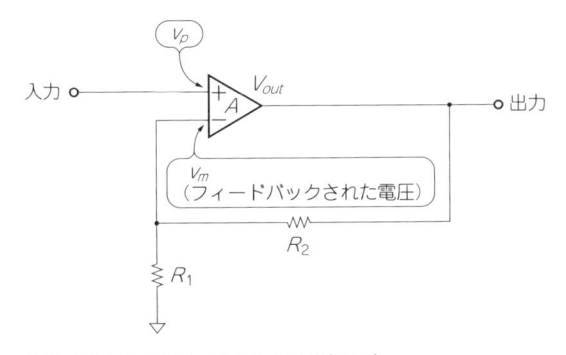

[図7-21] OPアンプによる非反転増幅回路

と考えることができます．ここに図7-22（b）ように，帰還量 β,

$$\beta = \frac{R_1}{R_1 + R_2} \quad \dotfill \quad (7\text{-}61)$$

で設定した抵抗（たとえば $\beta = 1/10$）でフィードバックをかけてみます．

図7-22（b）のプラス端子に加わる電圧は $v_p = V_{in}$ です．またマイナス端子に加わる電圧は $v_m = \beta V_{out}$ です．これを式(7-60)に代入し，変形して V_{out} を求めると，

$$V_{out} = A(v_p - v_m) + V_d = A(V_{in} - \beta V_{out}) + V_d,$$

$$V_{out} = AV_{in} - A\beta V_{out} + V_d, \quad (1 + A\beta)V_{out} = AV_{in} + V_d$$

$$V_{out} = \frac{A}{1 + A\beta} V_{in} + \frac{1}{1 + A\beta} V_d \quad \leftarrow\text{歪み成分} \quad \dotfill \quad (7\text{-}62)$$

と，歪み成分の電圧 V_d は $1/(1 + A\beta)$ だけ低減できることがわかります．ここでは歪み成分としましたが，ノイズが発生している場合も同じように（ノイズ成分が重畳しているとして）考えることもできます．

なお $V_d = 0$, $A = \infty$ とすると，$V_{out} = V_{in}/\beta$ となり，抵抗分圧比の逆数がOPアンプの増幅率 A_V になり，

$$A_V = \frac{1}{\beta} = \frac{R_1 + R_2}{R_1} \quad \dotfill \quad (7\text{-}63)$$

となります．これはOPアンプの非反転増幅回路の計算式と同じになることがわかります．

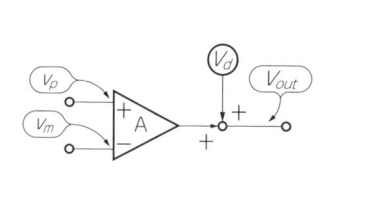

（a）OPアンプの出力に歪み成分 V_d が重畳されている

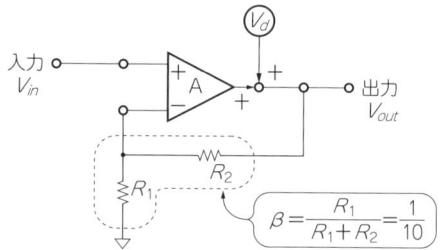

（b）帰還量 β で設定した抵抗（たとえば $\beta = 1/10$）でフィードバックをかける

[図7-22] 歪みが大きいOPアンプは，出力に歪み成分 V_d が重畳されているとモデル化できる

▶ フィードバックによる出力抵抗の低減

つぎはOPアンプの出力抵抗がフィードバックにより低減できることを示してみます．図7-23はこれを検討するモデルです．ここではOPアンプの出力抵抗R_{out}を鳳・テブナンの定理を用いて求めるため，付加抵抗（負荷抵抗）R_Lがつながっているとします．v_p，v_mおよびV_{out}は，

$$v_p = V_{in}, \quad v_m = \frac{R_L}{R_{out} + R_L} V_{OP} \times \beta, \quad V_{out} = \frac{R_L}{R_{out} + R_L} V_{OP} \quad \cdots\cdots\cdots (7\text{-}64)$$

です．ここでV_{OP}はOPアンプの出力電圧，βは帰還量[$\beta = R_1/(R_1 + R_2)$]です[※15]．これを式(7-59)に代入すると，

$$V_{OP} = A(v_p - v_m) = A\left(V_{in} - \frac{R_L}{R_{out} + R_L} V_{OP}\beta\right) \quad \cdots\cdots\cdots\cdots\cdots (7\text{-}65)$$

これをV_{OP}に対して解くと，

$$V_{OP}\left(1 + \frac{R_L}{R_{out} + R_L} A\beta\right) = AV_{in}, \quad V_{OP} = \frac{A}{1 + \dfrac{R_L}{R_{out} + R_L} A\beta} V_{in} \quad \cdots\cdots (7\text{-}66)$$

この式(7-66)を式(7-64)に代入し，鳳・テブナンの定理を適用するため，「$R_L = \infty$の場合：$V_{out(Open)}$」と，「$R_L = R_{out}$の場合：$V_{out(Load)}$」を考えます（$|_{R_L = \infty}$はR_Lに∞を代入する意味）．

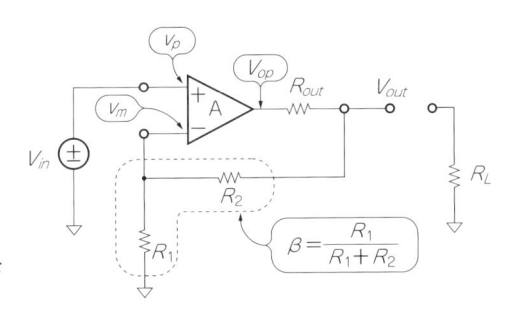

[図7-23] OPアンプの出力抵抗R_{out}をフィードバックで低減する

※15：ただし$R_{out} \ll R_1$，R_2として計算を簡略化してある．

$$V_{out(Open)} = V_{out}\Big|_{R_L=\infty} = \frac{R_L}{R_{out}+R_L} \cdot \overbrace{\frac{A}{1+\frac{R_L}{R_{out}+R_L}A\beta}}^{\text{式 (7-66), }V_{OP}} V_{in}$$

分母・分子に $1/R_L$ を掛ける

$$= \frac{\frac{R_L}{R_L}}{\frac{R_{out}}{R_L}+\frac{R_L}{R_L}} \cdot \frac{A}{1+\frac{\frac{R_L}{R_L}}{\frac{R_{out}}{R_L}+\frac{R_L}{R_L}}A\beta}V_{in} \Bigg|_{R_L=\infty}$$

$$= \frac{1}{\frac{R_{out}}{\infty}+1} \cdot \frac{A}{1+\frac{1}{\frac{R_{out}}{\infty}+1}A\beta}V_{in} = \frac{A}{1+A\beta}V_{in} \cdots\cdots\cdots (7\text{-}67)$$

$$V_{out(Load)} = V_{out}\Big|_{R_L=R_{out}} = \frac{R_L}{R_{out}+R_L} \cdot \frac{A}{1+\frac{R_L}{R_{out}+R_L}A\beta}V_{in}\Bigg|_{R_L=R_{out}}$$

$$= \frac{R_{out}}{R_{out}+R_{out}} \cdot \frac{A}{1+\frac{R_{out}}{R_{out}+R_{out}}A\beta}V_{in}$$

$$= \frac{1}{2} \cdot \frac{A}{1+\frac{1}{2}A\beta}V_{in} \cdots\cdots\cdots\cdots\cdots\cdots\cdots\cdots\cdots\cdots\cdots (7\text{-}68)$$

と計算できます．これを鳳・テブナンの定理で，等価的な出力抵抗 R_O を式(7-3)から求めると，

$$R_O = \frac{R_L}{V_{out(Load)}}(V_{out(Open)} - V_{out(Load)})$$

$$= \frac{R_{out}}{\frac{1}{2}\frac{\cancel{A}}{1+\frac{1}{2}A\beta}\cancel{V_{in}}}\left(\frac{\cancel{A}}{1+A\beta}\cancel{V_{in}} - \frac{1}{2}\frac{\cancel{A}}{1+\frac{1}{2}A\beta}\cancel{V_{in}}\right) = \frac{R_{out}}{1+A\beta} \cdots\cdots (7\text{-}69)$$

と等価的な出力抵抗 R_O は，OPアンプの出力に本来ある R_{out} がフィードバックに

よって $1/(1+\beta)$ に低減されていることがわかります．このようにフィードバックをかけるといろいろな点で有効なことがわかります．

● OPアンプの帰還コンデンサでなぜ安定にできるの？

「フィードバックは良いことづくめ」と言えますが，適切にフィードバックをさせないと系が**発振**してしまうことがあります．これはフィードバックによりループができているため，それが負帰還にならず正帰還になってしまうことが原因です．

OPアンプ内部には，回路の動作を安定にさせるために，**図7-6**や**図7-24(a)**のようにコンデンサ C が入っています．また内部の遅延などもあり，全体としては図7-24(b)のようにモデル化できます．なお C_1, R_1, C_2, R_2 としましたが，実際にいくつというより，それぞれ $\tau_1 = C_1 R_1$, $\tau_2 = C_2 R_2$ という時定数だと考えてもらった方がわかりやすいでしょう．この場合 $\tau_1 > \tau_2$ としておきます．

図7-24(b)におけるOPアンプの電圧増幅度の周波数特性 $A_V(\omega)$ は，

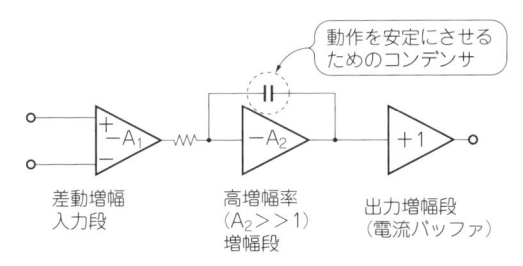

(a) OPアンプ内部のコンデンサ（図7-6再掲）

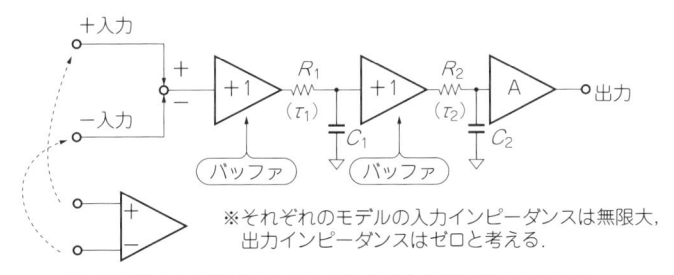

(b) モデルとして考えるとコンデンサ C と内部遅延はこうなる

[図7-24] OPアンプ内部にはコンデンサが入っている

$$A_V(\omega) = A \frac{\frac{1}{j\omega C_1}}{R_1 + \frac{1}{j\omega C_1}} \cdot \frac{\frac{1}{j\omega C_2}}{R_2 + \frac{1}{j\omega C_2}} = A \frac{1}{j\omega C_1 R_1 + 1} \cdot \frac{1}{j\omega C_2 R_2 + 1} \quad \cdots\cdots (7\text{-}70)$$

(手書き注: 分母・分子に $j\omega C_1 \cdot j\omega C_2$ を掛ける)

となります．このモデルでは C_1，R_1 の回路と C_2，R_2 の回路がバッファによって分割されているため，それぞれの掛け算になります．直結されている場合はそれぞれのインピーダンス同士が結合するため，違う項が付きますので注意してください．

▶ ここで ω が大きくなってくると？

　上記の位相特性を図7-25に示します．ここで $\tau_1 = 10\text{Hz}$ [※16]，$\tau_2 = 10\text{kHz}$ として考えています．①のプロットは τ_1 に関係する部分，②のプロットは τ_2 に関係する部分です．①，②のプロットともども，ω が大きくなってくると位相が $-90°$ になっ

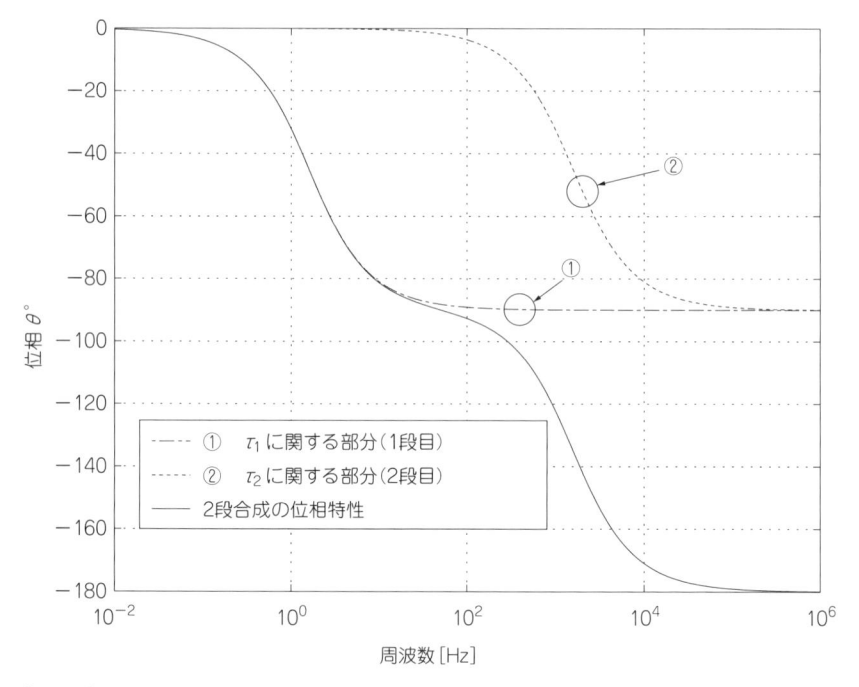

[図7-25] 図7-24のOPアンプのモデルの位相特性

※16：汎用OPアンプではこのくらいの「恐ろしく」長い時定数，つまり低い周波数になっている．

ていく（遅れる）ことがわかります．これは第4章4-1の基本公式(p.78)を用いて，

$$\frac{1}{j\omega C_1 R_1 + 1} = \frac{1 - j\omega C_1 R_1}{(1 + j\omega C_1 R_1)(1 - j\omega C_1 R_1)} = \frac{1 - j\omega C_1 R_1}{1 + (\omega C_1 R_1)^2},$$

（共役を掛ける）

$$\theta_1 = \tan^{-1}\frac{\text{Im}\cdots 虚数部}{\text{Re}\cdots 実数部} = \tan^{-1}\frac{\frac{-\omega C_1 R_1}{1 + (\omega C_1 R_1)^2}}{\frac{1}{1 + (\omega C_1 R_1)^2}} = \tan^{-1}(-\omega C_1 R_1) \cdots\cdots (7\text{-}71)$$

となり，さらにωが大きくなってくるあたり，つまり$\omega \to \infty$では，

$$\lim_{\omega \to \infty} \theta_1 = \lim_{\omega \to \infty} \tan^{-1}(-\omega C_1 R_1) = \tan^{-1}(-\infty) = -90° \quad\cdots\cdots\cdots\cdots\cdots (7\text{-}72)$$

とも計算できます．

　結局C_1，R_1の回路とC_2，R_2の回路の2段での位相の遅れは，それぞれの位相遅れθ_1，θ_2の足し算となりますから，ωが大きくなってくると（周波数が高くなってくると）図7-25のように$-180°$になります．

▶ **これを入力にフィードバックしてみると**

　この位相が180°遅れた出力を，マイナス端子v_mに図7-21と同じようにフィードバックしてみると（$v_p = 0$と考えている），マイナス端子にフィードバックされた高い周波数の成分によるOPアンプ出力は，本来は反転して出なくてはならないものが，反転せずに出てしまいます．それで異常発振が起きてしまうのです[※17]．この経路を**一巡伝達系・一巡伝達関数**といい，以下の式で表します．

$$H(\omega) = A_V(\omega) \cdot \beta \quad \Bigg(\text{ただし図7-21および図7-24を考慮すると，}$$

$$A_V(\omega) = -A\frac{1}{1 - j\omega C_1 R_1} \cdot \frac{1}{1 - j\omega C_2 R_2}, \quad \beta = \frac{R_1}{R_1 + R_2}\Bigg) \cdots\cdots (7\text{-}73)$$

　この一巡伝達関数の位相が$\theta = 0$になる周波数ω_{osc}（Omega-oscillate）というのが，ここまで説明してきた位相$\theta_1 + \theta_2$が$-180°$遅れるところです．ここで$H(\omega_{osc}) > 1$

※17：ここまでの説明だと位相の$-180°$は極限値であり，高い周波数領域でも$-180°$までに完全にはならないので，発振しないとも考えられるが，実際にはOPアンプ内部のさらに高い3番目の時定数τ_3があったり，外部帰還回路により位相が遅れて，結局発振してしまうのが現実．

[ちなみにω_{osc}においては実数部のみになる．つまり${\rm Re}\{H(\omega)\} = H(\omega)$となれば発振が生じてしまうわけです．$A$に$-$がついているのはマイナス端子$v_m$にフィードバックしているからです．

ここまでの話は反転増幅回路，非反転増幅回路どちらでも同じ話で（それぞれの入力電圧をゼロ，つまりグラウンドに落としたものと考えれば，同じ回路になる），「一巡伝達関数がどうなるか」だけです．

▶ ではどうやって解決（補償）するか

位相遅れは足し算で累積すると示してきました．OPアンプの遅れはどうしようもありません（一般的には……．補償端子付きというものある）．そこで出力V_{out}からマイナス端子v_mにつながる帰還回路βで何とかします．

図7-21の回路に図7-26のようにC_C（C-compensate：補償）というものをつけてみましょう．こうすると補償された帰還量β_C（Beta-compensate）は，

$$\beta_C = R_1 \Big/ \left(R_1 + \frac{R_2 \frac{1}{j\omega C_C}}{R_2 + \frac{1}{j\omega C_C}} \right) = \frac{R_1}{R_1 + \frac{R_2}{j\omega C_C R_2 + 1}}$$

$$= \frac{R_1(j\omega C_C R_2 + 1)}{j\omega C_C R_1 R_2 + R_1 + R_2}$$

$$= \frac{R_1(1 + j\omega C_C R_2)(R_1 + R_2 - j\omega C_C R_1 R_2)}{(R_1 + R_2 + j\omega C_C R_1 R_2)(R_1 + R_2 - j\omega C_C R_1 R_2)}$$

$$= \frac{R_1(1 + j\omega C_C R_2)(R_1 + R_2 - j\omega C_C R_1 R_2)}{(R_1 + R_2)^2 + (\omega C_C R_1 R_2)^2} \quad \cdots\cdots (7\text{-}74)$$

と計算できます．ここでは**虚数部が分子にだけ現れるように変形してあります**．つまり位相を考えるうえでは，これ以降は分子だけ考えればよく，分子のR_1も取り去って，さらに変形して計算していくと（途中は長いので省略する），

$$\underbrace{R_1 + R_2 + (\omega C_C R_2)^2 R_1}_{\text{実数部}} + \underbrace{j\omega C_C R_2^2}_{\text{虚数部}}$$

が得られます．この虚数部がプラスなので，帰還回路β_Cの位相θ_βは，

$$\theta_\beta = \tan^{-1} \frac{\omega C_C R_2^2}{R_1 + R_2 + (\omega C_C R_2)^2 R_1} \quad \substack{\leftarrow 虚数部 \\ \leftarrow 実数部} \quad \cdots\cdots (7\text{-}75)$$

はプラスになります．つまりC_Cをつけたことで位相がプラスになり，位相の遅れ

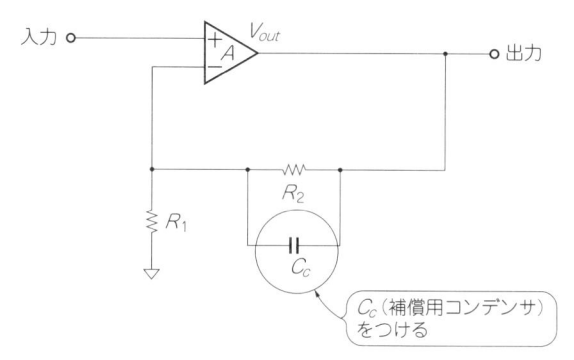

[図7-26] 図7-21の回路に C_C をつけてみる

は $\theta_1 + \theta_2 + \theta_\beta$ (ただし θ_1, $\theta_2 < 0$) と足し算になりますから，θ_β により位相が $\theta_1 + \theta_2$ の最大値の $-180°$ から引き戻され，一巡する経路(一巡伝達系)が安定になることがわかります．

▶ 実際の回路での対策はどうする？ボーデ線図とステップ応答でのテスト

「まあ数学的な根拠はわかった．じゃあ実際にはどうするのだ？」とも思われることでしょう．これには二つのアプローチがあります．

一つはボーデ(Hendrik Wade Bode, 1905-1982)線図という，増幅度 $|A|$ と位相 θ の特性を，周波数 ω を横軸の変数とし，これを元に考える方法があります．この詳細は参考文献(32)など，OPアンプの参考書には必ずと言っていいほど載ってい

Column 7

回路技術は組み合わせ

第1章でも説明しましたが，電子回路設計技術者は，手駒の回路ブロック集(つまり本人の脳内にある記憶)を組み合わせて回路設計をします．読者も複雑な回路図を見る機会も多いと思いますが，全体では複雑にみえる回路も一つひとつのブロックは非常に単純なものなのです．

この単純なブロックがつなぎ合わさったものが，回路であり製品だといえます．逆説的には，単純にしておかなければ，検討や検証が複雑化して，間違いやトラブルが発生する可能性が高くなってしまうことも見逃せません．

回路設計に関わらず，何事も，モノの考え方さえも，「単純化」して切り分けて考えることが大切です．それが「明快」への第一歩でしょう．

すので，そちらを参照してください．

別のアプローチとして，適当なコンデンサ（だいたい数 pF～数 10pF）を C_C として接続し，入力に矩形波を入れて出力波形を観測し，オーバシュートが 30％程度になるように C_C を調整する，というのも手です．これが簡便かつ正確で非常に良いでしょう．これはまさしく過渡現象での考えで，回路にユニット・ステップ関数 $U(t)$ を入力したときの過渡応答を見ています．

なお，数学的にはラプラス変換で考えることもできます．ラプラス変換の "s_p" を "$j\omega$" として考えることが一つ，s の極を考えて安定判別するのも一つの方法です．

いずれにしても数式の動きがそのまま，ボーデ線図やオシロ・スコープなどの目に見えるものにキチンと対応しています．

電子回路設計のための電気/無線数学

第8章
「ホントに使うの？」電磁気学の計算も現場で生きる

特に高周波回路では信号が配線上だけを流れず，
空間やケースなど余計な部分に一部のエネルギーが伝わってしまいます．
電磁気現象がわかれば，目に見えない電界や磁界のようすもある程度推測でき，
見えないものも少しは見えるようになってくるでしょう．
本章では電子回路/高周波回路の設計知識として
最小限必要な電磁気の振る舞いを説明します．

8-1　磁界の振る舞いから洞察力をつけてみる

　電磁気学は出てくる記号が多いので，本章では大事なところは理解しやすいように，それぞれメモをつけてあります．
　また電界/磁界の振る舞いは，それを発生させる源が直流か交流かで，若干異なっています．本章では直流のみ・交流のみの説明である場合はそのように断っています．それらの違いについては第12章も参考にして，読み比べてみてください．

● 【磁界】電流あるところ，アンペアの右ねじの法則と右手親指の法則
▶ アンペアの右ねじの法則
　配線に電流を流すと**磁界**（日常感覚的に言ってみれば……「磁界は水や風の流れと同じ．そこに手を差し入れたときの，流れの重みの感覚が磁界の強さ」）が発生します．
　この電流の向きと磁界の向きをビジュアルに表現したものがアンペア（André-Marie Ampère, 1775-1836）の**右ねじの法則**です．
　このようすを図8-1に示します．電流の流れが右ねじのねじ込まれる方向だとす

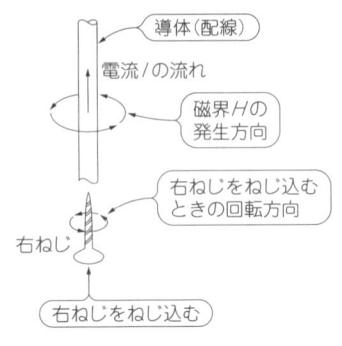

[図8-1] アンペアの右ねじの法則

れば,「ねじの回転する方向に磁界が発生する」というものです[※1].

電子回路を考えるうえでは(現実での設計現場の問題としては),この磁界の回転する方向がどちらかという点はあまり重要とはいえませんが,**電流の周りをぐるりとひと回りするものが磁界**だという点は必ず理解しておくべきでしょう.

▶ 右手親指の法則

アンペアの右ねじの法則を少し拡張して考えると,右手親指の法則を導くことができます.これは電源回路のトランスやスイッチング電源用コイル,高周波回路の空芯コイルやチップ・コイルなど,実際の回路での磁界の考え方に応用できるものです.

図8-2(a)は空芯コイルの写真とその内部を貫く磁界,そして図8-2(b)はコイルの1ループ(導体)あたりでのアンペアの右ねじの法則を表記したものです.

さらに同図のように右ねじの法則の1ループの磁界を,コイルの複数ループに拡張してみると,個別の磁界が合成されることがわかります.このように合成すると図8-2(c)のように,①コイルに流れる電流の向きを親指以外の4本の指の向く方向,②磁界の向きを親指の向く方向……と表せます.

「この方向に磁界が出るんだ」という点が現場では大切です.

● 【磁界】電流と磁界の関係:アンペアの周回積分の法則

右ねじの法則で,磁界は電流の流れる導体の周りをぐるりと回るように発生します.この量がどれだけあるかは,アンペアの周回積分の法則というもので表されます.

※1:同じ電磁気学とはいえ,電気工学的には電界/磁界と言うが,物理学的には電場/磁場という.もともとの英語は同一(electric field, magnetic field)だが,異なる分野でそれぞれ訳されたためにこうなったようである.本書は当然「電界/磁界」を使わせていただく.

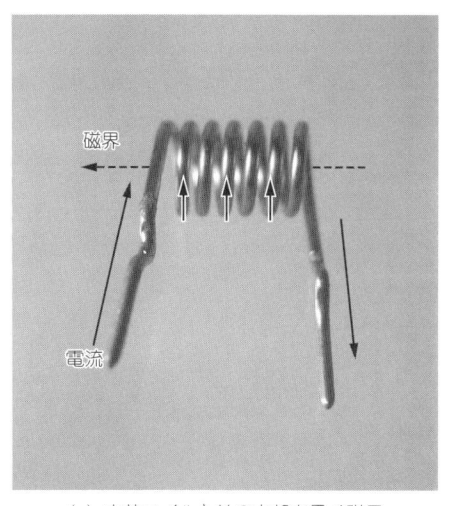

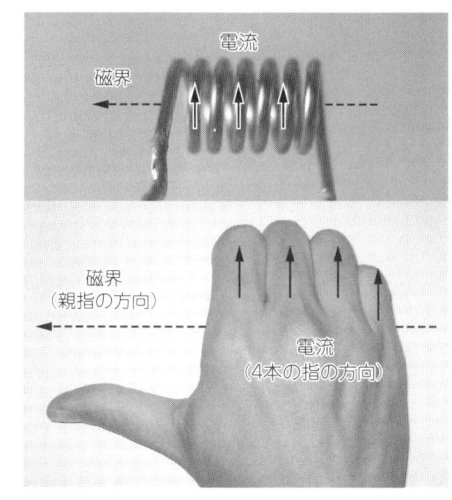

(a) 空芯コイルとその内部を貫く磁界

(c) 右手親指の法則と呼ばれる理由

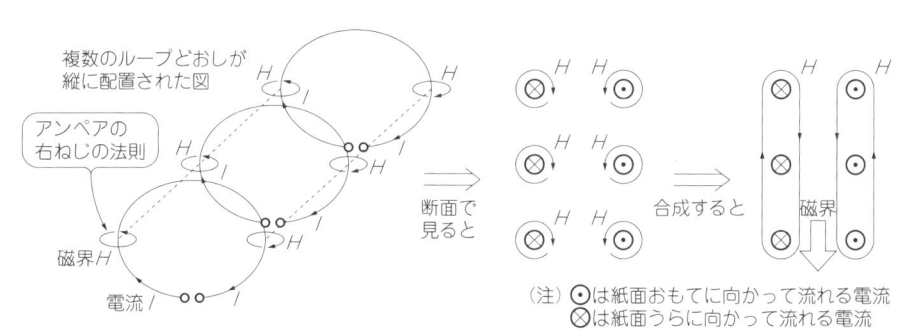

(b) アンペアの右ねじの法則を複数のループに拡張していく

[図8-2] 右手親指の法則

　図8-3(a)のように電線に電流 I が流れていると，これから半径 r だけ離れた位置に発生する磁界の強さ H (単位は[A/m])は，

$$H = \frac{I}{2\pi r} \quad \cdots\cdots\cdots\cdots\cdots\cdots\cdots\cdots\cdots\cdots\cdots\cdots\cdots\cdots\cdots\cdots\cdots\cdots\cdots\cdots (8\text{-}1)$$

で表されます．これを電流 I に対して変形してみると，

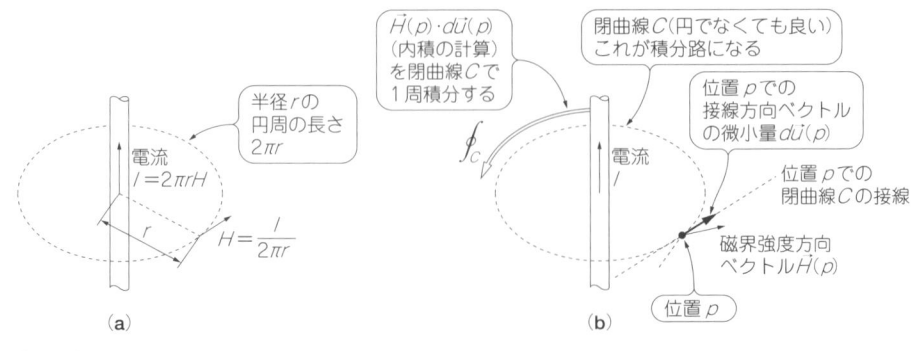

[図8-3] アンペアの周回積分の法則

$$I = 2\pi r H \quad \cdots\cdots\cdots\cdots\cdots\cdots\cdots\cdots\cdots\cdots\cdots\cdots\cdots\cdots\cdots\cdots\cdots\cdots\cdots\cdots\cdots (8\text{-}2)$$

　この$2\pi r$は半径rの円の**円周の長さ**です．つまり**磁界の強さHを円周1周ぶん積分すると，その中心に流れる電流の大きさが求まる**ということです．
▶「ちょっとアドバンス」的に
　より一般的に(教科書的に)示してみると[※2]，

$$I = \oint_C \vec{H}(p) \cdot d\vec{u}(p) \quad \cdots\cdots\cdots\cdots\cdots\cdots\cdots\cdots\cdots\cdots\cdots\cdots\cdots\cdots (8\text{-}3)$$

となります．ここではこの意味がわからなくてもかまいません．これは**図8-3(b)**のように，任意の閉曲線Cの円周上において，位置p(position)における磁界強度方向ベクトル$\vec{H}(p)$と，曲線の接線方向の単位方向ベクトル$\vec{u}(p)$の微小量との，内積($\cdot$)を取ったものを1周線積分する(閉曲線の線積分；Line-integral-closed-curve)，という意味です．積分記号内のマルは「1周線積分します」ということです．つまり積分される閉曲線(これを積分路という)自体は円でなくても何でも良いといえます．
　結局このように表しても，簡潔に式(8-2)のように表しても同じことで，式(8-3)では「Cで囲まれた内部を流れる全体の電流量I」と一般化できるということだけです．

[※2]：だいたいどの教科書的参考書でも(p)さえいれず，$\boldsymbol{H} \cdot d\boldsymbol{s}$程度($\boldsymbol{H}$, $\boldsymbol{s}$は太字でベクトルを表す)でC閉曲線積分の説明を(わかっているものとして)している程度である．このあたりが電磁気学的数学表現(ベクトル解析学)を最初に乗り越えられなくなり，挫折するポイント/理由だろう．

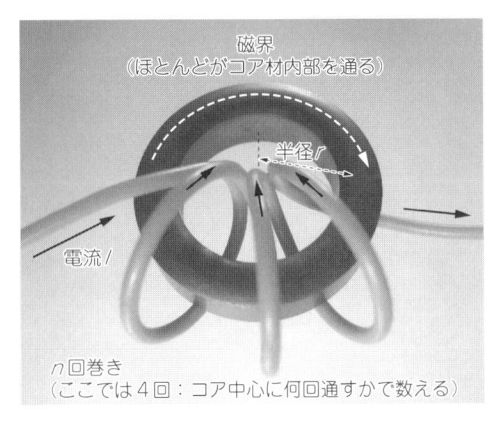

[図8-4] トロイダル・コアとアンペアの周回積分の法則
(本来ならコアに密着して,均一に巻いていく)

▶ トロイダル・コアの中もそうだ

　図8-4はトロイダル・コア[※3]とその中を通る電線に流れる電流のようすです．トロイダル・コアに用いられるコア材は磁気抵抗率が低く(透磁率μが高い),磁界をよく通しますので,磁界成分のほとんどがコア材の中を流れることになります．

　「コア材内がほとんど」という話は,電流を例に考えると,電流は導体に流れ,周辺の空間では流れない話と同じことです(空間の抵抗率が無限大であるため)．ただし「ほとんど」のとおり,磁界はコア材外部にも一部が漏れ出すように流れる点が電流と異なります(空間の磁気抵抗率は無限大ではないため)．

　さて,図8-4のトロイダル・コアの穴に電線が通っていたとして,ここに流れる電流がIであれば,コア中の磁界の強さはまさしく式(8-1)で表されます．同図のように半径rのコアの穴にn回電線を通したとすれば,コア内の磁界の強さは,

$$H = \frac{nI}{2\pi r} \qquad (8\text{-}4)$$

(コアに通す回数 電流 / 磁界の強さ 円周長)

と1回と比べてn倍になります．

※3：toroidal: ドーナツ形の,環状体の,という意味．幾何学用語(torus)から来ている．

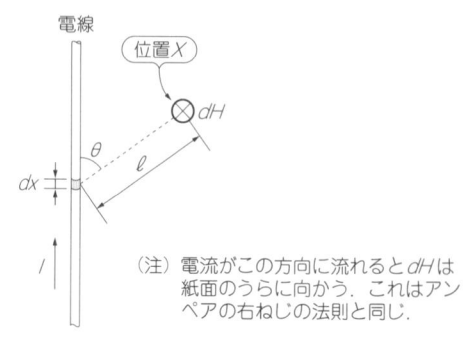

[図8-5] ビオ・サバールの法則とそれぞれの位置関係

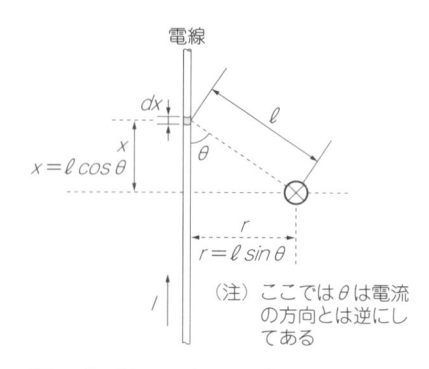

[図8-6] ビオ・サバールの法則からアンペアの周回積分の法則を求める

●【磁界】電流と磁界の関係をより精密に：ビオ・サバールの法則

ビオ・サバール(Jean-Baptiste Biot, 1774-1862 and Félix Savart, 1791-1841)[※4]の法則は，電流Iの流れる電線の非常に短い区間dxにより，距離lの点の位置Xに発生する磁界の強さdH（H全体のうち電流の微小区間dxから受ける量）を表す法則（数式）です．このようすを図で示してみると，**図8-5**のようになり，その関係は，

$$dH = \frac{Idx}{4\pi l^2}\sin\theta \quad\cdots\cdots(8\text{-}5)$$

（dxによる磁界の強さ / 電流 / 短い区間 / 半径lの球の表面積 / 電流から位置xへの影響度）

となります．このdHを電線全体にわたって足し合わせる（積分する）ようにすれば，電線全体により**図8-5**の位置Xに生じる磁界の強さHを求めることができます．

▶ 球の表面積はとっても大切

第8章8-2でもう少し詳しく説明しますが，$4\pi l^2$は半径lの球の表面積であり，電磁気を考えるうえでは非常に重要な公式です．この式(8-5)では球の表面積で割ることで，全方向に広がっていく磁界に対して，距離lにおける単位面積あたりの量を計算しているのです．さらに$\sin\theta$で目的とする方向の有効成分を取り出しています．

※4：私はアンペアの周回積分の法則から，このビオ・サバールの法則が導かれたのかと思っていたが，どうも違うようであり，それぞれ別々に発見されたようだ．いずれにしても同一の物理現象を表しているので結果は同じになる．

日常感覚的表現でも「流れの重みの感覚」としましたが，横に広がりながら流れる流れで半径lが大きくなる（横に広がる）にしたがって，「手が感ずる感覚」が弱くなっていくことと何ら変わりありません．

▶ ビオ・サバールの法則からアンペアの周回積分の法則を求める

無限に長い導体をもとに，ビオ・サバールの法則を使って，アンペアの周回積分の法則が求まることを示してみましょう．※4にも説明したように同じ物理現象を表しているので，当然のように答えは同じになります．

図8-6のように，電線上の位置x（l, θの変動により変化する）および電線に対して鉛直な距離r（一定），それぞれのlとの関係を，θを使って$x = l\cos\theta$，$r = l\sin\theta$としてみると，

$$l = r\frac{1}{\sin\theta}, \quad x = l\cos\theta = r\frac{1}{\sin\theta}\cos\theta = r\frac{1}{\tan\theta}, \quad \frac{dx}{d\theta} = -\frac{r}{\sin^2\theta},$$

$$H = \int dH = \int_{-\infty}^{\infty} \underbrace{\frac{I}{4\pi l^2}\sin\theta dx}_{\text{式(8-5)}} = \int_{\pi}^{0} \frac{I}{4\pi l^2}\sin\theta \frac{dx}{d\theta}d\theta$$

$$= \int_{\pi}^{0} \frac{I}{4\pi \left(r\frac{1}{\sin\theta}\right)^2}\sin\theta \cdot \left(-\frac{r}{\sin^2\theta}\right)d\theta = \int_{\pi}^{0} -\frac{I}{4\pi r}\sin\theta d\theta$$

$$= \left[\frac{I}{4\pi r}\cos\theta\right]_{\pi}^{0} = \frac{I}{2\pi r} \quad \cdots\cdots\cdots\cdots\cdots\cdots\cdots\cdots\cdots\cdots\cdots (8\text{-}6)$$

とアンペアの周回積分の法則が求められます[※5]．

▶ コイルの中もそうだ

図8-7は空芯コイルの例です．この場合もビオ・サバールの法則を適用し，積分していけば，各部の精密な磁界の強さを求めることができます．なお，本書ではこの詳しい解説はしませんので，興味のある方は参考文献(3)を参照してください．

ビオ・サバールの法則から直感的にわかると思いますが，コイルの中心部と側縁部では，磁界の強さHが異なります．

余談ですが，このコイルの中心部と側縁部の話からわかるように，空芯コイルのインダクタンスを求めるのに，単純にコイルのワン・ターンぶんにビオ・サバール

※5：ここでπ〜0ではなく0〜πと積分もできるが，その場合は電流の向きを逆方向に積分するので，結果的に符号は同じになる．また最初で$x = l\cos\theta$をいきなりθで微分していないが，これはlも変動量になるので，このlを$l = r/\sin\theta$で消し1変数としておくため．

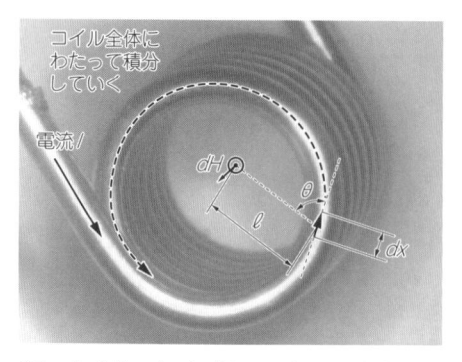

[図8-7] 空芯コイルとビオ・サバールの法則

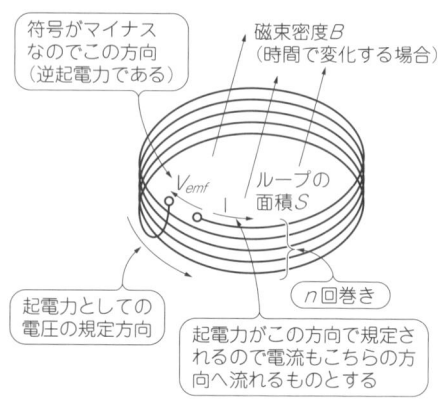

[図8-8] n回巻かれたループ状導体とファラデーの法則

の法則を適用し，それから巻数，長さに拡張してインダクタンスを計算すると，誤差が出てしまいます．そのために**長岡係数**と呼ばれる補正係数を乗算して正確なインダクタンスを求めます．長岡係数については，参考文献(22)を参照してください．

● 【磁界】磁気あるところに配線あれば電磁誘導：ファラデーの法則（ただし磁界が変動しなければ電磁誘導は発生しない）

磁界の強さ H に透磁率 μ[※6]を乗算したものが磁束密度 B ($B = \mu H$，単位は[T]テスラもしくは[Wb/m²] Wbはウエーバ)になり，電磁誘導などはこちらを基準に考えます．

さて，図8-8のように**真空中に**（なお，空気中も真空と同じと考えてよい）一端が開放となっているループ状の導体があったとします．このループの面積を S とします．このループの中を磁束密度 B の磁束が通りぬけ，かつその量（B もしくは S）が**変動する**とき，開放された端子に以下の起電力，つまり電圧 V_{emf}（V-electro motive force）が発生します．これを「起電力が誘起する」と言います．

この電圧 V_{emf} は，第3章3-4や第6章6-1のように電圧降下としてではなく，起電力として極性を考えるので符号はマイナスで，

※6：透磁率 μ は，真空の透磁率 μ_0 と比透磁率 μ_r との積で $\mu = \mu_r \times \mu_0$．真空の透磁率は $\mu_0 = 4\pi \times 10^{-7}$ H/m となる．また比透磁率 μ_r は真空の透磁率 μ_0 との比．「トロイダル・コアに用いられるコア材は磁気抵抗が低い（透磁率 μ が高い）」と話をしたコア材は，比透磁率 μ_r が数100～数万と大きく，透磁率はとても大きい．

$$V_{emf} = -n\frac{d(BS)}{dt} = -n\mu_0\frac{d(HS)}{dt} \quad (B = \mu_0 H) \quad \cdots\cdots (8\text{-}7)$$

（起電力／コイルの巻数／磁束密度／ループの面積／時間による微分／真空の透磁率／磁界の強さ）

となり，これをファラデー（Michael Faraday，1791-1867）の法則と呼びます[※7]．ここで n はコイルの巻数，μ_0 は真空の透磁率です．透磁率が高いコア材にこのループ状コイルが巻きつけられていた場合には，コア材の比透磁率 μ_r を掛け合わせ，$B = \mu_r\mu_0 H = \mu H$（$\mu = \mu_r\mu_0$）となります．

▶ ファラデーの法則と実際の回路での現象

ファラデーの法則が実際の電子回路でどう現れるかをいくつか示してみます．

- 上記の変動要素としては $B \times S$ であり，磁束密度 B が変化しても，面積 S が変化しても起電力 V_{emf} が発生する（なお $\Phi = B \times S$ を磁束と呼ぶ[※8]）
- 大電流スイッチング信号配線の横にループ状の微小信号の配線があると，スイッチングによる**磁束量の変化**で，ループに起電力が発生し影響を与える［図8-9(a)］
- 振動によりコイルの位置が変動すると，**位置変化**による，交わる磁束量の変化で，ループに起電力が発生し影響を与える［図8-9(b)］

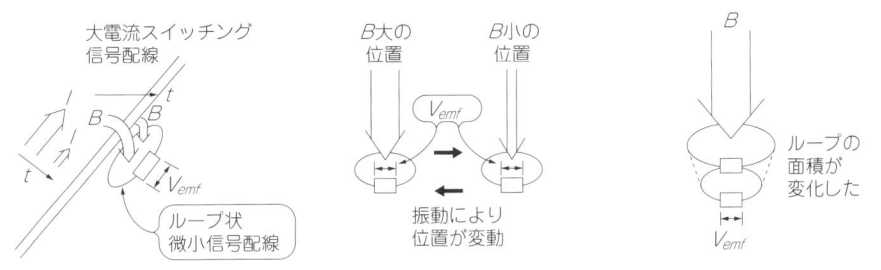

(a) 大電流の変化でループに起電力が発生
(b) 振動による交わる磁束量の変化でループに起電力が発生
(c) コイルのループ状の面積が変動しループに起電力が発生

[図8-9] ファラデーの法則と実際の回路での現象

※7：ファラデーの名前が冠してあるが，定式化したのはノイマン（Franz Ernst Neumann, 1798-1895）である．
※8：ギリシャ文字 Φ をここで用いた．読者の拒否反応を心配しているが，一般的に用いられる記号のため使用した．とはいえ第5章でも説明したように，記号を何にするかの違いだけで，結局は同じこと．

- コイルのループの面積が変動すると（あまり現実的ではないが），**面積の変化**による磁束量の変化で，ループに起電力が発生し影響を与える［図8-9(c)］

このファラデーの法則と，アンペアの周回積分の法則（導体の周りを磁界がぐるりと回る）の**実際の動き**を理解していれば，だいたいのところ実際の電子回路での磁気的問題に**かなり対処できる**といえるでしょう．

●【磁界】インダクタンスは電磁気学だとどうなるのか

ここまでの各章でコイルのインダクタンス L を取り上げてきました．では一体電磁気学から考えると，インダクタンスはどういう振る舞いから来ているのでしょうか．それをここでは考えていきましょう．

▶ さきほどのコイルに電流を流してみる

コイルに交わる磁束 $\Phi = BS$ が変化すると起電力が発生すると説明しました．ではここで図8-8の，**真空中**にあるループ状導体の開放された端子から**電流を流して**みます．電流により生じる電圧は，式(3-9)および式(6-1)の

$$V_{coil} = L\frac{dI}{dt} \quad \cdots\cdots\cdots\cdots\cdots\cdots\cdots\cdots\cdots\cdots\cdots\cdots\cdots\cdots\cdots\cdots\cdots\cdots\text{［式(6-1)再掲］}$$

また流れる電流により磁界 Φ がアンペアやビオ・サバールの法則により発生しますが，その磁束 Φ により生じる逆起電力 V_{emf} は式(8-7)より

$$V_{emf} = -n\frac{d\Phi}{dt} = -n\frac{d(BS)}{dt} \quad (B = \mu_0 H) \quad \cdots\cdots\cdots\cdots\cdots\text{［式(8-7)再掲］}$$

電圧降下と起電力の定義として $V_{coil} = -V_{emf}$ であり（電圧降下と起電力で符号は逆になっている），相互の関係式として，

$$L\frac{dI}{dt} = n\frac{d\Phi}{dt}, \quad LI = n\Phi = nBS \quad (nBS = n\mu_0 HS) \quad \cdots\cdots\cdots\cdots (8\text{-}8)$$

（コイルの巻数／磁束／磁束密度／ループの面積／両辺積分して／インダクタンス／流れる電流）

と考えることができます[※9]．この関係式での L をインダクタンスとして規定してい

※9：あらためていうと，透磁率が高いコア材（$\mu_r \neq 1$）の場合は，$B = \mu_r \mu_0 H$ となる．

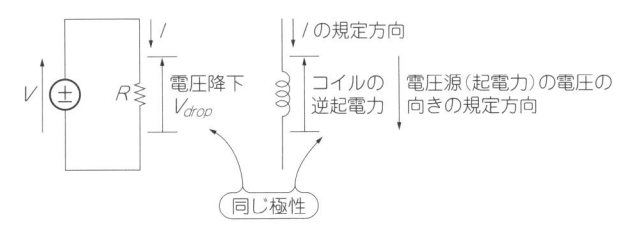

[図8-10] 逆起電力の極性と，電源および電圧降下の極性で考える

ます．
▶ 【ここ重要！】流す電流の変化に応じて逆起電力が発生する
　コイルに電流を流すと，それによって磁束が生じます．外部の磁束の変化でなくても，この自分自身で生じた磁束の変化によっても逆起電力が発生します．これをレンツの法則と言います．式(8-8)を式(8-7)に代入してみれば，以下の答えがまとめの意味も含めて得られます．

$$V_{emf} = -n\frac{d(BS)}{dt} = -\frac{d(nBS)}{dt} = -\frac{d(LI)}{dt} = -L\frac{dI}{dt} \quad \cdots\cdots\cdots (8\text{-}9)$$

（$nBS = LI$ より）

　なお，先ほど説明したように，第3章3-4や第6章6-1のように電圧降下としてではなく，電圧源/起電力として極性を考えているので，ここも符号はマイナスです．
▶ コイルで生じる「逆起電力」は抵抗の電圧降下と同じ極性だと考える
　さきの説明のとおり式(8-9)は極性がマイナスです．図8-8に示したようにV_{emf}が第2章2-1で示した電圧源（起電力）の電圧の向きの規定方向に対して，逆向きに生じているだけのことです．
　図8-10を見てください．電圧降下という視点から考えます．抵抗Rに加わる電源電圧Vおよび電流Iに対して，「コイルの逆起電力」はRの電圧降下V_{drop}と同じ極性になっています．電圧源（起電力）の向きと逆です．これは式(3-10)や式(6-1)で示したものと同じになっています．
▶ インダクタンスの能力とは
　つまりインダクタンスLとは，

$$L = \frac{nBS}{I} = \frac{n\mu HS}{I} = \frac{n\Phi}{I} \quad \cdots\cdots\cdots\cdots\cdots\cdots\cdots\cdots\cdots\cdots\cdots\cdots (8\text{-}10)$$

（コイルの巻数／磁束密度／ループの面積／透磁率／磁界の強さ／インダクタンス／流れる電流／磁束）

となり，どれだけの電流量 I で，どれだけの磁束 $\Phi = BS$ を発生させられるか（n もかかってはいるが）の能力だと言えます．

● 【磁界】トランスは電磁気学という物理現象

ここまでで，電流〜コイル〜磁束（密度）〜インダクタンスと説明してきました．これらの物理現象が実際に使われているのはトランスです．図8-11は実物のトランスを分解したものと，その等価回路の一例です．この例を使って，ここまでの説明を踏まえ，トランスで生じる電磁気現象のようすを説明してみましょう[※10]．

▶ なんで $n_1/n_2 = V_1/V_2$ になるの？

第7章7-3で説明したものが，電磁気現象としてどうなるか，ここで順を追ってあらためて考えてみましょう．

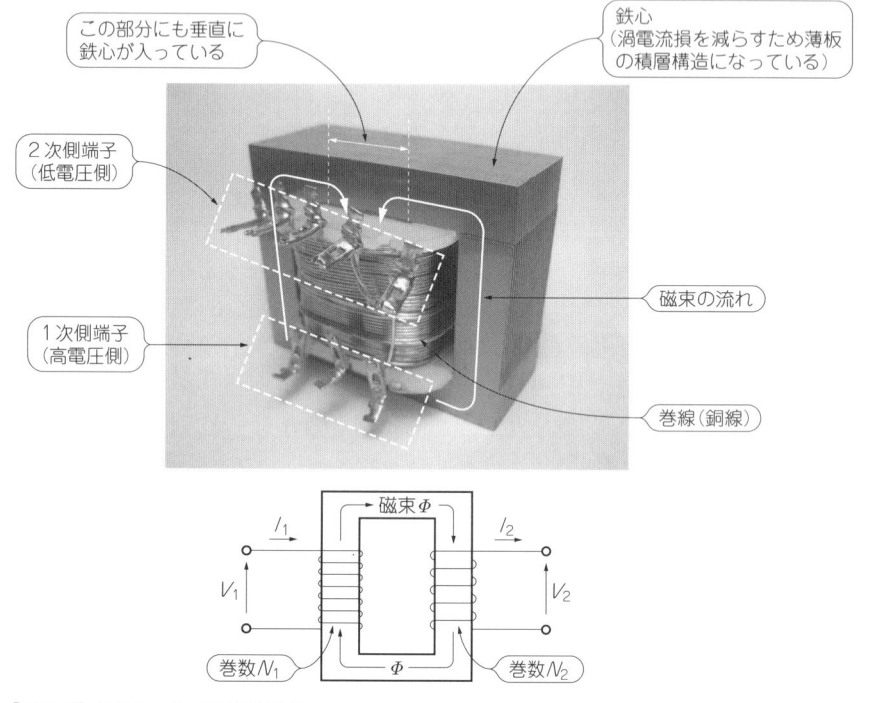

[図8-11] トランスとその等価回路

※10：ここではトランスは線形なもの，つまり $B - H$ カーブにはじまるヒステリシス，磁気飽和や非線形性がないものとして説明する．しかし実際にはこれらの制限があるので，実設計のときには十分に注意が必要である．

① 巻数 n_1 の1次側に1次電圧 V_1 がかかり，これにより磁束が発生する

式(8-7)の起電力の式から考えていきます．コイルのループの中を通り抜ける磁束の量 $\Phi = BS$ が変化すると，電圧 V_{emf} が起電力として発生します．逆に**コイルに電圧を加える**と，それにより**流れる電流で磁束が生じ**，生じた磁束によって**逆起電力が発生**します（すぐ前のインダクタンスの説明のとおり．これもレンツの法則）．

加える電圧 V_1 と逆電力 V_{emf} はキルヒホッフの法則から等しくなり（ロスはないものとする），式(8-7)から，

$$V_{emf} = -n_1 \frac{d\Phi}{dt} \xrightarrow{両辺積分して} \Phi = -\frac{1}{n_1}\int V_{emf}\,dt = -\frac{1}{n_1}\int V_1\,dt \quad \cdots (8\text{-}11)$$

（逆起電力，コイルの巻数，時間による微分，磁束，時間による微分，逆起電力，加える電圧）

となります．V_1 が「スイッチON！」の直流電圧，つまりステップ関数 $V_1 \cdot U(t)$ だとすると，Φ は直線的に上昇していくことがわかります．

② 1次電圧 V_1 を交流電圧 $V_1 e^{j\omega t}$ とする

しかしトランスに加わる電圧は交流なので，式(8-11)を以下のように，

$$\Phi = -\frac{1}{n_1}\int V_1 e^{j\omega t}\,dt = -\frac{1}{j\omega n_1} V_1 e^{j\omega t} \quad \cdots (8\text{-}12)$$

（磁束，加える電圧，コイルの巻数）

書き直してみると，磁束 Φ も交流になります[※11]．

③ 2次側に発生する電圧 V_2 は

式(8-7)，式(8-11)のファラデーの法則をそのまま適用すれば，2次側に発生する起電力 V_2 は，

$$V_2 = -n_2 \frac{d\Phi}{dt} = n_2 \frac{d}{dt}\left(-\frac{1}{j\omega n_1} V_1 e^{j\omega t}\right) = \frac{n_2}{n_1} V_1 e^{j\omega t} \quad \cdots (8\text{-}13)$$

（起電力，コイルの巻数，磁束，微分で $j\omega$ が消える，Φ）

となり，$n_1/n_2 = V_1/V_2$ になることがわかります[※12]．

※11：不定積分だが積分定数 C はいれていない．
※12：プラス・マイナスの符号はトランスの1次側と2次側の巻線の巻く方向に依存する．

ここまでの検討では1次側から2次側に磁束がすべて伝達されるように説明しています．しかし現実には漏れ磁束があるため，伝達量は減ってしまいます．

▶ **1次側から2次側への伝達量を決定する相互インダクタンス**

いずれにしても2次側で発生する起電力 V_2 は式(8-7)のとおり，

$$V_2 = -n_2 \frac{d(B_2 S_2)}{dt} \quad (\Phi_2 = B_2 S_2) \quad \cdots\cdots (8\text{-}14)$$

です．2次側ということでそれぞれに添え字2をつけてあります．上記に説明したように，現実では漏れ磁束があるので $\Phi_1 \neq \Phi_2 (B_1 S_1 \neq B_2 S_2)$ です．

そのためこの2次側磁束 $\Phi_2 = B_2 S_2$ は，1次側の $\Phi_1 = B_1 S_1$ と比例関係になり，さらに $B_1 S_1$ はアンペアの周回積分の法則から，1次電流 I_1 に比例します．つまり式(8-14)から

$$\Phi_2 = B_2 S_2 \propto B_1 S_1 \propto I_1, \quad V_2 \propto -n_2 \frac{dI_1}{dt}$$

と考えることができます．この比例関係の定数を相互インダクタンス M (Mutual Inductance) と呼び，

$$V_2 = M \frac{dI_1}{dt} \quad \cdots\cdots (8\text{-}15)$$

と表します[※13]．さらにどれだけ1次側から2次側に伝達しているかを**結合係数** k というもので表し，

$$k = \frac{M}{\sqrt{L_1 L_2}} \quad (0 \leq k \leq 1) \quad \cdots\cdots (8\text{-}16)$$

ここで L_1，L_2 は1次側，2次側それぞれのインダクタンスです．漏れ磁束がないと $k = 1$ になります．

※13：ここではプラス・マイナスの符号は省いてあるが，トランスの1次側と2次側の巻線の巻く方向で符号が決定する．特に複雑に巻かれたトランス型コイルなどは，計算上では必ず符号を考えて回路方程式を立てる必要がある．

8-2 電界の振る舞いから洞察力をつけてみる

● **【電界】電荷あるところ,クーロンの法則と電界の発生**

電子回路を考えるうえでは電荷とクーロンの法則を用いることはほとんどありません.しかし電磁気では定番とも言えるものなのでここで説明します.

クーロン(Charles-Augustin de Coulomb, 1736-1806)は,帯電する二つの物体間の**力と電荷量**[※14]の関係を実験的に求めました.彼の名前をとって,この関係を**クーロンの法則**と呼びます.図8-12のように二つの電荷 Q_1,Q_2 の間に生じる力 F(単位は[N]ニュートン)は,その間隔を l だとすると,

$$F = \frac{Q_1 Q_2}{4\pi l^2 \varepsilon_0} \quad \cdots\cdots\cdots\cdots\cdots\cdots\cdots\cdots\cdots\cdots\cdots\cdots\cdots\cdots\cdots\cdots (8\text{-}17)$$

（力／電荷1の電荷量／電荷2の電荷量／半径 l の球の表面積／真空の誘電率）

となります.分子の $4\pi l^2$ は,本章8-1のビオ・サバールの法則(p.218)で示した球の表面積で,ここでも重要な意味を持っています.ε_0 は比例定数で,真空の誘電率[※15]です.真空の透磁率 μ_0 の電荷版だといえるでしょう.

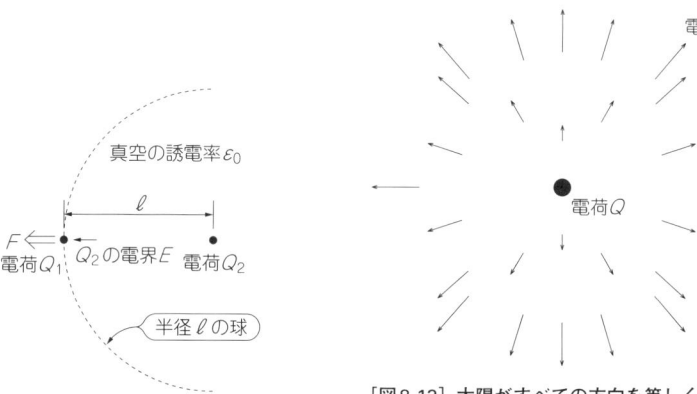

[図8-12] 二つの電荷とクーロンの法則

[図8-13] 太陽がすべての方向を等しく照らすように電界は広がっていく

※14:電荷と電子はモノとしては同じもの.ただ電子の量のバランスが崩れた状態だとも言えるだろう.電荷量 Q(単位は[C]クーロン)は式(8-17)が成立する量として定められており,かつ電子1個は $1.602 \times 10^{-19} C$ になる.

※15:真空の透磁率は $\varepsilon_0 = 8.854 \times 10^{-12}$ F/m となる.

電気/無線数学という点では，この式よりも「片側 Q_1 から発し，Q_2 に力を生じさせるもの」つまり**電界**が大切です．

▶ 理解すべきは電界

電界 E（単位は[V/m]）は，

$$F = Q_2 E = Q_2 \frac{Q_1}{4\pi l^2 \varepsilon_0}, \quad E = \frac{Q_1}{4\pi l^2 \varepsilon_0} \quad \cdots\cdots (8\text{-}18)$$

と表せます．またも日常感覚的に言ってみれば……

「電界は水や風の流れと同じ．そこに手を差し入れたときの，流れの重みの感覚が電界の強さ」と言えるでしょう．

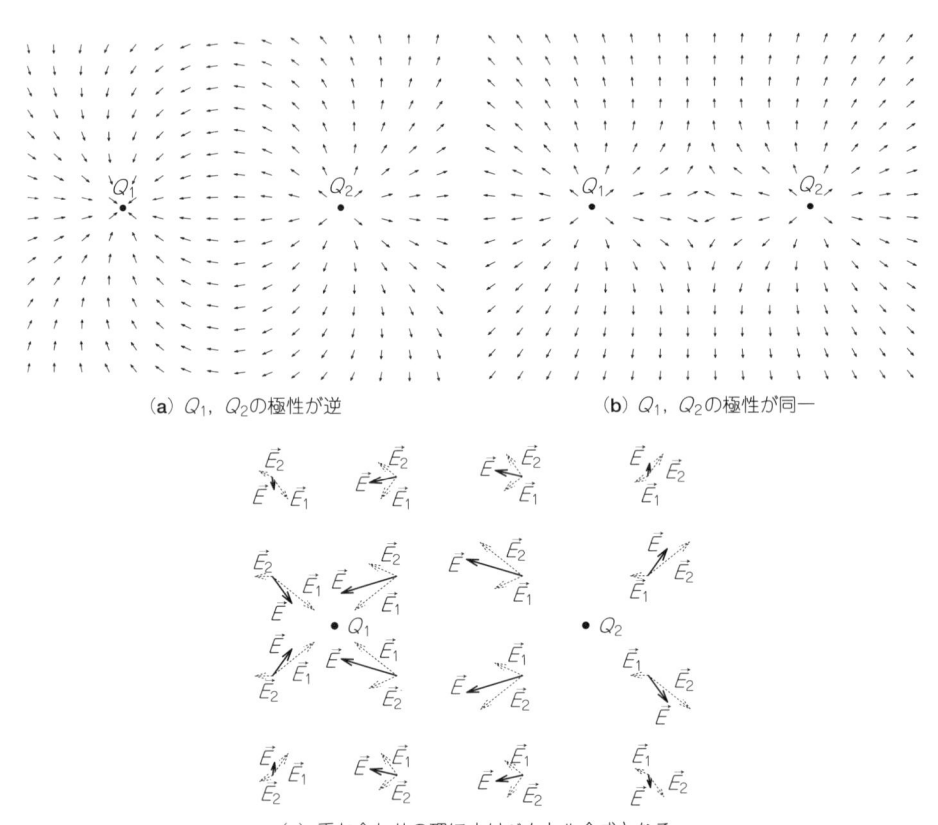

(a) Q_1, Q_2 の極性が逆　　　　　　　(b) Q_1, Q_2 の極性が同一

(c) 重ね合わせの理によりベクトル合成となる

[図8-14] 二つの電界はそれぞれ個別に発生し，別に曲がるわけではない

ともあれ電気回路を考える上では（現実での設計現場の問題としては），図8-13に示すように**電荷があるとそれから放射状に発生するものが電界**だという点は必ず理解しておくべきでしょう（さらに言うと電荷から生じる電界以上に，以降に示す電位差から生じる電界のほうが現実の設計現場では考えるべきこと）．太陽がすべての方向を等しく照らすように電荷からの電界は広がっていきます．

これは，日常感覚的表現でも「流れの重みの感覚」としましたが，半径 l が大きくなるにしたがって，「手が感ずる感覚」が弱くなっていくことと何ら変わりありません．

なお並行に並べられた電位差のある2枚の導体間に生じる電界は，広がらずに導体間を平行に進んでいきますので，注意してください．

▶ 電界は曲がらない

よく電磁気学の参考書を見ると，図8-14のように二つの電荷 Q_1，Q_2 により捻じ曲がったような電界の図が書かれています．Q_1，Q_2 の（$|Q_1|=|Q_2|$ と考える）それぞれの極性が逆なら図8-14(a)のように電界は引き合い，同じなら図8-14(b)のように電界は反発しあうように書いてあります．

しかし実際は二つの電界はそれぞれ個別に発生し，第2章2-3の「重ね合わせの理」と同じく，図8-14(c)のようにそれぞれの電界の強度方向ベクトル $\vec{E}_1$，$\vec{E}_2$ のベクトル合成となり，合成電界 $\vec{E}$ という「場」を作っているだけなのです．

● 【電界】電界の総量と電荷量を理解する：ガウスの法則

偉大な数学者ガウス（Johann Carl Friedrich Gauss, 1777-1855）は数多くの数学上の業績を残しましたが，電磁気学関連でも重要となる数学定理を発見しました．この定理は電荷と電界の関係に応用され，電磁気における**ガウスの法則**として広範囲に応用されています．

この法則の数学的意味合い（色合い）は，後半の第11章にゆずるとして，ここではビジュアルには，本質的には，どういう意味なのかを説明していきましょう．では図8-15を見てください．

この図(a)はガウスの法則を簡単に表したものです．話をいちばん単純にするために，真空中にある半径 l の殻球だとしましょう．殻球の中心に電荷 Q があるとします．球の表面には，電界 E，

$$E = \frac{Q}{4\pi l^2 \varepsilon_0} \quad \cdots\cdots (8\text{-}19)$$

が生じます．四角で囲んである部分の面積を1だとすると，四角内では $1 \times E$ ぶん

半径 l

内部に Q がない

この部分の面積を1とする．
電界 $E = \dfrac{Q}{4\pi l^2 \varepsilon_0}$ が生じる

電界 E

(a) 中心に電荷 Q がある場合

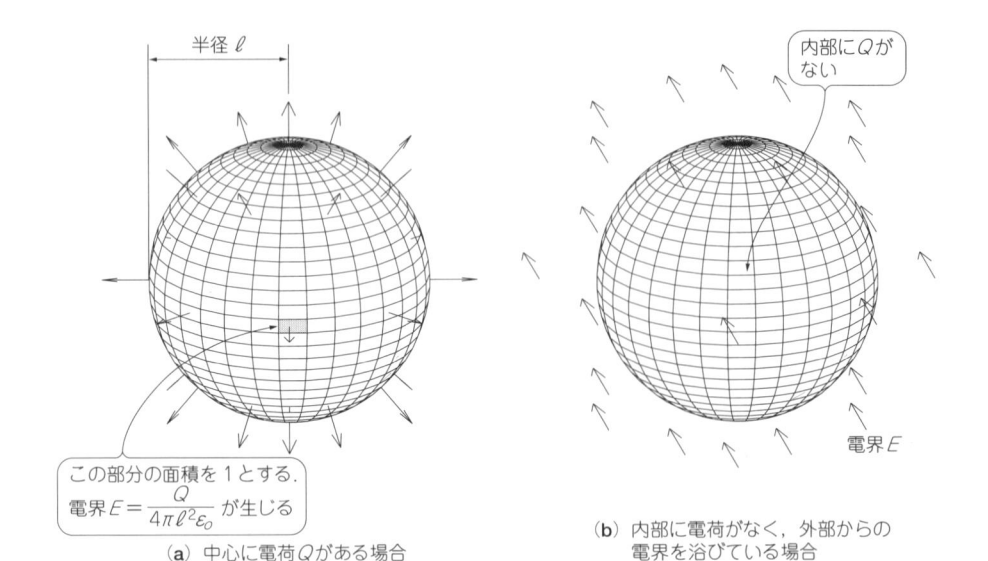

(b) 内部に電荷がなく，外部からの電界を浴びている場合

[図8-15] ガウスの法則をビジュアルに理解する

の電界量が出てくることになります．

殻球全体の表面積は $4\pi l^2$ です．つまり殻球全体から出てくる全電界の量（電束という）$Flux$ は[※16]，E がどこでも均一になっていますから，

$$Flux = \underbrace{(1 \times E)}_{\text{面積1ぶんの電界量}} \cdot \underbrace{4\pi l^2}_{\text{球全体の面積}} = \underbrace{\dfrac{Q}{4\pi l^2 \varepsilon_0}}_{} \cdot 4\pi l^2 = \underbrace{\dfrac{Q}{\varepsilon_0}}_{\text{中心の電荷}} \quad \cdots\cdots (8\text{-}20)$$

（全部の電界量）

となります．「何だ？もったいぶって，単純に式を変形しただけじゃないの？」と思うかもしれません．しかし基本的な考えはそれでいいのです．

ガウスの法則はこれを単純な球だけでなく，任意の閉じられた面に対して適用可能にしてあるだけで，本質は球で単純化して考えてもまったく同じことなのです（詳細は第11章11-4にて説明する）．特に本章の後半に示す**円筒型の閉じられた面**に，**電界が平行に流れる**場合を考えるときにこの定理は有効に使えます．

※16：ギリシャ文字 Ψ を使う参考書も多いが，拒否反応があるといけないので，ここではやめておく（すでに Φ を使った前科があるが……）．ここも第5章でも話をしたように，記号を何にするかの違いだけで，結局は同じこと．

▶ 内部に電荷がない場合

図8-15(b)のように中に電荷Qがなく，外部の電界Eを浴びている，真空中にある半径lの殻球の場合はどうなるでしょうか．これは厳密には第11章での説明を用いなくてはいけませんが，結論だけ言うと$Flux = 0$，つまり$Q = 0$になります．

●【電界】電界と電位差を考えよう

図8-16(a)のように電界Eの中を距離dだけ電界に逆らう向きに進むと，スタートのA点とゴールのB点の間の電位差V（電圧の差．単位は[V]）は，

$$\underset{\text{電位差}}{V} = -\underset{\text{電界}}{E}\underset{\text{距離}}{d} \tag{8-21}$$

となります．さて天下り的(唐突)に電界から電位差の式を出しましたが……．

▶ 電位差の式を考えよう

先ほど示したように，電荷Qから生じる電界より，電位差Vから生じる電界のほうが現実の設計現場で重要なことがらです．では電位差の考えをもう少しほかの物理現象と関連づけてみましょう．**仕事量**W（単位は[J]ジュール．どれだけ働いたか）という視点で見てみましょう．

図8-16(b)のような，電界Eが平行に一定量「(日常感覚的表現では)流れるものとして」あったとします．この中に電荷Qを置くと，クーロンの法則により式(8-18)のように，$F = QE$という力がかかります．

この力がかかったなかで，Eに対して**逆向き**に（力をかける方向で）距離dだけ移動すると，

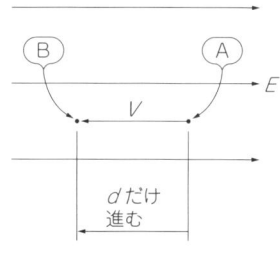

(a) 電界Eと電位差Vとの関係

(b) 電界Eの中に電荷Qを置いたものから電位差Vを考える

[図8-16] **電界Eと電位差Vを考える**

$$W = Fd = QEd \text{ [J]} \quad\cdots\cdots\cdots\cdots\cdots\cdots\cdots\cdots\cdots\cdots\cdots\cdots\cdots\cdots\cdots\cdots (8\text{-}22)$$

（仕事量／力／距離／電荷量）

の仕事量が必要です．この外部から加わった仕事量 W によりエネルギーが発電されたと考えると，発電された量 W を電力的視点で考えると，

$$W = Pt = -IVt \text{ [J]} \quad\cdots\cdots\cdots\cdots\cdots\cdots\cdots\cdots\cdots\cdots\cdots\cdots\cdots\cdots (8\text{-}23)$$

電流 I と電圧 V と時間 t との関係で表せます．また P は電力です．発電なので符号がマイナスになっています．

一方で d だけ移動するのに時間 t だけかかったとすると，第3章3-4の p.67 のコンデンサの説明のところで示したように，電荷 Q の単位時間あたりの移動量は電流量 I になりますから（$Q = It$ より）[※17]，

$$I = \frac{Q}{t} \text{ [A]}, \quad W = Pt = -IVt = -\frac{Q}{t}Vt = -QV \text{ [J]} \quad\cdots\cdots\cdots\cdots (8\text{-}24)$$

（電流量／電荷量／時間／仕事量／電力／時間／電位差）

となり，式(8-22)と式(8-24)から，

$$W = QEd = -QV, \quad V = -Ed \quad\cdots\cdots\cdots\cdots\cdots\cdots\cdots\cdots\cdots\cdots (8\text{-}25)$$

（仕事量／電荷量／電界／距離／電位差）

と式(8-21)が得られることになります．

▶ 電界 E は勾配で，電位差 V は高さの変化量だ！

「E の中を d だけ逆方向に進むと V だけ大きくなる」，今度はこれを日常感覚的表現で説明してみましょう．図8-17（a）を見てください．

下り傾斜勾配が E の斜面があったとします．ここを水平移動量 d [m] だけ上っていくと，高さの変化量 V [m] は $V = -Ed$ になります．これがここまで説明してきた，電界 E と電位差 V の関係を視覚感覚で表現したものです．これは電界 E の単位が [V/m] であることにも現れています．図8-17（b）は電荷 Q の周りに生じる静電界

※17：抵抗 R が何Ωの物質の中で電荷を動かすのかに関わらず，電荷が移動すれば電流が生じるということ．真空中ではイメージしずらいかもしれないが（そこでも変位電流としては存在する）．

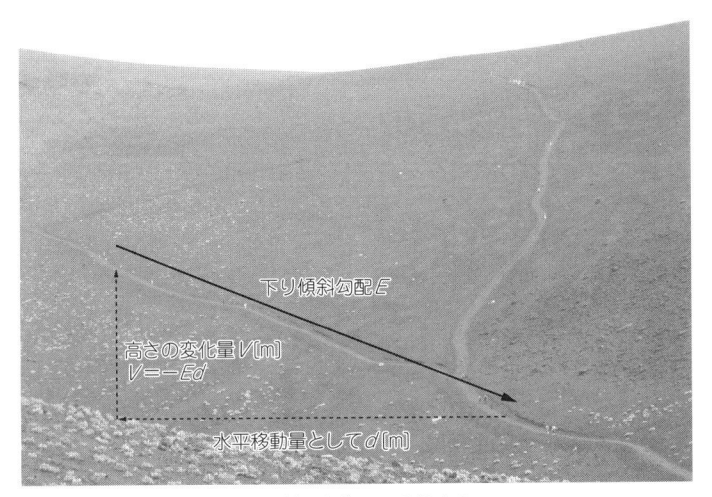

(a) 斜面を使って理解する

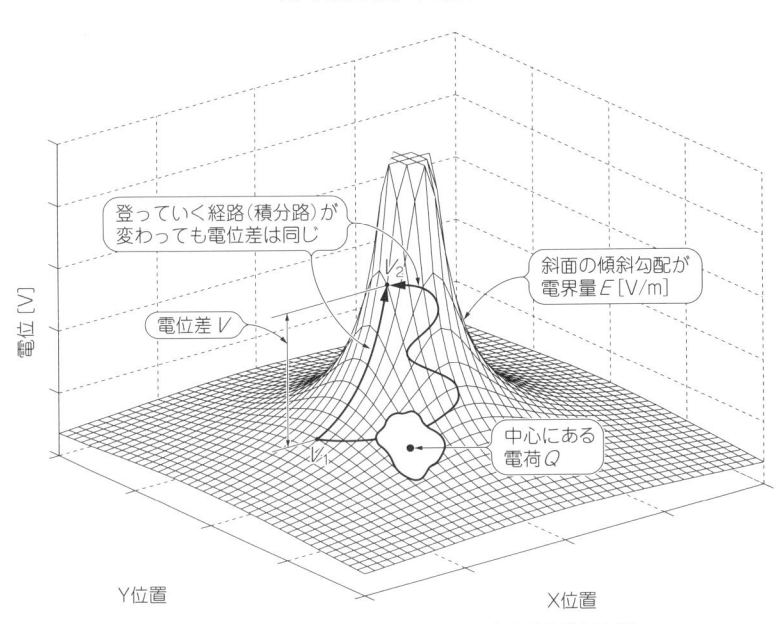

・下り傾斜勾配 E
・高さの変化量 V[m] $V=-Ed$
・水平移動量として d[m]

(b) 電荷 Q の周りに生じる電界 E による電位差 V の例

・登っていく経路（積分路）が変わっても電位差は同じ
・斜面の傾斜勾配が電界量 E[V/m]
・電位差 V
・中心にある電荷 Q
・電位 [V]
・Y 位置
・X 位置

[図 8-17] 電界 E は斜面の傾斜

8-2 電界の振る舞いから洞察力をつけてみる

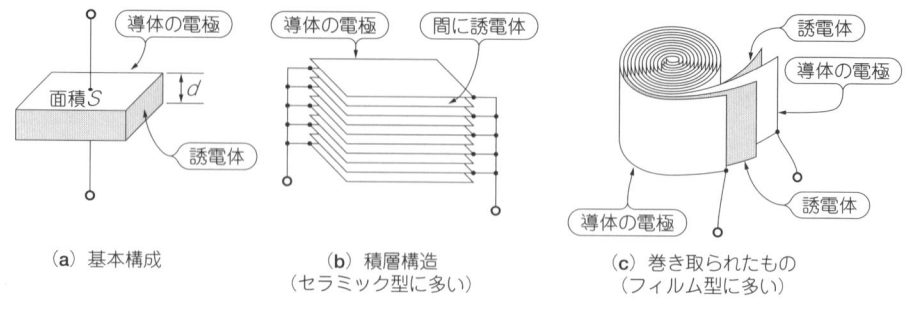

[図8-18] コンデンサの構成
(a) 基本構成
(b) 積層構造（セラミック型に多い）
(c) 巻き取られたもの（フィルム型に多い）

E（大きさは変化しないもの）による電位差Vの例です．登っていく経路（積分路）が変わっても電位差Vは変わりません[※18]．

●【電界】コンデンサも電磁気学の物理現象
▶ コンデンサの基本

コンデンサは**図8-18(a)**のような基本構成になっています．対面する2枚導体の電極があり，それが誘電体を挟んでいます．実際は同図(b)のように積層構造（セラミック型に多い）になったもの，同図(c)のようにクルクルと巻き取られたもの（フィルム型に多い）などがありますが，容量Cを増やすために電極の面積を増大させることが目的です．

電極の面積をS，誘電体の比誘電率[※19]をε_r，電極の間隔をdとすれば，コンデンサの容量C（単位は[F]ファラッド）は，

$$C = \varepsilon_r \varepsilon_0 \frac{S}{d} \quad\quad\quad\quad\quad\quad\quad\quad\quad\quad\quad\quad\quad\quad\quad\quad\quad (8\text{-}26)$$

（容量，比誘電率，真空の誘電率，電極の面積，電極の間隔）

[※18]：詳しい説明は電磁気学の参考書に譲るが，静電界の場合，斜面を登っていく経路（まっすぐか，ジグザグか）によって電位Vは変わらない．これは静状態電位が保存場（conservative field）であることにも深く関わっている．保存場は損失が生じず，各種のエネルギーが保存される場と考えることができる．一方で電界が回転場として変動している場合（交流の場合）には，経路が変わるとVは変わることになる（$\mathrm{rot}\,\boldsymbol{E} \neq 0$であるから）．しかし磁束$\boldsymbol{B}$に対して$\boldsymbol{B} = \mathrm{rot}\,\boldsymbol{A}$なるベクトル・ポテンシャル$\boldsymbol{A}$を導入し，$\boldsymbol{E} + \partial \boldsymbol{A}/\partial t$を考えれば，交流電磁場でも保存場としては成立する．

[※19]：比誘電率ε_rは，真空の誘電率ε_0との比．誘電体の誘電率ε自体は$\varepsilon = \varepsilon_r \times \varepsilon_0$.

という単純な関係で表されます．上記の積層や巻き取りさせて容量を増やすという話もSを増やすという単純なことです．

▶ 半分くらいの厚さに誘電体が挟まったコンデンサ

電磁気学との関係をもう少し突っ込んで理解してみるために，図8-19のような厚さの半分くらいだけに誘電体が挟まったコンデンサの容量が，どうやって計算できるかを示してみましょう．ここで誘電体の挟まっている部分の厚さをd_1，挟まっていない空気(空気中も真空と全く同じと考えてよい)部分の厚さをd_2とします．

まずここを電界がどう通り抜けるかですが，誘電体と真空の間では**境界条件**というものを満たさなくてはなりません．これは式(8-20)のガウスの法則から，誘電体の中を通る電束量$Flux_{(di)}$(Flux-dielectric，誘電体)と空気中を通る電束量$Flux_{(air)}$(Flux-air)がイコールである必要があります．つまり，

$$Flux_{(di)} = Flux_{(air)}, \quad \varepsilon_r \varepsilon_0 E_{di} = \varepsilon_0 E_{air}, \quad E_{di} = \frac{E_{air}}{\varepsilon_r} \quad \cdots (8\text{-}27)$$

と**誘電体の中の電界が**$1/\varepsilon_r$**だけ小さくなります．**

では容量Cを求めてみましょう．コンデンサの端子電圧がVになっていたとすると，

$$V = E_{di}d_1 + E_{air}d_2 = \left(\frac{d_1}{\varepsilon_r} + d_2\right)E_{air} \quad \cdots (8\text{-}28)$$

また電界Eは電極の間を平行に流れ，**誘電体がない状態で**，電極それぞれの単位面積$S_U = 1$(Surface-Unit—1m^{2}に相当する量として仮に決める．とはいえここでは「微小面積」と考えたほうが理解しやすい)あたりに電荷$+q, -q$[C/m^2]が蓄積されていると仮定すると[※20]，ガウスの法則からそれぞれの電極では以下が成り立ちます．

$$2S_U \varepsilon_0 E_{air(+\text{terminal})} = +q, \quad E_{air(+)} = \left.\frac{+q}{2S_U \varepsilon_0}\right|_{S_U=1} = \frac{+q}{2\varepsilon_0}$$

$$2S_U \varepsilon_0 E_{air(-\text{terminal})} = -q, \quad E_{air(-)} = \left.\frac{-q}{2S_U \varepsilon_0}\right|_{S_U=1} = \frac{-q}{2\varepsilon_0}$$

$$E_{air} = E_{air(+)} + E_{air(-)} = \frac{q}{\varepsilon_0} \quad \cdots (8\text{-}29)$$

※20：電極側面における電界の乱れのぶんは無視して考えている．またqは単位を見てもわかるように電荷密度になっている．

S_Uに2が掛けられているのは，コンデンサの1枚の電極の表面と裏面の両方の単位面積を足して，電界を積分する閉じた面としているからです（ガウスの法則を適用させるため）。

　この式(8-29)を式(8-28)に代入し，$C = Q/V$から単位面積S_Uあたりの容量C_u(C-unit)を求め，さらに面積Sの容量Cを求めてみると，

$$\underbrace{V = \left(\frac{d_1}{\varepsilon_r} + d_2\right) \overbrace{\frac{q}{\varepsilon_0}}^{E_{air}}}_{\text{式 (8-28)}}, \quad C_u = \left.\frac{qS_U}{V}\right|_{S_U=1} \stackrel{C=Q/V}{=} \frac{q}{V} = \frac{\cancel{q}}{\left(\frac{d_1}{\varepsilon_r} + d_2\right)\frac{\cancel{q}}{\varepsilon_0}}$$

$$= \frac{\varepsilon_0}{\frac{d_1}{\varepsilon_r} + d_2}, \quad C = C_u S = \frac{\varepsilon_0 S}{\frac{d_1}{\varepsilon_r} + d_2} \quad \cdots\cdots\cdots\cdots\cdots\cdots\cdots\cdots\cdots \text{(8-30)}$$

が求まります。ここで$d_1 \ll \varepsilon_r$だとすると，コンデンサの容量を決定するのはd_2が支配的になり，たとえば丁度半分に（d_1部分に）高誘電率の誘電体が挟まっている場合，真空の場合と比較して誘電率がほぼ2倍になります（d_2厚の空気コンデンサということ）。

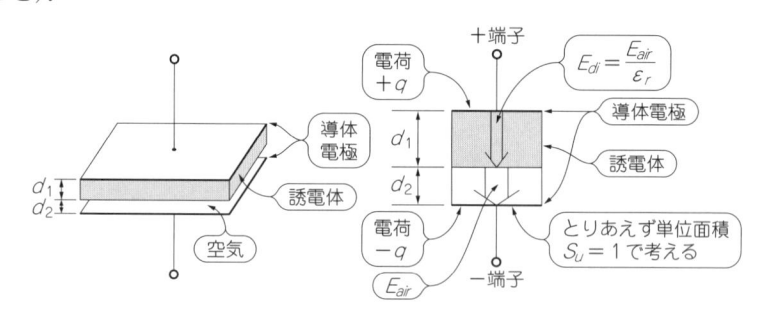

[図8-19] 厚さの半分くらいだけ誘電体が挟まったコンデンサ

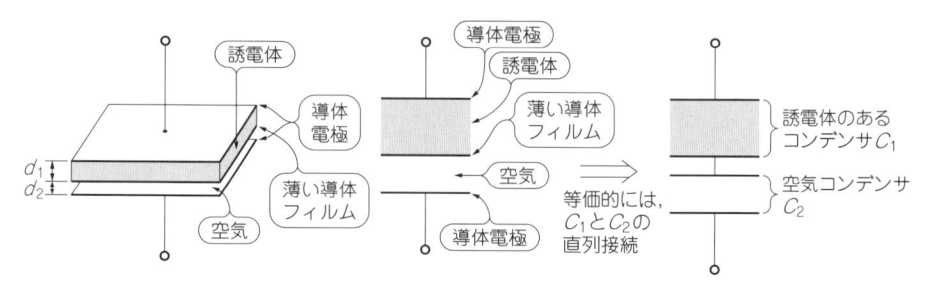

[図8-20] 誘電体と空気の間に薄い導体フィルムが挟まったコンデンサ

▶ 誘電体と空気の間に導体のフィルムが挟まった場合と比較する

それでは図8-19と同じ条件で，図8-20のように誘電体と空気（空気中も真空とまったく同じと考えてよい）の間に，薄い導体フィルムが挟まった場合と比較してみましょう．この場合は，d_1の厚さでε_rの誘電体をもつコンデンサC_1と，d_2の厚さの空気コンデンサC_2との直列接続と考えることができます．合成容量Cは，

$$C_1 = \varepsilon_r \varepsilon_0 \frac{S}{d_1}, \quad C_2 = \varepsilon_0 \frac{S}{d_2}, \quad C = \frac{C_1 C_2}{C_1 + C_2},$$

$$C = \frac{\varepsilon_r \varepsilon_0 \dfrac{S}{d_1} \varepsilon_0 \dfrac{S}{d_2}}{\varepsilon_r \varepsilon_0 \dfrac{S}{d_1} + \varepsilon_0 \dfrac{S}{d_2}} = \frac{\varepsilon_r \varepsilon_0 \dfrac{S}{d_1 d_2}}{\dfrac{\varepsilon_r}{d_1} + \dfrac{1}{d_2}} = \frac{\varepsilon_r \varepsilon_0 S}{\varepsilon_r d_2 + d_1} = \frac{\varepsilon_0 S}{\dfrac{d_1}{\varepsilon_r} + d_2} \quad \cdots\cdots\cdots\cdots (8\text{-}31)$$

と，なんと先の式(8-30)と同じことがわかりました．結果は誘電体と空気の境界面での導体の有無にかかわらず，同じということです．興味深いですね．

8-3　実験机で遭遇しやすい電磁気事象を取り上げる

● 【磁界】コア入りコイル・トランスは電磁気学の磁気回路

図8-21(a)は大インダクタンスのコイル（電源用），同図(b)は高周波回路で用いられるIFT(Intermediate Frequency Transformer; 中間周波数トランス)です．どちらも巻線の中に比透磁率μ_rの高いコアが入っています．このコアが入ることで巻数と比較して高いインダクタンスを実現しています．

(a) 大インダクタンスのコイル　(b) 高周波回路で用いられるIFT

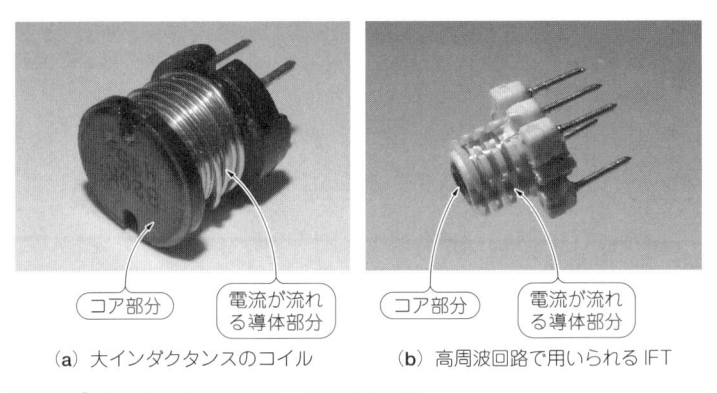

[図8-21] 透磁率の高いコアが入ったコイルの例

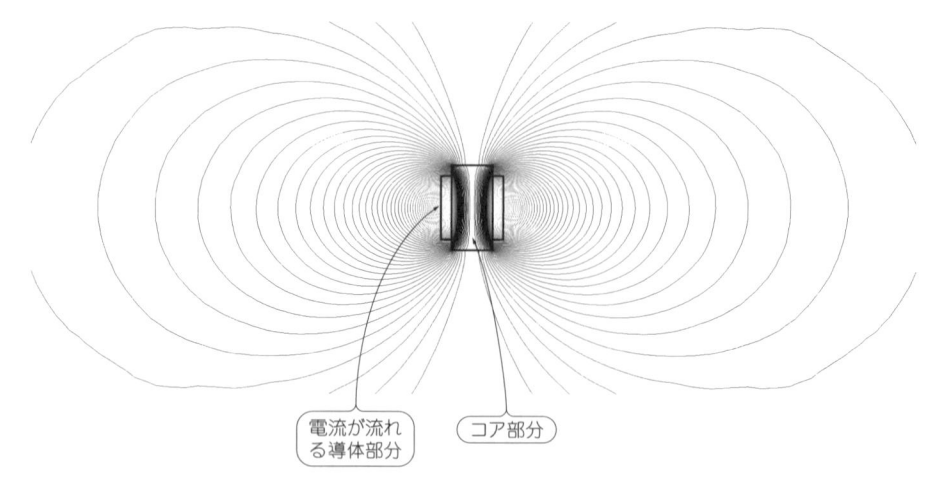

[図8-22] コア入りコイルのコア部分と外部を流れる磁束（シミュレーション）

▶ 磁気は回って磁気回路をつくる

コアが入っているとはいえ，右ねじの法則などのように，コイルに流れる電流により生じる磁束は，図8-22のようにコイルのコアの中から，コイル外部を伝わって1周し，一つのループを構成します．この図はコイルの断面を示しています．透磁率μ_rの高いコアの部分の磁界だけで考えていてはいけないことがわかります．

同様にコイルの外部を回っている磁束は，かなり広い範囲に広がっていることがわかります．ここでは三つのことが言えます．

- 図8-23に示すようにコア部分と空気（真空）のそれぞれの部分の，磁界の強さ/磁束密度/比透磁率/磁束量/磁束の通る面積はそれぞれ図中のように関係している
- コイルの外側を回っている磁束全体量Φは，コア部分を通る磁束全体量と同じ
- 磁界の強さHはコイル外側の空気（真空）部分のほうがμ_r倍近くも大きい[※21]

ここで，コア外部を流れる磁界は残念ながら単純な式で表すことができません．いずれにしても図8-22のように，かなり広い範囲に広がっているのです．広がっ

※21：たとえば，コアの断面積S_{core}による磁束を$\Phi = BS_{core}$とする．コイルの半径から無限大までの距離をもつコイル外部の面積を考え，コイルから離れていくと距離に従い減少していく磁束密度$B(r)$を，この面積全体で積分したものがΦに等しいため，「μ_r倍近くも」と記述している．

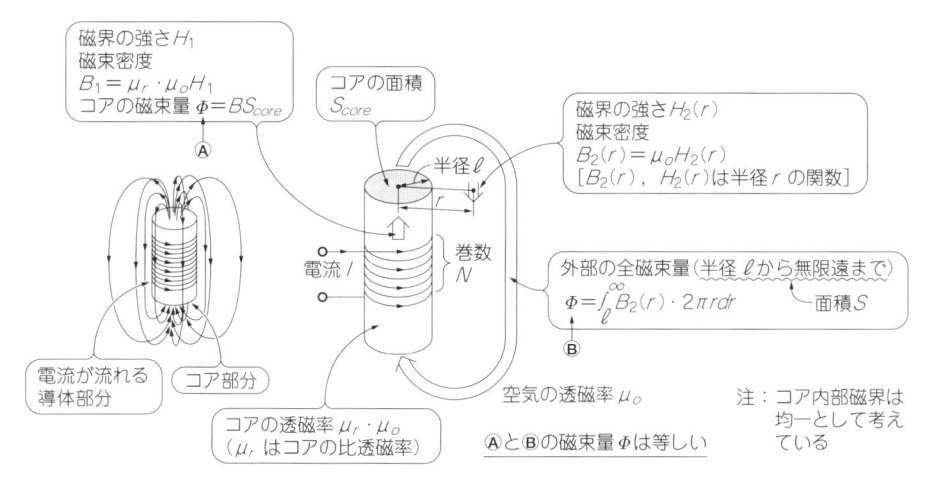

[図8-23] コア内外を通る磁界を詳しく表してみると

図中ラベル:
- 磁界の強さ H_1
- 磁束密度 $B_1 = \mu_r \cdot \mu_0 H_1$
- コアの磁束量 $\Phi = B S_{core}$
- Ⓐ
- コアの面積 S_{core}
- 半径 ℓ
- 磁界の強さ $H_2(r)$
- 磁束密度 $B_2(r) = \mu_0 H_2(r)$
- [$B_2(r)$, $H_2(r)$ は半径 r の関数]
- 電流 I
- 巻数 N
- 外部の全磁束量(半径 ℓ から無限遠まで) $\Phi = \int_{\ell}^{\infty} B_2(r) \cdot 2\pi r dr$ ―― 面積 S
- Ⓑ
- 電流が流れる導体部分
- コア部分
- コアの透磁率 $\mu_r \cdot \mu_0$(μ_r はコアの比透磁率)
- 空気の透磁率 μ_0
- ⒶとⒷの磁束量 Φ は等しい
- 注:コア内部磁界は均一として考えている

(a) 大インダクタンスのコイルを磁気シールドしたもの

(b) 高周波回路で用いられるIFTに鉄素材のシールド・ケースをかぶせたもの

[図8-24] コアが入ったコイルを磁気シールドした例

てしまうということは,外部の回路に影響を与えるということです.

▶ 磁気シールドしてみる

　外部回路に影響を与えないように**シールド**することは,電気回路では必須なノウハウといえるでしょう.磁気についてもシールドが可能で,実際には**図8-24**のように**図8-21**のコイルやIFTを磁気シールドします.ここで,

- 図中のコイルは比透磁率の高い磁性体で磁気シールドしてあり，外部への漏れが極端に低くなる（しかしゼロにはならない）
- 図中のIFTは鉄素材によるシールド・ケースとなっている．ここを銅やアルミにしてしまうと，これらの比透磁率はほぼ1のため，磁気シールドにはならない．一方で鉄は導体なので，一般的に言うシールド（これは電界に対する静電シールドのことだが）とも共用にできる

ということが言えます．磁気シールドすることで，図8-25のように**ほとんどの磁束が磁気シールドの磁性体（鉄シールド・ケース）の中を流れることになります**．ここで「ほとんどの」というのがポイントです．これをもう少し説明しましょう．

▶ ほとんどの磁束がコアの中を流れる……ほとんど？

電流は空間を流れず導体の中を流れることは，小学校の豆電球と電池の実験から始まって基本的に理解していることだと思います．しかし上記の磁気シールドでは，磁束の全部が磁性体の中を流れません．図8-25のように磁束は磁気シールドの部分に流れるとはいえ，その流れは一部空間に漏れ出します．

これは真空の透磁率 $\mu_0 = 4\pi \times 10^{-7}$ H/m に対して，磁性体の比透磁率 μ_r が数10～数万程度とそれほど大きくないことが理由です．もう少し突っ込んでみると，

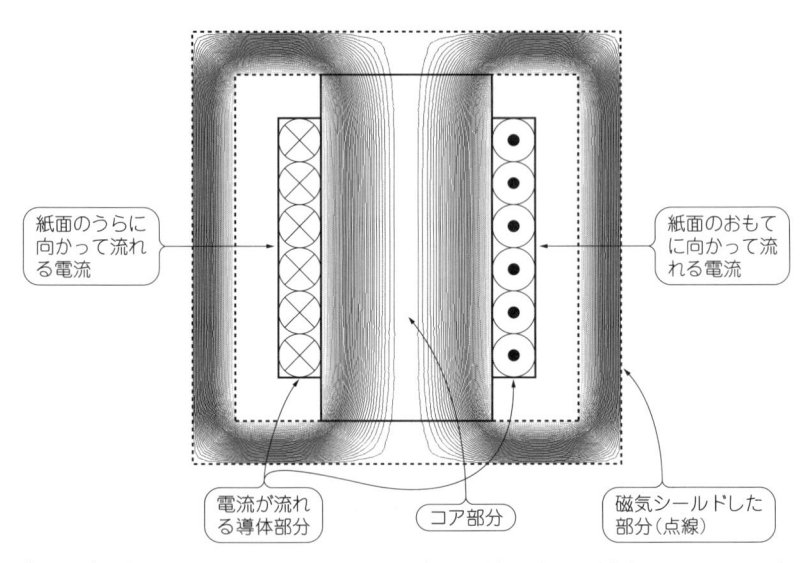

[図8-25] 磁気シールドしたときのコイルのコア部分と外部を流れる磁束（シミュレーション）

- 導体の単位体積あたりの抵抗（電気抵抗率 ρ）に対応する，磁気抵抗率 ρ_m が $\rho_m = 1/(\mu_r \mu_0)$ となる
- 図8-26(a)のように，電流は抵抗率 ρ の小さい（たとえば $\rho = 0.1\Omega/\text{m}^3$）導体には流れるが，抵抗率 ρ が無限大な真空中には流れない
- 一方で図8-26(b)のように，磁束は磁気抵抗率 ρ_m の小さい磁性体［たとえば比透磁率100とすると $\rho_m = 1/(100\mu_0) = 7958\text{A/Wbm}^3$］には磁束が集中して流れるが，周りの真空空間もそれなりの磁気抵抗率（真空の透磁率ぶん．$\rho_m = 1/\mu_0 = 795774\text{A/Wbm}^3$）があるので，一部磁束が漏れ出して流れる
- 図8-27のように，磁性体において磁束が流れる途中にギャップがある場合，ギャップ間では磁束は広がるようにして流れる［磁性体断面（ギャップ）部分より外れた位置でも，透磁率はどこでも μ_0 で一緒なため，外側にも流れる］

ということになります．ここが電流の流れと，磁束を回路として考えた場合の異なるところです．

▶ IFTの2次側をショートするとインダクタンスがゼロになる

私が実際にやった失敗を紹介しましょう．無線回路ではIFTを多用しますが，この1次側のみをコイルとして使おうと思ったときです．

図8-28のように「2次側を浮かしちゃいけない」と思い，2次側をショートしてプリント基板のパターンを設計を行いました．「あれ？……」の結果は，

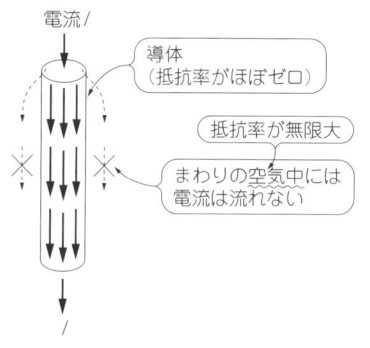

(a) 導体には電流は流れるが，まわりの空気（真空）中には電流は流れない

(b) 透磁率の高い（磁気抵抗の小さい）磁性体に磁束は集中して流れるが，まわりの空気（真空）中にも一部は漏れ出している

[図8-26] 電流の流れと磁束の流れの違い

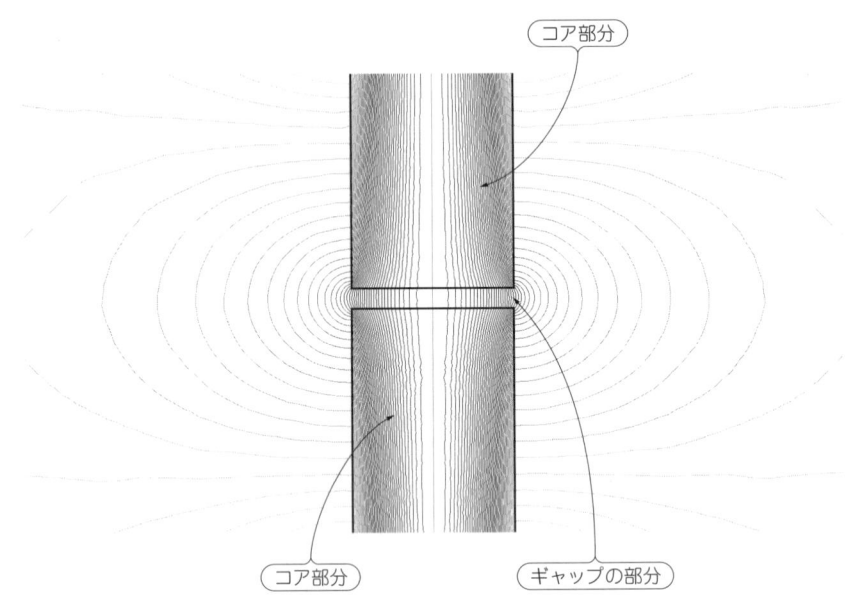

[図8-27] 磁性体に磁束が流れる途中にギャップがある場合，ギャップ間では磁束は広がったようにして流れる（シミュレーション）

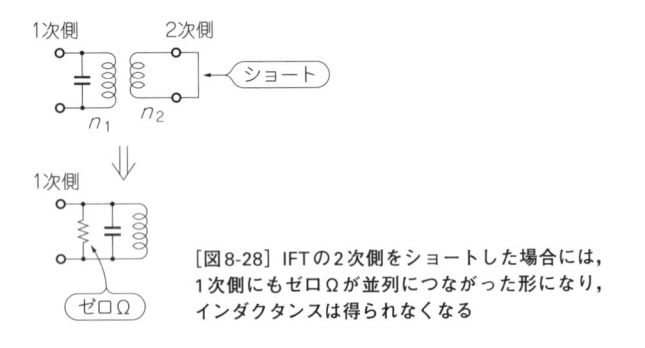

[図8-28] IFTの2次側をショートした場合には，1次側にもゼロΩが並列につながった形になり，インダクタンスは得られなくなる

$$R_1 = \left(\frac{n_2}{n_1}\right)^2 R_2 \bigg|_{R_2=0} = 0 \quad \cdots\cdots\cdots\cdots\cdots\cdots\cdots\cdots\cdots\cdots\cdots\cdots\cdots\cdots (8\text{-}32)$$

と2次側につながる抵抗 R_2 をゼロにしてしまえば，1次側からみえる抵抗 R_1 もゼロになってしまいます．これがインダクタンスに並列につながるように見えますので，結局 $R_1 = 0\Omega$ が支配的になり，インダクタンスが見えないことになります．

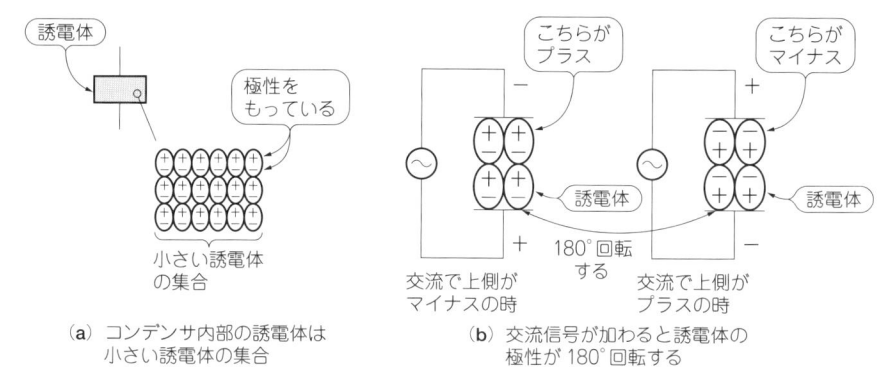

[図8-29] コンデンサ内部の誘電体

(a) コンデンサ内部の誘電体は小さい誘電体の集合

(b) 交流信号が加わると誘電体の極性が180°回転する

　電磁誘導の観点から考えると，1次電流 I_1 により生じた磁束 Φ_1 が2次側に流れる電流 I_2 を誘起し，I_2 による磁束 Φ_2 が，$\Phi_2 + \Phi_1 = 0$ と全体を打ち消すように生じます（レンツの法則）．そのため式(8-10)を用いてみれば

$$L_1 = \frac{n\Phi}{I_1} = \frac{n \times 0}{I_1} = 0 \qquad (\because \quad \Phi = \Phi_2 + \Phi_1 = 0)$$

になりますので，結局インダクタンスがゼロになってしまいます．

● 【電界】誘電体損と $\tan\delta$ と Q 値（**Quality factor**）

　実際に回路設計で使われる現物のコンデンサは理想的なものではありません．リード線や内部の構成による寄生インダクタンス成分もありますし，ここで示すような誘電体損も生じます．これらにより回路動作に制限を与えてしまいます．

▶ 誘電体損はロスになる

　コンデンサは，電荷を充電しそれをそのまま放電するものです．つまり本来ロスは発生しません．コンデンサのインピーダンスが複素数（$1/j\omega C$）であることも，ロスが発生しないのと同じことを意味しています．

　しかし，誘電体でロスが生じます．コンデンサ内部の誘電体は小さい誘電体の集合でできあがっています．このようすを図8-29(a)に示します．この小さい誘電体は極性を持っているので，交流信号が加わるとその信号極性が切り替わるごとに，図8-29(b)のように誘電体の極性が180°回転します．

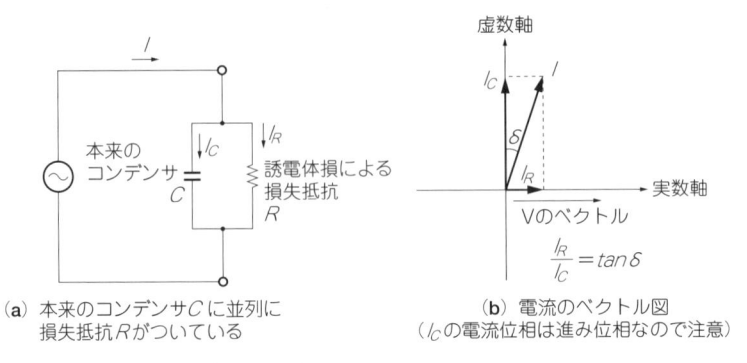

[図8-30] 誘電体損をモデル化して考える

(a) 本来のコンデンサ C に並列に損失抵抗 R がついている

(b) 電流のベクトル図（I_C の電流位相は進み位相なので注意）

$$\frac{I_R}{I_C} = \tan\delta$$

この回転する現象により，小さい誘電体は近くの誘電体とこすれ合い，熱（つまりロス）を生じることになります．これが誘電体損です[※22]．

▶ 誘電体損をモデル化して $\tan\delta$ と Q 値を考える

誘電体損をモデル化してみると，図8-30(a)のように本来のコンデンサ C に並列に損失抵抗 R がついているように表されます．それぞれの電流を I_C，I_R とし合成電流 I を計算してみると，

$$I_C = j\frac{V}{X_{cap}} = j\omega CV, \quad I_R = \frac{V}{R}, \quad I = I_C + I_R = \left(j\omega C + \frac{1}{R}\right)V \quad \cdots\cdots (8\text{-}33)$$

となります．本来は図8-30(b)のように，式(8-33)の I_C の成分（V に対して90°位相が進んでいる）だけであって欲しいものが，式(8-33)の I_R の成分（V に対して位相が同じ）ができてしまいます．これにより合成電流 I は位相が90°から少し小さくなってしまいます．

この位相が小さくなってしまうようす，つまりコンデンサの性能が低下するようすを，図8-30(b)の I_C と I との角度 δ を用いて，

$$\tan\delta = \frac{I_R}{I_C} = \frac{X_{cap}}{R} = \frac{\frac{1}{\omega C}}{R} = \frac{1}{\omega CR} \quad \cdots\cdots\cdots\cdots\cdots\cdots\cdots\cdots\cdots\cdots (8\text{-}34)$$

と表します．これを**誘電正接**（「タン・デルタ」と呼ぶことが多い）といいます．$\tan\delta$

※22：ここでは交流として議論しているが，電解コンデンサなどでは直流における漏れ電流があり，$\tan\delta$ とは別だが，これも性能を低下させる原因となる．

が大きくなればコンデンサの性能は劣化します．また第4章4-2で共振回路の特性をQuality factor Q値で説明していますが，Q値と$\tan\delta$は反比例の関係になり，

$$Q = \frac{1}{\tan\delta} = \frac{R}{\frac{1}{\omega C}} = \omega CR \quad \cdots\cdots\cdots\cdots\cdots\cdots\cdots\cdots\cdots\cdots\cdots\cdots\cdots\cdots (8\text{-}35)$$

と相互に変換できます．

● **【電界/磁界】同軸ケーブルの円筒間の容量とインダクタンスを求めてみる**

　図8-31(a)のような同軸ケーブルは，同図(b)のように同軸になっている2本の円筒の電極だと見ることができます．第10章でも示すように，伝送線路として同軸ケーブルを取り扱う場合，単位長あたりの容量C_u(C-unit)とインダクタンスL_u(L-unit)が非常に重要なパラメータになります．ここではこのC_uとL_uをここまで説明したものを使って求めてみます．

▶ **円筒同軸導体間の単位長あたりの容量を求めてみる**

　図8-31(b)に示すように，同軸導体の内側の導体(以下「内導体」)の半径をa，外側の導体(以下「外導体」)の半径をbとします．同軸型であるため，電界は図8-32のように軸に垂直に(半径方向に)流れるものと考えることができます．

[図8-31] 同軸ケーブルと等価的モデル

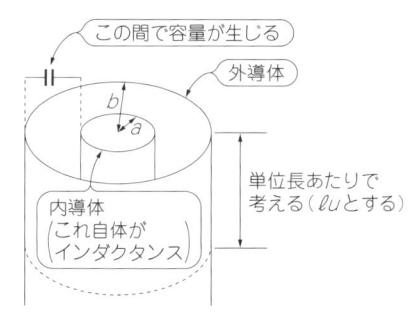

(a) 同軸ケーブル　　(b) 2本の同軸円筒の電極だと見ることができる

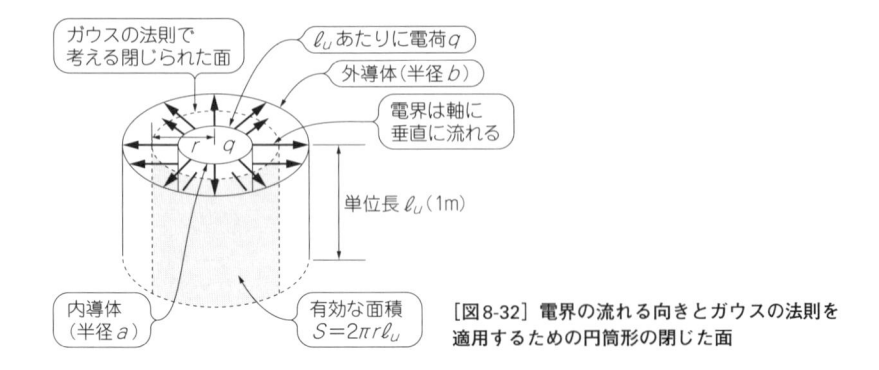

[図8-32] 電界の流れる向きとガウスの法則を適用するための円筒形の閉じた面

　計算結果を得るために，導体に均一に電荷があり，単位長l_u(length-unit; 実際は1m)あたり電荷qと考えます．電界は軸方向に垂直であり，かつガウスの法則として閉じられた面を図8-32のように半径rとして考えれば，軸方向に電界が流れませんから，有効な面積Sは灰色部だけになり，$S = 2\pi r l_u$です．

　この単位長l_uあたりの面積Sに対して式(8-20)のガウスの法則を適用させると，半径rにおける電界$E(r)$は，

$$q = \varepsilon ES = \varepsilon E 2\pi r l_u, \quad E(r) = E = \frac{q}{2\pi \varepsilon r l_u} \quad \cdots\cdots(8\text{-}36)$$

となります．興味深いこととして，$E(r)$は外導体の電荷量には一切依存しません（ガウスの法則から明らか）．εは内導体と外導体に挟まれる誘電体の誘電率で$\varepsilon = \varepsilon_r \cdot \varepsilon_0$です．

　次に内導体($r = a$)と外導体($r = b$)の電位差を計算してみます．式(8-21)のように$V = -Ed$であり，半径rが距離dに相当しますから，$E(r)$をrで積分し[※23]，

$$V = \int_b^a -E(r)dr = \int_b^a -\frac{q}{2\pi \varepsilon r l_u}dr = -\frac{q}{2\pi \varepsilon l_u}\left[\log_e r\right]_b^a$$

$$= \frac{q}{2\pi \varepsilon l_u}\{-\log_e a - (-\log_e b)\} = \frac{q}{2\pi \varepsilon l_u}\log_e \frac{b}{a} \quad \cdots\cdots(8\text{-}37)$$

となり，ここで$Q = CV$より，

※23：積分範囲はEの流れを逆方向に進むので，外導体(電位の低い$r = b$)側から内導体(電位の高い$r = a$)への積分になる．

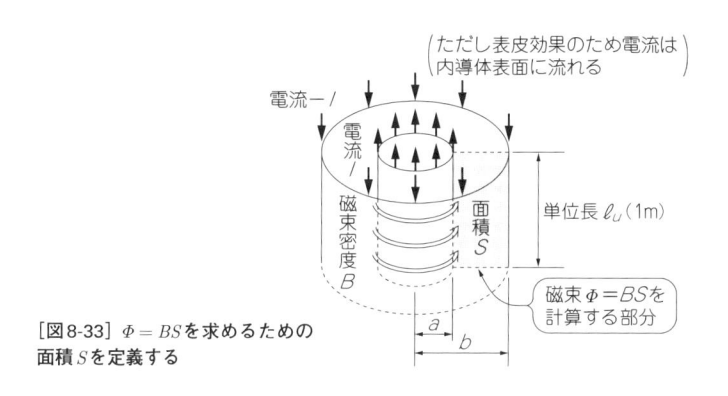

[図8-33] $\Phi = BS$ を求めるための面積 S を定義する

$$C_u = \frac{q}{V} = \boxed{\frac{A}{\dfrac{A}{2\pi\varepsilon l_u}\log_e\dfrac{b}{a}}} = \frac{2\pi\varepsilon l_u}{\log_e\dfrac{b}{a}}\bigg|_{l_u=1} = \frac{2\pi\varepsilon}{\log_e\dfrac{b}{a}} \quad \cdots\cdots (8\text{-}38)$$

式(8-37)→

が得られます(最後は $l_u = 1$ とし単位長あたりの量にしてある).

▶ **高周波信号用として表皮効果を考えてインダクタンスを計算する**

第12章12-7で表皮効果について説明していますが,高周波においては電流は導体内部を通らず,導体の表面を通るようになります.つまり導体の内部には電流が流れないので,式(8-3)のアンペアの周回積分の法則で考えると**導体内部には磁界はありません**.これが実は計算を楽にさせてくれます[※24].

図8-33を見てください.計算結果を得るために,内導体に電流 I が,外導体に電流 $-I$ が(逆方向に)流れていると考えます.このとき内導体と外導体の間の半径 r ($a < r < b$) における磁界 $H(r)$ はアンペアの周回積分の法則から[※25],

$$I = 2\pi r H, \quad H(r) = H = \frac{I}{2\pi r} \quad \cdots\cdots\cdots\cdots\cdots\cdots (8\text{-}39)$$

この式の電流 I はアンペアの周回積分の法則のとおり,内導体に流れる電流ぶんになります.

また式(8-10)から,インダクタンス L は $L = \Phi / I = BS / I$ であり,p.223の説明の

[※24]:直流だとか表皮効果を無視できる周波数では,内導体,外導体それぞれの内部にも磁界が発生するため,これらも考慮する必要がある.

[※25]:外導体の外側の磁界は,内導体の電流 I と外導体の電流 $-I$ でキャンセルされるためゼロになる.アンペアの周回積分の法則から明らか.

ように，インダクタンスは「どれだけ少ない電流量Iで，磁束$\varPhi = BS$を発生させられるかの能力」です．$\varPhi = BS = \mu HS$（μは内導体と外導体に挟まれる誘電体の透磁率で，ほぼ$\mu = \mu_0$）なので，**磁界の通る面S**を決めれば，式(8-39)とともにインダクタンスL_uを求めることができます．

そこで面積Sを図8-33の灰色部のように長方形として設定します．半径方向はa〜bが範囲で，軸方向は容量の場合と同じく単位長l_uとしています（※25のとおり，外導体の外は磁界は発生しないため，これが磁束量の全部）．

この設定をもとに$\varPhi$を計算すると[※26]，

$$\varPhi = BS = \mu HS = \mu \int_a^b l_u H(r) dr = \mu l_u \frac{I}{2\pi} \int_a^b \frac{1}{r} dr$$

$$= \frac{\mu l_u I}{2\pi} \left[\log_e r \right]_a^b = \frac{\mu l_u I}{2\pi} \log_e \frac{b}{a} \bigg|_{l_u=1} = \frac{\mu I}{2\pi} \log_e \frac{b}{a} \quad \cdots\cdots\cdots\cdots\cdots (8\text{-}40)$$

となり（$l_u = 1$とし単位長あたりの量にしてある），$L_u = \varPhi / I$より，

$$L_u = \frac{\varPhi}{I} = \frac{\mu}{2\pi} \log_e \frac{b}{a} \quad \cdots\cdots\cdots\cdots\cdots\cdots\cdots\cdots\cdots\cdots\cdots\cdots (8\text{-}41)$$

が得られます．

● **まとめ……日常の開発に必要な基本事項**

以上，長々と電磁気について説明してきましたが，すくなくとも以下だけは覚えておいてください．逆にそれだけで普段はほぼ十分でしょう．

- 電流が流れるところ，電流ライン（配線）の周りにぐるりと磁界が発生する
- ループになっているところがあれば，その中をだいたい何らかの磁束が通っているので，ループが広ければ広いほど大きな誘導電圧が誘起する
- 導体と導体の面同士が向き合っているところ，必ず容量が発生する．プリント基板のベタ・パターンと内層グラウンド間などは何も気にしないことが多いが，この良い例
- インダクタンスによる磁気的結合，容量による静電的結合のいずれかで，二つの配線間の結合（クロストーク）が生じる

※26：積分範囲は$1/r$に対してrが正の方向に進むので，内導体（磁界の強い$r = a$）から外導体（磁界の弱い$r = b$）側への積分になる．

Column 8
整合が取れている SI 単位

　本書を書き始めて，あらためて単位系について考えることがありました．現在は SI (Le Système International d'Unités) 単位系というものが国際的に定義され，これで運用されています．MKSA 単位系とも呼ばれています．

　ここで「よくできているなあ」と思ったものが，$\varepsilon_0 = 8.854 \times 10^{-12}$F/m, $\mu_0 = 4\pi \times 10^{-7}$H/m から始まる定数群です．これらの定数は $c = 1/\sqrt{\varepsilon_0 \mu_0}$ とすると光速 c[m/sec]になり，$Z_0 = \sqrt{\mu_0/\varepsilon_0}$ とすると真空の空間固有インピーダンス Z_{free}[Ω]になります．

　まあ，この辺は本書の第 12 章 12-6 でも理由を示すのでよしとしても，クーロンの法則 $F = Q_1 Q_2/(4\pi\varepsilon_0 l^2)$ は単位が[N]の力 F になり，じゃあ ε_0 と Q と F とがつじつまがあうように ε_0 と電荷量 Q[C]を決めたのかなと考えると，$Q = It$ で電流 I[A]と時間 t[sec]をかけても電荷量 Q[C]になってしまう……．

　もっと続けると，この電流 I[A]が抵抗 R[Ω]に t[sec]流れると，$W = I^2 Rt$[J]という仕事量 W[J]になり，これはクーロンの法則での F[N]で距離 d[m]だけ動かすときの仕事量 W[J]と同じ単位系としてつじつまがあっている……（$Q = It$, $F = QE$, $P = VI = EdI$, $W = Fd = Pt$ などでつじつまは合うのだが）．

　磁気系も同様で $V = -\dfrac{d\Phi}{dt} = -\dfrac{d(BS)}{dt} = -\mu_0 \dfrac{d(HS)}{dt}$ で電圧 V[V]が出てくる．さらにこの V も $V = Ed$ と電界 E[V/m]と距離 d[m]の掛け算です．で，オームの法則に戻ると，ここでもまた $V = RI$ が成立している……．そして $c = 1/\sqrt{\varepsilon_0 \mu_0}$ も依然として成立している（余談だがアインシュタインの相対性理論の $E = mc^2$ も！）．

　今更ながら，良くできていると感じますし，「どこがスタートなのだ？」と，とても不思議に思うところです．

電子回路設計のための電気/無線数学

第9章

無線回路計算もおちゃのこさいさい

❖

本書は無線，高周波回路を一つのテーマとしています．
本章では，実際の無線回路に関係した計算/数学について，
より詳しく実践的な説明をしていきます．
いままで説明してきた数学的思考から回路にアプローチする考え方が，
ここでもまったく同じように活用可能なことが理解できると思います．

❖

9-1　高周波回路の基本を達観する

● 無線/高周波回路はデシベルで考える

　無線通信では，アンテナで受信した電力は非常に小さく，これを我々が普段取り扱っている数ボルトのレベルまで，かなり大きく増幅します．当然増幅率もそれに応じてかなり大きくなります．

　この増幅率が100000, 1000000と単純倍率になっている場合，ゼロがたくさんついているので一見しては何だかわかりません．また表すにも桁が長くなってしかたありません．財務計算であれば100,000とか1,000,000とかカンマを挟んで見やすくもするのでしょうが．また数%程度の誤差を許容する電子回路の計算であれば，精度も2桁程度あれば十分です．

　そこで高周波回路では，利得（および損失）を**デシベル**—[dB]で考えます．

　図9-1は増幅器に入力される電力 $P_{in} = 0.01\text{mW}$ と，増幅されて出力される電力 $P_{out} = 100\text{mW}$ です．電力増幅率 A は，単純な倍率だと，

$$A = \frac{P_{out}}{P_{in}} = \frac{100}{0.01} = 10000 \quad \cdots\cdots(9\text{-}1)$$

```
          電力増幅率
           A = 10000
P_in=0.01mW        P_out=100mW
入力 ○──▷──○ 出力
           │
           ▼
         dBにすると
    10log_10(10000)=40dB
```

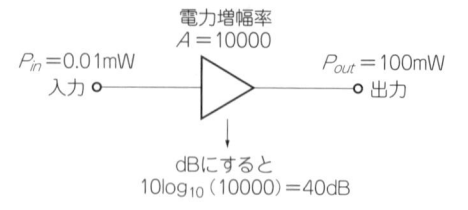

[図9-1]　増幅率をdB(デシベル)で考える

と大きい数になりますが，これをdBの定義[※1]，

$$A_{\mathrm{(dB)}} = 10\log_{10}\left(\frac{P_{out}}{P_{in}}\right) \quad\cdots\cdots\cdots\cdots\cdots\cdots\cdots\cdots\cdots\cdots\cdots\cdots\cdots\cdots\cdots\cdots (9\text{-}2)$$

で計算してみると

$$A_{\mathrm{(dB)}} = 10\log_{10}\left(\frac{100}{0.01}\right) = 10\log_{10}(10000) = 40$$

40dBという，普段でも使う量/大きさの"40"という値になります．このようにdBだと取り扱いやすい数値になります．

▶ **電圧増幅率は20logだが？**

電圧で考える場合は係数が20になります．この理由はdBは基本的に電力で考えるためです．つまり，

$$A_{\mathrm{(dB)}} = 10\log_{10}\left(\frac{P_{out}}{P_{in}}\right) = 10\log_{10}\left(\frac{\frac{V_{out}^2}{R}}{\frac{V_{in}^2}{R}}\right) = 10\log_{10}\left(\frac{V_{out}}{V_{in}}\right)^2$$

$$= 2\times 10\log_{10}\left(\frac{V_{out}}{V_{in}}\right) = 20\log_{10}\left(\frac{V_{out}}{V_{in}}\right) \quad\cdots\cdots\cdots\cdots\cdots (9\text{-}3)$$

と2乗が2×10として計算できるためです($\log A^2 = 2\log A$)．電流も同じです．ここでポイントとして抵抗Rは同じである必要があります．こうしないと基本的なつじつまが合いません．しかし現実の電圧増幅率のdB計算では，これを無視する場合が多いこともポイントです．なお高周波では規格インピーダンスとして50Ωとか75Ωが使われ，これが信号源インピーダンス，負荷インピーダンスになります

[※1]：dBは自然対数ではなく，底を10とする常用対数である．

$A_{all} = A_1 \times A_2 \times A_3 = 10000 \times 1000 \times 100 = 1000000000$ （わかりづらい）

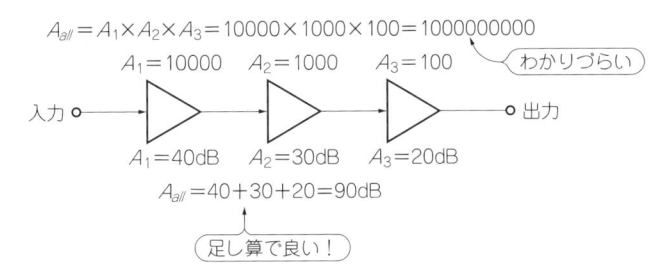

入力 → $A_1 = 10000$ → $A_2 = 1000$ → $A_3 = 100$ → 出力

$A_1 = 40\text{dB}$　$A_2 = 30\text{dB}$　$A_3 = 20\text{dB}$

$A_{all} = 40 + 30 + 20 = 90\text{dB}$（足し算で良い！）

[図9-2] dBで考えると直列に接続された複数の増幅器の増幅率も足し算で計算できる

ので，問題はありません．

dBで考えると，**図9-2**のように複数の増幅器が直列に接続された場合でも，単純な足し算で計算することができます．

● マッチング回路を手計算でやってみる（その前座）
▶ 最大電力伝達の式を交流回路（高周波回路）で考える

第5章5-4のp.121で説明しましたが，「負荷抵抗 R_L（R-load）が信号源抵抗 R_S（R-source）に等しいときに，負荷抵抗 R_L に最大の電力が供給される」という最大電力伝達条件というものがあります．このことを「R_L と R_S がマッチングした」といいます．これを交流回路に広げてみましょう．

負荷抵抗には望まれざるインダクタンス（コイル成分）や容量（コンデンサ成分）の寄生成分（浮遊成分）が，だいたいの場合存在しています．交流回路の場合，これがあると最大の電力は伝達できません[※2]．たとえば**図9-3**(a)のように，抵抗のリード線などで生じるインダクタンス成分があります．これをキャンセルすることを考えてみましょう．

$R_S = R_L$ だとして考えます．**図9-3**(a)のようにコイル成分が寄生（浮遊）インダクタンス成分としてある場合，直列にコンデンサ C をつけてみると，

$$P = R_L \left(\frac{V}{R_S + R_L + j\omega L - j\dfrac{1}{\omega C}} \right)^2 \quad\cdots\cdots(9\text{-}4)$$

となり，$\omega L = 1/\omega C$ のときに虚数 j の部分がキャンセルされ，R_L に最大電力が得ら

※2：トランジスタなどの個別電子素子も，その入出力インピーダンスは50Ωになっているわけがない．その点からも，最大電力を伝達させるためには，必ずマッチングを考える必要がある．

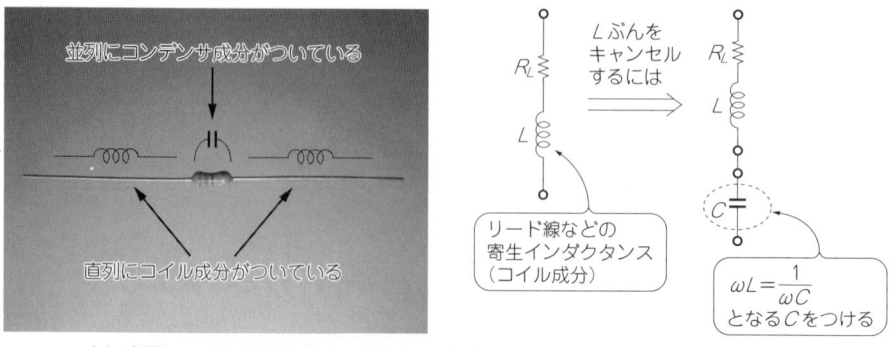

(a) 直列にコイル成分（寄生インダクタンス）がついている（抵抗のリード線など）ときは
直列にコンデンサをつける

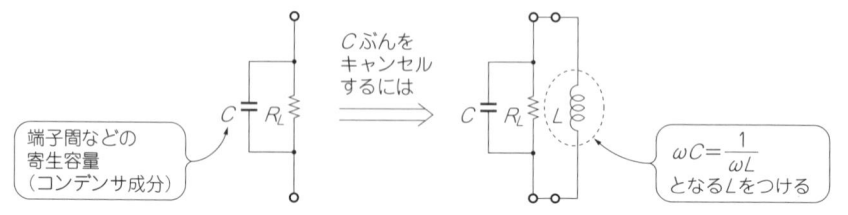

(b) 並列にコンデンサ成分（寄生容量）がついている（端子間の浮遊容量など）ときは
並列にコイルをつける

[図9-3] **負荷抵抗 R_L についている寄生（浮遊）成分とキャンセルの方法**

れます．ここでωは「角周波数」$\omega = 2\pi f$ですが，以後も「周波数」として説明します．さてこれは，何のことはない，直列共振しているだけですが，こうすることで寄生成分がキャンセルできるのです．ポイントとしては**直列共振しているだけな**ので，ある**特定の周波数**だけでしか，この「キャンセル」というものは**成立しません**．

図9-3(b)のようにコンデンサ成分が寄生（浮遊）容量成分としてある場合は**並列共振させるだけ**です．つまり同図のように並列にコイルをつけます．そうすると，

$$P = R_L \left(\frac{V}{R_S + \dfrac{1}{\dfrac{1}{R_L} + j\omega C - j\dfrac{1}{\omega L}}} \right)^2 \quad \cdots\cdots(9\text{-}5)$$

となりますから，ここでも$\omega C = 1/\omega L$のときに虚数jの部分がキャンセルされR_Lに最大電力が得られます．

▶ これだけしか方法はない？……なんてことはない！それがインピーダンス変換によるマッチングの基本

ここから説明することは**とても大事**なので，よく読んでください．ここまでは直列寄生成分には直列に，並列寄生成分には並列に補正素子を入れてきました．ところが実際には，**図9-4**のような方法も考えられるでしょう．

この方法で適切にLやCの大きさを選ぶと（ここまでは寄生成分として考えてきた部分も，適切な大きさだと考える必要があるが），ある抵抗の大きさ（たとえば50Ω）から違う抵抗の大きさ（たとえば100Ω）に**インピーダンス変換**をすることができます．これを高周波回路では「インピーダンス変換によるマッチング」というかたちで積極的に活用します．

次の直列/並列変換でこの考え方の基本を説明し，その次のインピーダンス変換で実際にどうするかを示していきます．とはいえ，実際は手で計算することはまれであり，スミス・チャートを使ってグラフィカルに答えを求めることが一般的です．このやり方は参考文献(48)をはじめとして，いろいろな本に紹介されているので，そちらを参照してください．本書では本書らしく，その数学的背景を説明します．

● 「**インピーダンス変換によるマッチング**」のために**直列/並列変換**を考える

最初に言っておきますが，この直列/並列変換では，変換した結果は**周波数によって答えが変わってきます**．これは結果にωの項があるため，周波数に依存してしまうからです．そのため**特定の**，ある周波数だけでこの変換は成り立ちますので，「**特定の**」という点に十分注意してください．

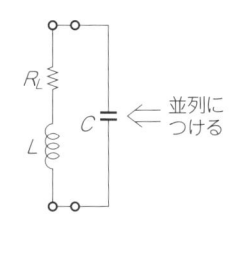

(a) 直列コイル成分を含む回路に並列にコンデンサをつける

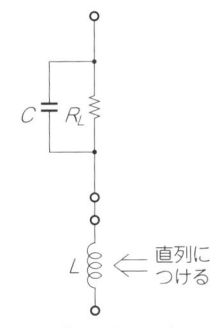

(b) 並列コンデンサ成分を含む回路に直列にコイルをつける

[図9-4] キャンセルの方法は別にある？

なおこの直列/並列変換は，マッチングのためだけでなく，実際の回路解析においても重要になりますので，理解していたほうがよいでしょう．

▶ 直列回路を並列回路に変換する

図9-5(a)のようなR_Lと直列コイルLを含む回路を，同図(b)および以下の式のように並列回路の**実数部としての抵抗成分**Rと虚数部としてのリアクタンス成分jXに変換してみます[※3]．

$$\frac{1}{Z} = \frac{1}{R_L + j\omega L} = \frac{\overbrace{R_L - j\omega L}^{共役を掛ける}}{(R_L + j\omega L)(R_L - j\omega L)} = \frac{R_L - j\omega L}{R_L^2 + (\omega L)^2}$$
$$= \frac{R_L}{R_L^2 + (\omega L)^2} - j\frac{\omega L}{R_L^2 + (\omega L)^2} = \frac{1}{R} + \frac{1}{jX} \quad \cdots\cdots(9\text{-}6)$$

ここで$1/Z$としているのは，並列回路は$1/Z = 1/R + 1/jX$で表されるからです．並列接続されたRとXを求めてみると，

$$\frac{1}{R} = \frac{R_L}{R_L^2 + (\omega L)^2}, \quad R = \frac{R_L^2 + (\omega L)^2}{R_L} \quad \cdots\cdots(9\text{-}7)$$

$$\frac{1}{jX} = -j\frac{\omega L}{R_L^2 + (\omega L)^2}, \quad X = \frac{R_L^2 + (\omega L)^2}{\omega L} \quad \cdots\cdots(9\text{-}8)$$

と，図9-5(b)のように直列回路が並列回路に変換できました．また実数部R，虚

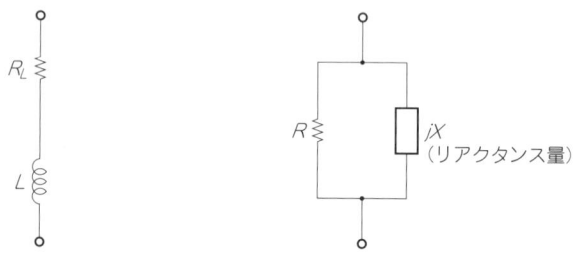

(a) R_Lと直列コイルLを含む回路　　(b) RとjXの並列回路に変換

[図9-5] 直列回路を並列回路に変換する

※3：ここで説明しているように，直列/並列を相互に変換した結果は，その実数部と虚数部をそれぞれ等価的に抵抗成分，リアクタンス成分として考えることができる．実数と虚数というふうに分けて考えるから可能なわけで，抵抗素子のみの直並列変換をすることが意味がないことと異なり(できない訳ではないが)，大変重要な概念である．

数部 X それぞれにおいても，もともとの R_L，ωL より**大きい**値になることがわかります．

▶ **並列回路を直列回路に変換する**

図9-6(a)のような，R_L と並列コンデンサ C を含む回路を，同図(b)および以下の式のように直列回路の R と jX（符号がマイナスになるので実際は容量成分）に変換してみます．

$$Z = \frac{R_L \cdot \frac{1}{j\omega C}}{R_L + \frac{1}{j\omega C}} \xrightarrow{\text{分母・分子に } j\omega C \text{を掛ける}} = \frac{R_L}{1 + j\omega C R_L} = \frac{R_L(1 - j\omega C R_L)}{(1 + j\omega C R_L)(1 - j\omega C R_L)} \quad \text{共役を掛ける}$$

$$= \frac{R_L(1 - j\omega C R_L)}{1 + (\omega C R_L)^2} = \frac{R_L}{1 + (\omega C R_L)^2} - j\frac{\omega C R_L^2}{1 + (\omega C R_L)^2} = R + jX \quad \cdots\cdots (9\text{-}9)$$

直列接続された R と X として求めてみると，

$$R = \frac{R_L}{1 + (\omega C R_L)^2}$$

$$X = -\frac{\omega C R_L^2}{1 + (\omega C R_L)^2} \quad \cdots\cdots\cdots\cdots\cdots\cdots\cdots\cdots\cdots\cdots\cdots\cdots (9\text{-}10)$$

と，図9-6(b)のように並列回路が直列回路に変換できました（X はマイナス符号なので容量成分）．また実数部 R，虚数部 X それぞれにおいても，もともとの R_L，$1/\omega C$ より**小さい**値になることがわかります．

このように**見かけ上**，**ある周波数**だけで，直列回路と並列回路の間を変換することができるのです．

(a) R_L と並列コンデンサ C を含む回路

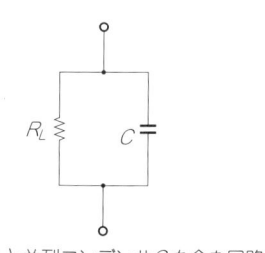

(b) R と jX の直列回路に変換

jX $\begin{pmatrix} \text{リアクタンス量} \\ \text{ただし } X \text{はマイナス符号} \end{pmatrix}$

[図9-6] 並列回路を直列回路に変換する

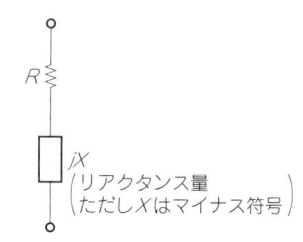

● **マッチング回路を手計算でやってみる（その本題：直列/並列変換⇒インピーダンス変換⇒マッチングを考える）**

いよいよ本題に入ってきました．先の図9-5や式(9-6)～式(9-8)にかけて説明した，直列回路から並列回路への変換を元にして考えてみましょう．引き続き，並列回路から直列回路への変換についても考えてみます．

▶ R_L だけがあり，これに直列コイル L をつけたと考える

まずは図9-5をもう一度みてください．同図(a)を，「もともと R_L だけがあり，これに直列コイル L をつけたもの」と改めて考えてみます．これは直列/並列変換により，同図(b)のように並列回路に変換できます．これが式(9-6)，つまり $1/Z = 1/R + 1/jX$ になります．

▶ 並列コンデンサ C をつけてみる

ここで出てきた，並列に変換された虚数（並列コイルのインダクタンス）成分 jX をキャンセルさせるには，図9-3(b)「並列コンデンサ成分には並列コイル」や，式(9-5)のように，

「並列にコイル成分 $+jX$ がついているときは，並列に $-jX$ となるコンデンサ成分をつければよい」

ことがわかります[※4]．つまり，図9-5(b)のように変換された回路である式(9-6)の虚数部に，

$$\frac{1}{R} + \frac{1}{jX}\underbrace{\left(-\frac{1}{jX}\right)}_{} = \frac{1}{R}$$

$$= \frac{R_L}{R_L^2 + (\omega L)^2} - j\frac{\omega L}{R_L^2 + (\omega L)^2}\underbrace{\left(+j\frac{\omega L}{R_L^2 + (\omega L)^2}\right)}_{} = \frac{R_L}{R_L^2 + (\omega L)^2} \quad \cdots\cdots (9\text{-}11)$$

〜〜〜の中の $-jX$ となるキャパシタンス（コンデンサ成分）を並列に付け加えて（この〜〜〜の中は複雑だが，目的とする周波数 ω で同じリアクタンス量になるキャパシタンスでよいということ），虚数部をキャンセルさせると，結果的に実数部だけが残ります．なお，この場合は純抵抗の大きさが**大きいほうに変換**されることがわかります．

※4：図9-3(b)に関しての説明では，「もともとコンデンサがあり，これにコイルをつける」と説明しているが，実際はもともとあるものがコンデンサでもコイルでもどちらでも同じ．結局は反対の成分の素子をつけてキャンセルさせるだけのこと．

▶ 残る実数部は R_L とは等しくない！つまりインピーダンスが変換されている

残った実数部だけを見てみましょう．式(9-11)のようにもともとの R_L に対して $R_L/\{R_L^2+(\omega L)^2\}$ と，インピーダンスが変換されたように端子から見えることになります．これが**インピーダンス変換**です．逆に目的の純抵抗の大きさ R_L' に変換したいとすれば，

$$R_L' = \frac{R_L}{R_L^2+(\omega L)^2}, \quad (\omega L)^2 = \frac{R_L}{R_L'} - R_L^2, \quad L = \frac{1}{\omega}\sqrt{\frac{R_L}{R_L'} - R_L^2} \quad \cdots\cdots(9\text{-}12)$$

最初につける直列コイル L を，この大きさに選べばよいことがわかります．この L の大きさを用いて，さらに式(9-11)のキャンセル用の並列コンデンサ成分 C を，

$$\frac{1}{\omega C} = \frac{\omega L}{R_L^2+(\omega L)^2}, \quad C = \frac{R_L^2+(\omega L)^2}{\omega^2 L} \quad \cdots\cdots\cdots\cdots\cdots\cdots\cdots\cdots\cdots(9\text{-}13)$$

と選べばよいのです．

▶ R_L だけがあり，これに並列コンデンサ C をつけ，直列コイル L をつけたと考える

図9-6や式(9-9)，式(9-10)のような並列回路の場合も，直列回路へ変換してみることで，まったく同じように考えられます．また直列に変換された虚数(直列コンデンサの容量)成分 $-jX$ をキャンセルさせるには，図9-3(a)「直列コイル成分には直列コンデンサ」や式(9-4)のように，

「直列にコンデンサ成分 $-jX$ がついているときは，直列に $+jX$ となるコイル成分をつければよい」

ことがわかります[※5]．なお，この場合は純抵抗の大きさが**小さいほうに変換**されることがわかります．

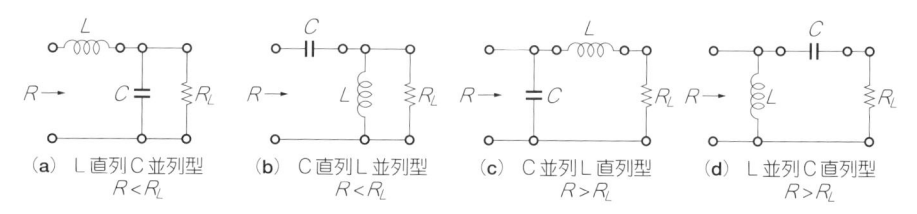

[図9-7] インピーダンス変換の回路構成

(a) L 直列 C 並列型 $R<R_L$
(b) C 直列 L 並列型 $R<R_L$
(c) C 並列 L 直列型 $R>R_L$
(d) L 並列 C 直列型 $R>R_L$

※5：ここも前の※4と同じで，図9-3(a)に関しての説明では，「もともとコイルがあり，これにコンデンサをつける」としているが，結局は反対の成分の素子をつけてキャンセルさせるだけのこと．

● インピーダンス変換はどんな回路構成があるのか

図9-7はLとCを用いたインピーダンス変換回路の構成方法です．実際はスミス・チャートを使ってグラフィカルに答えを求めますが(第10章にも概略を示す)，回路構成と変換される方向(RとR_Lのどちらが大きいか)について，回路構成のみですが示しておきます．

● 雑音量の計算は電力の足し算

参考文献(19)の拙書にも，無線通信における雑音を詳しく説明していますが，高周波回路において受信感度性能に大きく影響を与える要素は，抵抗素子から発生する熱雑音，半導体のショット雑音や素子内部雑音であり，これらが支配的になります．

これらをひっくるめて**白色雑音**と言います．この考え方は高周波回路だけでなくとも，オーディオやセンサでのロー・ノイズ回路，OPアンプ回路でもまったく同じです．

▶ 雑音量計算の基本的考え方

素子ごとから発生する雑音の波形はまったく異なっています(雑音だから当然といえば当然)．これを**波形間の相関がない**と言います．このように相関がない波形[※6]

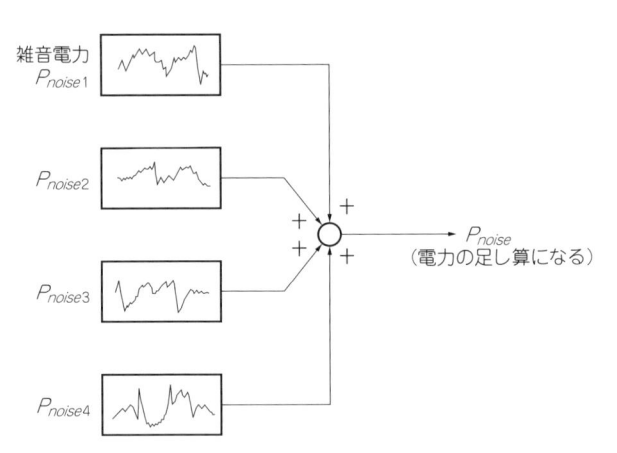

[図9-8] 雑音(相関のない信号)が合成されると電力の足し算になる

※6：別に雑音だけに限定するものではない．相関がない信号波形同士でも同じように考えることができる．サイン波とコサイン波同士も相関がない．

が図9-8のように重なった場合，**電力の足し算**が成り立ちます．第2章2-3の「重ね合わせの理」での電圧の足し算ではありません．

$$P_{noise} = P_{noise1} + P_{noise2} + P_{noise3} + P_{noise4} + \cdots \quad \cdots\cdots\cdots\cdots\cdots\cdots\text{(9-14)}$$

ここでP_{noise}は全体の雑音電力，P_{noise1}～…はそれぞれの素子から，それぞれ発生する雑音電力です．

このように，雑音は**電力の足し算**になりますが，電気回路として考えてみると「一体複数の電力が合成するとはどういう状態だ？」とイメージしづらいと思います（実際は本章9-3のp.279「多段接続増幅回路の雑音指数の計算」がこれに該当する）．ここは**雑音量計算の基本的な考え方**と思ってください．

では，これを電圧として考えるとどうなるでしょうか．

$$V_{noise} = \sqrt{V_{noise1}^2 + V_{noise2}^2 + V_{noise3}^2 + V_{noise4}^2 + \cdots} \quad \cdots\cdots\cdots\cdots\cdots\text{(9-15)}$$

と，それぞれの雑音電圧を2乗しルートしたものが，全体の雑音電圧V_{noise}(ただしそれぞれ実効値)になります．$P = V^2/R$だからです[※7]．OPアンプの入力換算雑音で$10\text{nV}/\sqrt{\text{Hz}}$などという値を見かけると思いますが，$\sqrt{\text{Hz}}$となっているのは1Hzあたりの雑音電力密度(W/Hz)を考えて，それを電圧に変換しているからです．

● **複数の抵抗素子から発生する雑音の合計量を考える**

ここまで**概念**として説明しました．先に説明した式(9-14)や式(9-15)は本章9-3の**図9-21**の多段に接続された段間で，雑音が順々に加わるような例での，雑音源インピーダンスによる影響を受けない場合です．一方で雑音源インピーダンスが影響を与える場合をまずここで考えてみましょう．

▶ **二つの抵抗素子の合成熱雑音は，雑音源インピーダンスも考える必要あり**

図9-9のように，抵抗値の異なる二つの抵抗素子R_1，R_2からそれぞれ発生する熱雑音が合成されたときの電圧V_{noise}を考えてみます．抵抗値Rで発生する熱雑音電圧密度(1Hzあたり)は，$\sqrt{4kTR}\,[\text{V}/\sqrt{\text{Hz}}]$と表されます．$k$はボルツマン定数$(1.38 \times 10^{-23}\text{J/K})$，$T$は絶対温度です．また$R$自体が雑音源インピーダンスになります．

※7：この計算のしかたをRoot Sum Squareと呼ぶ．統計や品質管理，誤差計算などでもよく用いられる計算方法．

ここに第2章2-2 p.40の式(2-17)，ミルマンの定理を図9-9に使ってみると，

$$V_{noise} = \frac{\sqrt{\left(\frac{\sqrt{4kTR_1}}{R_1}\right)^2 + \left(\frac{\sqrt{4kTR_2}}{R_2}\right)^2}}{\frac{1}{R_1} + \frac{1}{R_2}} = \sqrt{4kT\frac{R_1 R_2}{R_1 + R_2}} \quad \cdots\cdots\cdots (9\text{-}16)$$

となり，式(9-14)や式(9-15)のように単純な足し算にはなりません．結局は R_1，R_2 の合成抵抗の大きさから発生する熱雑音電圧と等しくなります．なおここではミルマンの定理を使ったとはいえ，抵抗ごとに発生する熱雑音は相関がないため，合成計算は式(9-15)のように2乗してルートを取るようにします．

● **クォリティ・ファクタ Q 値と周波数の関係を考える**

第4章4-2のp.92「抵抗を持つ直列共振回路と Q 値」のところでも説明しましたが，共振回路の性能を示す指標を Q 値（Quality Factor）と呼びます．直列共振回路を図9-10(a)，この回路に流れる電流を図9-10(b)に示します（なおこの回路は図4-15(a)，(b)と同じもの．また図9-10(b)は共振周波数付近を拡大している）．

回路に流れる電流 I が，共振時の電流 I_{res}（I-resonant）の $I_{res}/\sqrt{2}$，つまり3dB低下する周波数を求めてみましょう．本文中は「角周波数」$\omega = 2\pi f$ を用いて説明しますが，用語は「周波数」に統一していますので注意してください．さて，式(4-22)を用いて電流の絶対値 $|I|$（ベクトル量ではなく，単なる大きさ）を計算すると，

$$|I| = \frac{V}{\sqrt{R^2 + \left(\omega L - \frac{1}{\omega C}\right)^2}} \quad \cdots\cdots\cdots\cdots\cdots\cdots\cdots\cdots\cdots\cdots\cdots\cdots\cdots (9\text{-}17)$$

$V_{noise} = \sqrt{4kT\dfrac{R_1 R_2}{R_1 + R_2}}$

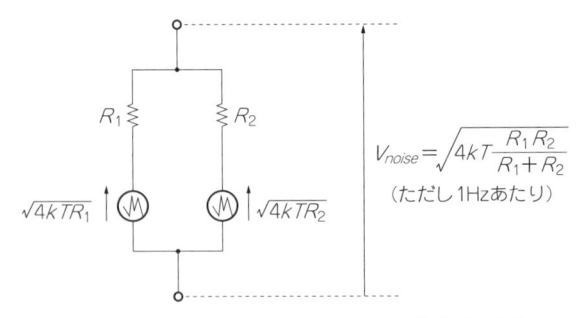

（ただし1Hzあたり）

[図9-9] 抵抗値の異なる二つの抵抗の合計の熱雑音電圧を求める

となります．共振時 ω_{res} (ω-resonant) では上記の式の分母は $\omega_{res}L - 1/\omega_{res}C = 0$ なので，$|I_{res}| = V/R$ です．つまり $|I|$ と $|I_{res}|$ の比は以下となります．かつここの目的として，これが $\sqrt{2}$ になるところを求めたいわけなので，

$$\frac{|I_{res}|}{|I|} = \frac{\sqrt{R^2 + \left(\omega L - \dfrac{1}{\omega C}\right)^2}}{R} = \sqrt{2} \quad \cdots\cdots\cdots\cdots\cdots\cdots\cdots\cdots (9\text{-}18)$$

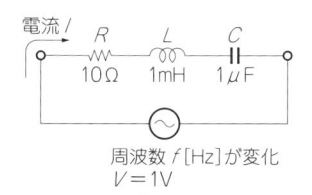

(a) 抵抗を持つ直列共振回路

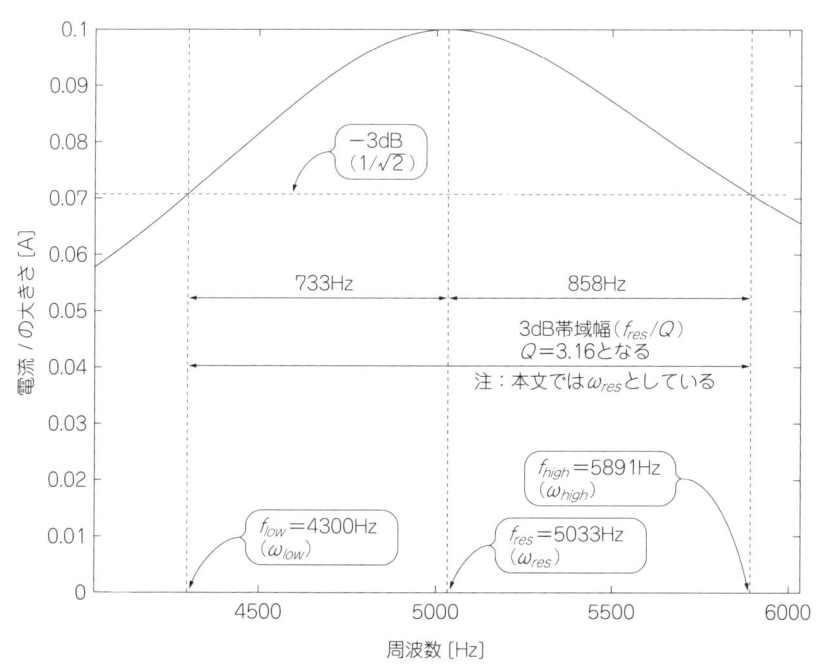

(b) この直列共振回路に流れる電流の例
（共振周波数付近を拡大している．$V = 1\text{V}$，$L = 1\text{mH}$，$C = 1\mu\text{F}$，$R = 10\Omega$）

[図9-10] Q 値と ω_{res} と ω_{high}，ω_{low}，ω_c

9-1 高周波回路の基本を達観する 263

として，この式を2乗して変形していくと，

$$\frac{R^2 + \left(\omega L - \frac{1}{\omega C}\right)^2}{R^2} = 1 + \frac{1}{R^2}\left(\omega L - \frac{1}{\omega C}\right)^2$$

$$= 1 + \left(\frac{L}{R}\right)^2 \left(\omega - \frac{1}{\omega LC}\right)^2 = \left(\sqrt{2}\right)^2 = 2$$

(くくり出す)

ここで，$\omega_{res}^2 = 1/LC$ なので，

$$1 + \left(\frac{L}{R}\right)^2 \left(\omega - \frac{\omega_{res}^2}{\omega}\right)^2 = 1 + \left(\frac{\omega_{res}L}{R}\right)^2 \left(\frac{\omega}{\omega_{res}} - \frac{\omega_{res}}{\omega}\right)^2 = 2,$$

(くくり出す)

$$\left(\frac{\omega_{res}L}{R}\right)^2 \left(\frac{\omega}{\omega_{res}} - \frac{\omega_{res}}{\omega}\right)^2 = 1, \quad \frac{\omega_{res}L}{R}\left(\frac{\omega}{\omega_{res}} - \frac{\omega_{res}}{\omega}\right) = \pm 1,$$

$$\frac{\omega}{\omega_{res}} - \frac{\omega_{res}}{\omega} = \pm \left(\frac{R}{\omega_{res}L}\right), \quad \frac{\omega^2}{\omega_{res}} - \frac{\omega_{res}}{1} = \pm \frac{\omega R}{\omega_{res}L}, \quad (\omega_{res}倍)$$

(ω倍) (右辺へ)

$$\frac{\omega^2}{1} - \frac{\omega_{res}^2}{1} = \pm \frac{\omega R}{L}, \quad \omega^2 \mp \frac{R}{L}\omega - \omega_{res}^2 = 0 \quad \cdots\cdots\cdots (9\text{-}19)$$

とωの2次方程式になります．これを解いてみると，

$$\omega = \frac{+\frac{R}{L} \pm \sqrt{\left(\frac{R}{L}\right)^2 + 4\omega_{res}^2}}{2}, \quad \omega = \frac{-\frac{R}{L} \pm \sqrt{\left(\frac{R}{L}\right)^2 + 4\omega_{res}^2}}{2} \quad \cdots\cdots (9\text{-}20)$$

と四つの解が得られますが，$\omega > 0$ なのは ω_{res} を挟んで[※8]上の周波数 ω_{high} と下の周波数 ω_{low} になり，

$$\omega_{high} = \frac{+\frac{R}{L} + \sqrt{\left(\frac{R}{L}\right)^2 + 4\omega_{res}^2}}{2}, \quad \omega_{low} = \frac{-\frac{R}{L} + \sqrt{\left(\frac{R}{L}\right)^2 + 4\omega_{res}^2}}{2} \quad \cdots (9\text{-}21)$$

ここが $|I| = |I_{res}|/\sqrt{2}$ となる周波数です．中心周波数 ω_c (ω-center) は，

※8：ここから示すように ω_{res} は中心周波数ではない．

$$\omega_c = \frac{\omega_{high} + \omega_{low}}{2} = \frac{1}{2}\sqrt{\left(\frac{R}{L}\right)^2 + 4\omega_{res}^2} > \omega_{res} \quad \cdots\cdots\cdots\cdots\cdots\cdots (9\text{-}22)$$

なので，**図9-10(b)** のように ω_{res}（図では $f_{res}, f_{low}, f_{high}$ としている）を中心に考えると，ω_{high} 側が広くなっていることがわかります．

続けて ω_c を用い，さらに $Q = \omega_{res}L/R$ を変形した $R/L = \omega_{res}/Q$ と，式(9-22)を，たとえば式(9-21)の ω_{high} に代入してみると，

$$\omega_{high} = \frac{+\frac{R}{L} + \overbrace{\sqrt{\left(\frac{R}{L}\right)^2 + 4\omega_{res}^2}}^{\text{式 (9-22)}}}{2} \xrightarrow{\frac{R}{L} = \frac{\omega_{res}}{Q} \text{より}} \frac{\frac{\omega_{res}}{Q} + 2\omega_c}{2} = \frac{\omega_{res}}{2Q} + \omega_c \quad \cdots\cdots\cdots (9\text{-}23)$$

と，ω_c を中心として $\pm\omega_{res}/2Q$ のところが，電流 I が3dB低下する周波数になるのです．幅で考えると ω_{res}/Q が3dB帯域幅になります．

つまり Q 値が高く，共振周波数が低いとき，この3dB帯域幅が狭くなることがわかります．実際の回路設計では，低い周波数で Q 値が高すぎると目的の周波数帯域幅で特性が確保できない，逆に高い周波数で Q 値が低いと通過する雑音などが大きくなりすぎる，などという問題にこの考えが適用できます[※9]．

9-2 増幅回路と発振回路を踏破する

● 2信号特性を決定する3次歪みレベル計算

高周波回路の増幅器を設計して，特性を測定するときに先輩から「2信号特性を見てみなさい」と言われて，**図9-11(a)** のように増幅器出力にスペクトラム・アナライザをつないで，増幅器入力に周波数の異なる2信号を加えて観測することがあります．

ここで2信号にも関わらず，**図9-11(b)** のように本来の信号の両脇にオバケ信号が出てきて，「この大きさと入出力の信号レベルを測定しなさい」と先輩から言われることでしょう．このオバケは以下に示すような素子の3次歪み特性から発生し

※9：もっと無線システム寄りの話としては，**比帯域** F_{BW}（Fractional bandwidth）というもので考える．中心周波数 f_C，下周波数 f_L，上周波数 f_H とすると $F_{BW} = (f_H - f_L)/f_C$．だいたい%で表す．

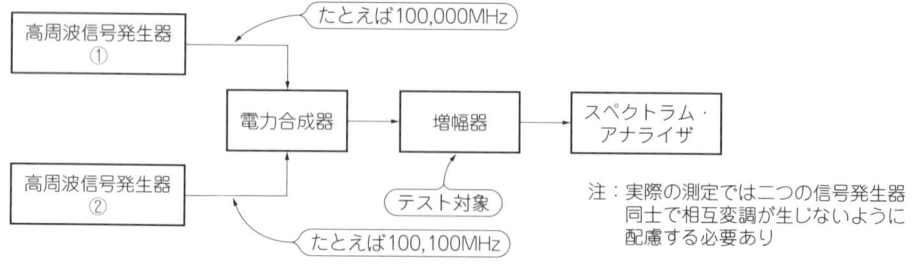

(a) 2信号特性を測定するときの機器接続

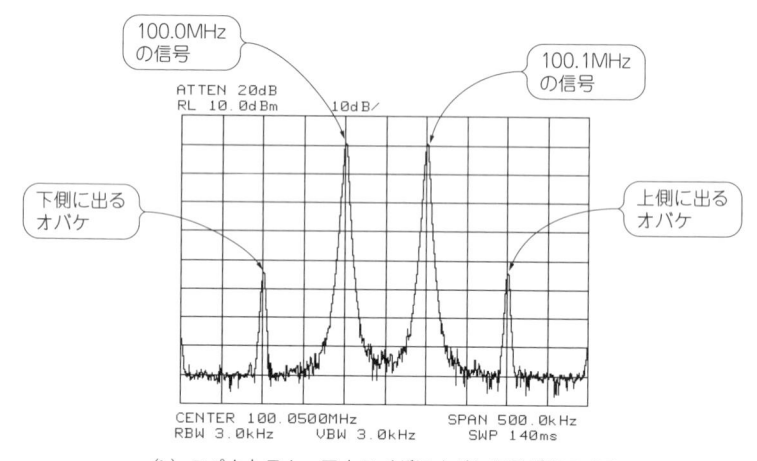

(b) スペクトラム・アナライザにオバケ信号が出てくる

[図9-11] 増幅器出力にスペクトラム・アナライザをつないで2信号特性を観測する

ます．ここではこのオバケの発生理由を数学的に見ていきます．

▶ 増幅度を数式でモデル化すると

受信用，送信用によらず，増幅回路は増幅度が全く直線（つまり $V_o = \alpha V_i$）にはなりません．かならず非線形性（非直線性）が含まれています．これは，

$$V_o = \alpha_1 V_i + \alpha_2 V_i^2 + \alpha_3 V_i^3 \quad \cdots\cdots\cdots (9\text{-}24)$$

のように数式でモデル化することができます．ここで α_1，α_2，α_3 は各項の比例定数です．この2乗の項と3乗の項が非線形性を示す部分になります．

トランジスタの増幅特性は，入力であるベース・エミッタ間電圧 V_{BE} と，出力であるコレクタ電流 I_C は，$I_C \propto \exp(V_{BE})$ という比例関係があります．この $y = e^x$ のか

たちは2次関数にかなり似た曲線形状をしていますが，それから外れたぶんとして3次の項（Ax^3のかたち）で近似できます．この式(9-24)の$\alpha_3 V_i^3$は，その近似項の成分になります[※10]．

さて，この増幅器に**周波数のそれほど離れていない二つの周波数の信号**ω_1（たとえば100.000MHz），ω_2（たとえば100.100MHz．ただしω_1, ω_2は「角周波数」$\omega = 2\pi f$での説明であり，ここでは$\omega_1 < \omega_2$とする）の，

$$V_A = A \sin \omega_1 t, \quad V_B = B \sin \omega_2 t$$

が足し合わさったものを，$V_i = V_A + V_B$として加えたとします（cos波でもまったく同じ）．**図9-11(b)**の上側のオバケの周波数は，二つの周波数の差分を$\Delta\omega = \omega_2 - \omega_1$とすると，

$$\omega_2 + \Delta\omega = \omega_2 + \underbrace{(\omega_2 - \omega_1)}_{\Delta\omega} = 2\omega_2 - \omega_1$$

になります．下側は$\omega_1 - \Delta\omega = 2\omega_1 - \omega_2$になります．

▶ オバケの生じる部分を考える

ここで$(2\omega_2 - \omega_1)$，$(2\omega_1 - \omega_2)$が生じる項は，式(9-24)の$\alpha_3 V_i^3$の3乗部分だけになります[※11]．そのために「3次歪み」と呼ばれるのです．この項だけを取り出して計算してみると，

$$\alpha_3 V_i^3 = \alpha_3 (A \sin \omega_1 t + B \sin \omega_2 t)^3 = \alpha_3 (\underbrace{A^3 \sin^3 \omega_1 t}_{\text{式(9-26)}} \\ + \underbrace{3A^2 B \sin^2 \omega_1 t \sin \omega_2 t}_{\text{式(9-27)}} + \underbrace{3AB^2 \sin \omega_1 t \sin^2 \omega_2 t}_{\text{式(9-28)}} + \underbrace{B^3 \sin^3 \omega_2 t}_{\text{式(9-29)}}) \cdots\cdots (9\text{-}25)$$

それぞれ項ごとに計算してみると，

$$\alpha_3 A^3 \sin^3 \omega_1 t = \alpha_3 A^3 \frac{3 \sin \omega_1 t - \sin 3\omega_1 t}{4} \quad \cdots\cdots\cdots\cdots\cdots\cdots\cdots\cdots\cdots\cdots (9\text{-}26)$$

[※10]：一方でFETの増幅特性では，入力のゲート・ソース間電圧V_{GS}と出力のドレイン電流I_Dは指数関数特性ではなく，$I_D \propto (V_{GS})^2$という2次関数特性になっている（3次成分の項はゼロではないが小さい）．そのためFETは，3次歪み特性が良いと言われている．

[※11]：その他の項，とくに$\alpha_2 V_i^2$の項がどうかは，ここから示すような計算をしてみるとわかる．

$$3\alpha_3 A^2 B \sin^2 \omega_1 t \sin \omega_2 t = 3\alpha_3 A^2 B \frac{1 - \cos 2\omega_1 t}{2} \sin \omega_2 t$$
$$= \frac{3\alpha_3 A^2 B}{2} \sin \omega_2 t - \underbrace{\frac{3\alpha_3 A^2 B}{2} \cos 2\omega_1 t \sin \omega_2 t}_{\text{以降で抽出する}} \quad \text{………………(9-27)}$$

大切!式(9-31)で利用

$$3\alpha_3 AB^2 \sin \omega_1 t \sin^2 \omega_2 t = 3\alpha_3 AB^2 \sin \omega_1 t \frac{1 - \cos 2\omega_2 t}{2}$$
$$= \frac{3\alpha_3 AB^2}{2} \sin \omega_1 t - \frac{3\alpha_3 AB^2}{2} \sin \omega_1 t \cos 2\omega_2 t \quad \text{………………(9-28)}$$

$$\alpha_3 B^3 \sin^3 \omega_2 t = \alpha_3 B^3 \frac{3\sin \omega_2 t - \sin 3\omega_2 t}{4} \quad \text{………………(9-29)}$$

とそれぞれ計算できます．なお式(9-26)，式(9-29)の変換は，式(4-33)および式(4-35)の関連公式を利用した，

$$\sin^3 \theta = \sin \theta \cdot \sin^2 \theta = \sin \theta \left(\frac{1 - \cos 2\theta}{2} \right) = \frac{1}{2} \sin \theta - \frac{1}{2} \sin \theta \cos 2\theta$$
$$= \frac{1}{2} \sin \theta - \frac{1}{4}(\sin 3\theta - \sin \theta) = \frac{3\sin \theta - \sin 3\theta}{4}$$
$$[\sin \theta \cdot \cos 2\theta = \sin 3\theta + \cos(-\theta) = \sin 3\theta - \sin \theta] \quad \text{………………(9-30)}$$

から得られるものです．

▶ オバケの生じる項を特定する

ここで$(2\omega_2 - \omega_1)$，$(2\omega_1 - \omega_2)$が生じる項は，式(9-25)の第2項と第3項で，さらに同第2項を変形した式(9-27)の右辺第2項（￣￣￣￣で示してある）を考えると，

$$\frac{3\alpha_3 A^2 B}{2} \cos 2\omega_1 t \sin \omega_2 t$$
$$= \frac{3\alpha_3 A^2 B}{4} \{ \sin(2\omega_1 + \omega_2)t - \underline{\sin(2\omega_1 - \omega_2)t} \} \quad \text{………………(9-31)}$$

3倍成分　　オバケ成分(下側)

と計算できます．この式(9-31)の第1項はω_1，ω_2がそれほど離れていませんから，3倍の周波数（図9-11の例だと約300MHz）に出てくる信号です．いよいよこの第2項が$(2\omega_1 - \omega_2)$になっているので重要であることがわかります．これが図9-11(b)で信号のスペクトルの下側に出ているオバケです．

同じく式(9-25)の第3項を変形した，式(9-28)の右辺第2項を考えると，

$$\frac{3\alpha_3 AB^2}{4}\{\sin(\omega_1+2\omega_2)t+\underline{\sin(\omega_1-2\omega_2)t}\} \quad\text{←オバケ成分(上側)} \quad\text{…………………………(9-32)}$$

が得られ，この第2項は$(\omega_1-2\omega_2)$です．符号を逆にすれば$(2\omega_2-\omega_1)$となります（sinなので逆にすればsinの符号がマイナスになる）．これが図9-11(b)で，信号のスペクトルの上側に出ているオバケです[※12]．

▶ オバケについて先輩から語られることとリンクさせてみる

作業を指示した先輩から「入力レベルを10dB上昇させると，オバケは3倍の30dB上昇するんだ」と必ず言われるでしょう．上記の式(9-27)，式(9-28)の係数を見てみると，

$$\frac{3\alpha_3 A^2B}{4}:(2\omega_1-\omega_2)\text{の成分}, \quad \frac{3\alpha_3 AB^2}{4}:(2\omega_2-\omega_1)\text{の成分}$$

です．ω_1の振幅Aとω_2の振幅Bの二つの信号を，両方同じ比率で上昇させると，オバケ出力はその3乗（$A=B$とすれば，$A^2B=AB^2=A^3$）で上昇します．たとえば入力A，B（つまり$A+B$）が2倍（6dB）になれば，3次歪み出力はその3乗の8倍になります．8倍は18dB（$20\log_{10}2^3=3\times20\log_{10}2$）となり，6dBの3倍になっていることがわかります．

● 2次高調波と単純なダイオード・ミキサの計算

ここまでは式(9-24)の3乗の項である，$\alpha_3 V_i^3$の部分だけを見てきました．これを展開した式(9-26)〜式(9-29)を見てみると，ω_1，ω_2がそれほど離れていませんから，それぞれの2倍の周波数（図9-11の例だと約200MHz）に出てくる信号がないことがわかります．

しかし実際の回路ではこの2倍の周波数の成分のほうが結構大きく出てきます．この2倍の成分は，式(9-24)の$\alpha_2 V_i^2$の部分から出てきます．これを「2次歪み」と呼びます．この項だけを取り出して計算してみると，

[※12] : 式(9-26)〜式(9-29)を見てみると，この二つのオバケだけではなく，ω_1，ω_2それぞれの3倍の周波数も発生していることがわかる．これは次の節にも関連するので注意のこと．なおこれらのオバケを総称してスプリアスと呼ぶ．

$$\alpha_2 V_i^2 = \alpha_2(A\sin\omega_1 t + B\sin\omega_2 t)^2$$
$$= \alpha_2(\underbrace{A^2\sin^2\omega_1 t}_{\text{式(9-34)}} + \underbrace{2AB\sin\omega_1 t\sin\omega_2 t}_{\text{式(9-35)}} + \underbrace{B^2\sin^2\omega_2 t}_{\text{式(9-36)}}) \cdots\cdots (9\text{-}33)$$

となります．それぞれ項ごとに計算してみると，

$$\alpha_2 A^2 \sin^2\omega_1 t = \alpha_2 A^2 \left(\frac{1-\cos 2\omega_1 t}{2}\right) \cdots\cdots (9\text{-}34)$$

$$2\alpha_2 AB \sin\omega_1 t \sin\omega_2 t = \frac{2\alpha_2 AB}{2}\{\cos(\omega_1-\omega_2)t - \cos(\omega_1+\omega_2)t\} \cdots\cdots (9\text{-}35)$$

$$\alpha_2 B^2 \sin^2\omega_2 t = \alpha_2 B^2 \left(\frac{1-\cos 2\omega_2 t}{2}\right) \cdots\cdots (9\text{-}36)$$

と計算することができます．これらの式(9-34)〜式(9-36)の結果とω_1, ω_2との関係を**図9-12**に示します．式(9-35)の第1項の$\omega_1-\omega_2$以外の項はほぼ2倍の周波数成分になっています．このことから，以下の「2次高調波/ダイオード・ミキサ」についてのことが示されます．

▶ 2次高調波を考える

2倍の周波数は，式(9-24)の$\alpha_2 V_i^2$の部分から出てくることがわかりました．たとえば二つの信号ではなく，単一の信号$V_i = A\sin\omega_1 t$を加えたとしても，式(9-33)およびその第1項の式(9-34)のような$\alpha_2 A^2 \sin^2\omega_1 t$が発生し，これにより$\omega_1$の2倍の周波数の出力が出てくることがわかります．これが増幅器の2次歪み(2次項である$\alpha_2 V_i^2$)で発生する**2次高調波**になります．

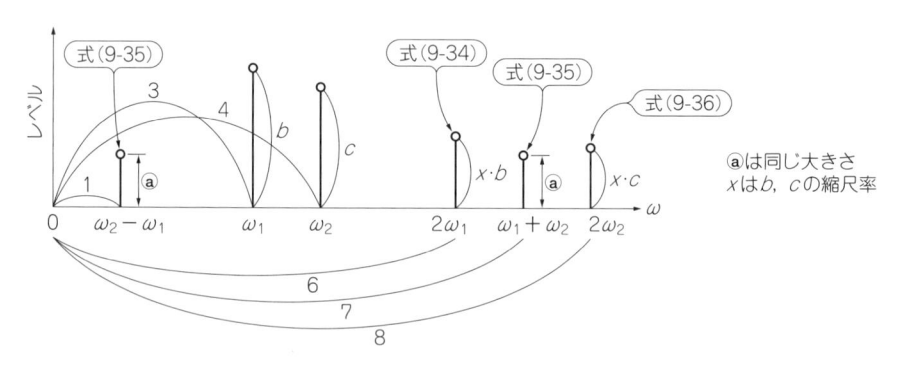

[図9-12] 2次歪み成分とω_1, ω_2との関係

前に戻りますが3倍の周波数についても同様に，単一の信号 $V_i = A\sin\omega_1 t$ でも，式(9-26)のような $\sin 3\omega_1 t$ が発生し，これにより ω_1 の3倍の周波数の歪み出力が出てくることがわかります．これも増幅器の3次歪み（3次項である $\alpha_3 V_i^3$）で発生する**3次高調波**になります．

▶ 単純なダイオード・ミキサもこの応用

ダイオードは約0.6Vの電圧降下 V_d（V-diode）がありますが，さきのトランジスタの増幅器の話と同様，実際には電圧降下 V_d とダイオードに流れる電流量 I_d は $V_d = e^{I_d}$ の指数の関係になっています．この e^x のかたちの式は2次関数にかなり似た曲線形状をしているため，上記に説明した式(9-24)の，特に $\alpha_2 V_i^2$ を強調した式で近似できます．

高周波回路ではこのダイオードを，図9-13のようにミキサとして利用しています．ダイオードを信号経路切り替えスイッチとして応用するミキサもありますが（そのほうが性能が高い），このような単純な構成でもダイオードがミキサになることを，$\alpha_2 V_i^2$ を踏まえて説明してみます．

ミキサは本来，ω_1，$\omega_2 (\omega_1 < \omega_2)$ の二つの信号を掛け算することで，式(4-35)や**表4-2**の**積和変換公式**を利用して，その和の周波数 $\omega_2 + \omega_1$ と差の周波数 $\omega_2 - \omega_1$ を生じさせるものです．

ここまでの説明でわかるように，式(9-35)は二つのサイン波を掛け合わせた形であり，式中のように和と差の周波数が得られます．つまりミキサとして働くことができるのです．

しかし $\alpha_2 \ll 1$ であることから，単純に掛け算する本来のミキサと比較して，周波数を変換する効率（**変換利得**と呼ぶ．入力対出力の比率のこと）が低いものになってしまいます．とはいえ，低コストの製品や，マイクロ波を超える高い周波数の設計では，この方式もミキサとして多用されています．

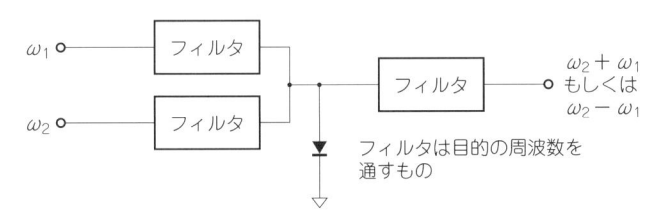

[図9-13] ダイオード・ミキサの例

● 水晶振動子は機械振動が電気等価回路で示される

図9-14(a)のような水晶振動子は，安定な周波数(周波数が変動しない)を作り出すうえでなくてはならない電子部品です．ここでは水晶振動子が電気回路として，どのように表されるかについて説明していきましょう．

水晶振動子は電気エネルギーを加えると，圧電効果により水晶表面が機械的に振動し，この振動が逆にまた電気的な信号に変換されます．この機械振動が目的の周波数で生じることで，水晶発振回路の周波数決定素子として働いています．この水晶振動子の電気的な等価回路を書いてみると図9-14(b)のようになります．

この端子間のインピーダンス Z は，

$$Z = \frac{\frac{1}{j\omega C_0}\left(j\omega L_1 + \frac{1}{j\omega C_1} + R_1\right)}{\frac{1}{j\omega C_0} + j\omega L_1 + \frac{1}{j\omega C_1} + R_1} \quad \cdots\cdots\cdots(9\text{-}37)$$

となります．ここで発振周波数が10MHzの水晶振動子のパラメータを(一例として)，$C_0 = 4.78\text{pF}$，$C_1 = 23.07 \times 10^{-3}\text{pF}$，$L_1 = 11\text{mH}$，$R_1 = 15\Omega$ として計算し，その虚数部(リアクタンス)Xをグラフ化してみると，図9-15のようになります．

▶ 直列共振周波数 ω_{sr} を計算する

式(9-37)を変形し，$\omega L_1 + 1/\omega C_1 = 0$ となる直列共振周波数 ω_{sr} (ω-series-resonance．「角周波数」 $\omega = 2\pi f$ だが「周波数」と説明する)を考えてみると，

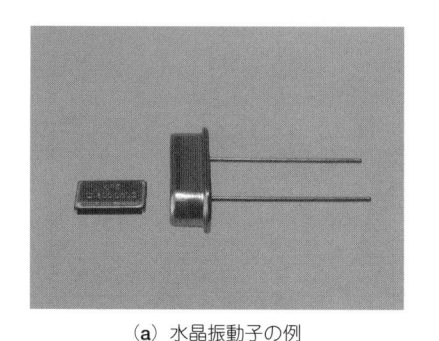

(a) 水晶振動子の例　　　(b) 等価回路

[図9-14] 水晶振動子とその等価回路

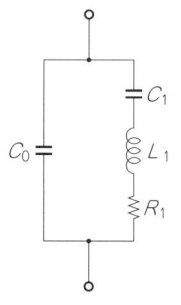

$$Z = \frac{\overbrace{j\omega L_1 + \dfrac{1}{j\omega C_1}}^{\text{ゼロ}} + R_1}{1 + j\omega C_0 \left(\underbrace{j\omega L_1 + \dfrac{1}{j\omega C_1}}_{\text{ゼロ}} + R_1\right)}\Bigg|_{\omega=\omega_{sr}} = \frac{R_1}{1 + j\omega_{sr} C_0 R_1} \quad \cdots\cdots\cdots\cdots (9\text{-}38)$$

となり，上記の数値例を代入してみてもわかりますが，$\omega_{sr} C_0 \ll 1$ なので $Z \simeq R_1$ になります．ここが水晶振動子の直列共振周波数 ω_{sr} で，

$$\omega_{sr} = \frac{1}{\sqrt{L_1 C_1}} \quad \cdots\cdots\cdots\cdots\cdots\cdots\cdots\cdots\cdots\cdots\cdots\cdots\cdots\cdots\cdots\cdots\cdots\cdots\cdots\cdots\cdots\cdots (9\text{-}39)$$

となり，これは**図9-15**のA点になります．数値を入れて計算してみると，この周波数は9.99MHzです（この値は f[Hz]で示している）．

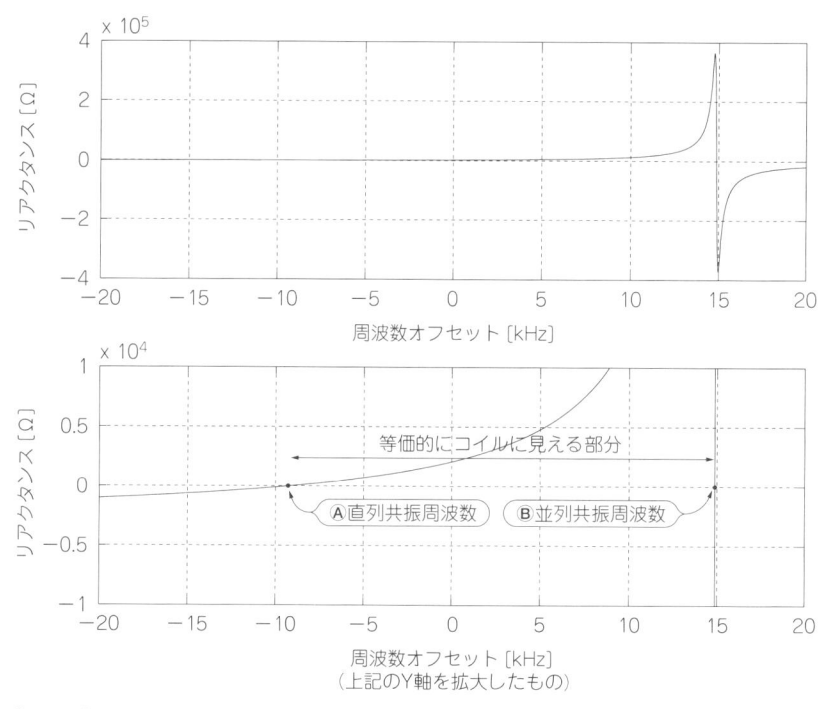

[図9-15] 10MHz水晶振動子のパラメータを $C_0 = 4.78\text{pF}$，$C_1 = 23.07 \times 10^{-3}\text{pF}$，$L_1 = 11\text{mH}$，$R_1 = 15\Omega$ としてリアクタンス X を計算してみる

▶ 並列共振周波数 ω_{pr} を計算する

一方で式(9-37)の分母がゼロ(といっても実数部 R があるので，これを無視したとして)となる並列共振周波数 ω_{pr} (ω-parallel-resonance)を考えてみます．式(9-37)の分母を取り出し，かつ R_1 は他の項より十分に小さいので無視すると，

$$\frac{1}{\omega_{pr}C_0} - \omega_{pr}L_1 + \frac{1}{\omega_{pr}C_1} = 0, \quad \omega_{pr} = \frac{1}{\sqrt{L_1 \dfrac{C_0 C_1}{C_0 + C_1}}} \quad \cdots\cdots (9\text{-}40)$$

(手書き注：一旦右辺へ / ω_{pr}で解く)

であり，これを変形していくと，

$$\omega_{pr} = \frac{1}{\sqrt{L_1 \dfrac{C_0 C_1}{C_0 + C_1}}} = \frac{1}{\sqrt{L_1 C_1}} \sqrt{1 + \frac{C_1}{C_0}} = \omega_{sr} \sqrt{1 + \frac{C_1}{C_0}} \quad \cdots\cdots (9\text{-}41)$$

と計算できます．これが図9-15のB点になります．

上記の10MHzの水晶振動子のパラメータでもわかるように $C_1 \ll C_0$ なので，式(9-41)の最後の $\sqrt{}$ の中はかなり1に近い大きさになります．

▶ ω_{sr} と ω_{pr} の間の狭い範囲で水晶振動子はコイルに見え，ここで発振する

図9-15のA点とB点の区間は，等価的に「コイル」に見える部分[※13]ですが，水晶振動子の等価回路がコイルに見える，この非常に狭い範囲を用いて，振動子と発振回路がペアとなって安定な発振周波数を生じさせることができます．

実際の上記のパラメータ例を使って計算すると，図9-15のA点とB点の差はなんと25kHzしかありません！この範囲が狭ければ狭いほど，コイルに見える周波数範囲は限られるので，発振周波数が高い精度で安定する(外部の変動要素の影響を受けない)ようになるのです．

この水晶発振回路の発振条件については，次の LC 発振回路とまったく原理は同じです．引き続き説明していきましょう．

※13：リアクタンス X が正だということは，その周波数においてコイルのリアクタンスがあるように見える／考えてよいということ．

● **高周波の基本 LC 発振回路の発振原理**

図9-16はコルピッツ型と呼ばれるトランジスタを用いた発振回路です．これがなぜ発振するかを**負性抵抗**という視点で考えてみましょう[※14]．

▶ **負性抵抗とは？**

普通の抵抗であれば図9-17(a)のように，電圧をかけると電流が流れ込むように動作しますが，負性抵抗は図9-17(b)のように，電圧をかけると電流が**流れ出る/湧き出す**ように動く**負の抵抗量**です．第2章2-1のp.30に示した電圧降下とは逆方向なので，起電力ともいえるものです．当然普通の抵抗では実現できるものではなく，トランジスタなどの能動素子で実現します．

これが実現できることで，この能動素子の負性抵抗要素から単純な LC 共振回路がエネルギーを受けて「ずっと発振を続ける」共振型発振回路を作られるのです．

▶ **コルピッツ型回路の一部をモデル化する**

それでは図9-16の回路の一部，とくに C_1，C_2 をモデル化し，これが負性抵抗になることを示していきます．

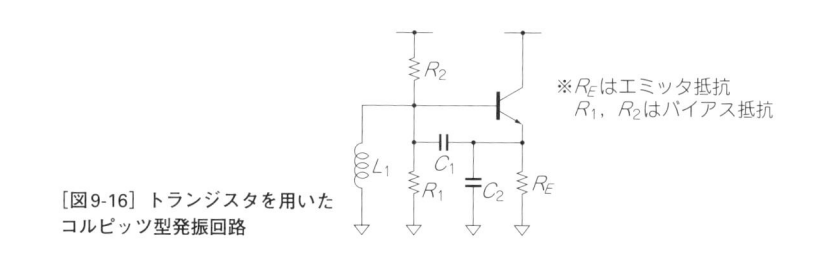

[図9-16] トランジスタを用いたコルピッツ型発振回路

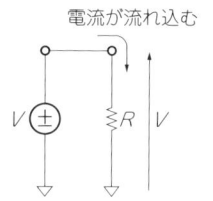

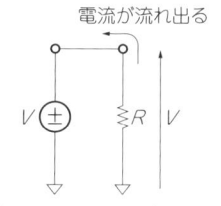

※R_E はエミッタ抵抗
R_1，R_2 はバイアス抵抗

(a) 普通の抵抗：電圧をかけると電流が流れ込む
(b) 負性抵抗：電圧をかけると電流が流れ出る

[図9-17] 普通の抵抗と負性抵抗のちがい

※14：トランジスタ発振回路の解析については，参考文献(29)が非常に詳しく解説しており，とても参考になると思う．

図9-18のモデルは，図9-16のトランジスタとR_Eによるエミッタ・フォロア回路が基本になっていますが，エミッタ・フォロアは図9-18のように入力インピーダンスが高く，出力インピーダンスが低い，増幅率が1のバッファ・アンプとしてみることができます．なおモデル化するにあたり，エミッタ出力の出力抵抗R_oがあるものとします．

図9-18において入力側からC_1に流れる電流をI_i，出力側からR_oに流れる電流をI_oとし，入力電圧をV，R_o－C_1－C_2の接続点の電圧をV_oとします．この設定で式を立ててみると，

$$V_o = \frac{I_i + I_o}{j\omega C_2}, \quad I_i = \frac{V - V_o}{\frac{1}{j\omega C_1}} = j\omega C_1(V - V_o), \quad I_o = \frac{V - V_o}{R_o} \quad \cdots\cdots (9\text{-}42)$$

I_oの式にV_oの式を代入してみると，

$$I_o = \frac{1}{R_o}\left(V - \underbrace{\frac{I_i + I_o}{j\omega C_2}}_{V_o}\right) \quad \cdots\cdots\cdots\cdots\cdots (9\text{-}43)$$

また，

$$\frac{I_i}{I_o} = \frac{j\omega C_1(V - V_o)}{\frac{V - V_o}{R_o}} = \frac{j\omega C_1}{\frac{1}{R_o}} = j\omega C_1 R_o, \quad I_o = \frac{I_i}{j\omega C_1 R_o} \quad \cdots\cdots (9\text{-}44)$$

を式(9-43)に代入し，変形してみると，

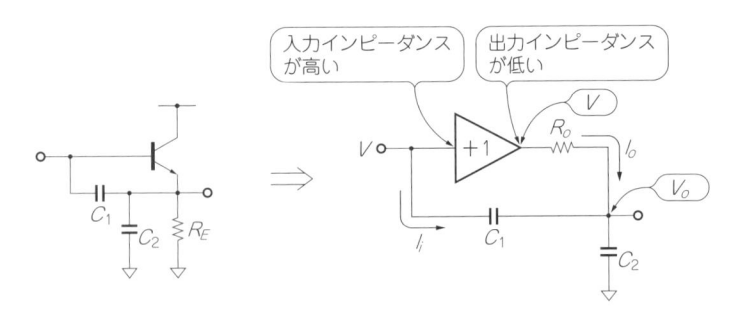

[図9-18] コルピッツ型回路の一部をモデル化する

$$\underbrace{\frac{I_i}{j\omega C_1 R_o}}_{I_o} = \frac{1}{R_o}\left\{V - \left(I_i + \underbrace{\frac{I_i}{j\omega C_1 R_o}}_{I_o}\right)\frac{1}{j\omega C_2}\right\}, \quad \text{両辺に } j\omega C_2 \text{を掛ける}$$

$$\frac{j\omega C_2}{j\omega C_1 R_o}I_i = \frac{1}{R_o}\left\{j\omega C_2 V - \left(1 + \frac{1}{j\omega C_1 R_o}\right)I_i\right\},$$

$$\frac{j\omega C_2}{j\omega C_1}I_i = j\omega C_2 V - \left(1 + \frac{1}{j\omega C_1 R_o}\right)I_i, \quad \text{左辺へ移項}$$

$$\frac{1}{j\omega C_1}\left\{j\omega C_2 + \left(j\omega C_1 + \frac{1}{R_o}\right)\right\}I_i = j\omega C_2 V, \quad I_i \text{でくくる}$$

$$\frac{V}{I_i} = \frac{\frac{1}{R_o} + j\omega(C_1 + C_2)}{j\omega C_1 \cdot j\omega C_2} = \frac{-\frac{1}{R_o} - j\omega(C_1 + C_2)}{\omega^2 C_1 C_2} \quad \cdots\cdots(9\text{-}45)$$

となります．この実数部は，

$$\frac{-\frac{1}{R_o}}{\omega^2 C_1 C_2} = -\frac{1}{\omega^2 C_1 C_2 R_o} \quad \cdots\cdots(9\text{-}46)$$

と符号がマイナスとなっています．つまり**負性抵抗**になっていることがわかります．

▶ **虚数部をゼロとすることで発振周波数を求める**

一方で式(9-45)の虚数部は，

$$-j\frac{\omega(C_1 + C_2)}{\omega^2 C_1 C_2} = \frac{1}{j\omega C_S} \quad \left(C_S = \frac{C_1 C_2}{C_1 + C_2}\right) \quad \cdots\cdots(9\text{-}47)$$

になります．図9-16および図9-18に戻って，この入力端子にLがついたとすれば，回路全体では，

$$-\frac{1}{\omega^2 C_1 C_2 R_o} + \frac{1}{j\omega C_S} + j\omega L = 0 \quad \cdots\cdots(9\text{-}48)$$

の虚数部がゼロになる周波数で発振します．つまり，

$$\frac{1}{\omega_{osc} C_S} = \omega_{osc} L, \quad \omega_{osc} = \frac{1}{\sqrt{L C_S}} \quad \cdots\cdots(9\text{-}49)$$

の周波数ω_{osc}(ω-oscillate)で発振します．上記の水晶振動子の場合もまったく同じ

9-2 増幅回路と発振回路を踏破する | 277

で，水晶振動子がインダクタンスを示す(先ほど説明したようにコイルに見える)部分で，式(9-49)のω_{osc}を満足する条件で回路の発振周波数が決定します．

▶ **発振の振幅が安定する条件を考える**

　この発振回路に負性抵抗があることはわかりましたが，負性抵抗が大きいと発振レベルはどんどん大きくなってしまいます．コイルLにも直列抵抗がありますが，

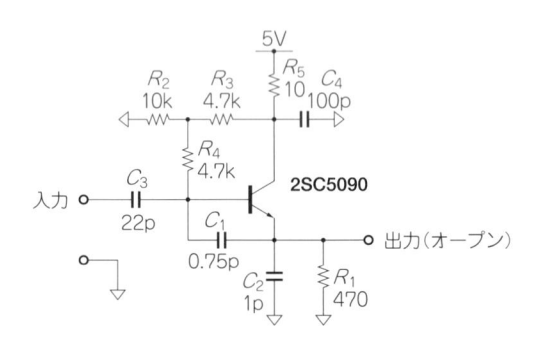

[図9-19] **負性抵抗を測定してみた回路**

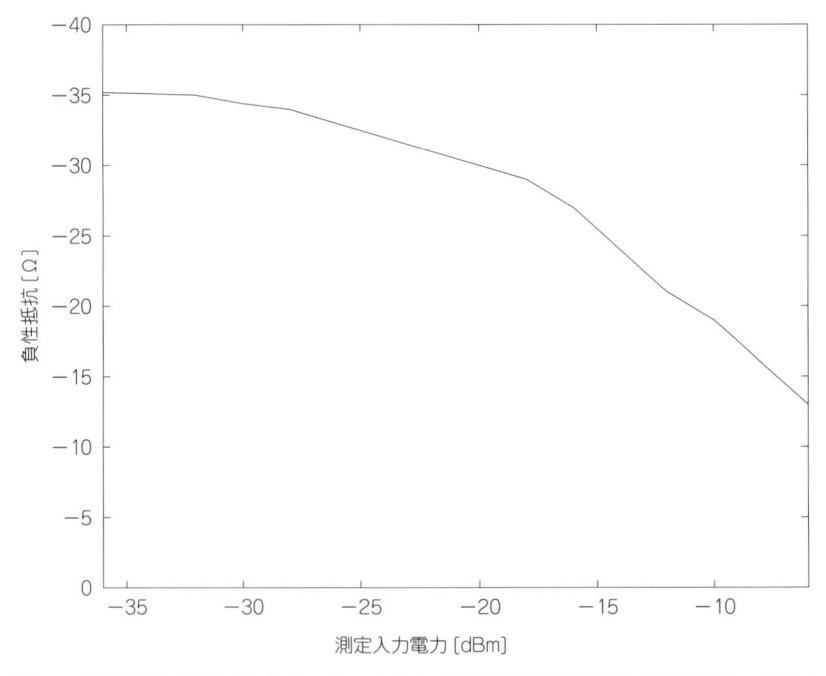

[図9-20] **測定用入力信号を大きくしていったときの負性抵抗低下のようす**(測定周波数1.67GHz)

負性抵抗と比較しても小さいもので，負性抵抗の方が大きくなっています．では実際の回路ではなぜ発振が開始して，そのあとに発振が安定するのでしょうか．

それはトランジスタの振幅レベルが大きくなってくると，振幅が飽和することで増幅度が低下してくるからです．図9-18のモデル化した回路では「R_oが大きくなってくる」と考えればよいでしょう．式(9-46)でもR_oが大きくなると負性抵抗が小さくなることがわかります．

実際に図9-19の回路での負性抵抗のようすを図9-20に示してみます．これはネットワーク・アナライザで負性抵抗を実測したものですが，測定用の入力信号を大きくしていくと負性抵抗が小さくなっていくことがわかります．

9-3　無線システムの計算を看破する

●【無線回路】多段接続増幅回路の雑音指数の計算

低雑音で増幅する受信増幅回路などの性能を，雑音指数(NF; Noise Figure) Fという指標で表します．これは図9-21(a)のような単一増幅器において，信号源からの入力信号電力をS_i[W]，増幅器出力の信号電力をS_o[W]，信号源雑音電力[15]をN_T(N-Thermal)[W]，増幅器出力の雑音電力をN_o[W]とすると，

$$F = \frac{\frac{S_i}{N_T}}{\frac{S_o}{N_o}} \quad \cdots\cdots (9\text{-}50)$$

で表されます．増幅器の電力利得をGとすれば，$G = S_o/S_i$なので，

$$F = \frac{S_i}{S_o} \cdot \frac{N_o}{N_T} = \frac{N_o}{GN_T}, \quad N_o = FGN_T \quad \cdots\cdots (9\text{-}51)$$

と計算できます．増幅器自体が雑音を発生しなければ$F=1$ですが，実際は電子素子の内部雑音N_{int}(N-internal)が増幅器出力に生じます．増幅器出力の全雑音電力N_oは，式(9-14)のように信号源雑音電力N_TがG倍に増幅されたものと，内部雑音N_{int}との和になり，

---

[15]：通常高周波回路において，この信号源雑音N_Tは本章 p.260のように抵抗の熱雑音を考える．そのためここでは意識的にN_Tにしている（他の文献では一般的なN_iで記載している）．また雑音電力として考える場合には，$N_T = kTB$[W]（Bは帯域幅[Hz]）で熱雑音電力が計算できる．

$$N_o = GN_T + N_{int} \quad \cdots\cdots (9\text{-}52)$$

と計算できます．式(9-51)と式(9-52)を用いて，N_{int}を表すと，

$$N_o = FGN_T = GN_T + \underline{N_{int}},$$
$$\underline{N_{int}} = FGN_T - GN_T = (F-1)GN_T \quad \cdots\cdots (9\text{-}53)$$

とN_Tに$(F-1)G$を掛けたものとして等価的に計算できます．N_{int}は，N_oからN_Tを抜いた，内部雑音電力のみのぶんです．

▶ **多段に接続された増幅回路では**

次に図9-21(b)のように多段に接続された増幅回路を考えてみましょう．ここでは3段の増幅器が縦続接続されているものとします．それぞれの雑音指数($F_1 \sim F_3$)を持つ増幅器の出力に発生する，自分自身の内部雑音電力($N_{int1} \sim N_{int3}$)と，それら内部雑音電力および信号源雑音N_Tが多段増幅回路の最終出力に現れるときの電力($N_{L1} \sim N_{L3}$，N_{LT})は，

自分自身の内部雑音電力

$N_{int1} = (F_1 - 1)G_1 N_T$ （1段目）
$N_{int2} = (F_2 - 1)G_2 N_T$ （2段目）
$N_{int3} = (F_3 - 1)G_3 N_T$ （3段目）

最終出力に現れる素子ごとの内部雑音電力

$N_{L1} = G_3 G_2 N_{int1} = G_3 G_2 \cdot (F_1 - 1) G_1 N_T$
$N_{L2} = G_3 N_{int2} = G_3 \cdot (F_2 - 1) G_2 N_T$
$N_{L3} = N_{int3} = (F_3 - 1) G_3 N_T$
$N_{LT} = G_3 G_2 G_1 \underline{N_T}$ 信号源雑音

となります．たとえば1段目の増幅器の内部雑音電力N_{int1}が，最終出力に増幅されて現れる雑音電力N_{L1}は，2段目の利得G_2と3段目の利得G_3との掛け算になります．

増幅回路の最終出力に現れる全雑音電力$N_{L(all)}$は，式(9-14)で「雑音電力は足し算である」と示したように，それぞれの雑音電力の足し算となり，

$$N_{L(all)} = N_{LT} + N_{L1} + N_{L2} + N_{L3} = G_3 G_2 G_1 N_T$$
$$+ G_3 G_2 G_1 (F_1 - 1) \underline{N_T} + G_3 (F_2 - 1) \underline{N_T} + G_3 (F_3 - 1) \underline{N_T}$$
$$= G_{all} \left\{ 1 + (F_1 - 1) + \frac{F_2 - 1}{G_1} + \frac{F_3 - 1}{G_2 G_1} \right\} N_T \quad \cdots\cdots (9\text{-}54)$$

（N_Tでくくり，$G_{all} = G_1 G_2 G_3$で割る）

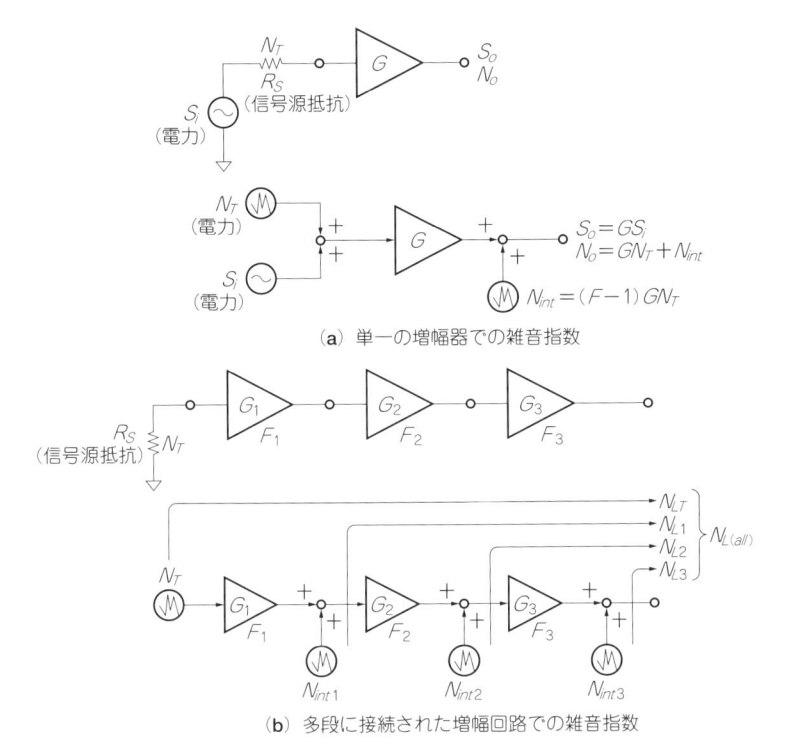

[図9-21] 増幅回路での雑音指数の考え方

と計算できます．ただし $G_{all} = G_3 G_2 G_1$ です．式(9-51)から雑音指数 F の定義は $F = N_o/(GN_T)$ なので，増幅回路全体の雑音指数 F_{all} は，

$$F_{all} = \frac{N_{L(all)}}{G_{all} N_T} = \frac{\cancel{G_{all}} \left\{ 1 + (F_1 - 1) + \dfrac{F_2 - 1}{G_1} + \dfrac{F_3 - 1}{G_2 G_1} \right\} \cancel{N_T}}{\cancel{G_{all}} \cancel{N_T}}$$

$$= F_1 + \frac{F_2 - 1}{G_1} + \frac{F_3 - 1}{G_2 G_1} \quad \cdots\cdots\cdots\cdots\cdots\cdots\cdots\cdots\cdots\cdots (9\text{-}55)$$

と求めることができます．

ここでわかるように(よく先輩から教わることだが)，1段目の雑音指数 F_1 が F_{all} に**大きく影響**します．2段目の雑音指数 F_2 は前段の利得 G_1 で割られているため，さらに3段目の雑音指数 F_3 は前段の利得 $G_2 G_1$ で割られているため，F_2, F_3 は F_{all} にほとんど影響を与えません．つまり**初段の増幅器の F で全体の F_{all} がほぼ決まる**ということです．

● **【ディジタル変復調】エラー関数を理解しよう**

　ビット・エラーの発生確率と SN 比との関係は，無線システムを考えるうえで必須ですので，本書でも無線数学という視点から説明してみます．

　図9-22のように，送信されたビット信号が途中で生じた雑音を含んで，受信/復調されたとします．この雑音は本章9-1節のp.260「雑音量の計算」のような白色雑音で考えます．図中のように，本来電圧 $-2\mathrm{V}$（ビット・データは"1"，電圧レベルはたとえばの例）および本来電圧 $+2\mathrm{V}$（ビット・データは"0"）であるべきそれぞれのレベルが，SN 比が悪くなってくると，雑音を含んで受信ビットごとにレベルがばらついて（本来の電圧から外れて）きます．

　このバラツキの分布はガウス関数で表されますが，ガウス関数の基本形は，

$$g(x) = \frac{1}{\sqrt{2\pi}\sigma} e^{-(x^2/2\sigma^2)} \quad \cdots\cdots\cdots\cdots\cdots\cdots\cdots\cdots\cdots (9\text{-}56)$$

です．確率論では σ^2 は分散，σ は標準偏差と呼ばれますが，無線通信では熱雑音電力 $P_{noise} = V_n^2 = \sigma^2 [\mathrm{W}]$ （$R = 1\Omega$ で考える），熱雑音電圧（実効値）$V_n = \sigma [\mathrm{V}]$ に対応します（以下では σ を使わず V_n で説明する．式(9-15)における V_{noise} と同じ）．

　この式(9-56)はゼロを中心とし，ずれが x だけ生じる可能性の確率，バラツキの

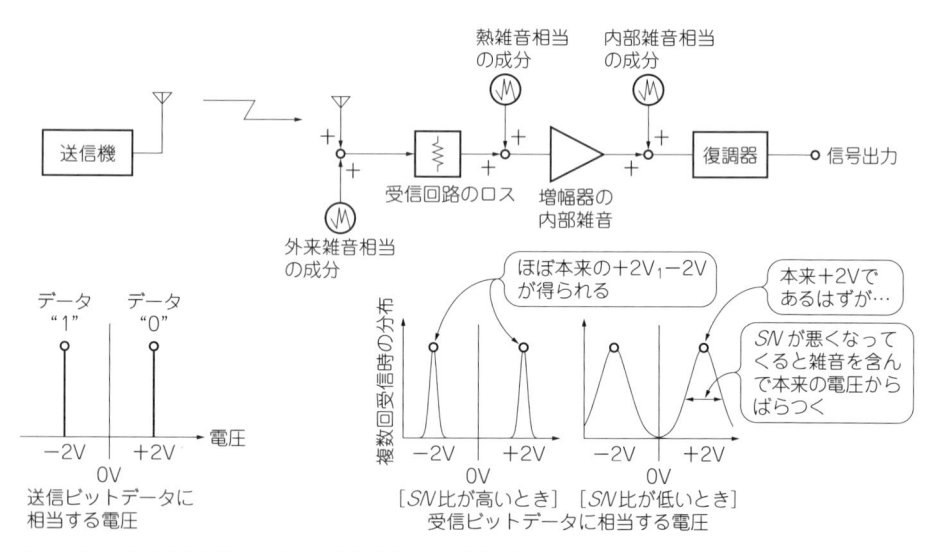

[図9-22] 途中で生じた雑音を含んで受信/復調された送信ビット信号とそのバラツキのようす

分布になっています．$V_n = \sigma$が小さいほど$g(x)$，つまりバラツキの広がりは小さくなります．ここで本来の電圧レベル$-2V/+2V$を一般化し，V_s(V-signal)[V]として考えると，

$$g(x) = \frac{1}{\sqrt{2\pi}V_n} e^{-\{(x-V_s)^2/2V_n^2\}} \quad \cdots\cdots\cdots\cdots\cdots\cdots\cdots\cdots\cdots\cdots\cdots\cdots\cdots\cdots\cdots\cdots\cdots\cdots (9\text{-}57)$$

と$g(x)$は$x - V_s$にオフセットされ，V_sを中心に(つまり$-2V/+2V$それぞれを中心として)バラツキます．このようすを**図9-23**に示します．このV_sとV_nは実効値電圧レベルであり，一般的に用いられる定義，**電力としてのSN比はV_s^2/V_n^2**になります．

▶ **エラーの発生確率を積分で求める**

図9-23のように，データ"0"(本来$+2V$)が，バラツキにより$0V$のスレッショルドを超えて，データ"1"($< 0V$)に誤る確率$Prob(1|0)$は，**図9-23**のガウス分布のビット判定が誤る部分の積分になり，

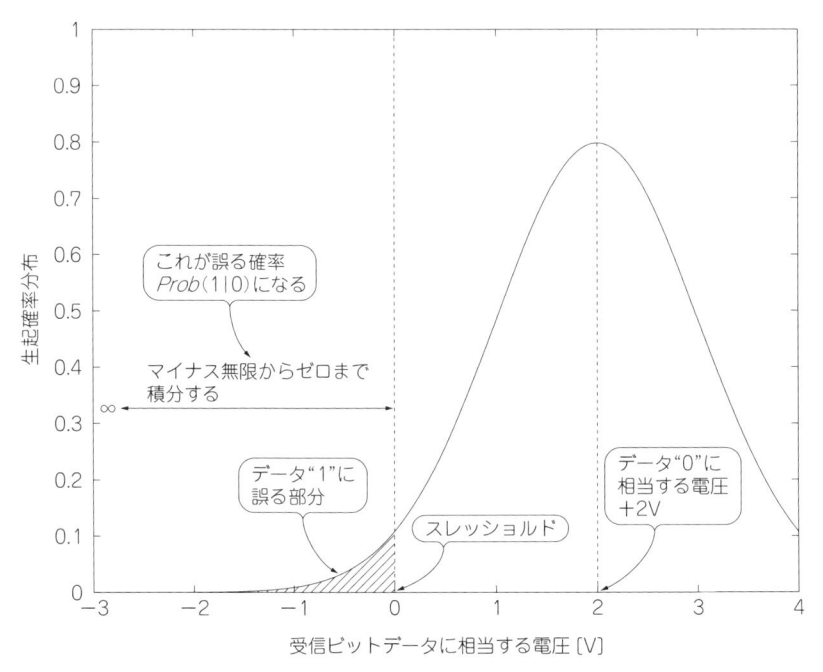

[図9-23] バラツキによりスレッショルドを超えて，データ"0"がデータ"1"に誤る確率はガウス分布でのビット判定が誤る部分の積分になる

$$Prob(1\,|\,0) = \frac{1}{\sqrt{2\pi}V_n} \int_{-\infty}^{0} e^{-\{(x-V_s)^2/2V_n^2\}} dx \quad \cdots\cdots\cdots\cdots\cdots\cdots\cdots\cdots\cdots (9\text{-}58)$$

（手書き注記：「0Vまで」「マイナス∞から」）

となります．送信ビットがランダム・データとすれば，データ"0"が生じる確率は1/2，データ"1"も同じ1/2になることから，全体のエラーの発生確率は，上記の式(9-58)の1/2+1/2=1となり，結局この式でビット・エラーの発生確率を求めることができます[※16]．

● 【ディジタル変復調】16値QAM変調方式の送信電力を求めてみよう

　無線変調方式にはASK(Amplitude Shift Keying)，FSK(Frequency Shift Keying)，PSK(Phase Shift Keying)など各種あります．振幅が一定なこれらの方式ならば電力を計算するのは簡単ですが，複数の振幅量がある方式，ここでは図9-24(a)のような16値QAM(Quadrature Amplitude Modulation)の平均電力を，BPSK(Binary Phase Shift Keying)との比較として考えてみましょう．

　QAMは図9-24(b)のように，$\cos\omega t$の信号を同図①のX軸方向の成分で振幅変調したものと，$\sin\omega t$の信号を同図②のY軸方向の成分で振幅変調したものを足し合わせて変調波形を得ます．

▶ 一定振幅のBPSKの場合

　一定振幅のBPSKの場合は，振幅尖頭値が$\sqrt{2}\,A$[V]であれば，実効値はAであり，負荷抵抗をRとすれば，送信電力P_{BPSK}は$P_{BPSK}=A^2/R$になります．

▶ 振幅が変化する16値QAMの場合をBPSKと同じ電力にしてみる

　一方で16値QAMの場合には，X軸の振幅はB[V]と$3B$[V]の2種類があります．16値QAMの基本振幅量(実効値)をここではBとして仮に考えます．電波法で最大送信電力は決まっていますので，これがA^2/Rと同じ電力になるように振幅Bを調整する必要があります．

　$\cos\omega t$を振幅変調するX軸成分[※17]の平均電力P_Xは，

$$P_X = \frac{1}{2}\cdot\frac{B^2}{R} + \frac{1}{2}\cdot\frac{(3B)^2}{R} \quad \cdots\cdots\cdots\cdots\cdots\cdots\cdots\cdots\cdots\cdots\cdots\cdots (9\text{-}59)$$

となります．送信ビットがランダム・データとすれば，振幅1の$\pm B$[V]ぶんの発生確

※16：と説明したが，この積分は簡単に計算できるものではなく，実際は変換表やソフトウェア・ツール(数値計算ソフト)に頼るのが現実的．

※17：無線通信技術ではX軸をI相(In Phase)，Y軸をQ相(Quadrature Phase)という．

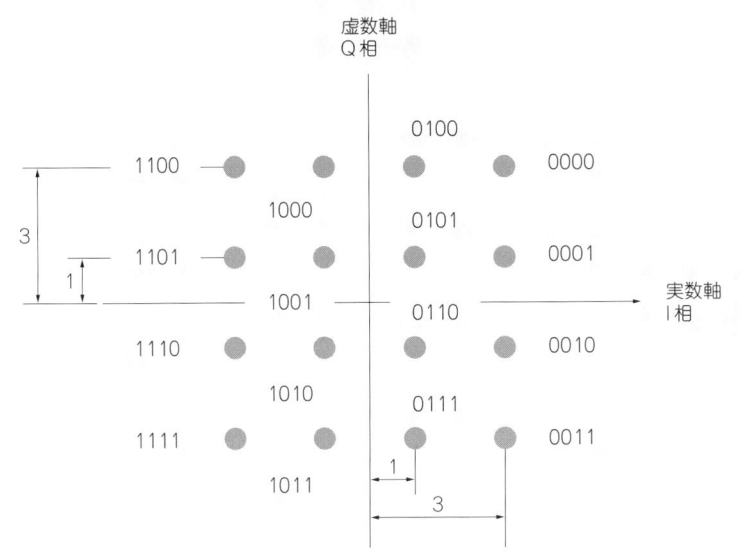

(a) 16値QAMの信号位置を複素平面で表示してみる
(本文の説明では，この大きさに基本振幅量Bを用いて$\sqrt{2}B$倍する)

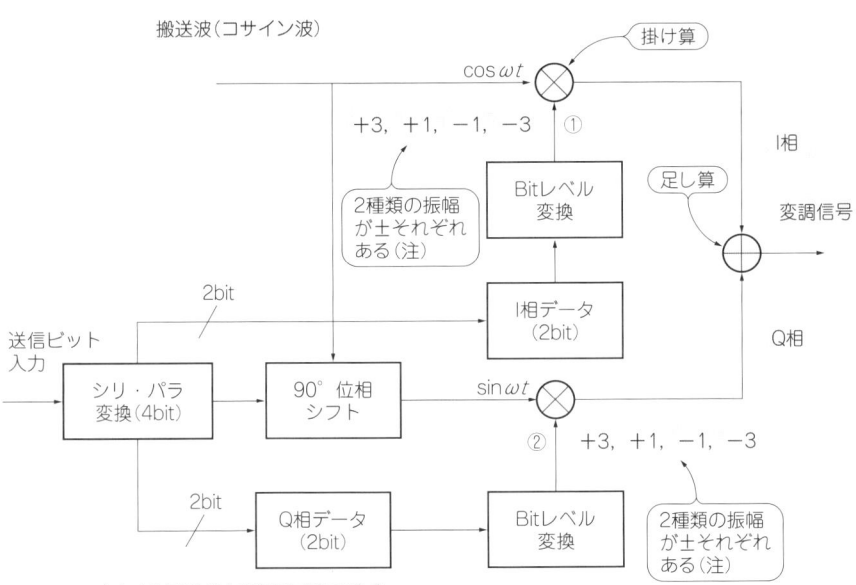

(b) 16値QAMの変調回路の構成
(注：本文の説明では，この大きさに基本振幅量Bを用いて$\sqrt{2}B$倍する)

[図9-24] 16値QAM変調方式

率が1/2，振幅3の±3B[V]ぶんの発生確率が1/2なので，このように計算できます．
　$\sin \omega t$のY軸成分の平均電力P_Yも同じ量になり，このP_X，P_Yは相関のない信号同士[詳しくは参考文献(19)などを参照いただきたい]なので，本章9-1節のp.260「雑音量の計算」と同じく，電力の足し算になります．つまり全体の平均電力P_{16QAM}は，

$$P_{16QAM} = P_X + P_Y = 2\left\{\frac{1}{2}\cdot\frac{B^2}{R} + \frac{1}{2}\cdot\frac{(3B)^2}{R}\right\} = \frac{10B^2}{R} \quad\cdots\cdots\cdots\cdots(9\text{-}60)$$

ここで$P_{BPSK} = P_{16QAM}$としたいので，

$$\underbrace{\frac{A^2}{R}}_{P_{BPSK}} = \underbrace{\frac{10B^2}{R}}_{P_{16QAM}}, \quad B^2 = \frac{A^2}{10}, \quad B = \frac{A}{\sqrt{10}} \quad\cdots\cdots\cdots\cdots\cdots\cdots\cdots\cdots(9\text{-}61)$$

となりますから，16値QAMの送信電力をBPSKと同じにするには，16値QAMの振幅実効値は$A/\sqrt{10}$[V]と$3A/\sqrt{10}$[V]，振幅尖頭値は$\sqrt{2}A/\sqrt{10}$[V]と$3\sqrt{2}A/\sqrt{10}$[V]になります．$\sqrt{10}$がポイントです．

● 【電波伝搬】電界強度とEIRPの関係
　空間の電界強度から，送信アンテナで放射される電力を求めるには，アンテナが全方向に対して利得が等しいと仮定することで簡単に計算できます．これで求める電力を**等価等方放射電力**; EIRP (Effective Isotoropic Radiated Power) と呼びます．

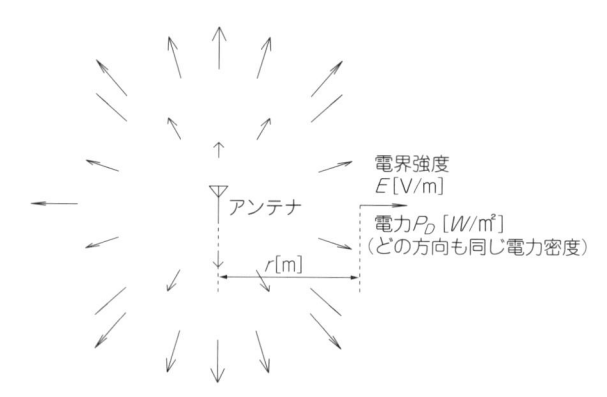

[図9-25] アンテナから全方向に向けて等しく電力Pが放射されている

これを計算するには，第12章12-6のp.412「電界と磁界の関係から空間の固有インピーダンスを求めてみる」でも改めて示しますが，電波が空間を伝わっていくときに必要な真空の空間固有インピーダンス Z_{space} というものが深く関係します．$Z_{space} = \sqrt{\mu_0/\varepsilon_0} = 120\pi [\Omega]$です．

▶ 距離 r における電界強度から，アンテナの放射電力を計算する

図9-25のようにアンテナから全方向に向けて等しく電力が放射されていると考えます（実際には必ず指向性が出て，こうなることはないのだが）．また図のようにアンテナから r[m]だけ離れているところでの電界強度が E[V/m]だとします．半径 r の球面を考えれば，この表面ではどこでも電界強度 E[V/m]は等しくなります．

この球面表面での単位表面積において，オームの法則の電力計算と同様に，単位面積電力 P_D(Power-Density)を計算すると[※18]，

$$P_D = \frac{E^2}{Z_{free}} = \frac{E^2}{120\pi} [W/m^2] \quad \cdots\cdots (9\text{-}62)$$

となります．上記の球の表面積 S[m^2]は，$S = 4\pi r^2$ なので，球の表面積全体で積分してみると，アンテナから放射される電力（つまりEIRP）P_{EIRP} は，

$$P_{EIRP} = \int_{Surface} \frac{E^2}{120\pi} ds = \frac{SE^2}{120\pi} = \frac{\overset{\text{積分結果}}{4\pi r^2} E^2}{30 \cdot 120\pi} = \frac{r^2 E^2}{30} [W] \quad \cdots\cdots (9\text{-}63)$$

と求めることができます（逆に電界 E は $E = \sqrt{30 P_{EIRP}}/r$ とも計算できる）．ここで $\int_{Surface} ds$ は球の表面全体で積分する（球表面の面積分; Integral-surface）ということです．

ちなみに上記の式に，免許不要な微弱無線設備の電界強度のリミット値（$r = 3$m で $E = 500\mu$V/m）を代入して計算してみると $P_{EIRP} = 75$nW（-41.25dBm）となります．

※18：これはポインチング・ベクトル（John Henry Poynting, 1852-1914）と呼ばれ，電力密度として考えられる．電界ベクトル $\vec{E}$ と磁界ベクトル $\vec{H}$（ただしそれぞれ実効値）で表すと $P_D = |\vec{E} \times \vec{H}|$．

Column 9

高周波はどこから高周波？

　一体何MHzから高周波なのでしょうか．ビデオ回路の周波数を越えるあたりかもしれません．ミリ波関連だと「数GHz」も低周波と言ったりします．つまり一般的な定義はないのかもしれません．

　高周波が難しいと言われるのは「不確定要素が影響を与えてくる」からです．もともとの回路に浮遊容量や寄生インダクタンス，さらには電子伝導度など，無視できていた要素が影響を与えるようになるからです(0.1pFも1MHzでは無視できるが，100GHzでは絶対に無視できない大きさになる)．しかしこれらの要素を適切にモデル化して検討していけば，難しい技術といえども，少しずつ歯が立ってくる，高周波を目に見える低周波として考えられるといえます．

　次の章の伝送線路も同じです．逆の視点ですが，過去に強電関連の受験雑誌で読んだ「鉄塔に落雷したときの雷サージ電圧が伝搬するようすを，送電線を伝送線路と見立てて微分方程式で計算する」という驚異的話題も，「分布定数」という概念を送電線に持ち込んだということで，高周波伝送線路の考え方とまったく同じなのだと思いました(図9-Aのようにケーブル自体のインダクタンスと，ケーブルと大地間の対地容量で分布定数を考える)．

　それから数年，参考文献(20)にある同様な挿絵「50/60Hzの長距離UHV(Ultra High Voltage)送電線も高周波と同じ伝送線路」を見て，「我が意を得たり」という気持ちでした．ここでも「本質の議論としては，回路網の計算をしているのは何らかわりない」ということですね．

図9-A　「送電線も高周波？」送電線を伝送線路と見てみれば回路網の計算としてはまったく同じ

電子回路設計のための電気/無線数学

第10章

伝送線路の計算もちょちょいのちょい

❖

「伝送線路」といっても別に電車が走っている訳ではありませんし，
奇奇怪怪なものでもありません．単に電気的なサイン波が振動する速さと，
信号が伝わる速度が無視できない長さを持つ，
長さを考慮しなければならない配線/回路なのです．
ここでは高周波回路的視点で伝送線路を考えていきます[※1]．

❖

10-1　伝送線路と分布定数の意味合いを考えよう

● 伝送線路とはなんだろう

　なんのことはない，電気を伝える線ということです．ただ伝送する信号の波長 $\lambda = c/f$（ただし c は光速，f は周波数）に対して，概ね $1/20\lambda$ 以上の長さのものだといえるでしょう．つまり信号の波長が気になる長さということです．伝送線路は電気の振る舞いを「波」として扱うものです．

　実際には，同軸ケーブル，マイクロ・ストリップ・ラインなどが主たるところですが，数10MHz以上で動作するCPUのバスライン，100BASE-Tなどの長距離/高速伝送のデータ伝送線もれっきとした伝送線路になります（図10-1）．

▶ 波も交流もみなおなじ

　私も高校の物理の授業のときに，波の動きを図10-2のような実験器具を用いて勉強した記憶を今でも鮮やかに覚えています．実験器具の端となる部分を固定させておくと，その固定した点を「節(ふし)」として波が発生し，自由に開放しておくと，そ

※1：本章の前半部分は，文献(47)からかなりの部分を引用し，大きく加筆修正している．なお文献(47)は過渡現象論から分布定数を考えて構成してあるので，本節の定常状態から分布定数を考える説明と読み比べていただくと興味深いと思われる．

(a) 同軸ケーブル

(b) マイクロ・ストリップ・ライン
- SMAコネクタの端子
- マイクロ・ストリップ・ライン型LPF
- マイクロ・ストリップ・ライン
- 基板の下層は全面グラウンドになっている

(c) CPUのバス・ライン
- マイクロ・ストリップ・ラインになっている
- 基板の内層は全面グラウンドになっている

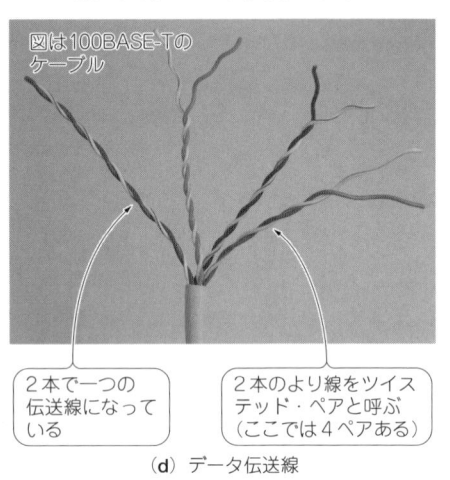

(d) データ伝送線
- 図は100BASE-Tのケーブル
- 2本で一つの伝送線になっている
- 2本のより線をツイステッド・ペアと呼ぶ（ここでは4ペアある）

[図10-1] 伝送線路の仲間

の端が「腹」となる波が発生します．

　この実験器具や楽器の弦の振動，水面上の波，音波，そして伝送線路での交流の電気信号（さらには電波も），そのすべては物理的には同じ波動です．これから説明する伝送線路での電気信号の振る舞いは，目には見えない電気かもしれませんが，波の振動とまったく同じと考えれば，かなりのリアリティで実感できると思います．

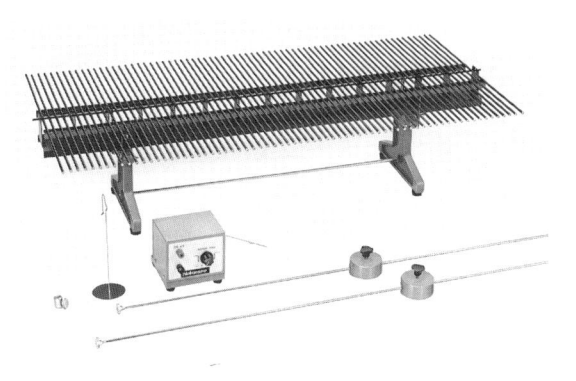

[図10-2] 波の動きを実験で実際に見た思い出(その実験器具)

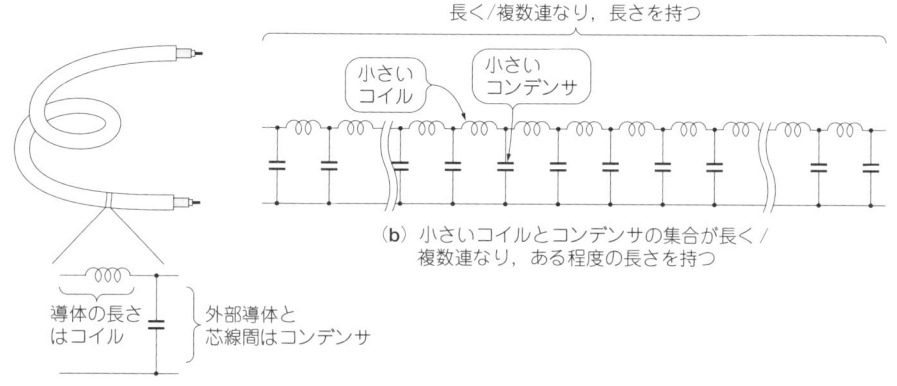

(a) 同軸ケーブルを細かく分けてみると，長さは小さいコイル，外部導体と芯線間は小さいコンデンサになる

(b) 小さいコイルとコンデンサの集合が長く／複数連なり，ある程度の長さを持つ

[図10-3] 同軸ケーブルとその等価回路(簡単化のため抵抗分は無視している)

▶ 長さはコイル，近接した面はコンデンサ……そして分布定数

導体があって，それがある長さがあると，コイルになります．近接した導体同士はコンデンサになります．図10-1で示した同軸ケーブルでこのことを考えてみましょう．

図10-3(a)は同軸ケーブルを細かく分けてみたものです．「長さ」は小さいコイル(インダクタンス)になり，「外部導体と芯線間」は小さいコンデンサ(容量)になります(簡単化のため抵抗分は無視している)．これは第8章8-3のp.245の「同軸ケーブルの円筒間の容量とインダクタンスを求めてみる」で示したとおりです．

10-1 伝送線路と分布定数の意味合いを考えよう | 291

それではこの同軸ケーブル，小さいコイルとコンデンサの集合が長く/複数連なり，ある程度の長さを持つ状態を考えてみましょう．図10-3(b)は同図(a)が多数連なる，つまりある程度の長さをもつ状態です．「連なって」いることを，小さい部品が「分布している」と考えます．これを定数が分布している回路，「分布定数回路」といいます．

10-2　分布定数回路の特性インピーダンスを求めてみよう

● 微分と同じように細かい区間 *dx* で考える

図10-3(a)の回路で**単位長**あたりのコイルのインダクタンスをL_u(L-unit)，**単位長**あたりのコンデンサの容量をC_u(C-unit)とし，図10-4のように書き直してみます．

ここでは細かく分けた長さをdx，信号は交流の正弦波で定常状態であるとし，入力の電圧をV, 電流をI, また出力の電圧を$V + dV$(dxにおける電圧変化量をdV)，電流を$I + dI$(dxにおける電流変化量をdI)として考えます．微小長dx部分のインダクタンスは$L_u dx$，容量は$C_u dx$になります（それぞれ単位長の大きさに微小長dxをかけて，その微小長ぶんの量を考えている）．

▶ 長さdxでの電圧変化量dVを考える

この入力から出力での電圧変化量dVを考えてみましょう．図10-4のように周波数ωの交流電流I(正弦波で定常状態の信号)が流れると，直列成分の$L_u dx$により電

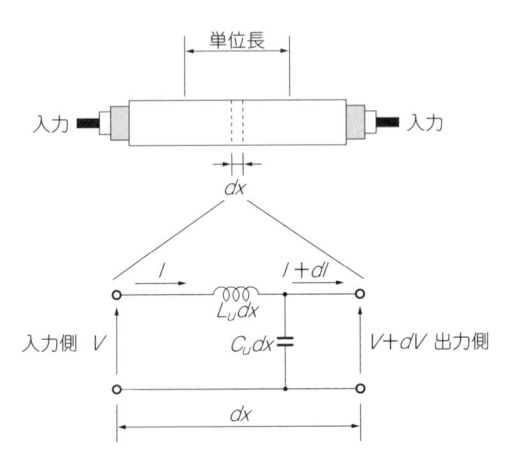

[図10-4] 同軸ケーブルの微小部分の等価回路(簡単化のため抵抗分は無視している)

圧降下が生じます．電圧降下は「電圧変化量」とすればマイナスになりますから，

$$dV = -j\omega L_u dx \cdot I, \quad \frac{dV}{dx} = -j\omega L_u I \quad \cdots\cdots\cdots (10\text{-}1)$$

とマイナス符号になります．$j\omega$ で式が立てられているのは，リアクタンス量として定常状態で考えるからです．この式で $\frac{dV}{dx}$ としたものは単位長あたりの変化（電圧降下）に相当しています．

▶ 長さ dx での電流変動量 dI を考える

さらに入力から出力での電流変化量 dI を考えてみましょう．同じく図 10-4 のように，電流量がこの区間で変化するということは，グラウンド側に逃げること，つまり $C_u dx$ に電流が流れることになります．図 10-4 のように周波数 ω の交流電圧 $V+dV$ により並列成分の $C_u dx$ を通して電流が流れる量は，変動量 dI とすれば減少するのでマイナスになりますから，

$$dI = -\frac{V+dV}{\frac{1}{j\omega C_u dx}} = -j\omega C_u dx \cdot (V+dV) \simeq -j\omega C_u dx \cdot V,$$

$$\frac{dI}{dx} = -j\omega C_u V \quad \cdots\cdots\cdots (10\text{-}2)$$

とマイナス符号になります．$\frac{dI}{dx}$ としたものは単位長あたりの変化（電流減少量）に相当しています．また $dx \cdot dV$ は非常に小さな大きさなので，無視してしまいます．

● V と I の振る舞いを微分方程式にまとめてみる

式 (10-1) を位置 x でもう 1 回微分して，式 (10-2) を代入してみます．

$$\frac{d^2 V}{dx^2} = -j\omega L_u \frac{dI}{dx} = -j\omega L_u \cdot (-j\omega C_u V) = -\omega^2 L_u C_u V \quad \cdots\cdots\cdots (10\text{-}3)$$

つぎに式 (10-2) も x でもう 1 回微分して，式 (10-1) を代入してみます．

$$\frac{d^2 I}{dx^2} = -j\omega C_u \frac{dV}{dx} = -j\omega C_u \cdot (-j\omega L_u I) = -\omega^2 L_u C_u I \quad \cdots\cdots\cdots (10\text{-}4)$$

これらをまとめておくと，

$$\frac{d^2V}{dx^2} = -\omega^2 L_u C_u V, \quad \frac{d^2I}{dx^2} = -\omega^2 L_u C_u I$$

となります．いずれにしてもこれらは2階微分方程式になっています．この形を**波動方程式**といいます．

▶ 波動方程式という微分方程式の解を求める

式(10-3)の解の候補として以下を考えてみます．変数が位置xなので，$V(x)$としてあります．

$$V = V(x) = V_s e^{\gamma x} \quad \cdots\cdots\cdots\cdots\cdots\cdots\cdots\cdots\cdots\cdots\cdots\cdots\cdots\cdots\cdots\cdots\cdots (10\text{-}5)$$

ここでV_sはVとして加わる信号源波形（V-source），γは任意の定数[※2]です．この式(10-5)を1階，2階と微分してみると，

$$\frac{dV(x)}{dx} = \gamma V_s e^{\gamma x}, \quad \frac{d^2V(x)}{dx^2} = \gamma^2 V_s e^{\gamma x} = \gamma^2 V(x) \quad \cdots\cdots\cdots\cdots\cdots (10\text{-}6)$$

となります．「e^xは何度微分しても同じ」ことを仮説の基本として，式(10-3)につじつまが合うような解を，仮説から探し出すようなものです[※3]．ここで式(10-3)と式(10-6)を比較してみると，γだけを考えればよいことがわかり，

$$\gamma^2 = -\omega^2 L_u C_u, \quad \gamma = \pm j\omega\sqrt{L_u C_u} \quad \cdots\cdots\cdots\cdots\cdots\cdots\cdots\cdots (10\text{-}7)$$

γには二つの候補があることがわかります．またγは虚数になり，$V_s e^{\gamma x}$は$e^{j\theta}$の形になるので「位置xにより，位相が変動するのではないか？」と，ここでも次のステップとなる仮説を立てることができます．

● $V(x)$が伝わるようすを考える

$\gamma = -j\omega\sqrt{L_u C_u}$の解だけを考えてみましょう．信号源を$V_s = Ae^{j\omega t}$として（$A$は振幅尖頭値相当のスカラー量，$t$は時間．$e^{j\omega t}$を使っているのは，定常状態である

[※2]：γは記号としては別にaでもkでもいいが，一般的にこの波動の説明ではγが記号として用いられている．本書を通じて説明しているように，本質としては変数の記号は何でもよい．

[※3]：詳しい証明は微分方程式の教科書を参照いただきたい．参考文献(41)あたりが良いかと思われる．式(10-5)の解以外にも$f(x-vt) + g(x+vt)$とか$f(t-x/v) + g(t+x/v)$というものもある．$f(x)$，$g(x)$は任意の関数，vは伝搬速度．つまりどんな波形でも伝わっていくということ．

正弦波で考えているから），式(10-5)に当てはめてみると，

$$V(x,t) = \underbrace{V_s e^{-j\omega\sqrt{L_u C_u}x}}_{\gamma \cdot x} = \overbrace{Ae^{j\omega t}}e^{-j\omega\sqrt{L_u C_u}x} = Ae^{j\omega\left(t-\sqrt{L_u C_u}x\right)} \quad \cdots\cdots (10\text{-}8)$$

となります．こんどは $V(x,t)$ になっていますが，変数は位置 x と時間 t（$V_s = Ae^{j\omega t}$ が加わったことによる）がある，という意味あいです．

▶ 波の伝わる方向と位相速度 v_p

いずれにしても $V(x,t)$ も $e^{j\theta}$ の形であり，ここで $\omega(t-\sqrt{L_u C_u}x) = \theta$ が一定というときの x と t の条件を考えると，これは図10-5のように波の同じ位置を連続して指し示すことになります．たとえば位相ゼロのところがどうなるかを考えると，

$$\omega\left(t - \sqrt{L_u C_u}x\right) = 0, \quad t = \sqrt{L_u C_u}x, \quad x = \frac{t}{\sqrt{L_u C_u}} \quad \cdots\cdots\cdots (10\text{-}9)$$

と，波の頂点が速度 v_p（これを位相速度[※4]という；Velocity-phase），

$$v_p = \frac{x}{t} = 1/\sqrt{L_u C_u}\ [\text{m/sec}] \quad \cdots\cdots\cdots\cdots\cdots\cdots\cdots\cdots (10\text{-}10)$$

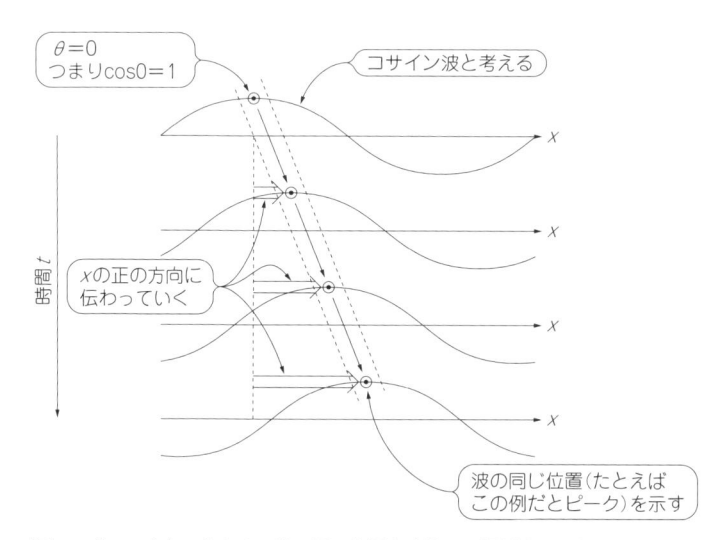

[図10-5] θ 一定というのは，波の同じ位置を連続して観測すること

※4：電気信号とはいえ光の速度より遅くなる．同軸ケーブルの場合，何と光速の60〜70％程度になってしまう．この率を波長短縮率と呼び，$100 \times v_p/c$ [％]（ただし c は光速）で表す．

で x の正の方向に伝わっていく電圧の波：進行波 $V_f(x,t)$（V-forward）であることがわかります．

進行波は**信号源から負荷側に伝わる，本来伝送されるべき信号**の成分です（図10-6参照）．

▶ **反対方向へ伝わる波との足し算**

解は $\gamma = +j\omega\sqrt{L_u C_u}$ もあります．これもここまでの説明を繰り返すと，

$$V(x,t) = \underbrace{V_s e^{+j\omega\sqrt{L_u C_u}x}}_{\gamma \cdot x} = Be^{j\omega t}e^{+j\omega\sqrt{L_u C_u}x} = Be^{j\omega\left(t+\sqrt{L_u C_u}x\right)} \quad \cdots\cdots(10\text{-}11)$$

となり，$\theta = 0$ だと $x = -t/\sqrt{L_u C_u}$ なので，速度 v_p で x の**負の方向に伝わっていく電圧の波：反射波** $V_r(x,t)$（V-reverse）であることがわかります．なお振幅（尖頭値相当）は A とは別モノなので，B としてあります[※5]．

反射波は**負荷側で進行波が反射し信号源に戻ってくる，負荷に伝達されない信号の成分**です（図10-6参照）．

進行波と反射波，それぞれを個別な波として考えると，実際の振る舞いとしては二つの波の足し算だといえ，合成波 $V_{all}(x,t)$ は，

$$\begin{aligned}V_{all}(x,t) &= V_f(x,t) + V_r(x,t) \\ &= \underbrace{Ae^{j\omega\left(t-\sqrt{L_u C_u}x\right)}}_{進行波} + \underbrace{Be^{j\omega\left(t+\sqrt{L_u C_u}x\right)}}_{反射波} \quad \cdots\cdots(10\text{-}12)\end{aligned}$$

と表すことができます．

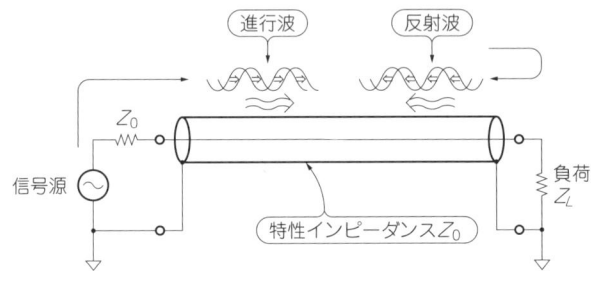

[図10-6] 進行波と反射波の考え方

※5：ここでは読者の混乱をさけるため，B はスカラー量としている．しかし，本章の以後で反射係数 Γ で位相量もふくめて A，B の関係が決まるため，あとで改めて複素数量として定義しなおす．A も同じ．

▶ $I(x)$も全く同じ話（でも引き算）

ここまでの話を$I(x)$に対して適用してみると，式(10-4)を使えば，まったく同じ話で，

$$I_f(x,t) = Ce^{j\omega\left(t-\sqrt{L_u C_u}x\right)} \quad \cdots\cdots\cdots\cdots\cdots\cdots\cdots\cdots\cdots\cdots (10\text{-}13)$$

$$I_r(x,t) = De^{j\omega\left(t+\sqrt{L_u C_u}x\right)} \quad \cdots\cdots\cdots\cdots\cdots\cdots\cdots\cdots\cdots\cdots (10\text{-}14)$$

$$\begin{aligned} I_{all}(x,t) &= I_f(x,t) - I_r(x,t) \\ &= Ce^{j\omega\left(t-\sqrt{L_u C_u}x\right)} - De^{j\omega\left(t+\sqrt{L_u C_u}x\right)} \end{aligned} \quad \cdots\cdots\cdots\cdots (10\text{-}15)$$

引き算！注意
進行波　反射波

となります．ここで式(10-15)が足し算ではなく**引き算**なのは，**図10-7**のように電流は進行波と反射波で**流れる方向が逆**だからです．振幅（尖頭値相当）の変数はスカラー量のC，Dになっていますが（これも※5と同じ），これらは以下に示すように電圧A，Bと**特性インピーダンス**（Characteristic Impedance）Z_0で関係づけられます．

● 特性インピーダンスZ_0をいよいよ求める

▶ $V(x)$と$I(x)$の関係，つまりインピーダンスZを考える

ではここから$V(x)$と$I(x)$の関係，つまりインピーダンスZを求めてみましょう．

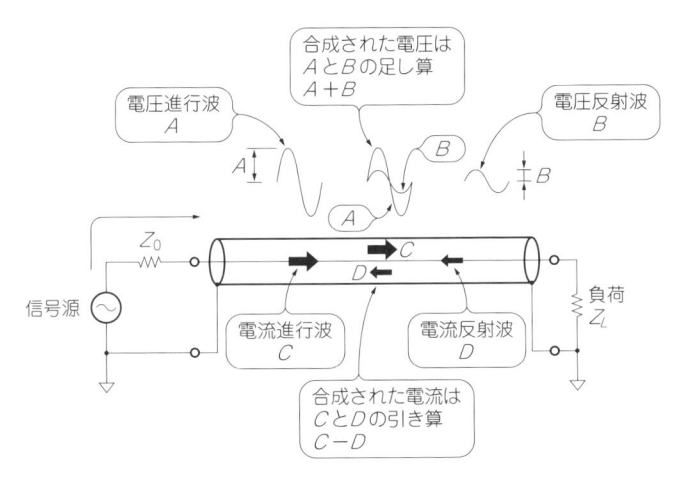

[図10-7] 電圧は足し算だが電流は引き算

単純化のため，進行波 $V_f(x,t)$，$I_f(x,t)$ だけしかない（反射波がない）状態を考えます．ちなみに $V_r(x,t)$ が入っても同じことです．

式(10-1)の $\dfrac{dV}{dx} = -j\omega L_u I$ に，式(10-8)の $V(x,t)$ を進行波 $V_f(x,t)$ として代入してみると，

$$\dfrac{dV_f(x,t)}{dx} = \dfrac{d}{dx}\underbrace{Ae^{j\omega(t-\sqrt{L_uC_u}x)}}_{\text{式(10-8)}} = -j\omega\sqrt{L_uC_u}Ae^{j\omega(t-\sqrt{L_uC_u}x)}$$

$$= \underbrace{-j\omega L_u I_f(x,t)}_{\text{式(10-1)右辺}}, \quad \text{これを } I_f \text{ で解く}$$

$$\therefore \quad I_f(x,t) = \dfrac{\sqrt{L_uC_u}Ae^{j\omega(t-\sqrt{L_uC_u}x)}}{L_u} = Ce^{j\omega(t-\sqrt{L_uC_u}x)} \quad \cdots(10\text{-}16)$$

と $I_f(x,t)$ が求まります．これを使ってインピーダンス Z を求めてみると，

$$Z = \dfrac{V_f(x,t)}{I_f(x,t)} = \dfrac{Ae^{j\omega(t-\sqrt{L_uC_u}x)}}{\dfrac{\sqrt{L_uC_u}Ae^{j\omega(t-\sqrt{L_uC_u}x)}}{L_u}} = \dfrac{L_u\sqrt{L_u}}{\sqrt{L_uC_u}} = \sqrt{\dfrac{L_u}{C_u}}\ [\Omega] \quad \cdots\cdots(10\text{-}17)$$

が得られます．これを**特性インピーダンス**といいます．Z_0 という記号が使われます．また式(10-16)より，

$$\dfrac{\sqrt{L_uC_u}Ae^{j\omega(t-\sqrt{L_uC_u}x)}}{L_u} = Ce^{j\omega(t-\sqrt{L_uC_u}x)} \quad \leftarrow \text{式(10-16)}$$

$$C = \dfrac{\sqrt{L_uC_u}Ae^{j\omega(t-\sqrt{L_uC_u}x)}}{L_u e^{j\omega(t-\sqrt{L_uC_u}x)}} = \sqrt{\dfrac{C_u}{L_u}}A = \dfrac{A}{Z_0} \quad \cdots\cdots\cdots\cdots\cdots\cdots\cdots(10\text{-}18)$$

と $C = A/Z_0$ が求まり，D についても同じように $D = B/Z_0$ という関係になります．これらにより $I_{all}(x,t)$ は，

$$I_{all}(x,t) = I_f(x,t) - I_r(x,t)$$

$$= \underset{C\nearrow}{\dfrac{A}{Z_0}}e^{j\omega(t-\sqrt{L_uC_u}x)} - \underset{D\nearrow}{\dfrac{B}{Z_0}}e^{j\omega(t+\sqrt{L_uC_u}x)} \quad \cdots\cdots\cdots\cdots\cdots(10\text{-}19)$$

と表せます．

▶ **ここで求めた特性インピーダンス Z_0 は何者か**

ここで非常に興味深いことは，インダクタンスや容量があっても，Z_0 は「周波

数には依存しない」ということです．なお以下に示すように，逆に信号源/負荷インピーダンスがZ_0に**等しくないと，インピーダンス変換**されてしまいます（以後でも示すが，回路設計ではこのインピーダンス変換を積極的に利用する）．ポイントとして，

「分布定数回路でのZ_0は電力を消費するものではなく，分布定数回路上の**電圧と電流との関係を示すもの**」

になります．つまり電力をロスすることなく伝送できる線路だということです．

なお本書の説明では，簡単化のため抵抗分は無視しています．この抵抗分が電力を実際にロスする要素になります．数式としては抵抗分があった場合でも，その項を付け加えて同じように計算していけばいいのです（計算は難しくなるが）．

● まとめ……覚えるポイントは二つだけ

式として重要なところをまとめてみましょう．分布定数回路の計算で，普段必要なのは実は二つだけです．

$$Z_0 = \sqrt{\frac{L_u}{C_u}}\ [\Omega], \quad v_p = \frac{1}{\sqrt{L_u C_u}}\ [\text{m/sec}]$$

第8章8-3，p.245でも，円筒同軸導体（同軸ケーブル）のインダクタンスと容量を求めましたが，ケーブルの軸寸法構成や中の絶縁材料が変わるとL_u，C_uが変わり，Z_0，v_pも変わることになります．

10-3　伝送線路/分布定数回路の負荷がかわるとどうなるか

● 負荷がマッチングしていないときの伝送線路上のインピーダンス変化を計算する

伝送線路上の電圧と電流は，進行波と反射波の足し算および引き算として，

$$V(x,t) = V_f(x,t) + V_r(x,t) = Ae^{j\omega\left(t-\sqrt{L_u C_u}x\right)} + Be^{j\omega\left(t+\sqrt{L_u C_u}x\right)}$$

$$I(x,t) = I_f(x,t) - I_r(x,t) = \frac{A}{Z_0}e^{j\omega\left(t-\sqrt{L_u C_u}x\right)} - \frac{B}{Z_0}e^{j\omega\left(t+\sqrt{L_u C_u}x\right)}$$

$$Z_0 = \sqrt{\frac{L_u}{C_u}} \quad \cdots\cdots\cdots\cdots\cdots\cdots\cdots\cdots\cdots\cdots\cdots[式(10\text{-}12)，式(10\text{-}10)，式(10\text{-}17)再掲]$$

と表されることを説明してきました（V_{all}, I_{all}だがallは取り去ってある）．**図10-8**のように伝送線路の終端位置$x = l$に，負荷インピーダンス$Z_L \neq Z_0$がつながっている

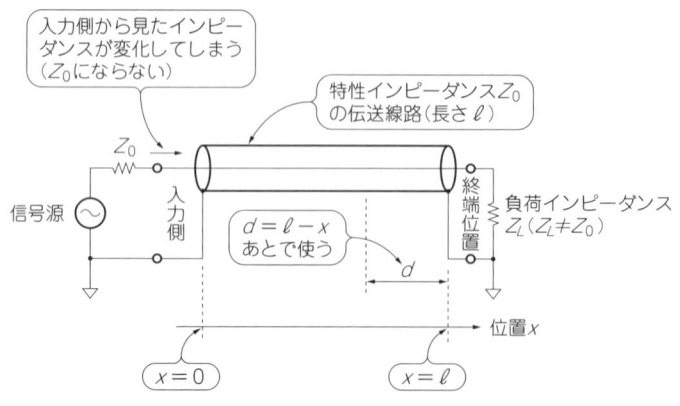

[図10-8] 長さ l の伝送線路（$Z_L \neq Z_0$）

場合（これを「ミス・マッチング」とか「整合していない状態」と言う），伝送線路を通して入力側から見たインピーダンスが変化してしまうのですが，このようすを上記の式を用いて示していきましょう．

▶ Z_L 端の電圧と電流の関係から係数を求める

まずわかりやすくするために，上記の式（10-12）と式（10-19）の時間変動部分 $e^{j\omega t}$ を簡単化し，$A_{ac} = Ae^{j\omega t}$，$B_{ac} = Be^{j\omega t}$（交流 = $_{ac}$ という添え字）としてみます．

$$V(x) = V_f(x) + V_r(x) = A_{ac}e^{-j\omega\sqrt{L_u C_u}x} + B_{ac}e^{j\omega\sqrt{L_u C_u}x} \quad \cdots\cdots (10\text{-}20)$$

$$I(x) = I_f(x) - I_r(x) = \frac{A_{ac}}{Z_0}e^{-j\omega\sqrt{L_u C_u}x} - \frac{B_{ac}}{Z_0}e^{j\omega\sqrt{L_u C_u}x} \quad \cdots\cdots (10\text{-}21)$$

次に図10-8の位置 $x = l$ での負荷インピーダンス Z_L の式を求めるために，

$$V_{load} = V(x)\Big|_{x=l} = A_{ac}e^{-j\omega\sqrt{L_u C_u}l} + B_{ac}e^{j\omega\sqrt{L_u C_u}l} \quad \cdots\cdots (10\text{-}22)$$

$$I_{load} = I(x)\Big|_{x=l} = \frac{A_{ac}}{Z_0}e^{-j\omega\sqrt{L_u C_u}l} - \frac{B_{ac}}{Z_0}e^{j\omega\sqrt{L_u C_u}l} \quad \cdots\cdots (10\text{-}23)$$

とします．この V_{load}，I_{load} は Z_L に加わる電圧と電流になり，当然ですがここでオームの法則が成り立たなくてはなりません（これを境界条件という）．つまり，

$$Z_L = \frac{V_{load}}{I_{load}} = \frac{A_{ac}e^{-j\omega\sqrt{L_u C_u}l} + B_{ac}e^{j\omega\sqrt{L_u C_u}l}}{\dfrac{A_{ac}}{Z_0}e^{-j\omega\sqrt{L_u C_u}l} - \dfrac{B_{ac}}{Z_0}e^{j\omega\sqrt{L_u C_u}l}} \qquad (10\text{-}24)$$

(式(10-右)で こちらへ移項)

がZ_Lのついている位置$x=l$のところで成り立つ必要があります.これからB/Aの比を,式(10-24)右辺の分母を左辺に移項して,さらにA_{ac}で割ることで計算してみると[※6],

$$\frac{Z_L}{Z_0}e^{-j\omega\sqrt{L_u C_u}l} - \frac{B_{ac}Z_L}{A_{ac}Z_0}e^{j\omega\sqrt{L_u C_u}l} = e^{-j\omega\sqrt{L_u C_u}l} + \frac{B_{ac}}{A_{ac}}e^{j\omega\sqrt{L_u C_u}l}$$

（右辺へ / 左辺へ / 移項する）

$$\frac{B_{ac}Z_L}{A_{ac}Z_0}e^{j\omega\sqrt{L_u C_u}l} + \frac{B_{ac}}{A_{ac}}e^{j\omega\sqrt{L_u C_u}l} = \frac{Z_L}{Z_0}e^{-j\omega\sqrt{L_u C_u}l} - e^{-j\omega\sqrt{L_u C_u}l}$$

（くくる / くくる）

$$\frac{B_{ac}}{A_{ac}}\left(\frac{Z_L}{Z_0} + 1\right)e^{j\omega\sqrt{L_u C_u}l} = \left(\frac{Z_L}{Z_0} - 1\right)e^{-j\omega\sqrt{L_u C_u}l}$$

（$\dfrac{B_{ac}}{A_{ac}}$で解くと）

$$\frac{B_{ac}}{A_{ac}} = \frac{Be^{j\omega t}}{Ae^{j\omega t}} = \frac{B}{A} = \frac{(Z_L - Z_0)e^{-j\omega\sqrt{L_u C_u}l}}{(Z_L + Z_0)e^{j\omega\sqrt{L_u C_u}l}} \qquad (10\text{-}25)$$

と計算できます.B/Aは$e^{j\omega t}$が消えていますから,単なる比になっています（※5参照.実際は複素数量).

▶ **任意の位置xでのインピーダンス$Z(x)$を求める**

伝送線路上の任意の位置xでのインピーダンス$Z(x)$は,式(10-17)の特性インピーダンスZ_0の考え方と異なり,反射波があることで変化します.式(10-20)および式(10-21)より,

$$Z(x) = \frac{V(x)}{I(x)} = Z_0 \frac{e^{-j\omega\sqrt{L_u C_u}x} + \dfrac{B}{A}e^{j\omega\sqrt{L_u C_u}x}}{e^{-j\omega\sqrt{L_u C_u}x} - \dfrac{B}{A}e^{j\omega\sqrt{L_u C_u}x}} \quad \begin{matrix}\leftarrow 式(10\text{-}20)\\ \leftarrow 式(10\text{-}21)\end{matrix} \qquad (10\text{-}26)$$

となり,式(10-25)のB/Aの関係を代入してみると,

[※6]：反射波がなければ$B/A=0$になる.このように$Z_L \neq Z_0$であれば,必ず進行波の一部が反射して反射波が生じる.この反射波があるからこそ,このZ_L端でV_{load}とI_{load}のつじつま（境界条件）が合うことになる.

$$Z(x) = Z_0 \frac{e^{-j\omega\sqrt{L_u C_u}x} + \dfrac{(Z_L - Z_0)e^{-j\omega\sqrt{L_u C_u}l}}{(Z_L + Z_0)e^{j\omega\sqrt{L_u C_u}l}} e^{j\omega\sqrt{L_u C_u}x}}{e^{-j\omega\sqrt{L_u C_u}x} - \dfrac{(Z_L - Z_0)e^{-j\omega\sqrt{L_u C_u}l}}{(Z_L + Z_0)e^{j\omega\sqrt{L_u C_u}l}} e^{j\omega\sqrt{L_u C_u}x}}$$

← 上下とも B/A

$$= Z_0 \frac{(Z_L + Z_0)e^{j\omega\sqrt{L_u C_u}(l-x)} + (Z_L - Z_0)e^{-j\omega\sqrt{L_u C_u}(l-x)}}{(Z_L + Z_0)e^{j\omega\sqrt{L_u C_u}(l-x)} - (Z_L - Z_0)e^{-j\omega\sqrt{L_u C_u}(l-x)}}$$

わかりやすくするために $P = \omega\sqrt{L_u C_u}(l-x)$ と置きかえて計算を続けると，

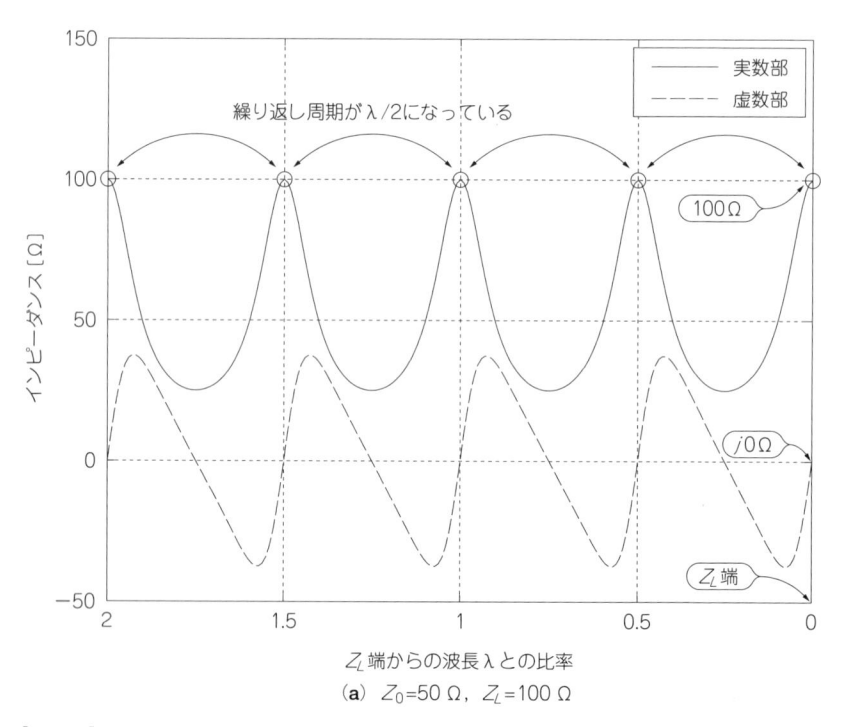

[図10-9] 長さ l の伝送線路 $(Z_L \neq Z_0)$ のインピーダンス変動

(a) Z_0=50 Ω, Z_L=100 Ω

$$Z(x) = Z_0 \frac{(Z_L + Z_0)e^{jP} + (Z_L - Z_0)e^{-jP}}{(Z_L + Z_0)e^{jP} - (Z_L - Z_0)e^{-jP}}$$

$$= Z_0 \frac{Z_L\left(e^{jP} + e^{-jP}\right) + Z_0\left(e^{jP} - e^{-jP}\right)}{Z_L\left(e^{jP} - e^{-jP}\right) + Z_0\left(e^{jP} + e^{-jP}\right)}$$

分母・分子に 1/2 を掛ける
また j も活用する

$$= Z_0 \frac{Z_L\left(\dfrac{e^{jP} + e^{-jP}}{2}\right) + jZ_0\left(\dfrac{e^{jP} - e^{-jP}}{2j}\right)}{jZ_L\left(\dfrac{e^{jP} - e^{-jP}}{2j}\right) + Z_0\left(\dfrac{e^{jP} + e^{-jP}}{2}\right)}$$

$$= Z_0 \frac{Z_L \cos P + jZ_0 \sin P}{jZ_L \sin P + Z_0 \cos P} = Z_0 \frac{Z_L + jZ_0 \tan P}{Z_0 + jZ_L \tan P},$$

↳うしろへ

$$\therefore Z(x) = Z_0 \frac{Z_L + jZ_0 \tan\left\{\omega\sqrt{L_u C_u}(l-x)\right\}}{Z_0 + jZ_L \tan\left\{\omega\sqrt{L_u C_u}(l-x)\right\}} \quad \cdots\cdots\cdots\cdots (10\text{-}27)$$

と $Z(x)$ が求まります．なお，上記の式 (10-27) の 3 行目から 4 行目は以下のとおりです．

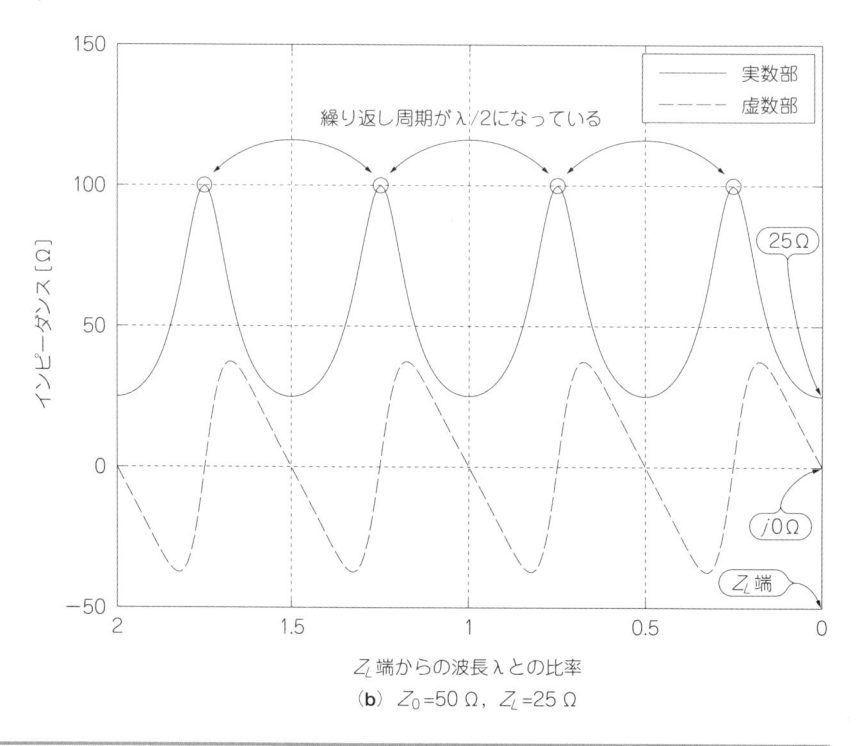

繰り返し周期が λ/2 になっている

実数部 / 虚数部

25Ω / j0Ω / Z_L 端

Z_L 端からの波長 λ との比率
(b) Z_0 =50 Ω，Z_L =25 Ω

$$\frac{e^{jP} + e^{-jP}}{2} = \frac{(\cos P + j\sin P) + \{\cos(-P) + j\sin(-P)\}}{2}$$

$$= \frac{(\cos P + j\sin P) + \{\cos(P) - j\sin(P)\}}{2} = \frac{2\cos P}{2} = \cos P$$

$$\frac{e^{jP} - e^{-jP}}{2j} = \frac{(\cos P + j\sin P) - \{\cos(-P) + j\sin(-P)\}}{2j}$$

$$= \frac{(\cos P + j\sin P) - \{\cos(P) - j\sin(P)\}}{2j} = \frac{2j\sin P}{2j} = \sin P$$

▶ Z_L から距離 d の条件としてまとめてみる

さらに変形してみます．ここまでは送端からの距離 x でしたが，図10-8の Z_L 端からの距離 d を $d = l - x$，$v_p = 1/\sqrt{L_u C_u}$ として，P 部分を，

$$P = \omega\sqrt{L_u C_u}(l-x) = \frac{2\pi f}{v_p} d = \frac{2\pi d}{\lambda} \quad (v_p = f\lambda) \quad \cdots\cdots(10\text{-}28)$$

と変形してみると，式(10-27)は Z_L 端からの距離 d を変数として，

$$Z(d) = Z_0 \frac{Z_L + jZ_0 \tan\left(\dfrac{2\pi d}{\lambda}\right)}{Z_0 + jZ_L \tan\left(\dfrac{2\pi d}{\lambda}\right)} \quad \cdots\cdots(10\text{-}29)$$

と計算できます．この式はいろいろなところで見かける，**非常に重要な式**です．

この式(10-29)から，「伝送線路上の，Z_L 端から距離 d のところで Z_L 側を見たインピーダンス $Z(d)$ は，d により変動する」ことがわかります．これを二つの条件（$Z_L = 100\Omega$，$Z_L = 25\Omega$）で，実数部（$\mathrm{Re}[Z(d)]$）と虚数部（$\mathrm{Im}[Z(d)]$）に分けたものを図10-9に示します．

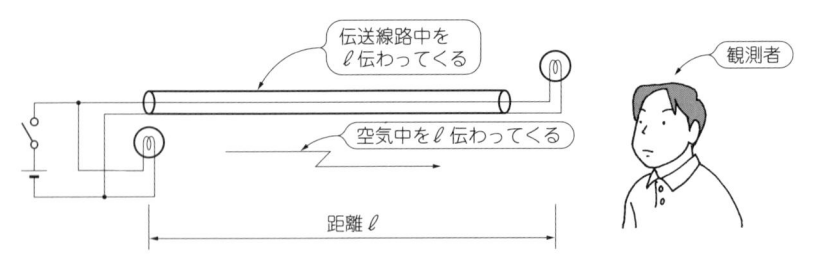

[図10-10] 観測者から見てどちらのランプが先に光る？

▶【大切なポイント】位相速度は光速よりも遅い

　図10-9のX軸は実際の距離dではなく，λとの比率として示してあります．$\lambda/2$で繰り返していることがわかります．注意点として，位相速度v_pは**光速よりも遅く**なるので，λは真空中の波長より短くなります．ちなみに**図10-10**は観測者から見て，どちらのランプが先に光るように見えるでしょうか？（私も実験したわけではないが）

● 反射係数と定在波と定在波比を計算してみる

　ところで図10-9(a)と(b)は，位置が$\lambda/4$だけずれているだけで，同じ振る舞いであることがわかります．「**実はZ_0とZ_Lの比が重要**」なのです．まずは定在波の話から始まって，なぜ「比が重要」になるのかを明らかにしていきましょう．

　進行波と反射波が合成された電圧$V(x)$は式(10-20)を用いて，

$$V(x) = A_{ac}e^{-j\omega\sqrt{L_uC_u}x} + B_{ac}e^{j\omega\sqrt{L_uC_u}x}$$
$$= A_{ac}\left(e^{-j\omega\sqrt{L_uC_u}x} + \frac{B}{A}e^{j\omega\sqrt{L_uC_u}x}\right) \quad \begin{array}{l}A_{ac}でくくる\\ \frac{B_{ac}}{A_{ac}} = \frac{B}{A}は式(10-25)\\のとおり\end{array} \quad \cdots\cdots(10\text{-}30)$$

となります．

▶ Z_L端の位置$x=l$を基準（ゼロ）位置とし，反射波の振幅を計算する

　比B/Aは式(10-25)のとおりですが，さらに図10-8の位置$x=l$のところ（Z_L端のところ）を基準（ゼロ）位置と仮定すると，

$$\frac{B}{A} = \frac{(Z_L - Z_0)e^{-j\omega\sqrt{L_uC_u}l}}{(Z_L + Z_0)e^{j\omega\sqrt{L_uC_u}l}}\bigg|_{l=0} = \frac{Z_L - Z_0}{Z_L + Z_0} = \frac{\frac{Z_L}{Z_0} - 1}{\frac{Z_L}{Z_0} + 1} = \Gamma \quad\cdots\cdots(10\text{-}31)$$

（イコール1の注記が分子・分母の指数部に付されている）

となり，この式でZ_L端での進行波の振幅Aに対する，反射波となる振幅Bが求められることになります．またこのB/Aを**反射係数**Γといい（$|\Gamma| \leq 1$になる[※7]），これ以降での重要なポイントです（※5参照．実際はΓは複素数量）．

　このΓはZ_L/Z_0の比が含まれています．この点が重要で「実はZ_0とZ_Lの比が重要」の答えがここにあります．

※7：ただし第9章9-2のp.275「高周波の基本LC発振回路の発振原理」で説明したような負性抵抗を持つ場合は，Γは1より大きくなる．若干特殊な場合なので，初学者は考えなくても良いと思う．

▶ **電圧定在波を計算する**

　反射波があることで，伝送線路上の振幅が場所によって変わってしまいます．この変動を**電圧定在波**(Voltage Standing Wave)と呼びます．これを計算してみましょう．図10-8および式(10-30)について，ここでも位置$x=l$のところ(Z_L端のところ)を基準(ゼロ)位置とし，Z_L端からの距離$d=l-x$で考えます．基準点が図10-8の右端であり，dが大きくなればxはマイナスに大きくなるので($x=l-d$を代入し，$l=0$とする)，$x=-d$となり，

$$\begin{aligned}V(x)=V(-d)&=A_{ac}\left(e^{-j\omega\sqrt{L_uC_u}(-d)}+\frac{B}{A}e^{j\omega\sqrt{L_uC_u}(-d)}\right)\\&=A_{ac}\left(e^{j\omega\sqrt{L_uC_u}d}+\frac{Z_L-Z_0}{Z_L+Z_0}e^{-j\omega\sqrt{L_uC_u}d}\right) \quad\leftarrow\text{式(10-31)より}\\&=Ae^{j\omega\left(t+\sqrt{L_uC_u}d\right)}\left(1+\frac{Z_L-Z_0}{Z_L+Z_0}e^{-j2\omega\sqrt{L_uC_u}d}\right)\end{aligned}\quad\cdots\cdots(10\text{-}32)$$

ここでカッコの外側のeの指数部分$\omega\left(t+\sqrt{L_uC_u}d\right)$をゼロとおくと，これは本章10-2のp.295「波の伝わる方向と位相速度」v_pで説明したように，波の位相ゼロの部分が速度v_pで動く移動成分になります(なおdが大きくなる向きの逆方向，つまりZ_Lの方向に動く進行波)．

　次に大きいカッコの中を考えます．ここはωtには依存しないので，ある位置で**見かけ上停止している**電圧(波)の成分になります．これが電圧定在波V_{sw}(V-standing wave)で，

　　　　　(a) 進行波のイメージ　　　　　　　　　　(b) 定在波のイメージ

[図10-11] イメージ写真で進行波と定在波のようすを理解する

$$V_{sw}(d) = A\left(1 + \underbrace{\frac{Z_L - Z_0}{Z_L + Z_0}}\underbrace{e^{-j2\omega\sqrt{L_u C_u}d}}\right) = A\left(1 + \Gamma e^{-j2\cdot 2\pi d/\lambda}\right) \cdots\cdots (10\text{-}33)$$

と表すことができます．実際の波は v_p ($v_p = f\lambda = 1/\sqrt{L_u C_u}$) で移動しているのですが，進行波と反射波が干渉して合成された波の振幅が変動し，変動した結果が（「偶然にも」と言ってもいいかもしれないが），位置ごとに見ると，見かけ上の最大振幅が場所ごとに異なる，まるで停止しているような状態になっている，といえるでしょう．

図10-11を見てください．これはイメージ写真で進行波[同図(a)]と定在波[同図(b)]のようすを示しています．

次に**図10-12**は $Z_0 = 50\,\Omega$，$Z_L = 200\,\Omega$ としたときの $V_{sw}(d)$ を計算したものです（$\Gamma = 150/250$）．ここで注意していただきたいのが，繰り返し周期が λ ではなく，$\lambda/2$ になっていることです．これは定在波の特徴です．

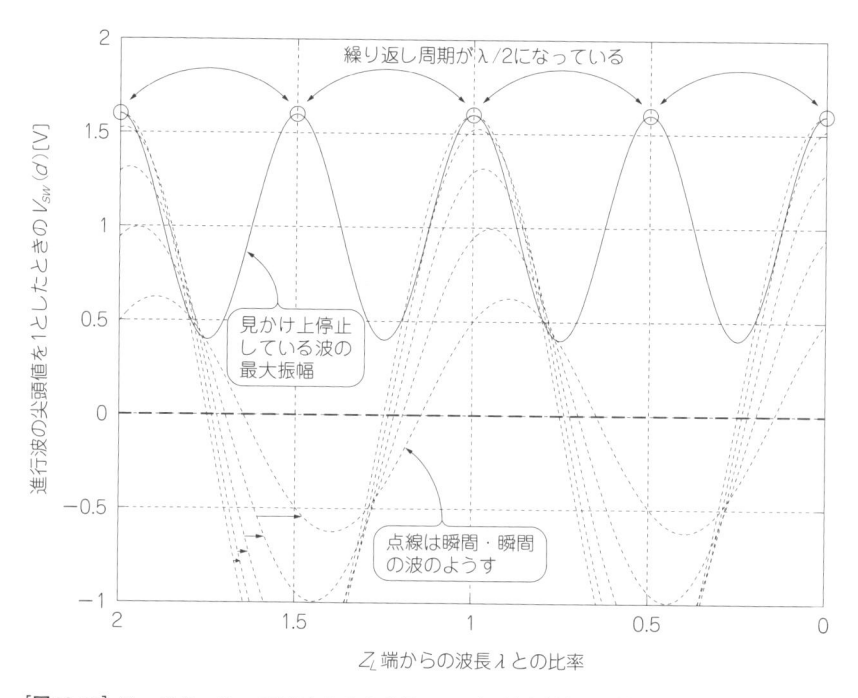

[**図10-12**] $Z_0 = 50\,\Omega$，$Z_L = 200\,\Omega$ としたときの $V_{sw}(d)$（X軸は実際の距離 d ではなく，λ との比率として示してある）

▶ 電圧定在波比($VSWR$)を計算する

式(10-33)での最大値 $V_{sw}(\max)$ と最小値 $V_{sw}(\min)$ は，e^{+1} と e^{-1} のときで，

$$V_{sw}(\max) = A(1 + |\varGamma|) \quad \cdots\cdots\cdots (10\text{-}34)$$

$$V_{sw}(\min) = A(1 - |\varGamma|) \quad \cdots\cdots\cdots (10\text{-}35)$$

になります[※8]．この最大と最小の比を，電圧定在波比 $VSWR$ (Voltage Standing Wave Ratio) といい，

$$VSWR = \frac{V_{sw}(\max)}{V_{sw}(\min)} = \frac{\cancel{A}(1 + |\varGamma|)}{\cancel{A}(1 - |\varGamma|)} = \frac{1 + |\varGamma|}{1 - |\varGamma|} \quad \cdots\cdots\cdots (10\text{-}36)$$

となります（$VSWR \geqq 1$になる）．$VSWR$ が大きいほど，反射係数$|\varGamma|$が大きいということです．反射係数$|\varGamma|$はこの式を変形して，

$$|\varGamma| = \frac{VSWR - 1}{VSWR + 1} \quad \cdots\cdots\cdots (10\text{-}37)$$

と計算できます．

● 一旦ここまでをまとめると

必要なポイントだけまとめてみます．

$$Z(d) = Z_0 \frac{Z_L + jZ_0 \tan(2\pi d/\lambda)}{Z_0 + jZ_L \tan(2\pi d/\lambda)}$$

$$\varGamma = \frac{Z_L - Z_0}{Z_L + Z_0} \qquad (|\varGamma| \leqq 1)$$

$$VSWR = \frac{1 + |\varGamma|}{1 - |\varGamma|} \qquad (VSWR \geqq 1)$$

$$|\varGamma| = \frac{VSWR - 1}{VSWR + 1}$$

$$v_p = f\lambda = \frac{1}{\sqrt{L_u C_u}}$$

[※8]：$\varGamma$ は Z_0 と Z_L との関係でマイナスになることもある．そのためここでは絶対値$|\varGamma|$としている．なお $\varGamma \geqq 0$ なら $V_{sw}(\max)$ の点は，$e^{-j2\cdot 2\pi d/\lambda} = 1$ より $2\cdot 2\pi d/\lambda = 2n\pi$ になる d の位置として求められる．

$|\varGamma|$ や $VSWR$ が小さければ，Z_0 と Z_L がマッチング状態に近いことになります．また位相速度 v_p による波長短縮率で，波長 λ も真空状態と比較して短くなることもポイントです．

また回路設計では，このインピーダンス変換を，異なるインピーダンス同士のインピーダンス・マッチングに積極的に利用しています．

● インピーダンスが複素数なら反射係数も

インピーダンスなので，当然コイルやコンデンサがくっついて Z_L は複素数になることがあります．この場合も本書の最初から説明しているように，オームの法則を複素数に拡張すればよいだけで，第4章4-1のp.78「オイラーの公式に関係する基本公式」で示したように Z_L を，

$$Z_L = R + jX = |Z_L|e^{j\theta} \quad \left(|Z_L| = \sqrt{R^2 + X^2},\ \theta = \tan^{-1}\frac{X}{R} \right) \cdots\cdots (10\text{-}38)$$

と複素インピーダンスで表せば，反射係数 $\varGamma$ は，

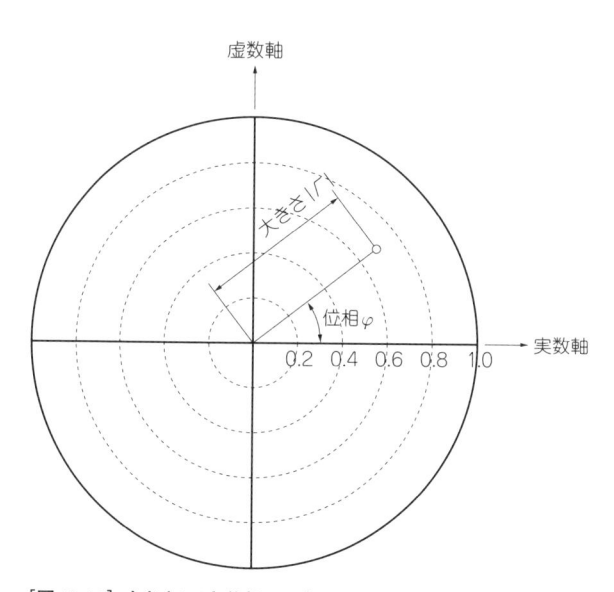

[図10-13] 大きさ $|\varGamma|$ と位相 φ で表される極座標平面「反射係数面」

$$\Gamma = \frac{|Z_L|e^{j\theta} - Z_0}{|Z_L|e^{j\theta} + Z_0} = \frac{\frac{|Z_L|}{Z_0}e^{j\theta} - 1}{\frac{|Z_L|}{Z_0}e^{j\theta} + 1} = \frac{z_{ln}e^{j\theta} - 1}{z_{ln}e^{j\theta} + 1} = |\Gamma|e^{j\varphi} \quad \cdots\cdots\cdots\cdots (10\text{-}39)$$

と変形できます．ここでz_{ln}(Z-load normalized)は**規格化インピーダンス**と呼び，Z_Lのスカラー量をZ_0で割った（正規化した）インピーダンスの大きさ（スカラー量）です．このように反射係数も，位相φをもつ複素数になります．この複素数で，図10-13のように大きさ$|\Gamma|$と位相φの極座標平面「反射係数面」を表します．これにより※5で示したBが本来は複素数量であることもわかりました．

次の節で，これをもっと詳しく説明していきましょう．

10-4　伝送線路/分布定数回路の話題からスミス・チャートへ

● インピーダンス平面から反射係数面（極座標平面）への変換はスミス・チャートになる

ここでは先ほど説明した複素数の反射係数が，どのようにスミス・チャートに変換されるかを示してみます．では，前の続きから説明していきましょう．規格化インピーダンス$z_{ln}e^{j\theta}$は，$z_{ln}e^{j\theta} = z_{ln}\cos\theta + jz_{ln}\sin\theta$です．これをX, Yの直交座標（Y軸は虚数軸なので複素平面である）で表せば，それは図10-14のように**インピーダンス平面**として表せます．

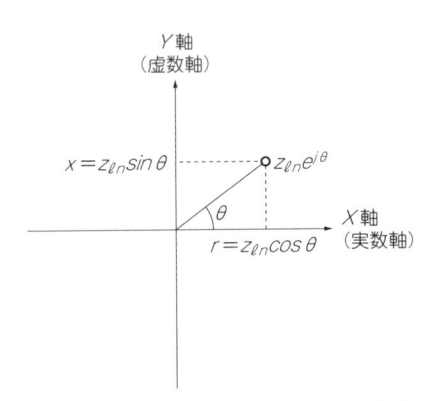

[図10-14] $z_{ln}e^{j\theta}$をインピーダンス平面で表す

▶ **インピーダンス平面座標を反射係数面へ座標変換し u, v 直交座標に変換する**

反射係数への変換式（10-39）より，$z_{ln}e^{j\theta}$ のインピーダンス平面は，以下のように $|\Gamma|e^{j\varphi}$ の大きさ $|\Gamma|$ と位相 φ の極座標面「反射係数面」に**座標変換**[※9]できます。この座標変換がスミス・チャートの肝です。

$$\frac{z_{ln}e^{j\theta} - 1}{z_{ln}e^{j\theta} + 1} = |\Gamma|e^{j\varphi} = u + jv \quad \cdots\cdots (10\text{-}40)$$

ここでは $|\Gamma|e^{j\varphi}$ をオイラーの公式で，$u+jv$ に変換してあります（$u = |\Gamma|\cos\varphi$, $v = |\Gamma|\sin\varphi$）。さらに図 10-14 のように $z_{ln}e^{j\theta} = z_{ln}\cos\theta + jz_{ln}\sin\theta = r + jx$ とすると，

$$|\Gamma|e^{j\varphi} = \frac{z_{ln}\cos\theta + jz_{ln}\sin\theta - 1}{z_{ln}\cos\theta + jz_{ln}\sin\theta + 1} = \frac{r + jx - 1}{r + jx + 1} = u + jv$$

これを変形していくと，

$$\begin{cases} \dfrac{r+jx-1}{r+jx+1} = u+jv, \\ \underbrace{r-1}_{実数部} + \underbrace{jx}_{虚数部} = (u+jv)(r+jx+1) = u(r+jx+1) + jv(r+jx+1) \end{cases}$$

$$= \underbrace{\{u(r+1) - vx\}}_{実数部} + j\underbrace{\{ux + v(r+1)\}}_{虚数部}$$

← 実数部・虚数部にわける

この式の左右の実数部と虚数部が等しくなるので，

$$r - 1 = u(r+1) - vx \quad (実数部) \quad \cdots\cdots (10\text{-}41)$$

$$x = ux + v(r+1) \quad (虚数部) \quad \cdots\cdots (10\text{-}42)$$

が得られます．しかしこれでは何だか訳がわかりませんね．

※9：座標変換とは，ある座標系［この場合は (r,x) の直交座標］で表される空間から，違う座標系［この場合は $(u,v) = (|\Gamma|, \varphi)$ の反射係数極座標］で表される空間への写像をいう．

▶ u, vと実数部rの関係だけを求める

式(10-41)および式(10-42)から，反射係数面$u+jv$のuをX軸，vをY軸にしたときに，rとxがどう表されるかを考えてみましょう．まずrとの関係を求めてみます．

$z_{ln}e^{j\theta}$の虚数部である$x(x=z_{ln}\sin\theta)$を消して，u, vと実数部rだけとの関係を求めます．式(10-42)を変形してみると，

$$x = ux + v(r+1), \quad (1-u)x = v(r+1), \quad x = \frac{v(r+1)}{1-u}$$

（式(10-42)、左辺へ）

が得られます．これを式(10-41)のxに代入すると，

(a) u, vと実数部rだけとの関係

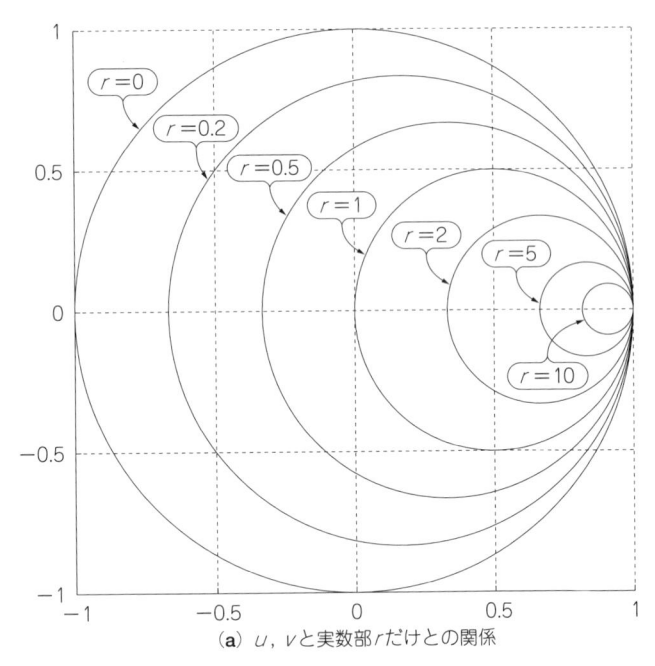

[図10-15] u, vとr, xとの関係をプロットする

$$r - 1 = u(r+1) - v\underline{x} = u(r+1) - v\cdot\boxed{\dfrac{v(r+1)}{1-u}},$$ 両辺に $(1-u)$ を掛ける

$$(r-1)(1-u) = u(r+1)(1-u) - v^2(r+1),$$

$$r - 1 - ru + \cancel{u} = u(r + \cancel{1} - ru - u) - v^2(r+1),$$

$$r - 1 - ru = (ru - ru^2 - u^2) - v^2(r+1),$$ 両辺を $(r+1)$ で割る

$$r - 1 = 2ru - (r+1)u^2 - v^2(r+1), \quad \dfrac{r-1}{r+1} = \dfrac{2ru}{r+1} - u^2 - v^2,$$

整理すると
$$u^2 - \dfrac{2ru}{r+1} + \dfrac{r^2}{(r+1)^2} + v^2 = \dfrac{r^2}{(r+1)^2} - \dfrac{r-1}{r+1}$$ 〜の項を付加する

円の式にすると
$$\left(u - \dfrac{r}{r+1}\right)^2 + v^2 = \dfrac{r^2}{(r+1)^2} - \dfrac{r-1}{r+1} = \dfrac{r^2 - (r^2-1)}{(r+1)^2} = \dfrac{1}{(r+1)^2}$$

が得られます．

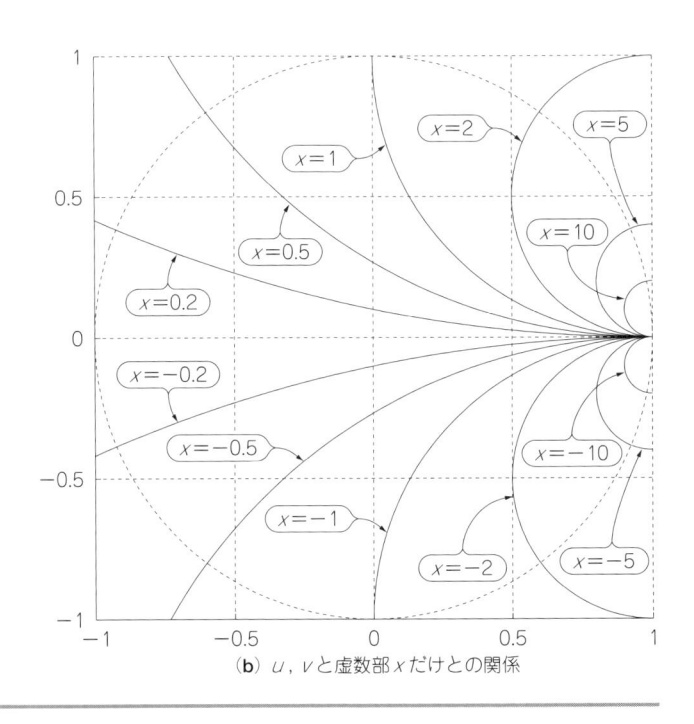

(**b**) u, v と虚数部 x だけとの関係

▶ u, v と虚数部 x の関係だけを求める

次に式(10-41)および式(10-42)から $z_{ln}e^{j\theta}$ の実数部 $r(r = z_{ln}\cos\theta)$ を消して，u, v と虚数部 x だけとの関係を求めてみるために，まず式(10-42)を変形してみると，

$$x = \underbrace{ux}_{\text{式(10-42)}} + v(r+1), \quad (1-u)x = v(r+1), \quad r = \frac{(1-u)x}{v} - 1$$

（左辺へ）

が得られます．これを式(10-41)の r に代入すると，

式(10-41)
$$r - 1 = u(r+1) - vx,$$

$$\underbrace{\frac{(1-u)x}{v} - 1}_{r} - 1 = u\left\{\underbrace{\frac{(1-u)x}{v}}_{r} - \cancel{1} + \cancel{1}\right\} - vx,$$

（両辺に v を掛ける）

$$(1-u)x - 2v = u(1-u)x - v^2 x, \quad x - ux - 2v = ux - u^2 x - v^2 x,$$

整理すると（ x で割る）

$$u^2 x - 2ux + x + v^2 x - 2v = 0, \quad u^2 - 2u + 1 + v^2 - \frac{2v}{x} = 0,$$

円の式にすると

$$u^2 - 2u + 1 + v^2 - \frac{2v}{x} + \frac{1}{x^2} = \frac{1}{x^2}, \quad (u-1)^2 + \left(v - \frac{1}{x}\right)^2 = \frac{1}{x^2}$$

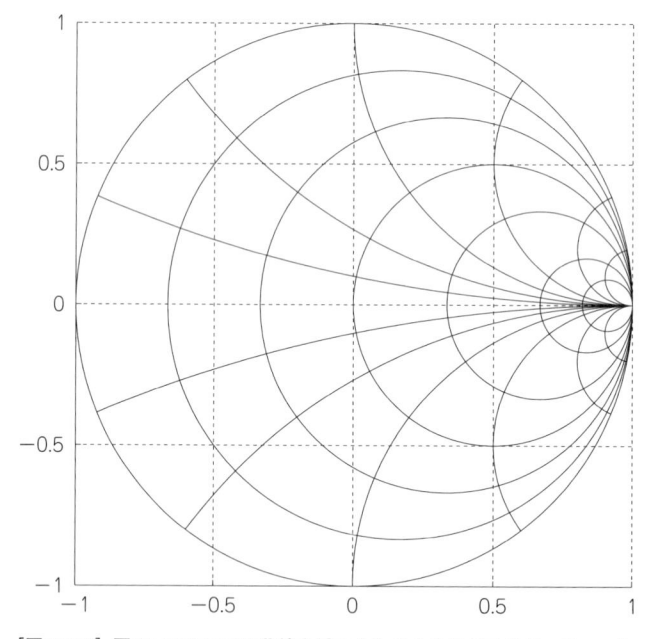

（付加する）

[図10-16] 図10-15の二つの曲線を重ね合わせたものがスミス・チャート

が得られます．

▶ **求められた u, v との関係を考察すればスミス・チャートが得られる**

さきほど求められた u, v と実数部 r だけとの関係，および u, v と虚数部 x だけとの関係をあらためて示すと，

$$\left(u - \frac{r}{r+1}\right)^2 + v^2 = \frac{1}{(r+1)^2} \quad\cdots\cdots(10\text{-}43)$$

$$(u-1)^2 + \left(v - \frac{1}{x}\right)^2 = \frac{1}{x^2} \quad\cdots\cdots(10\text{-}44)$$

になります．これは円の公式，

$$(x-a)^2 + (y-b)^2 = r^2$$

と同じ形です．この円の公式は，中心が (a, b) で半径が r の円です．つまり式(10-43)は，u を X 軸，v を Y 軸とすると，中心が $(r/(r+1), 0)$ で半径が $1/(r+1)$ の円

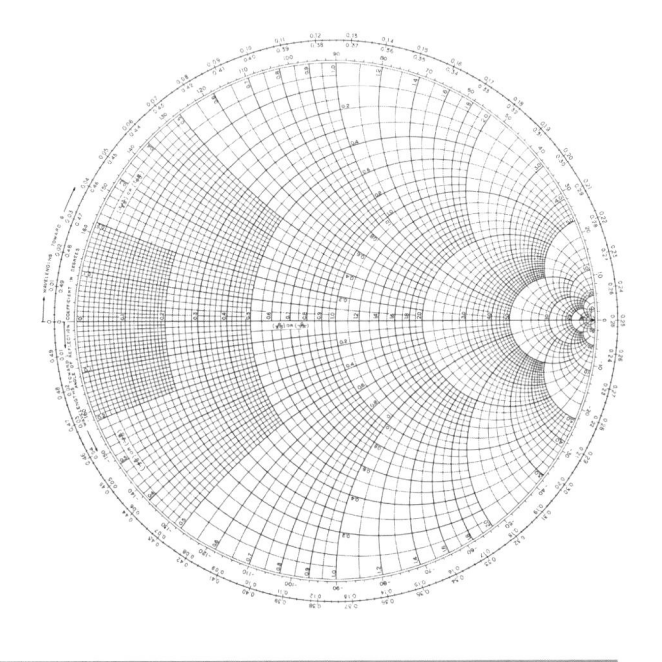

になります．これを図10-15(a)に示してみましょう．ここでは$r=0$，0.2，0.5，1，2，5，10としてあります．「xの大きさに関わらず，rの大きさが一定である線」がこの曲線です．

次に式(10-44)は，中心が$(1,1/x)$で半径が$1/x$の円になります．これも図10-15(b)に示してみましょう．ここでは$x=-10$，-5，-2，-1，-0.5，-0.2，0.2，

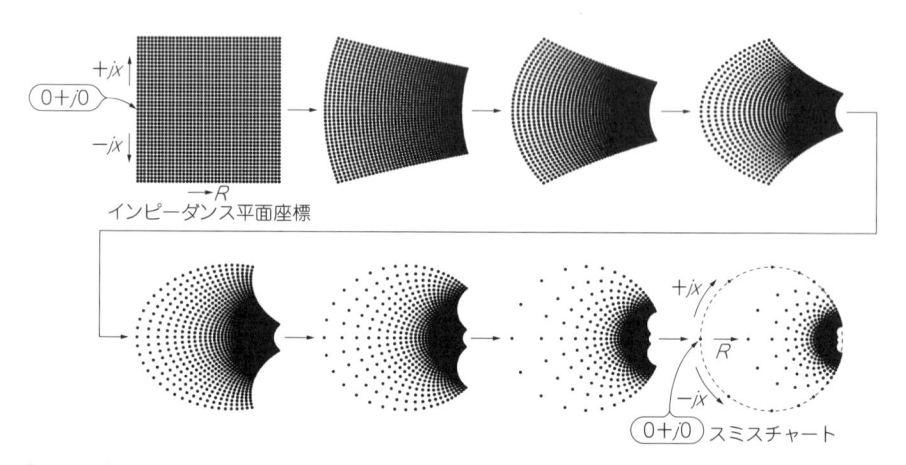

[図10-17] 座標変換により，インピーダンス平面から反射係数面(極座標平面)上の位置に変換する

(a) 反射係数面(極座標平面)

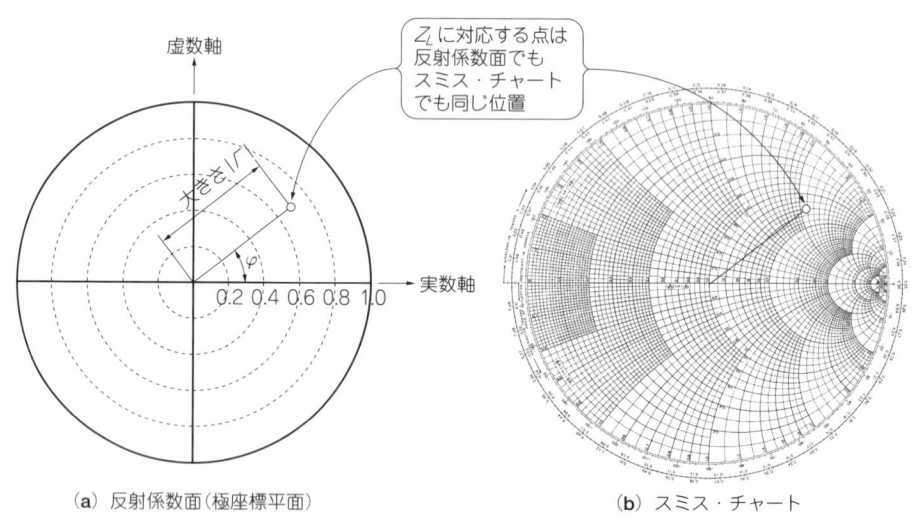

(b) スミス・チャート

[図10-18] 反射係数面(極座標平面)とスミス・チャート

0.5，1，2，5，10としてあります．「rの大きさに関わらず，xの大きさが一定である線」がこの曲線です．

この二つの曲線は，スミス・チャート上の実数軸と虚数軸になります．二つを重ね合わせてみると……，図10-16に示すようなスミス・チャートが得られます．

ここまで説明してきたように，インピーダンスを反射係数に変換することは座標変換です．このスミス・チャートへの座標変換式は図10-17のように「虚数軸を曲げこんで，実数/虚数軸とも大きくなるにしたがって縮尺を圧縮」するようなイメージの変換であることがわかります．

● 反射係数面(極座標平面)とスミス・チャートは双子の関係

ここまででわかるように，スミス・チャートはインピーダンス平面を反射係数の座標変換式を用いて，反射係数面に座標変換したものです．つまり

- 特性インピーダンスZ_0に対して式(10-39)および式(10-40)で，あるインピーダンスZ_Lの反射係数Γが計算できる．このようすは図10-18(a)で反射係数面上でのΓのポイントとして表される
- 一方で$(Z_L - Z_0)/(Z_L + Z_0) = u + jv$で座標変換された，$(u, v)$というスミス・チャート上の$Z_L$のポイントは図10-18(b)のようになり，これはΓのポイントと同じになる
- つまり座標変換されたスミス・チャート上のZ_Lのポイントは，そのまま反射係数$\Gamma = |\Gamma|\,e^{j\varphi}$になる

ということです．図10-18のように図上に打たれたZ_Lに対応する点は，反射係数面でもスミス・チャートでも同じ位置であり，図上の基準線(軸)が異なるだけなのです．繰り返しになりますが，反射係数面(極座標平面)は，

$$\Gamma = \frac{Z_L - Z_0}{Z_L + Z_0} = u + jv = |\Gamma|\cos\varphi + |\Gamma|\sin\varphi = |\Gamma|e^{j\varphi} \quad \cdots\cdots (10\text{-}45)$$

というようにZ_0とZ_Lを座標変換した結果なのです．

● 伝送線路は反射係数の大円舞踏会[※10]

図10-19のように長さdを経た伝送線路上の位置からZ_L端(負荷)側を見ると

※10：華麗なる大円舞曲；ショパン(Frédéric François Chopin; 1810-1849)のピアノ独奏曲で反射係数面の上を踊るように……(!?)，Grand Valse brillante, Waltz in E flat major, Op. 18.

① その位置dの反射係数$\Gamma(d)$は，
② 反射係数面の中心を円の中心とし，
③ Z_L端の反射係数Γ_Lを起点$(d=0)$として，
④ 距離dに応じて円を描いて変化していく

これを説明しましょう．Z_L端からの距離dにおけるインピーダンス$Z(d)$は，式(10-29)より，

$$Z(d) = Z_0 \frac{Z_L + jZ_0 \tan\left(\frac{2\pi d}{\lambda}\right)}{Z_0 + jZ_L \tan\left(\frac{2\pi d}{\lambda}\right)} \quad \cdots\cdots\text{式(10-29)再掲}$$

でした．これを反射係数の式(10-31)

$$\Gamma = \frac{Z_L - Z_0}{Z_L + Z_0} \quad \cdots\cdots\text{式(10-31)再掲}$$

に$Z_L = Z(d)$と代入し[※11]，Z_L端から距離dだけ離れたところの反射係数$\Gamma(d)$を求めてみると，

$$\begin{aligned}
\Gamma(d) &= \frac{Z_0 \frac{Z_L + jZ_0 \tan(2\pi d/\lambda)}{Z_0 + jZ_L \tan(2\pi d/\lambda)} - Z_0}{Z_0 \frac{Z_L + jZ_0 \tan(2\pi d/\lambda)}{Z_0 + jZ_L \tan(2\pi d/\lambda)} + Z_0} \\
&= \frac{\{Z_L + jZ_0 \tan(2\pi d/\lambda)\} - \{Z_0 + jZ_L \tan(2\pi d/\lambda)\}}{\{Z_L + jZ_0 \tan(2\pi d/\lambda)\} + \{Z_0 + jZ_L \tan(2\pi d/\lambda)\}} \\
&= \frac{Z_L - Z_0 - j(Z_L - Z_0)\tan(2\pi d/\lambda)}{Z_L + Z_0 + j(Z_L + Z_0)\tan(2\pi d/\lambda)} \\
&= \frac{\frac{Z_L - Z_0}{Z_L + Z_0} - j\left(\frac{Z_L - Z_0}{Z_L + Z_0}\right)\tan(2\pi d/\lambda)}{\frac{Z_L + Z_0}{Z_L + Z_0} + j\left(\frac{Z_L + Z_0}{Z_L + Z_0}\right)\tan(2\pi d/\lambda)} = \frac{\Gamma_L + j\Gamma_L \tan(2\pi d/\lambda)}{1 + j\tan(2\pi d/\lambda)} \\
&= \Gamma_L \frac{\cos(2\pi d/\lambda) - j\sin(2\pi d/\lambda)}{\cos(2\pi d/\lambda) + j\sin(2\pi d/\lambda)} = \Gamma_L \frac{e^{-j2\pi d/\lambda}}{e^{j2\pi d/\lambda}} \\
&= \Gamma_L e^{-j4\pi d/\lambda} = |\Gamma_L| e^{j\varphi} \cdot e^{-j4\pi d/\lambda} \quad \cdots\cdots(10\text{-}46)
\end{aligned}$$

[※11] ここで式(10-31)は$(Z_L - Z_0)/(Z_L + Z_0)$とZ_L端を示したような数式になっているが，一般論としてある負荷Z_Lの反射係数のことだと（つまりZ_L端のZ_Lとは別モノとして）考えてもらいたい．

第10章　伝送線路の計算もちょちょいのちょい

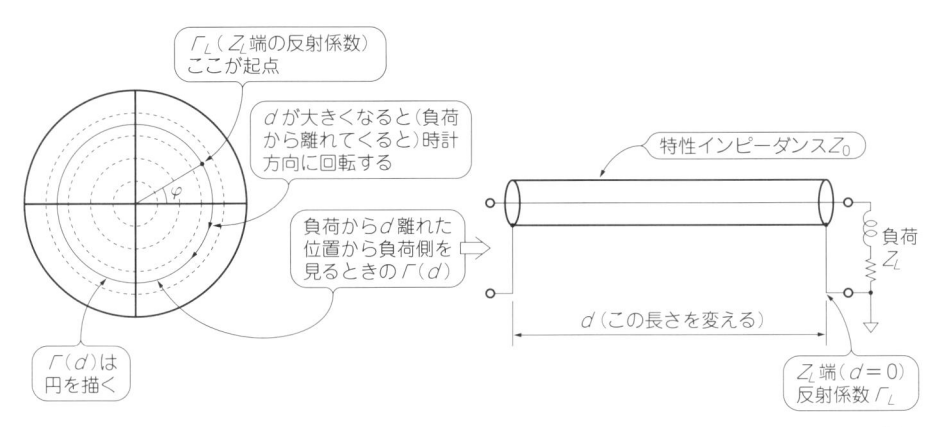

[図10-19] 長さ d の位置から負荷側を見ると，Z_L 端での反射係数 Γ_L を起点として距離 d に応じて円を描いて変化する

が得られます．ここで Γ_L は Z_L 端の反射係数（複素数）です．明示的に Z_L 端のことを表すために $_L$ を使用しました．この答えでいくつかのことがわかります．

- Z_L 端の反射係数 $\Gamma_L(=|\Gamma_L|e^{j\varphi})$ を起点として，Z_L 端から距離 d だけ離れていくと，図10-19のように**反射係数面の中心を真ん中にして時計方向に**，反射係数 $\Gamma(d)$ が式(10-46)のように $e^{-j4\pi d/\lambda}$ の係数で回転していく
- 電圧定在波 $VSWR$ の話（本章10-3のp.306）と同じで，回転（変動）は $\lambda/2$ の周期で変化する
- 反射係数の絶対値 $|\Gamma_L|$ は同じまま．位相のみが変化する
- 「反射係数面とスミス・チャートが双子」という説明でもわかるように，スミス・チャート（反射係数面）としては1周が $\lambda/2$ になる
- 上記の式(10-46)の答えの e の指数がマイナスであるということは，d が大きくなるとスミス・チャートを右向きに，時計方向に回転するということ．これは「電源に向かう」ということ
- スミス・チャートには距離 d が「電源に向かう」という意味で，"toward generator" と書いてあるが（ただし波長 λ で正規化してある．逆向きは "toward load" となっている），これは右回転である

▶ 反射係数からインピーダンスが計算できる

　式(10-46)を応用すれば，伝送線路上の任意の位置 d（負荷 Z_L 端からの距離）での反射係数 $\Gamma(d)$ が得られることがわかりました．

逆に反射係数 $\varGamma(d)$ がわかっていれば，その位置 d から Z_L 側を見たインピーダンス $Z(d)$ が，

$$\varGamma(d) = \frac{Z(d) - Z_0}{Z(d) + Z_0}, \quad Z(d) = Z_0 \frac{1 + \varGamma(d)}{1 - \varGamma(d)} \quad \cdots\cdots\cdots\cdots\cdots\cdots\cdots\cdots\cdots (10\text{-}47)$$

と計算できます．ネットワーク・アナライザなどの測定器を用いて計測するときは $\varGamma(d)$ を測定しますので，これから $Z(d)$ を求めることができます（実際は自動的に計算してくれる）．また式(10-29)でも可能です．

● S パラメータと各種の公式をおさらいする

本章の最後として，S パラメータの説明と日常使用する公式の成り立ちをおさらいしましょう．

▶ 反射係数と S パラメータ

低い周波数や伝送線路を用いない電子回路であれば，S(scattering; 散乱)パラメータを用いる必要はありませんが，無線回路/高周波回路/高速回路/伝送線路などでは，信号の伝送と反射を基準にして考える S パラメータが必須になります．本書では S パラメータについて「反射係数」という点でしか説明しません．さらに詳細については関連書籍[参考文献(14)や参考文献(48)など]を参照してください．

S パラメータは進行波と反射波を基準にして考えます．**図10-20** は4端子回路を例にした S パラメータの説明です．ここで入力ポートに入力する電圧進行波（位相も含んだ複素数量．以下同じ）を A_1[V]，反射してくる電圧反射波を B_1[V] とし，出力ポートに**入力**する電圧進行波を A_2[V]，反射してくる電圧反射波を B_2[V] とします．

このようにして，以下の式を定義します．

$$\begin{bmatrix} B_1 \\ B_2 \end{bmatrix} = \begin{bmatrix} S_{11} & S_{12} \\ S_{21} & S_{22} \end{bmatrix} \begin{bmatrix} A_1 \\ A_2 \end{bmatrix} \quad \cdots\cdots\cdots\cdots\cdots\cdots\cdots\cdots\cdots\cdots\cdots (10\text{-}48)$$

[**図10-20**] S パラメータは進行波と反射波を基準にして考える（一般的にはこの例のように4端子回路だが，それ以上も考えられる）

この行列式は散乱行列(scattering matrix)と呼ばれます．普通の式として書き直すと，

$$\left. \begin{array}{l} B_1 = S_{11}A_1 + S_{12}A_2 \\ B_2 = S_{21}A_1 + S_{22}A_2 \end{array} \right\} \quad \cdots\cdots\cdots\cdots\cdots\cdots\cdots\cdots\cdots\cdots\cdots\cdots\cdots\cdots\cdots\cdots (10\text{-}49)$$

となりますが，ここでS_{11}について考えてみましょう．ここでA_2がゼロ(つまり負荷側に信号源がない，普通の当たり前の状態のこと)だとします．そうすると，

$$B_1 = S_{11}A_1 + S_{12}A_2 \bigg|_{A_2=0} = S_{11}A_1,$$

$$\frac{B_1}{A_1} = S_{11} \quad \cdots\cdots\cdots\cdots\cdots\cdots\cdots\cdots\cdots\cdots\cdots\cdots\cdots\cdots\cdots\cdots\cdots\cdots\cdots\cdots\cdots (10\text{-}50)$$

となります．本章10-3のp.305「反射係数と定在波と定在波比を計算してみる」での式(10-31)でも，「B/Aが反射係数Γだ」と示してきましたが，まさしくこれと同じ(つまり$S_{11} = \Gamma$)だということがわかりますね！

結局，反射係数ΓとSパラメータのS_{11}は，**同じもの**と考えることができるのです[※12]．

▶ ミスマッチ・ロス

ミスマッチ・ロスは$Z_L \neq Z_0$による反射で発生する，負荷に伝達できないエネル

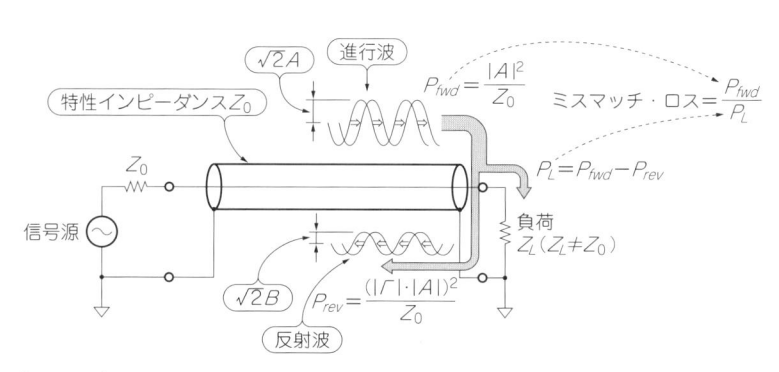

[図10-21] ミスマッチ・ロスの考え方

※12：なお，S_{22}でも同じであり，出力ポート側から信号を加え，入力ポート側に信号源がない状態(入出力を逆につなぐようなイメージ)にしたときの，出力ポートにおける反射係数がS_{22}になる．

ギーのロスを示すものです[※13]．このようすを図10-21に示します．またここでも電力を基準にして考えます．

電圧進行波の振幅**実効値**を A (位相量も含んだ複素数量．以下同じ)，電圧反射波を B とすると[※14]，ミスマッチ・ロスの式を求めるには

- 伝わっていく電力 P_{fwd} (P-forward) は[※15] $P_{fwd} = |A|^2/Z_0$
- 反射してくる電圧反射波は $\Gamma = B/A$ なので $|B| = |\Gamma| \cdot |A|$
- つまり反射してくる電力 P_{rev} (P-reverse) は $P_{rev} = (|\Gamma| \cdot |A|)^2/Z_0$
- 負荷 Z_L に伝わる電力 P_L (P-load) は $P_L = P_{fwd} - P_{rev}$
- ミスマッチ・ロスは負荷 Z_L に伝わる電力 P_L と伝わっていく電力 P_{fwd} との比であり，
- 式の分母が P_L になるので，負荷 Z_L に本来伝えたい電力 P_L が供給されるように，P_{fwd} として与えるべき電力の比率とも言える

これらのことより，ミスマッチ・ロスを式で表すと，

$$\frac{P_{fwd}}{P_L} = \frac{P_{fwd}}{P_{fwd} - P_{rev}} = \frac{1}{1 - \dfrac{P_{rev}}{P_{fwd}}} = \frac{1}{1 - \dfrac{(|\Gamma| \cdot |A|)^2/Z_0}{|A|^2/Z_0}}$$

$$= \frac{1}{1 - |\Gamma|^2} \quad \cdots\cdots\cdots\cdots\cdots\cdots\cdots\cdots\cdots\cdots\cdots (10\text{-}51)$$

になります．これをdBで表すと，

$$ML_{(dB)} = 10 \log \left(\frac{1}{1 - |\Gamma|^2} \right) = -10 \log(1 - |\Gamma|^2) \quad \cdots\cdots\cdots\cdots\cdots (10\text{-}52)$$

が得られます．

※13：ここでは伝送線路を基本として考えているので $Z_L \neq Z_0$ としたが，第5章5-4のp.121の信号源インピーダンス Z_S と負荷インピーダンス Z_L での最大電力伝達条件と何ら変わるものではなく，$Z_L \neq Z_S$ での反射係数やミスマッチ・ロスの計算でもまったく同じ結果が得られる．リターン・ロスについても同じ．

※14：ここまでは A，B を尖頭値相当として示してきたが，ここでの A，B は電力を考える必要から，実効値としている．

※15：$|A|^2 = A \cdot A^*$ となる．$A = |A|(\cos\theta + j\sin\theta)$ とすると，$|A|^2 = A \cdot A^* = |A|(\cos\theta + j\sin\theta) \cdot |A|(\cos\theta - j\sin\theta) = |A|^2(\cos^2\theta + \sin^2\theta) = |A|^2$ となるため．

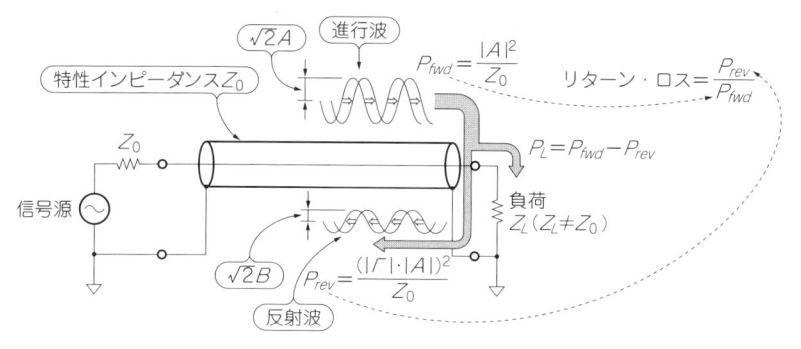

[図10-22] リターン・ロスの考え方

▶ リターン・ロス

リターン・ロスは$\Gamma=1$の全反射状態(つまり進行波が全部反射してくる，$A=B$の状態)を1として，Z_LとZ_0との関係が$Z_L=Z_0$に近づいてくるときに，反射してくるエネルギーがどれだけ少なくなってくるかを示すものです．

マッチングが取れてくればリターン・ロスは小さい値になり，完全にマッチングすればリターン・ロスはゼロになります(dB値で表せば$-\infty$dBになる)．このようすを図10-22に示します．リターン・ロスも電力を基準にして考えます．

電圧進行波の振幅**実効値**をA，電圧反射波をBとすると，リターン・ロスの式を求めるには

- 伝わっていく電力P_{fwd}(P-forward)は$P_{fwd}=|A|^2/Z_0$
- 反射してくる電圧反射波は$\Gamma=B/A$なので$|B|=|\Gamma|\cdot|A|$
- つまり反射してくる電力P_{rev}(P-reverse)は$P_{rev}=(|\Gamma|\cdot|A|)^2/Z_0$
- リターン・ロスは伝わっていく電力P_{fwd}と反射してくる電力P_{rev}との比になる

これらのことより，リターン・ロスを計算すると，

$$\frac{P_{rev}}{P_{fwd}} = \frac{(|\Gamma|\cdot|A|)^2/Z_0}{|A|^2/Z_0} = |\Gamma|^2 \quad \cdots\cdots (10\text{-}53)$$

になります．これをdBで表すと，

$$RL_{(dB)} = 10\log(|\Gamma|^2) = 20\log(|\Gamma|) \quad \cdots\cdots (10\text{-}54)$$

が得られます．

なお，ミスマッチ・ロスとリターン・ロスとの関係は，

$$ML = \frac{1}{1-|\varGamma|^2}, \quad RL = |\varGamma|^2, \quad ML = \frac{1}{1-RL} \quad \cdots\cdots\cdots\cdots\cdots\cdots (10\text{-}55)$$

となります．

Column 10

音楽理論と愉しみの音楽

　コンサートにいくと，演奏を始める前にステージ上で音あわせ(最後の儀式なのかも)を必ず見ることができます．オーボエがA(ラ)の音を出して，これを基準にして楽器ごとの周波数合わせをします．まるでオーボエがつけた小さな種火をコンサート・マスターが拾って燃える小さな炎とし，それをオーケストラ全体に行き渡し，大きな焔(ほのお)となり，まばゆき，紅く躍動するように．一斉に拍手するフィナーレもそうですが，この瞬間もゾクゾクします．

　この音「ラ」は440Hzだそうですが，ぴったりではなく年代や曲目によっても若干周波数が異なるという説があります．オーボエが調律ができない楽器だから基準になるという説も一方であり，周波数を変えるという話とは論理的におかしいので真偽はよくわかりません．

　「音楽理論」というものがあります．工学の理論とは違い，数式で厳密かつ理論的に攻め立てる理論ではありません．たとえば，「和音」と「不協和音」というものはよく耳にします．音楽理論上は既知として成立していますが，工学的・理論的にはいまだに違いが解明されていない周波数スペクトラム同士なのだそうです．つまり音を奏でる目的のために成立する理論/定義であれば，厳密に証明されずとも問題ないといえるのでしょう．

　それは楽曲を，愉しみとして，歓びとして，心へのエッセンスとして享受するからなのでしょう．同じように，単純に愉しむカラオケは，マイクに向かって自分を表現するだけなので，理論体系など不要なのかもしれません．

　しかし声楽を習った知人から「ビブラート(vibrato)やスタッカート(staccato)，レガート(legato)を練習し，適切に使って」と音楽理論的見地からコメントをもらった事があります．なるほど，理にかなうように歌えば，はっきりときれいに，上手に歌うことができるのですね！いや，ちょっとまて……．これでは理論体系に逆戻りだ．ああ残念，そういう話に嬉々とするとは，やはり私は技術者だった．

第11章
高度に見える電磁気学の演算子をビジュアルに理解しよう

❖

電気/無線数学でいちばんの高いハードルは,
電磁気学における「ベクトル(実際はベクトル解析学)」だといえるでしょう.
普通の微分/積分をあっさり理解できる技術者でも,
さじを投げている人も多いかもしれません.
本章ではこの電磁気学におけるベクトル解析学の話を,
実生活の中の出来事を交えて直感的に理解できるように説明していきます.

❖

11-1 電磁気学でのベクトルとは,そしてベクトル場とは

本章では,次章の第12章のマクスウェルの方程式の導入として,電磁気学におけるベクトルについて説明していきます.**ベクトルは方向と大きさのある量(物理的な量)**で,大きさだけのものは**スカラー**と呼ばれます.今まで$\dot{V} = Ve^{j\theta}$と説明してきた複素信号も,大きさVと方向θを持つベクトルです.

● まずはベクトルの表記方法とベクトル場/スカラー場のイントロダクション

ここまで本書では,複素インピーダンス,複素電圧/電流,電界/磁界の強度/方向をベクトルとして,$\dot{A}$とか$\vec{A}$とかそれぞれの章に適したかたちで表してきました.本章と次の章では,他の参考書や教科書の記述との整合性を考慮して,ベクトルを太字斜体文字として$\boldsymbol{A}$と表します.本書のここまでと表記は違いますが,同じもの(ベクトルだ)として読み進めてください.

▶ベクトル場の考え方と,理解してもらうための本書のこだわり

さらに本書では,第12章のベクトル場としてのマクスウェル電磁気学の話につなげるため,位置$\langle x, y, z \rangle$におけるベクトル量$\boldsymbol{A}$だと明示したいので,特に

$A\langle x,y,z\rangle$ と,ベクトルが**在る**位置も含めてわざと記述するようにします(他の参考書ではそこまで書かれていないが).また本書では,ベクトルの成分を( )で表しますので,位置は$\langle\ \rangle$で表すようにしています.

ベクトル場とは,このようにベクトルが在る位置まで含めた,「ベクトルの在る場」,**場**と呼ばれる空間を考えている,ということです.

▶ **大きさだけのスカラー場というものもある**

一方で位置$\langle x,y,z\rangle$において,大きさしかない場,**スカラー場**という考えもあり,これも電磁気学で用いられるものです.スカラー場についても,位置$\langle x,y,z\rangle$におけるスカラー量Aだと,ベクトルと区別したいので,$A\langle x,y,z\rangle$と位置も含めて記述するようにします.またベクトルではないので細字にしています.

では本章の具体的な話の導入として,これらを実生活での実例として示していきましょう.

● **実生活の中の出来事としてベクトル場/スカラー場をイメージする**

3次元ベクトル場/スカラー場は今ひとつイメージしづらいと思います.そこで実生活の中の出来事としてイメージしてみます.

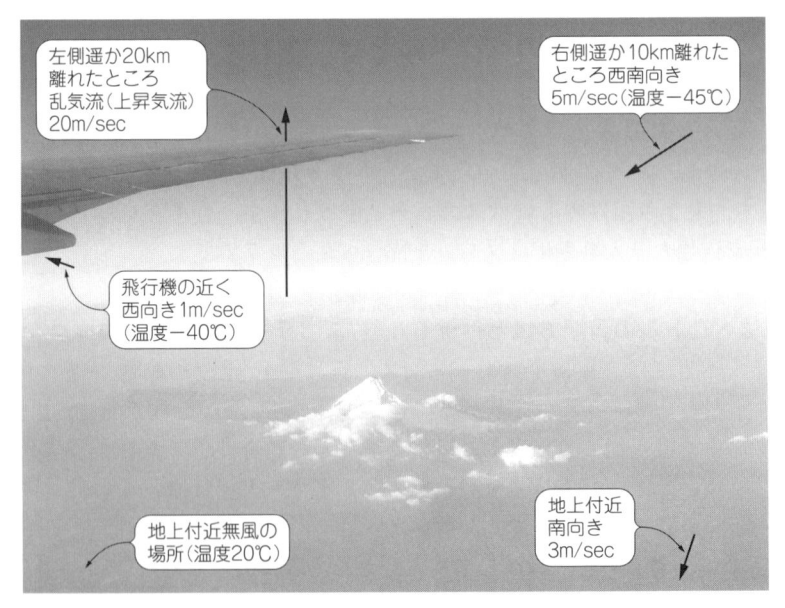

[図11-1] 飛行機の窓から眼下に広がる大空に流れる風(位置によって向きと強さが違う),そして温度(位置ごとに温度が異なる)

▶ ベクトル場は飛行機の窓からひろがる「流れる風の強さと向き」をもつ大空という場

図11-1は飛行機の窓から見た写真です．飛行機の近くでは西向きに1m/secで風が吹いていますが（いるとします），窓の外，右側に見える遥か10km離れたところでは，西南向きに5m/secとなっています．

同じく左側遥か20km先では乱気流があるので，上昇気流が地上から上向きに20m/secで吹いています．さらに視界の下，地上付近では無風の場所や，南向きに3m/secで吹いているところもあります．

このように，場所/位置/高さによって「風の吹く強さ」と「風の吹く方向」は異なります．ある**位置**での風の**方向**と**強さ**を，ベクトルの**位置**，**方向**と**大きさ**と考えれば，そしてこの空間を**ベクトル場**と考えれば，3次元空間におけるベクトル/ベクトル場の考え方はとても身近なものとなるでしょう．

▶ スカラー場は飛行機の窓からひろがる「位置ごとに異なる温度」をもつ大空という場

スカラー場は同じく図11-1のように，場所ごとの温度が例になるでしょう．飛行機の近くでは$-40℃$，窓の外，右側に見える遥か10km離れたところでは$-45℃$[※1]，さらに地上付近では20℃とか，温度は場所ごとに異なっています．

このように，場所/位置/高さによって「温度という大きさ」は異なります．方向成分はありませんが，ある**位置**に**大きさ**だけがあるもの，その空間を**スカラー場**と考えます．

● むりせずあえて2次元で考えてみよう

3次元ベクトルであっても，当然ながらベクトル自体は1方向に向かっています．3次元で表記してあるのは，「どちらの向きのベクトルであっても，この式の中で収容（許容/表現）できますよ」ということです．

実際問題としては図11-2のように，二つのベクトル$\boldsymbol{A}\langle x,y,z\rangle=(A_x, A_y, A_z)$と$\boldsymbol{B}\langle x,y,z\rangle=(B_x, B_y, B_z)$の関係を考えることが多くあります．しかしこの場合，3次元で考えるとイメージしづらいと思います．このときは**2次元**で考えて［つまりZ軸の位置および成分がゼロ，$\boldsymbol{A}\langle x,y,0\rangle=(A_x, A_y, 0)$，$\boldsymbol{B}\langle x,y,0\rangle=(B_x, B_y, 0)$であると考える］，イメージを沸かせることが絶対に大切です．

※1：気にもしなかったが，100m上昇すると0.6℃温度が低下するそうで，巡航している航空機の外気はこのようにとても冷たいようだ．

以降の説明では，3次元ベクトルを2次元に簡略化して説明している部分がかなりを占めています．まずは2次元で理解し，それを「飛行機の窓から見える空間に流れる風」をイメージしながら3次元に理解を拡張していく，という思考順序がいちばんだと思います．

　さて，本章では3次元ベクトル演算として，ベクトル微分演算子∇ (nabla)，勾

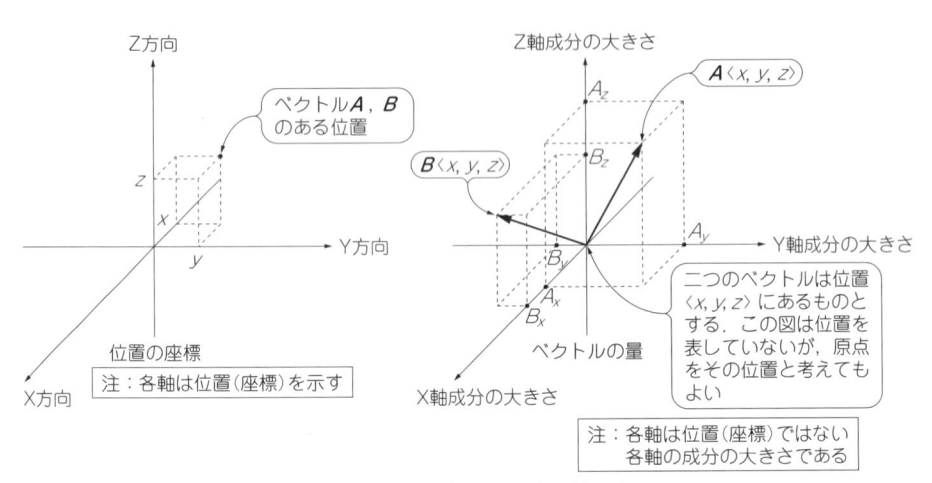

「3次元で考えるとイメージしづらい」

「2次元に簡略化して考えよう」

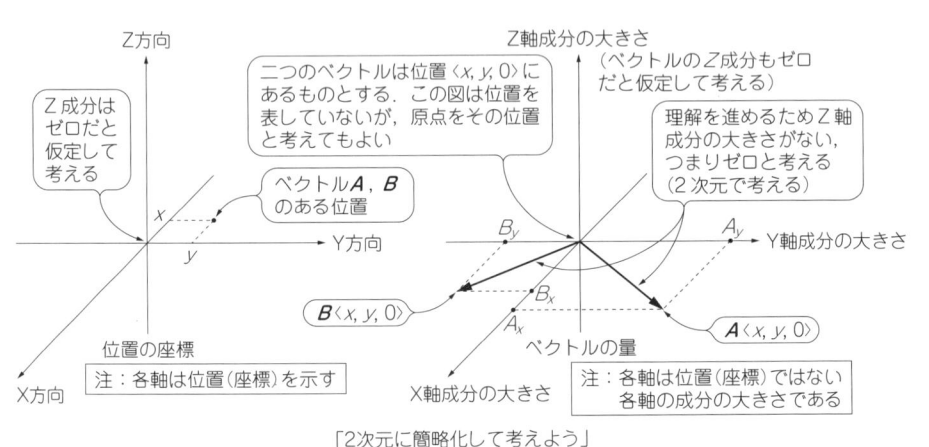

[図11-2] あえて2次元で考えてみよう

配（gradient），発散（divergence），回転（rotation）を説明していきます[※2]．しかしこれらもイメージしやすいように，1次元や2次元で考えていきますので，頭に入れておいてください．理解できたそのイメージを，3次元に拡張すれば良いだけのことなのです．

● 授業で習ったベクトルは2次元だが電磁気学では3次元

高校のときにベクトルを習ったと思いますが，これは図11-3のような2次元（つまりX軸，Y軸）のベクトルでした．しかし特に絶対座標位置がいくつか（つまりそのベクトルが「在る」べき位置）というのはあまり問題にされず，ただその大きさがどれほどで，向きがどちらを向いているかでした．

▶ 電磁気学では位置まで考えた3次元ベクトルが用いられる

しかし電磁気学では，先ほど示したように3次元のベクトルが用いられます．また位置も重要になります（ベクトル場／スカラー場で考えることも当然関係する）．これは実際の空間が3次元であるから，その空間上のある位置での振る舞いを表すためには，当然ながら位置をきちんと規定した3次元ベクトルが用いられるのです．

3次元ベクトルは図11-4のように，ある位置 $\langle x,y,z \rangle$ で，ある**方向**とある**大きさ**を持っています．方向と大きさを一緒にしてX方向成分，Y方向成分，Z方向成分として，$\boldsymbol{A}\langle x,y,z \rangle = (l,m,n)$ とか，$\boldsymbol{A}\langle x,y,z \rangle = (A_x, A_y, A_z)$ とか表します．ここで，

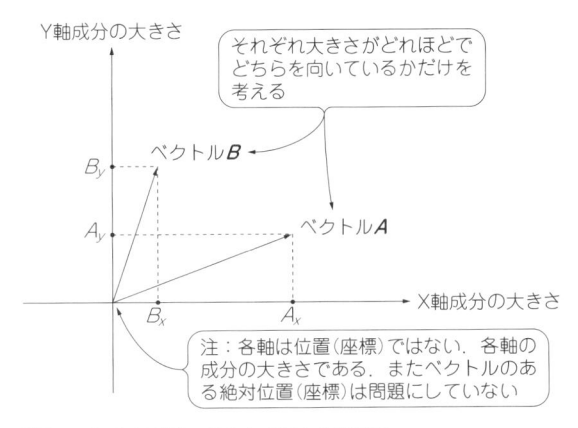

[図11-3] 今まで習ってきたベクトルの理解

[※2]：たとえば発散；divergenceは演算子としてdiv $\boldsymbol{A}$ になる．英語ネイティブがこれを見たようすを，日本人がそれをネイティブ言語だとして見てみれば，「発 **あ**」とでも見えるのだろうか．

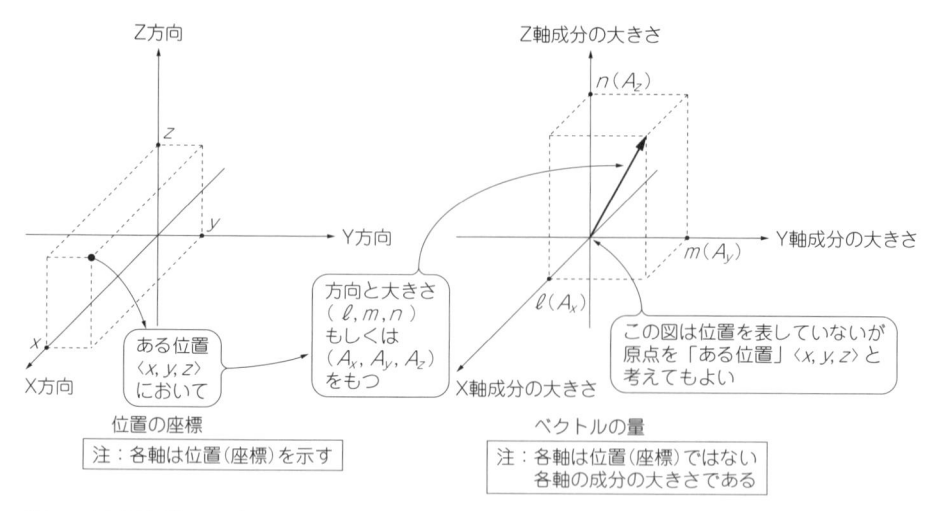

[図11-4] 電磁気学での3次元のベクトル

$$X 方向成分 = l = A_x$$
$$Y 方向成分 = m = A_y$$
$$Z 方向成分 = n = A_z$$

であり，lでも，A_xでも書き方が違うだけで，表したい「その方向の成分量」という意味では一緒です．書き方に惑わされないようにしてください．ただし，成分量だけであれば$\boldsymbol{A_x}$と太字にならず，細字のA_xだということは最初に頭に入れておくべきことです（単に大きさ，スカラー量だから）．

ここでこのベクトルのそれぞれの成分，(l, m, n)や(A_x, A_y, A_z)は，「位置$\langle x, y, z \rangle$から(l, m, n)だけ位置が移動する」という意味ではなく，$\langle x, y, z \rangle$という位置にベクトル量$\boldsymbol{A}\langle x, y, z \rangle$があり，$(l, m, n)$の向きと大きさをもっている[※3]という意味です．図11-1の風の話を思い出してもらえれば，わかってもらえると思います．またA_xの添え字の$_x$は位置xということではなく，X軸方向ということを表しています．

● ベクトルの向きと座標系の決め事は，まあ，何でも良い

「X，Y，Zの3次元座標だということもわかった．一般化するために方向はどの向きでも良いのはわかった」と思いますが，もう少し詳しく説明してみましょう．

※3：これは別に3次元であるからという意味ではなく，2次元でも同じことである．

[図11-5] スキー場を例にして座標系の決め事を考える

▶ 実生活でベクトルをイメージしたときに，座標系を決めてみよう

図11-5はスキー場の写真[※4]です．これをX，Y平面の2次元だと，そして斜面の傾斜を2次元座標上のベクトル量だと（傾斜の度合い⇒ベクトルの大きさ，傾斜方向⇒ベクトルの方向）考えてみます．

このときX軸方向を谷方向に設定しても良いし，逆にスキー板が向いている方向でも良いし，その間のスキーヤー右手前方でも良いといえます．**どの向きが基準というのは，あまり大きな意味を持ちません**．それよりも単に2次元座標軸を表す必要があるので，適当に決めているだけ（電磁界の3次元も同じ）と考えていたほうが悩まずに良いかもしれません．

▶ 単位方向ベクトル i, j, k がよく使われるが

なんらかの向きの直交座標軸を「エイッ！」と決めたとします．このとき図11-6のように，各軸の向きの単位ベクトル i, j, k というものを決めておきます．これは式を数学的に厳密に定義するためには必要ですが，「現実世界の用途で必要か？」と言われるとそうでもないかもしれません．

※4：写真はトマム・リゾート・スキー場であるが，この写真の傾斜とコブでなんと中級である．本州圏のスキー場を想像してその斜面の上に立つと，スキーが下手な私は冷や汗ものだった．ロープウェイから見た上級コース（$A\langle x,y \rangle$ としよう）は，まさしく $|\mathrm{grad}\,A\langle x,y\rangle| = \infty$ にも見えた．

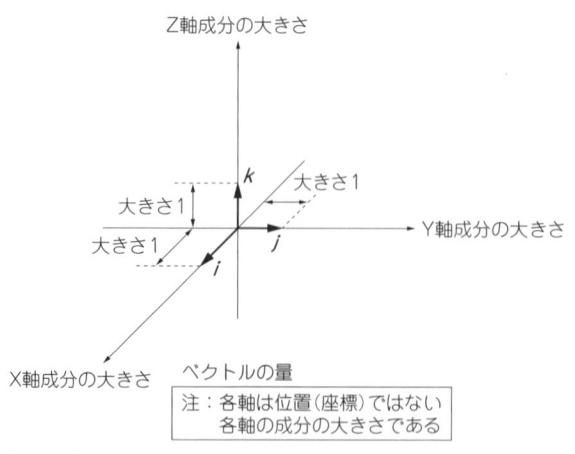

[図11-6] 単位方向ベクトル i, j, k

また，「単位」ベクトルの単位というのは，大きさが1だということです．この"1"というのは，MKSA(SI)単位系の速度であれば1m/secなのかもしれませんが，数式表現上では具体的な大きさ，長さというのは定義されず，ここでも一般化された大きさ"1"だと考えます[※5]．

単位方向ベクトルと次の節で説明する内積を利用すれば，ベクトルを各要素 (l,m,n) に分解することができます．これもベクトルと要素の関係を厳密に定義するために，よく参考書や教科書で行われることです．

$$(\boldsymbol{A}\langle x,y,z\rangle \cdot \boldsymbol{i},\ \boldsymbol{A}\langle x,y,z\rangle \cdot \boldsymbol{j},\ \boldsymbol{A}\langle x,y,z\rangle \cdot \boldsymbol{k}) = (l,m,n) = (A_x, A_y, A_z)$$

ここで"・"は内積(次の節で説明するので，今はわからなくてもOK)です．単位ベクトルと内積を取っているということは，「その方向の成分を考えている，と読み取れば良いのだ」と言えます．

▶ 電磁気回路でのベクトルで座標系を決めてみよう

実生活でのベクトルのイメージは，どちらをX軸にしても「何でも良い」でした．しかし，電磁気回路を考える上ではそうも言っていられません．電流の流れる

※5：一体，一般化とは何だろう．理解を阻む関所になってしまっているのではないだろうか．一般化するために，より抽象的になってしまうことも，良し悪しかもしれない．

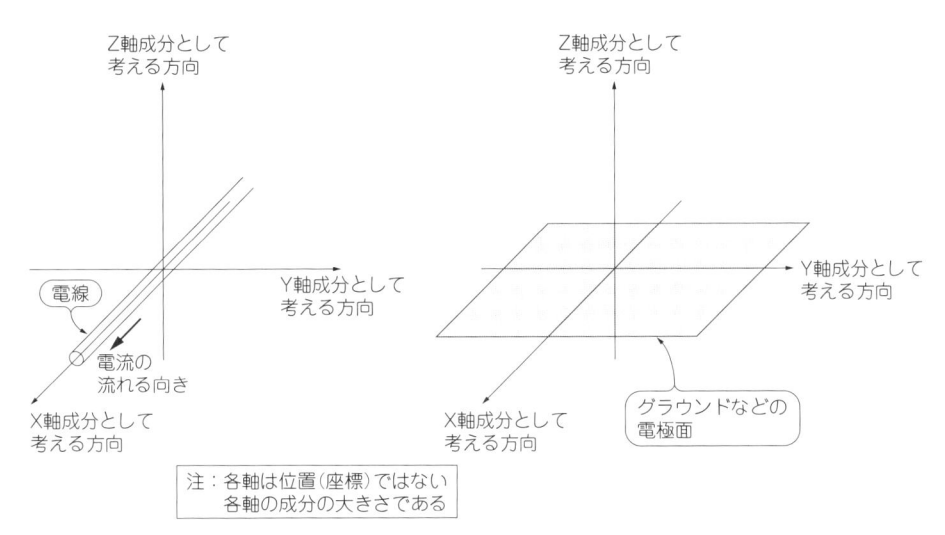

[図11-7] 電磁気回路での座標系は何かを基準にしておいたほうがよい

向きなどを基準に考えたほうがすっきりするからです．そのため，図11-7のように電流なり何かの面なりを基準として考えていったほうが良いと言えます．

とはいっても，基準となる軸はXであっても，Yであっても結局は「何でも良い」のです．どの方向を基準にするかだけの問題です．図11-5のように実生活で座標系を決めたときと同様，「扱いやすいように決めておけばよい」だけのことです．

▶ 座標の表し方は直交座標だけではないが

なお，本書では座標をX，Y，Zの直交3次元座標(Cartesian coordinates)で説明していますが，座標の表現については，半径r，方位角(X，Y平面上の角度)ϕ，鉛直角(仰角／俯角；X，Y平面からの高低角度)θを持つ球座標系(Spherical coordinates)と，半径r，方位角(X，Y平面上の角度)ϕ，軸方向の長さ(位置)zを持つ円筒座標系(Cylindrical coordinates)という表し方もあります．

これらは一部の電磁気学の参考書などで取り扱っているものもありますが，実際問題としては直交3次元座標(直交座標系)がわかっていれば良いといえるでしょう．

11-2　もう一度，内積と外積をおさらいしよう

　内積と外積の考え方がわかれば，次の節以降で説明する，電磁気学でよく使われるベクトル演算子の基本的な考え方をよく理解することができます．ここではおさらいも含めて，内積と外積を説明します（この節では2次元でベクトルを考えるが，位置$\langle x, y \rangle$は記載していない）．

　なお電磁気学では，二つのベクトルの内積/外積とは考えず，単位方向ベクトルi, j, kや微小ベクトルds，以降で説明する微分要素∇の$\frac{\partial}{\partial x}$※6などとの関係によく用いられます．その点を頭に入れながら読んでいってください．

● **今まで学校で習ってきた内積/外積という視点でおさらいする**

　学校で習ってきた内積は図11-8(a)のように，ベクトルAとBの大きさと二つのベクトルのなす角θにより，

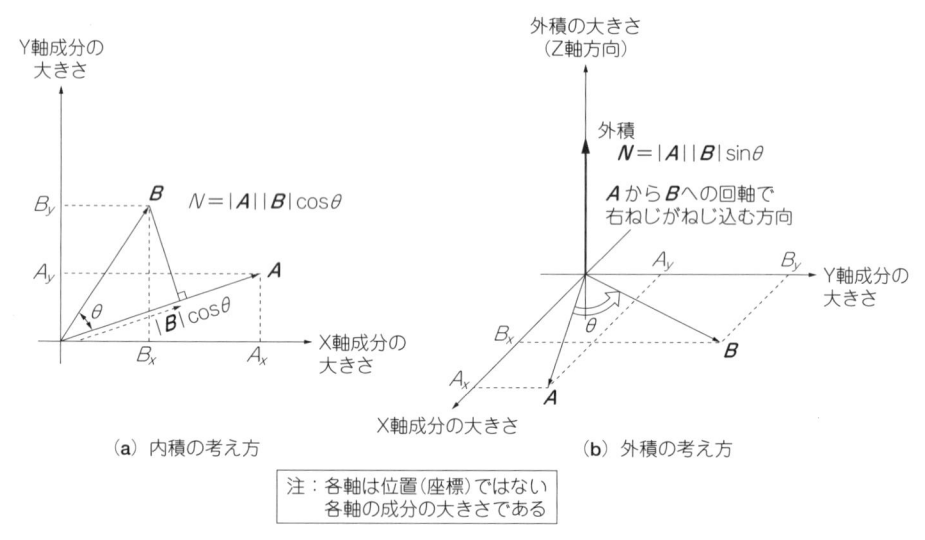

[図11-8]　今まで習ってきた内積/外積の理解

注：各軸は位置(座標)ではない
　　各軸の成分の大きさである

※6：これはxによる偏微分．あとで詳しく説明する．∂はパーシャルとかラウンド・ディーと呼ぶ．ディーでも良い．

$$N = \boldsymbol{A} \cdot \boldsymbol{B} = |\boldsymbol{A}||\boldsymbol{B}|\cos\theta = A_x B_x + A_y B_y \quad \cdots\cdots (11\text{-}1)$$

で得られる**単なる大きさ** N です．そのため**スカラー積**とも呼ばれます．ここで"・"は内積の演算記号，| |はベクトルの大きさ（スカラー量）を表します．

また外積は**図11-8(b)** のように，ベクトル $\boldsymbol{A}$ と $\boldsymbol{B}$ の大きさと二つのベクトルのなす角 θ により，

$$\boldsymbol{N} = \boldsymbol{A} \times \boldsymbol{B} = |\boldsymbol{A}||\boldsymbol{B}|\sin\theta \quad \cdots\cdots (11\text{-}2)$$

$$|\boldsymbol{N}| = |\boldsymbol{A} \times \boldsymbol{B}| = A_x B_y - A_y B_x \quad \cdots\cdots (11\text{-}3)$$

と表されますが**答えはベクトル** $\boldsymbol{N}$ です．そのため**ベクトル積**とも呼ばれます．ここで×は外積の演算記号，| |はベクトルの大きさ（スカラー量）を表します．さらに……，

> $\boldsymbol{N}$ は**図11-8(b)** のように，$\theta \leq \pi$ の条件の回転方向で，ベクトル $\boldsymbol{A}$ からベクトル $\boldsymbol{B}$ に向かう回転に対して，右ねじがねじ込む方向のベクトル[※7]

と規定します．これは以後でも大切なことです．

● 内積/外積をもうちょっと現実的/直感的な視点で考えてみる

もっと実生活の中の出来事で内積/外積をイメージしてみましょう．

▶ 内積は「作業をするときに有効になる力」と考える

図11-9(a) と**(b)** は実生活の中での内積の例です．図中のクルマはタイヤが真っすぐになっているので，前にしか進みません．

図11-9(a) はクルマを正面からロープで引っ張っています．クルマを動かす距離を L，引く力を F とすれば，仕事量 W は $W = LF$ で計算できます（ここで W, L, F は細字であり，スカラー量）．

一方**図11-9(b)** のように，クルマの正面から角度 θ だけ外れてロープで引っ張ることを考えます．ここで $\boldsymbol{L}$, $\boldsymbol{F}$ は太字であり，図中のとおり方向を持つ量，ベクトルだと考えます．このときのクルマを動かす仕事量 W は，

※7：$\boldsymbol{A}$ と $\boldsymbol{B}$ が作る平面に対して垂直．$\boldsymbol{A}$ と $\boldsymbol{B}$ がX，Y平面上だとすれば，外積はZ軸の方向になる．これは二つの方向が考えられるが「右ねじがねじ込む方向」となれば，そのうち片方になる．

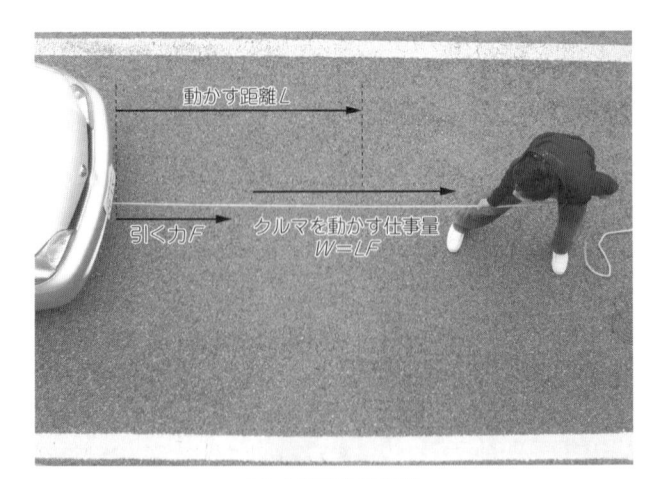

(a) 内積の考え方(1)

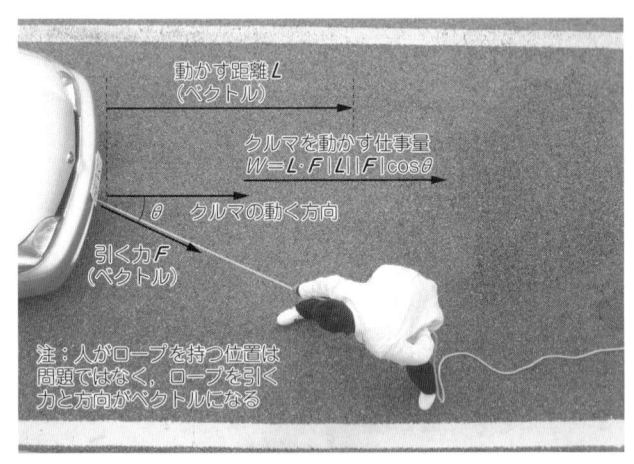

(b) 内積の考え方(2)

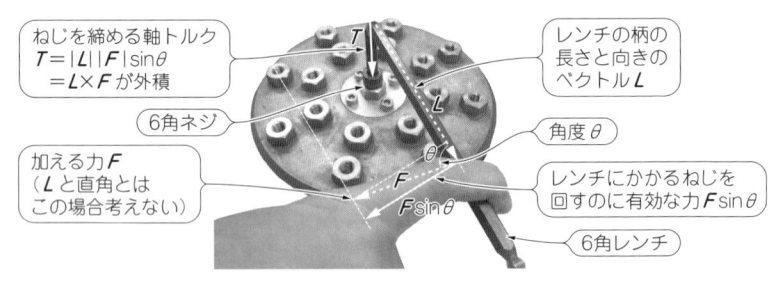

(c) 外積の考え方

[図11-9] もうちょっと現実的/直感的に考えてみる

$$W = |\boldsymbol{L}||\boldsymbol{F}|\cos\theta = \boldsymbol{L}\cdot\boldsymbol{F}$$

となり，先ほどの式(11-1)と同じです．$\cos\theta$ が作業に有効な成分になる係数を示しています．これが内積です．

また以降にも示しますが，単位方向ベクトルとの内積で，その方向の大きさ(方向成分)が計算できます．これは良く使われる内積の使い方です．

▶ **外積は「レンチの柄の長さとかける力により生じるねじ締め付けトルク」と考える**

図 11-9(c)は実生活の中での外積の例です．これは図 11-8(b)の外積の説明と視覚的に違っているので注意して見てください．

図は六角レンチで六角ねじを締め付けています．この柄の長さとその向き $\boldsymbol{L}$，そしてそれに対してある方向から加える力 $\boldsymbol{F}$（柄に対して直角方向だとは，この場合はわざと考えない），それら二つをそれぞれベクトルとして考えてみます．

レンチの柄の向きと力の向きとの角度を θ とすると，ねじを回すのに有効な力としてレンチにかかる成分は柄に直角の方向なので，$\boldsymbol{F}$ の $\sin\theta$ ぶんになります．

ねじを締める軸トルクは，長さ×力なので，軸トルク $\boldsymbol{T}$ が図 11-9(c)のように，軸方向に発生していると(ベクトルであると)考えれば，

$$\boldsymbol{T} = |\boldsymbol{L}||\boldsymbol{F}|\sin\theta = \boldsymbol{L}\times\boldsymbol{F}$$

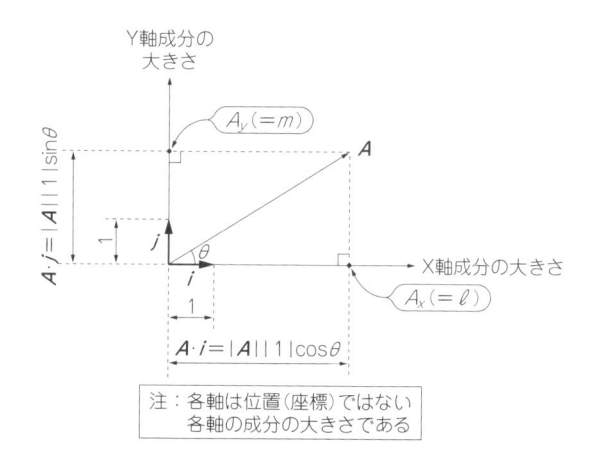

[図 11-10] 単位方向ベクトルとの内積を考える

11-2 もう一度，内積と外積をおさらいしよう

となります．これが外積です．また軸トルクの方向は右ねじをねじ込む方向を考えれば，これはまさしくp.335の「Nは図11-8(b)のように……」と同じですね．

▶ 内積を例にしてベクトル解析学で重要な単位方向ベクトルとの関係を考える

ここまで内積と外積を説明してきましたが，電磁気学では単位方向ベクトルやベクトル微分演算子∇（次の章で説明する）との内積/外積が大事です．例として単位方向ベクトルとの内積を考えてみましょう．

ここでも2次元で考えます．図11-10は単位方向ベクトルi（X軸の方向），j（Y軸の方向）です．ベクトルAとiとの角度をθとすると，それらの内積は，

$$\boldsymbol{A} \cdot \boldsymbol{i} = |\boldsymbol{A}||\boldsymbol{i}|\cos\theta = |\boldsymbol{A}||\boldsymbol{1}|\cos\theta = A_x \ (= l) \quad \cdots\cdots (11\text{-}4)$$

となりますし，ベクトルAとjとの角度は$\pi/2 - \theta$なので，

$$\boldsymbol{A} \cdot \boldsymbol{j} = |\boldsymbol{A}||\boldsymbol{j}|\cos(\pi/2 - \theta) = |\boldsymbol{A}||\boldsymbol{1}|\sin\theta = A_y \ (= m) \quad \cdots\cdots (11\text{-}5)$$

と，ベクトルAのX軸成分とY軸成分が得られます．このように単位方向ベクトルはベクトル解析学で重要な役割を演じていることがわかります[※8]．

11-3 交響曲電磁気学 第1，2楽章「ベクトル微分演算子∇(nabla)」and「勾配(gradient)」

いよいよここから電磁気学で現れる，理解が難しい四つの記号について説明します．これらは次の章で説明するマクスウェルの方程式の下ごしらえだとも言えます．また先に説明したように，イメージしやすいように，2次元で考えていきます（それを3次元に拡張して考えてみればよいだけのこと）．では四つの記号の説明を楽曲の四つの楽章にたとえ，合わせて説明したほうがよい二つの記号について，曲間の休止なしの第1楽章と第2楽章として聞いてみましょう（第1・2楽章間で休止なしの曲が実際にあるのかは知らないが……）．

※8：ベクトルAの方向を向く単位ベクトル$\hat{e}_A$というのも，$\hat{e}_A = A/|A|$と大きさで割ることで定義できる．何かごまかされたような気も，それだけの事？という気もしないではないが，実は結局そういうものである．

● 第1楽章「ベクトル微分演算子∇(nabla)」は単に微分するだけ

いちばん最初に，以下の演算子のすべてに深く関係するベクトル微分演算子∇[※9]を説明します．演算子は「計算の操作をするもの」という意味で，＋，－，×，÷と同じものだと言えます．

この節で∇を説明していく過程では，**スカラー場**の微分を考えていきます．さらにそれが曲間の休止なしに第2楽章「勾配(gradient)」に続いています．その点に注意して読んで(聞いて!?)いってください．

● 記号に惑わされるな，座標軸ごとで微分する単なる微分記号なんだ

∇は単なる微分記号です．場の微小区間の変化量を計算させるものなのです．ビビることはありません．∇はベクトル(もどき)として，

$$\nabla = \left(\frac{\partial}{\partial x}, \frac{\partial}{\partial y}, \frac{\partial}{\partial z}\right) \quad \cdots\cdots\cdots (11\text{-}6)$$

と3次元の成分の形になっています．ポイントとしては，**X軸，Y軸，Z軸の成分に着目して，軸成分ごとに変化量を微分する**ということです．

▶ 記号∂としてある理由

ここで使われている記号∂[※10]は，dxなどの微分で使われているdと同じと考えてしまってかまいません．

なんだか変な∂という記号が使われていますが，**ある変数だけを処理する微分**操作であり，dを∂と書いてあるだけだと思えばよいのです．これは**偏微分**[たとえば$f(x,y)$という関数があれば，変数xだけに着目して微分するの操作]と呼ばれ，$\frac{\partial f(x,y)}{\partial x}$などとも用いられています．

また式(11-6)はX軸の微分操作が$\frac{\partial}{\partial x}$，Y軸の微分操作が$\frac{\partial}{\partial y}$，Z軸の微分操作が$\frac{\partial}{\partial z}$のベクトル(もどき)ということです．

「敷居の高そうな文字形状に惑わされることなかれ！」ですね．

※9：∇はナブラと読み，堅琴という意味だそうである．このベクトル微分演算子はハミルトン(William Rowan Hamilton, 1805-1865)が提唱したが，ハミルトンは◁と，横向きの記号を使ったようである．それを現代で用いられている∇として定着させたのは，タイト(Peter Guthrie Tait, 1831-1901)と言われている．なお∇はΔ(デルタ)をひっくり返した記号であり，Δ自体が微分演算と関係する記号としても使われているので，それをひっくり返してこのベクトル微分演算子として考えたようである．

※10：前にも示しているが改めて．パーシャルとかラウンド・ディーと呼ぶ．ディーでも良い．

[図11-11] 図11-5のスキー場で $\frac{\partial}{\partial x}$ と∇を考える

● スキー場を2次元座標で，なおかつ標高をスカラー量として∇をイメージする

　図11-11は図11-5のスキー場の写真です．スキー場をX，Y平面の2次元だと，さらに座標軸を図中のように決めたとします．さきほどは斜面の傾斜を2次元ベクトル量（2次元のベクトル場）として考えましたが，ここでは**標高を2次元座標上のスカラー量** $A\langle x, y\rangle$ だと（2次元のスカラー場だと）考えてみます．

　そうするとスキーヤーの居る位置 $\langle x, y\rangle$ のX軸方向の傾斜量が $\dfrac{\partial A\langle x, y\rangle}{\partial x}$ であり，Y軸方向の傾斜量が $\dfrac{\partial A\langle x, y\rangle}{\partial y}$ です．つまりこれを，

$$(\text{X 方向の傾斜}, \text{Y 方向の傾斜}) = \left(\frac{\partial A\langle x, y\rangle}{\partial x}, \frac{\partial A\langle x, y\rangle}{\partial y}\right) \quad \cdots\cdots\cdots(11\text{-}7)$$

とベクトル形式で表現すれば，スキー場という2次元X，Y平面上の，ある位置での斜面（スカラー場）の傾斜をベクトルとして一度に表すことができますね（これは結局，図11-5で示した「斜面の傾斜を2次元ベクトル」としたものに帰着する）．この考えを3次元に拡張したものが∇，それだけのことです[11]．

※11：なお，ここでの例は∇自体を示すものではなく，$\nabla A\langle x, y\rangle = \text{grad}\, A\langle x, y\rangle$ という計算をしている．これがgradであるが，gradの詳細はさらに以降で示す．

では，一旦 $\frac{\partial}{\partial x}$，$\nabla$ の説明を，スキー場の斜面の傾斜からちょっと離れ，電界と電位との関係に拡張して考えてみましょう……．

● $\frac{\partial}{\partial x}$，$\nabla$ と電位/電界との関係を考えると勾配(gradient)が見えてくる

第8章8-2で電界と電位差の関係を説明しましたが，スカラーの勾配を表す grad(gradientの略)は，この関係をベクトル形式で説明するときに(主に)用いられます．本節の後半で詳しく説明していきますが，ここでは「場所ごとに複雑に電位が変化する場の，ある点での電界を，電位を微分することで求めるもの」と思ってOKです．電界と電位の関係と，gradとの関連を，さきの図11-11のスキー場の例で2次元としてイメージしてみましょう．

▶ スキー場を例にして電界と電位差の関係を考えると勾配gradが見えてくる

前節で標高と斜面の傾斜について説明しました．一方で電界 E [V/m]と電位差 V [V]と2点間の距離 d [m]との関係は，式(8-21)のように，

$$V = -Ed \quad [\text{式(8-21)再掲．ただし本章では式(11-8)}] \quad \cdots\cdots (11\text{-}8)$$

でした．ここで V を差ではなく，あるところを基準にした絶対的な大きさ，「電位」だと考えてみてください．大きさだけなので電位 V は**スカラー量**です．ここで図11-11との関係を考えてみれば

- スキー場の標高は海面の高さをゼロ基準としている
- 電位もどこかの電圧が基準になる(グラウンド電位や無限遠をゼロとする)

といえます．これから説明していきますが，標高を電位とすれば，斜面の傾斜が電界に対応するのです[※12]．

▶ ところでそんな場などあるのか？

「複雑に電位が変化する場の，ある点での電界……」だなんて，そんな場などあるのか？と思われるかもしれません．確かに導体内部は抵抗ゼロとすれば電位差さえ発生しません．

しかし抵抗がゼロでない(逆に言うと無限大も含まれる)場合，たとえば抵抗素子

[※12]：ただし電位(スカラー量)/電界(ベクトル量)は3次元だが，ここでは理解するためにスキー場の例とからめて2次元だと考えている．

の中，コンデンサの誘電体の中，空気中……そして，それらの境界面，これらは位置が違えば電位が異なります．次の第12章でマクスウェルの方程式を真空中で考えるように，ここでいう場は，完全導体ではない身の回りのすべての空間のことだといえるでしょう．

● 微分の話がここでもそのまま応用されている

$\frac{\partial}{\partial x}$ は，第5章5-2で説明した微分の基本的な考え方と一緒です．一つずつ示してみましょう．

▶ 第5章5-2の微分の話を思い出して，これをそのまま電位 V で考える

第5章5-2の微分の話を思い出しつつ，図11-12を見ながらX軸の成分 $\frac{\partial}{\partial x}$ だけに，つまり**1次元**だけに注目し，電位 V と電界 E の関係にからめて，もっと定式的に考えてみます．

- ある位置 x(Y，Z座標はゼロ)にある電位 $V\langle x,0,0\rangle$(スカラー量)を考える
- 大きさはX軸方向だけで変化するので，X軸上だけの電位 $V\langle x\rangle$ で考える
- 位置 x のかなり短い長さ（区間）を Δx とする
- 位置 x での電界を $E\langle x\rangle$ とする（Y，Z座標はゼロだとして考えない）
- 位置 x における区間 Δx の2点間の電位差 ΔV と電界 $E\langle x\rangle$ の関係は，式(11-8)より，

$$\Delta V = V\langle x+\Delta x\rangle - V\langle x\rangle = -E\langle x\rangle \Delta x$$

- 式を変形すると，

$$E\langle x\rangle = -\frac{V\langle x+\Delta x\rangle - V\langle x\rangle}{\Delta x}$$

- この右辺について，短い距離 Δx をゼロに限りなく近づけると（極限をとると），

$$E\langle x\rangle = -\frac{\partial V\langle x\rangle}{\partial x} = -\lim_{\Delta x \to 0}\left\{\frac{V\langle x+\Delta x\rangle - V\langle x\rangle}{\Delta x}\right\}$$ という微分になり，

- この $\frac{\partial}{\partial x}$ はX軸方向にだけ着目した**微分**操作になる

- また $E\langle x\rangle = -\dfrac{\partial V\langle x\rangle}{\partial x}$ で，位置 x のピンポイントの電界 $E\langle x\rangle$ が求まる

と，$\dfrac{d}{dx}$ と同じく $\dfrac{\partial}{\partial x}$ は微分操作（x だけを変数として考える偏微分．偏微分は本節の p.339 の「記号 ∂ としてある理由」にある説明のとおり）になるのです．そして $V\langle x,0,0\rangle$ を位置で微分したものが電界 $E\langle x,0,0\rangle$ です．いつも繰り返しですが「ただそれだけ」なのです．

● **曲間の休止なしで第2楽章「勾配(gradient)」へ** ── grad

いよいよここまでの，X軸成分のみの1次元で考えた電位（スカラー場）の微分の説明を，2次元そして3次元に拡張してみます．実はこれが勾配(gradient)になります．

まず2次元でのgrad(gradientを略した形で，演算子としてこのように記述する)ですが，先の式(11-7)に示したものが実は2次元のgradそのものです．つまり，

$$\begin{aligned}(\text{X方向の傾斜},\ \text{Y方向の傾斜}) &= \operatorname{grad} A\langle x,y\rangle \\ &= \left(\dfrac{\partial A\langle x,y\rangle}{\partial x},\ \dfrac{\partial A\langle x,y\rangle}{\partial y}\right)\end{aligned} \quad\cdots\cdots(11\text{-}9)$$

となります．

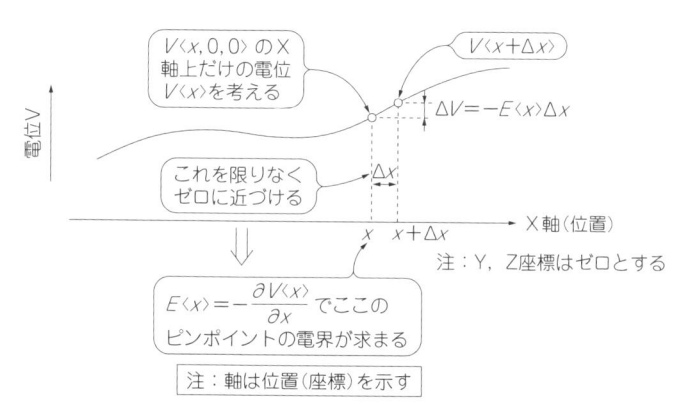

[図11-12] X軸方向だけ大きさの変化する電位 $V\langle x,0,0\rangle$ の，短い区間 Δx での変化量を考える．その極限が $E\langle x,0,0\rangle = -\dfrac{\partial V\langle x,0,0\rangle}{\partial x}$

3次元でのgradをイメージするには，**図11-1**の広い大空での温度分布（スカラー場）を想像しながらが良いでしょう．ではいままでの話を踏まえて，gradを（∇も含めながら）考えてみます．

▶ 電位（スカラー場）の微分を3次元ぶん考えて一緒にすれば，それがgrad

位置$\langle x, y, z\rangle$において，X，Y，Z方向それぞれの非常に短い区間Δx，Δy，Δzを考えます．電位$V\langle x, y, z\rangle$のX，Y，Z方向それぞれの変化量（なお$V = -Ed$のマイナス符号はつけていない）を，

- $V\langle x,y,z\rangle$のX方向Δxでの大きさの変化量（y,zは固定）

$$\frac{V\langle x+\Delta x, y, z\rangle - V\langle x,y,z\rangle}{\Delta x} = \frac{V\langle x+\Delta x\rangle - V\langle x\rangle}{\Delta x}$$

- $V\langle x,y,z\rangle$のY方向Δyでの大きさの変化量（x,zは固定）

$$\frac{V\langle x, y+\Delta y, z\rangle - V\langle x,y,z\rangle}{\Delta y} = \frac{V\langle y+\Delta y\rangle - V\langle y\rangle}{\Delta y}$$

- $V\langle x,y,z\rangle$のZ方向Δzでの大きさの変化量（x,yは固定）

$$\frac{V\langle x, y, z+\Delta z\rangle - V\langle x,y,z\rangle}{\Delta z} = \frac{V\langle z+\Delta z\rangle - V\langle z\rangle}{\Delta z}$$

とすれば，これらの式は，それぞれ極限を取れば，

$$\lim_{\Delta x \to 0} \frac{V\langle x+\Delta x\rangle - V\langle x\rangle}{\Delta x} = \frac{\partial V\langle x,y,z\rangle}{\partial x} \quad \cdots\cdots (11\text{-}10)$$

$$\lim_{\Delta y \to 0} \frac{V\langle y+\Delta y\rangle - V\langle y\rangle}{\Delta y} = \frac{\partial V\langle x,y,z\rangle}{\partial y} \quad \cdots\cdots (11\text{-}11)$$

$$\lim_{\Delta z \to 0} \frac{V\langle z+\Delta z\rangle - V\langle z\rangle}{\Delta z} = \frac{\partial V\langle x,y,z\rangle}{\partial z} \quad \cdots\cdots (11\text{-}12)$$

これらを成分にして，3次元ベクトルとしたものがgradになります．この微分操作部分を3次元ベクトル形式として表せば$\left(\dfrac{\partial}{\partial x},\ \dfrac{\partial}{\partial y},\ \dfrac{\partial}{\partial z}\right)$になり，これが$\nabla$です．もう少し説明しましょう．

▶ gradの意味合いをまとめる

これらの関係から，位置$\langle x,y,z \rangle$での電位Vと電界E，そしてgradと∇は，

$$E\langle x,y,z \rangle = -\text{grad}\,V\langle x,y,z \rangle = -\nabla V\langle x,y,z \rangle$$
$$= \left(-\frac{\partial V\langle x,y,z \rangle}{\partial x}, -\frac{\partial V\langle x,y,z \rangle}{\partial y}, -\frac{\partial V\langle x,y,z \rangle}{\partial z} \right) \quad \cdots\cdots (11\text{-}13)$$

と関係づけることができます．そして，**位置$\langle x,y,z \rangle$での電位$V\langle x,y,z \rangle$の傾斜/勾配/微分をしたものが，そのピンポイントでの電界$E\langle x,y,z \rangle$になります．**

● 最後に第1楽章の主旋律∇に戻る

結局$\frac{d}{dx}$と同じく，∇はベクトルを成分ごとに微分すること，つまり**ベクトル微分演算子**ということがわかりました．∇はgradだけではなく，以降で説明するdivやrotでも重要なポイントです．∇の重要性の一つがここで示されたかと思います．

微分演算子をX，Y，Zの3次元で並べた，

$$\nabla = \left(\frac{\partial}{\partial x}, \frac{\partial}{\partial y}, \frac{\partial}{\partial z} \right) \quad \cdots\cdots\cdots 式(11\text{-}6)再掲$$

がベクトル微分演算子∇です．そしてここまで説明したスカラー場で∇を活用するものが「勾配(gradient)」になります．

● まとめ……結局は方向ごとに微分するだけ

まとめます．ベクトル微分演算子∇は，結局はX，Y，Zそれぞれの方向にわけて微分をする，ということだけであり，

$$\nabla = \left(\frac{\partial}{\partial x}, \frac{\partial}{\partial y}, \frac{\partial}{\partial z} \right)$$

と示します．これを用いて，スカラー場でX，Y，Zそれぞれの方向に分けたときの，スカラー量$A\langle x,y,z \rangle$の変動量を求めるのがgradであり，

$$\text{grad}\,A\langle x,y,z \rangle = \nabla A\langle x,y,z \rangle = \left(\frac{\partial A\langle x,y,z \rangle}{\partial x}, \frac{\partial A\langle x,y,z \rangle}{\partial y}, \frac{\partial A\langle x,y,z \rangle}{\partial z} \right)$$

になります．grad Aや∇Aは，スカラー場を微分すればベクトル場になることを意

味している点，スカラー場に対しての演算操作になっている点もポイントと言えるでしょう．

そしてもう一つ，

$$E\langle x,y,z\rangle = -\mathrm{grad}\, V\langle x,y,z\rangle = -\nabla V\langle x,y,z\rangle \quad \cdots\cdots\cdots\cdots\cdots\cdots\text{式(11-13)再掲}$$

位置$\langle x,y,z\rangle$での電位$V\langle x,y,z\rangle$の傾斜/勾配/微分をしたものが，そのピンポイントでの電界$E\langle x,y,z\rangle$になります．式の構成としては$V=-Ed$，$E=-V/d$とまったく同じです．

11-4　交響曲電磁気学 第3楽章「発散(divergence)」

● 発散(divergence)はガウスの法則を思い出して ― div

第8章8-2でクーロンの法則とガウスの法則を用いて，電界と電荷の関係を説明しましたが，ベクトルの発散を表すdiv(divergenceを略した形で，演算子としてこのように記述する)は，この関係をベクトル形式で説明するときに(主に)用いられます．以下に詳しく説明していきますが，「球の表面積を無限に小さくしたガウスの法則」と思って「ほぼ」OKです(「ほぼ」なのはdivは電荷密度になるため)．ガウスの法則からアプローチする前に，実生活の中の例でdivをイメージしてみましょう．

▶ 養鶏場を例にしてガウスの法則とdivをイメージしてみる

実生活の中の例でdivを2次元としてたとえてみます．図11-13(a)のようなとても大きな養鶏場があったとします．雌(♀)鶏は1日1個の卵を産みます．また養鶏場の省力化として，図11-13(b)のように一羽の雌鶏が生んだ卵は「ころころころり」と，前後左右の縦横にめぐらされているベルト・コンベアに乗っかるような機械が導入されているとします．この機械で自動的に東西南北の4箇所の出荷場まで卵が運ばれるとします[※13]．ここで

- ベルトコンベアで運ばれる卵⇒電界E
- 卵の全数は養鶏場全体の出荷量で考える⇒積分すべき球の表面積S
- 1日での東西南北4箇所からの全出荷数⇒積分された全体の電界(全電界量)

※13：よりベクトルらしい話にすれば，「ころころころり」と前後左右に落ちる方向がベクトルの方向であり，4箇所から東西南北に出荷されることも，それぞれの方向へのベクトルである．

と考えれば，養鶏場全体で保有する雌鶏の数(電荷量)は，自動的に出荷量(全電界量)から計算できることがわかりますね(ちなみにこの例の場合は，1日1個の卵を産むので卵の全出荷数イコール雌鶏数)．そしてそれがガウスの法則(全体の電界を積分すれば内部の電荷が求まる)とまったく同じだということもわかります．

▶ 一つの鳥かごという最小分割単位(極限)で考える

では養鶏場の中に入って，図11-13(c)のように，一つひとつの鳥かごを見てみましょう．鳥かごは雌鶏が一羽入っているところもあれば，イレギュラーで二羽入っているところ，種々の事情で空いているところもあります．

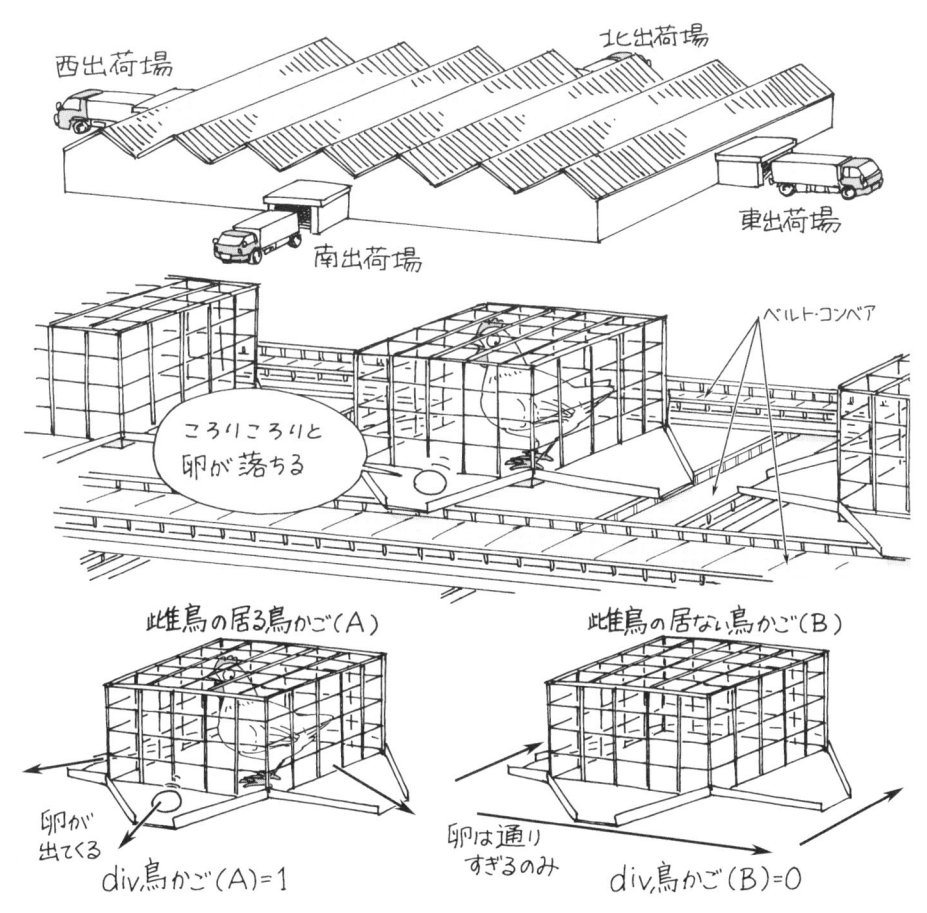

[図11-13] divを実生活の中でたとえて考える

11-4 交響曲電磁気学 第3楽章「発散(divergence)」 | 347

この一つの鳥かごを考えてください．これは先に説明したような，「球の表面積を無限に小さくしたガウスの法則」の「球の表面積」を「一つの鳥かご」という最小分割単位（極限）にまで「無限に小さく」して適用したものだと考えることができます．これがdivなのです．そして，

- 卵（電界）が出てくる鳥かごには，雌鶏（電荷）が居る（divがゼロでない）
- 卵（電界）が出てこない鳥かごは，目の前を卵（電界）が通り過ぎるだけで雌鶏（電荷）は居ない（divがゼロ）

と雌鶏の居る/居ない，そして一つの鳥かごに何羽居るか（電荷のある/なしと密度）がわかるわけです．ベクトルの発散を表すdivは，この一つの鳥かごから出てくる卵の数から，その鳥かごに雌鶏が居るか居ないか（居るなら何羽かの人口？密度）を判断するもの，とも考えることができるでしょう．

▶ divを理解するためにガウスの法則をおさらいする

　第8章8-2の式(8-19)と式(8-20)で電界と電荷の関係を示しましたが，もう一回おさらいしておきましょう．図11-14に示すように，電荷を中心として電界E（単位は[V/m]）は等しく放射されますので，殻球全体のどこでもEは均一になっています．また殻球の半径をlとすると，殻球の表面積は$4\pi l^2$です．この球全体から出て

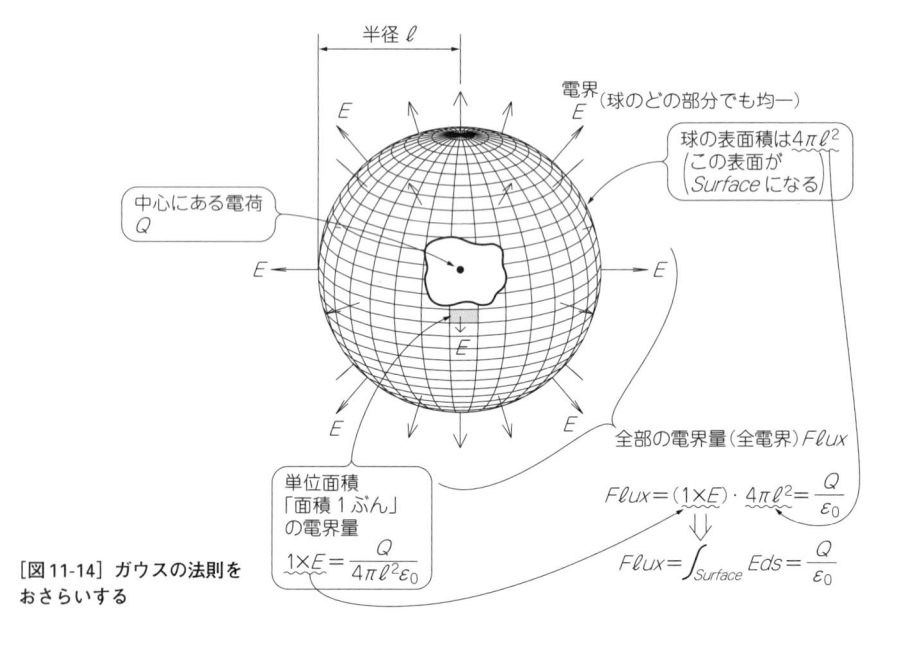

[図11-14] ガウスの法則をおさらいする

半径 ℓ

中心にある電荷 Q

電界（球のどの部分でも均一） E

球の表面積は$4\pi\ell^2$
この表面がSurfaceになる

単位面積「面積1ぶん」の電界量
$1 \times E = \dfrac{Q}{4\pi\ell^2\varepsilon_0}$

全部の電界量（全電界）$Flux$

$Flux = (1 \times E) \cdot 4\pi\ell^2 = \dfrac{Q}{\varepsilon_0}$

$Flux = \int_{Surface} E ds = \dfrac{Q}{\varepsilon_0}$

くる全部の電界量（全電界）$Flux$ を計算すると，それは中心にある電荷量を ε_0 で割ったもの，Q/ε_0 になり，

$$Flux = \underbrace{(1 \times E)}_{\text{面積1ぶんの電界量}} \cdot \overbrace{4\pi l^2}^{\text{球全体の面積}} = \frac{Q}{4\pi l^2 \varepsilon_0} \cdot 4\pi l^2 = \overbrace{\frac{Q}{\varepsilon_0}}^{\text{中心の電荷}} \quad \cdots\cdots\cdots\cdots 式(8\text{-}20) 再掲$$

（先頭の"全部の電界量（全電界）"は $Flux$ を指す）

でした．これを積分記号を使って表してみると，

$$Flux = \int_{Surface} E dS = (1 \times E) \cdot 4\pi l^2 = \frac{Q}{4\pi l^2 \varepsilon_0} \cdot 4\pi l^2 = \frac{Q}{\varepsilon_0}$$

ここで $\int_{Surface}$ は球の表面全体で積分する（球表面の面積分；Integral-surface）ということです[※14]．

このように「球の中から出てくる電界 E の全体量が Q/ε_0 に等しくなる」．これがガウスの法則です．この球の表面積を無限に小さく（極限を取る）して，その球の体積で割り，電荷密度で考えることがdivです．ただそれだけなのです……．ひきつづき，もう少し定式的に説明してみましょう．

● 球を無限小の辺の長さをもつ四角い箱とし，ガウスの法則を考える

タイトルの話を拡張していき，さらにその箱から出てくる全電界量を，箱の体積で割ることがdivになります．図11-15のように球の代わりに，無限に小さい長さの辺をもつ四角い箱を考えます[※15]．この辺の長さを無限に短い長さ，つまり限りなくゼロに近づけて考えていきます．

なお，最後に箱の体積で割って，単位体積あたりの量にする点は，とても重要なポイントです．これは第5章5-2で微分を説明したのとまったく同じです．

より定式的に図11-16でX軸方向だけを考えてみます（話を簡単にするために，Y，Z軸には成分がない，つまり大きさがゼロだとして考えない）．まずすべての

※14：ここまでは理解を簡単にするために球の中心に電荷 Q があると説明してきているが，実際の一般化した場合としては「放射される電界を任意の閉曲面内で（それも曲面の法線方向に電界を）積分すれば，その閉曲面内の電荷量の $1/\varepsilon_0$ になる．つまり積分する閉じた面は球でなくてもよいし，電荷は閉曲面内のどこにあっても，複数あってもよい」となる．
※15：球を無限に小さくしていった場合は，球も四角い箱も同じものだと，極限をとった場合（微分する場合）には考える．

辺の長さを，微小な長さ ΔL とします．図中の矢印の方向がX軸のプラス方向だとします．A面側の座標を $\langle x, 0, 0 \rangle$ とし，それから $\Delta x = \Delta L$ だけ進んだところの座標は $\langle x + \Delta x, 0, 0 \rangle$ であり，ここをB面とします．

▶【理解するためのステップその1】

図11-16(a)のように，A面では電界 $\boldsymbol{E} \langle x, 0, 0 \rangle$（ここでは電界は方向があるものとしてベクトルとし太字にしてある）のX軸成分 $E_x \langle x, 0, 0 \rangle$ は大きさがゼロ，つまり $E_x \langle x, 0, 0 \rangle = 0$ で，B面では電界 $E \langle x + \Delta x, 0, 0 \rangle$ はX軸のプラスの方向に $E_x \langle x + \Delta x, 0, 0 \rangle = E_1$ だけ大きさがあるとします．つまり「電界の大きさは，箱に入るのはゼロ，出るのは E_1」と考えます．

ガウスの法則のとおり，B面から出てくる電界の総量（電界の流れ出る全量と考える）は，電界の大きさとB面の面積（$\Delta L \cdot \Delta L$）との掛け算で，$E_1 \cdot \Delta L \cdot \Delta L$ になります．つまり位置が $\Delta x = \Delta L$ だけ変わると，変化した量は，

$$\text{変化量} = \frac{\overbrace{(E_1 \cdot \Delta L \cdot \Delta L)}^{\substack{\text{B面から電界が流れ出る全量}\\E_x \langle x+\Delta x,0,0\rangle}} - \overbrace{(0 \cdot \Delta L \cdot \Delta L)}^{\substack{\text{A面から電界が流れ込む全量=ゼロ}\\E_x \langle x,0,0\rangle}}}{\underbrace{\Delta L}_{\text{位置の変化 }\Delta x=\Delta L}} \quad \cdots\cdots (11\text{-}14)$$

と計算できます．ΔL で割るのは，単位長あたりに変換（微分量なので「傾き」に変換する）している，ということです．

ところで，こんな条件は普通はない[※16]のですが，もし電界分布がこれだけだとすれば，ガウスの法則の「中から出てくる電界の全体量を積分すると Q/ε_0（ただし

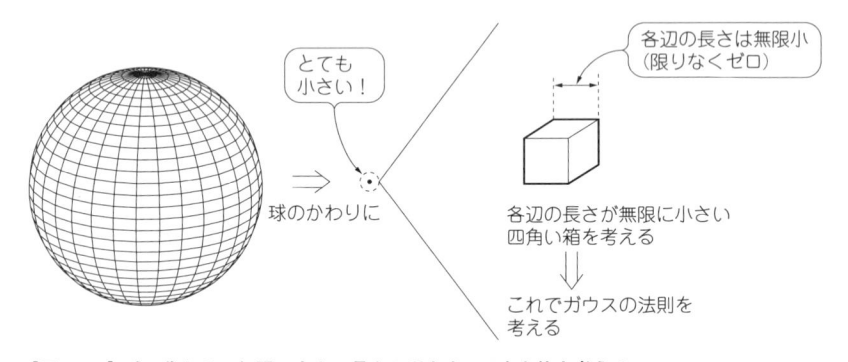

[図11-15] 球の代わりに無限に小さい長さの辺をもつ四角な箱を考える

※16：無限の広さの2枚の平行電極が等しく逆極性で帯電している場合はこの条件に該当する．

Qは内部の電荷量)になる」から，式(11-14)の**分子**イコール Q/ε_0 になります．ここで Q はこの無限小の大きさの箱の中の電荷量です．

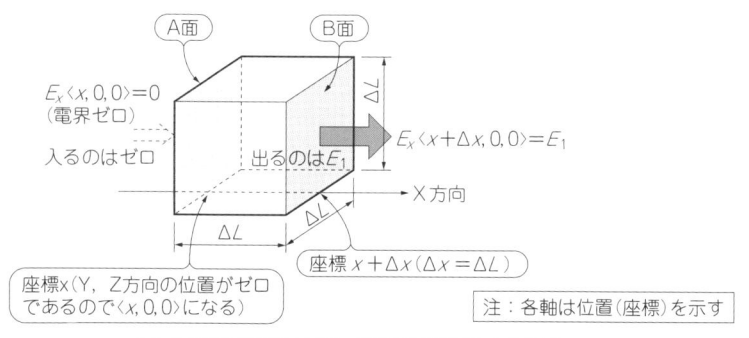

[図11-16] divの成り立ちを理解するために条件を仮定する(X軸のみ考えている)

(a) A面では電界はゼロ，B面ではプラス方向に E_1

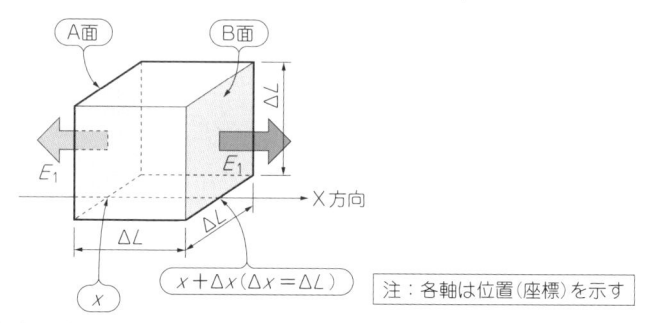

(b) A面では電界はマイナス方向に E_1，B面ではプラス方向に E_1

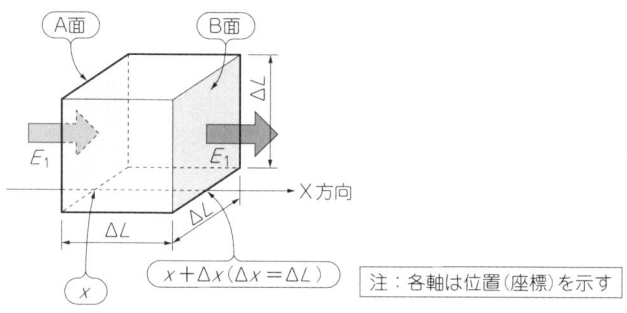

(c) A面でもB面でも電界はプラス方向に E_1

▶【理解するためのステップその2】

　A面/B面の量の単位面積，さらに単位体積に相当する量に変換してみます．A面/B面は$\Delta L \cdot \Delta L$の領域の面積なので，単位面積で考えるなら式(11-14)をこの面積$\Delta L \cdot \Delta L$で割ればよいのです．

　さらに式(11-14)自体も単位長あたりの式なので，結局，$\Delta L \cdot (\Delta L \cdot \Delta L)$の微小体積で分子を割ることになります．この操作は体積での微分であり，結果的に**単位体積**[※17]に変換していると考えられます．つまり，

$$\text{単位体積相当量} = \frac{(E_1 \cdot \cancel{\Delta L \cdot \Delta L}) - (0 \cdot \cancel{\Delta L \cdot \Delta L})}{\Delta L \cdot (\cancel{\Delta L \cdot \Delta L})} = \frac{E_1 - 0}{\Delta L}$$

$$= \frac{E_x \langle x + \Delta x, 0, 0 \rangle - E_x \langle x, 0, 0 \rangle}{\Delta x} \quad \cdots\cdots (11\text{-}15)$$

となります（なお$\Delta L = \Delta x$としてある）．この四角い箱の大きさを無限に小さくしてみると，

$$\lim_{\Delta x \to 0} \left(\frac{E_x \langle x + \Delta x, 0, 0 \rangle - E_x \langle x, 0, 0 \rangle}{\Delta x} \right) = \frac{\partial E_x \langle x, 0, 0 \rangle}{\partial x} \quad \cdots\cdots (11\text{-}16)$$

と，本章11-3，∇のところで説明した微分の形式とまったく同じになり，$\frac{\partial}{\partial x}$で「なんと！」（と驚くほどでもないが……）表記できるのです．

　ここで大事なことは，【ステップその1】と同じくガウスの法則から考えれば，この式は単位体積相当量なので**電荷の単位体積相当量，つまり電荷密度**$Q_{density}/\varepsilon_0$になります．ただし$\varepsilon_0$で割られているところもポイントです．

▶【ステップその2の補足】

　流れる量と向きの違いを考えておきましょう．別の状態として**図11-16(b)**のように，A面では電界のX軸成分$E_x \langle x, 0, 0 \rangle$はX軸のマイナスの方向に$E_x \langle x, 0, 0 \rangle = -E_1$，B面ではX軸のプラスの方向に$E_x \langle x + \Delta x, 0, 0 \rangle = +E_1$だけ大きさがあるとします．つまり「箱の左右から電界E_1が出る」と考えます．

　このときA面では電界の向きが逆なので，

※17：第5章5-2のp.107で「単位時間注入量が微分係数」と説明したように，微分したものは単位量あたりの変化率になっている．

$$\text{単位体積相当量} = \frac{\partial E_x \langle x,0,0 \rangle}{\partial x} = \frac{E_x \langle x+\Delta x, 0, 0 \rangle - E_x \langle x, 0, 0 \rangle}{\Delta x}$$
$$= \frac{(E_1 \cdot \Delta L \cdot \Delta L) - (-E_1 \cdot \Delta L \cdot \Delta L)}{\Delta L \cdot (\Delta L \cdot \Delta L)} = \frac{E_1 + E_1}{\Delta L} \quad \cdots\cdots (11\text{-}17)$$

と計算できます．ここでも**単位体積相当量，つまり電荷密度** $Q_{density}/\varepsilon_0 = 2E_1/\Delta L$ になります．

　逆に図11-16(c)のように，A面でもB面でも電界はX軸のプラスの方向，つまり $E_x \langle x,0,0 \rangle = +E_1$, $E_x \langle x+\Delta x, 0, 0 \rangle = +E_1$ だとします．「電界は箱の左から入って右から出る」と考えます．このときは，

$$\text{単位体積相当量} = \frac{\partial E_x \langle x,0,0 \rangle}{\partial x} = \frac{E_x \langle x+\Delta x, 0, 0 \rangle - E_x \langle x, 0, 0 \rangle}{\Delta x}$$
$$= \frac{(E_1 \cdot \cancel{\Delta L \cdot \Delta L}) - (E_1 \cdot \cancel{\Delta L \cdot \Delta L})}{\Delta L \cdot (\cancel{\Delta L \cdot \Delta L})} = \frac{0}{\Delta L} = 0 \quad \cdots\cdots (11\text{-}18)$$

と計算できます．流れ込む量と流れ出る量が等しい場合はゼロになります．

▶ **【理解するためのステップその3】**

　【ステップその2】において，式(11-16)は，電界のX軸方向の成分だけを考えました．しかし実際にはY軸の方向，Z軸の方向，**それぞれの方向に電界は出てくる**と考えられます．また，位置を任意の場所 $\langle x,y,z \rangle$ としてみると，それぞれの方向において，

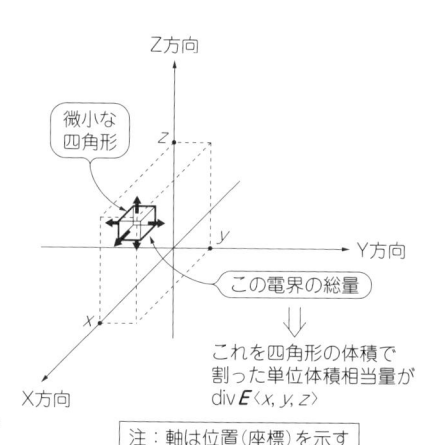

[図11-17] 微小な四角形から出てくる電界の総量，それを単位体積あたりに変換したものがdiv

$$\left.\begin{aligned}\frac{\partial E_x\langle x,y,z\rangle}{\partial x} &= \lim_{\Delta x\to 0}\left(\frac{E_x\langle x+\Delta x,y,z\rangle - E_x\langle x,y,z\rangle}{\Delta x}\right) \\ \frac{\partial E_y\langle x,y,z\rangle}{\partial y} &= \lim_{\Delta y\to 0}\left(\frac{E_y\langle x,y+\Delta y,z\rangle - E_y\langle x,y,z\rangle}{\Delta y}\right) \\ \frac{\partial E_z\langle x,y,z\rangle}{\partial z} &= \lim_{\Delta z\to 0}\left(\frac{E_z\langle x,y,z+\Delta z\rangle - E_z\langle x,y,z\rangle}{\Delta z}\right)\end{aligned}\right\} \cdots\cdots (11\text{-}19)$$

と計算できます．このそれぞれの方向に出てきた電界を足し合わせたもの，

$$\operatorname{div}\boldsymbol{E}\langle x,y,z\rangle = \frac{\partial E_x\langle x,y,z\rangle}{\partial x} + \frac{\partial E_y\langle x,y,z\rangle}{\partial y} + \frac{\partial E_z\langle x,y,z\rangle}{\partial z} \cdots\cdots (11\text{-}20)$$

が，ある場所(「点」と言ったほうが良いかも)$\langle x,y,z\rangle$での発散—divになります．これを図11-17に示します．まとめると，「微小な四角形から出てくる電界の総量を単位体積あたりに変換したもの，体積で微分したもの」がdivです．さらに，

$$\operatorname{div}\boldsymbol{E}\langle x,y,z\rangle = \frac{Q_{density}}{\varepsilon_0} \cdots\cdots (11\text{-}21)$$

と，これが電荷の**密度**(ただしε_0で割ったもの)になります．

● div と∇の関係は

式(11-1)のとおり内積は，

$$\boldsymbol{A}\cdot\boldsymbol{B} = |\boldsymbol{A}||\boldsymbol{B}|\cos\theta = A_xB_x + A_yB_y \cdots\cdots 式(11\text{-}1)再掲$$

でした．$\boldsymbol{A}$，$\boldsymbol{B}$を3次元ベクトルとすれば，

$$\boldsymbol{A}\cdot\boldsymbol{B} = A_xB_x + A_yB_y + A_zB_z \cdots\cdots (11\text{-}22)$$

です．また∇は式(11-6)のとおり，

$$\boldsymbol{\nabla} = \left(\frac{\partial}{\partial x}, \frac{\partial}{\partial y}, \frac{\partial}{\partial z}\right) \cdots\cdots 式(11\text{-}6)再掲$$

です．さらに式(11-20)のように，

$$\operatorname{div} \boldsymbol{E}\langle x,y,z\rangle = \frac{\partial E_x\langle x,y,z\rangle}{\partial x} + \frac{\partial E_y\langle x,y,z\rangle}{\partial y} + \frac{\partial E_z\langle x,y,z\rangle}{\partial z} \quad \cdots\cdots 式(11\text{-}20) 再掲$$

です．この右辺と式(11-22)を見比べてみると，

A_x	B_x	+	A_y	B_y	+	A_z	B_z
$\dfrac{\partial}{\partial x}$	$E_x\langle x,y,z\rangle$	+	$\dfrac{\partial}{\partial y}$	$E_y\langle x,y,z\rangle$	+	$\dfrac{\partial}{\partial z}$	$E_z\langle x,y,z\rangle$

になります．ここで，

$$\boldsymbol{A} = (A_x, A_y, A_z) = \left(\frac{\partial}{\partial x}, \frac{\partial}{\partial y}, \frac{\partial}{\partial z}\right) = \nabla$$
$$\boldsymbol{B} = (B_x, B_y, B_z) = \left(E_x\langle x,y,z\rangle, E_y\langle x,y,z\rangle, E_z\langle x,y,z\rangle\right) = \boldsymbol{E}\langle x,y,z\rangle$$

とすれば，divは$\boldsymbol{A}$と$\boldsymbol{B}$つまり，∇と$\boldsymbol{E}\langle x,y,z\rangle$との内積，

$$\operatorname{div} \boldsymbol{E}\langle x,y,z\rangle = \nabla \cdot \boldsymbol{E}\langle x,y,z\rangle = \frac{Q_{density}}{\varepsilon_0} \quad\cdots\cdots\cdots\cdots\cdots\cdots\cdots\cdots\cdots\cdots (11\text{-}23)$$

になります．またここでも∇が重要であることが見いだされましたね．

● **まとめ**……divはある点における**電荷密度**$/\varepsilon_0$

まとめます．発散divは，

$$\operatorname{div} \boldsymbol{E}\langle x,y,z\rangle = \nabla \cdot \boldsymbol{E}\langle x,y,z\rangle = \frac{位置\langle x,y,z\rangle の点での電荷密度}{\varepsilon_0}$$

です．divは内積なので**スカラー**量です．球を無限小にして，ガウスの法則を点として考え，それを単位体積あたりに換算した結果がdivですが，divは電荷量Qそのものではなく，単位体積あたりに換算されますので**電荷密度**$Q_{density}$を表しています．またε_0で割られた値です．この点は注意してください．

最後に，これだけは少なくとも覚えておいてもらいたいことです．

- 電界が出てくるところは，$\operatorname{div} \boldsymbol{E}\langle x,y,z\rangle \neq 0$で，そこには電荷が在る
- 電界が通り過ぎるだけのところは，$\operatorname{div} \boldsymbol{E}\langle x,y,z\rangle = 0$で，そこには電荷がない

11-5　交響曲電磁気学 第4楽章「回転(rotation)」

第8章8-1のアンペアの周回積分の法則などで，磁界と電流の関係を説明しましたが，ベクトルの回転を表すrot(rotationを略した形で，演算子としてこのように記述する)[18]は，この関係を説明するときに（主に）用いられます．

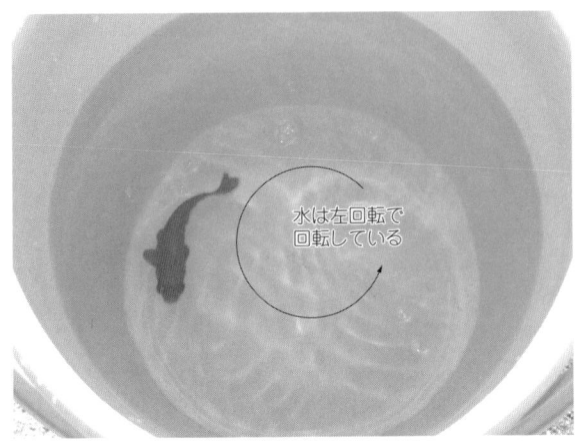

(a) バケツの中で回転する水（出演：我が家の金魚）

(b) ストローで作った小さい4枚羽水車

[図11-18] rotをイメージしてみるための実験装置

※18：rotをcurlと書いてある参考書もある．

また以降ではイメージしやすくするために，2次元を基本として説明していますので，これも注意してください．

● **バケツの中で回転する水とストローで作った小さい4枚羽水車を例にして，アンペアの周回積分の法則とrotをイメージしてみる**

実生活の中の例で，アンペアの周回積分の法則とrotをたとえてみます．図11-18(a)のようにバケツの中で水を回転させた状態を作ります．これは水流の回転する方向と速度というベクトル場だと言えます．金魚が泳いでいるので，水が回転していることがよくわかると思います．なおこのように，**左回りの回転**がrotが上向きでプラスになる回転方向です（メダカと違って我が家の金魚は流れに流されてしまっているので，頭の向きがメダカの想定とは逆になっている）．

図11-18(b)はストローを用いて手作りで作った，小さい4枚羽水車[19]です．この水車は回転するようすがわかるようにストローに縞目が入っています．これらを用いてrotをイメージする実験を試みてみましょう．

▶ **ストローで作った小さい4枚羽水車を最小単位（極限）だと考えるとrotが見えてくる**

本章11-2のp.337で，外積は「レンチの柄の長さとかける力により生じるねじ締め付けトルク」と考える……と説明しました．これから示すように，rotはこの外積を極限まで小さくしたものと言えます．

rotは「回転」というとおり，位置$\langle x, y, z \rangle$の周り（その小さい周辺領域）において回転状態があるか（あればその大きさも）を求めるものです．なお，その領域の面積で割って，単位面積あたりの量にする点は，divと同じくとても重要なポイントです．

これは日常生活でイメージすれば，その場所にとても小さい水車を置いて，その水車が回転するか（回転すればその回転力）を調べることと一緒です[20]．これは話を外積にもどせば，

- レンチの柄にかかる力＝水車の羽にかかる水の力
- ねじ締め付けトルク　＝水車の回転力（実際は軸トルク）

だと言えます．さらにアンペアの周回積分の法則の観点からすれば，

---

[19]：これから説明していくが，4枚羽にしてあるのは理由と意味がある．ここでは極限まで小さくした四角形を，rotを考えるうえでの微小閉曲線として説明していく．その四角形の4辺を4枚羽に見立てているからである．

[20]：なお第12章12-5のp.395のストークスの定理の説明のように，回転場があったとしても，その周囲のそれぞれが同じ量の回転場であれば，打ち消されて積分する外周のぶんだけで考える．

- 右ねじの法則で，磁界は電流が流れる導体の周りを円でぐるりと回るように発生する
- この円上の磁界の強さすべてを足し合わせると，中心にある導体に流れる電流量になる

ということがその現象なので(ただしrotを求めるには，この円の面積で割り，単位面積あたりの量とする必要がある)，

(a) 水の回転の中心に4枚羽水車を置いてみた

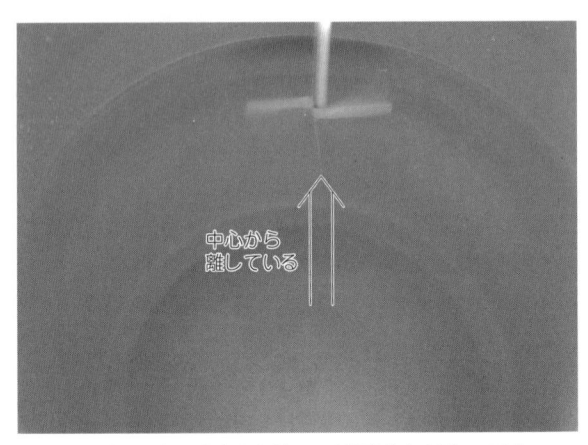

(b) 水の回転の中心から離して4枚羽水車を置いてみた
　　(若干回転しているが実験上の理由による)

[図11-19] rotをイメージしてみるために実験してみる

- 4枚羽水車の羽1枚1枚に加わる水流の力が磁界の強さであり
- 4枚すべてが足し合わさったものが回転力（実際は軸トルク）で，電流量に相当する
- つまり「柄の力⇒水流の力⇒磁界の強さ」，「トルク⇒回転力⇒電流量」

ということになります．ではさっそく実験してみましょう．

▶ 小さい4枚羽水車を回転する水に入れて実験してみる

図11-19(a)は水流の回転の中心に4枚羽水車を置いてみた写真です．ここでは，水車は勢い良く回っていることがわかります．次に図11-19(b)は水流の回転の中心から離して水車を置いてみた写真です．ここでは水車は回転していないことがわかります．

ストローで作った小さい4枚羽水車に加わる力（つまり水流）が，水車を中心として回転していれば，回転力が生じている，アンペアの周回積分の法則から考えれば，「磁界が回転している（イコール中心に電流が流れている）」ということです．回転していなければその逆です．つまり

- 水流が回転する場所（磁界が回転する場所）は，水車に回転力が生じる（rotがゼロでない ⇒ 電流が流れている）
- 水流が回転していない場所（磁界が回転していない場所）は，水車に回転力が生じない（rotがゼロ ⇒ 電流が流れていない）

ベクトルの回転を表すrotは，水流がその場所で回転しているかを水車の回転力で判断するもの，とも考えることができるでしょう．そしてその水車のサイズを極限にまで小さくしたもの，面積で微分したものと考えればよいでしょう（繰り返すが，面積で割るため単位面積相当量になる）．

ところで，ここまでの説明は，水が流れて回転力が生じる（磁界が発生して電流が流れる）的に書いていますが，実際は電流が流れて磁界が発生するほうが一般的です．そのため，「4枚羽水車の回転により，回転水流が発生する」としたほうが理解しやすいかもしれません．

● rotを理解するためにアンペアの周回積分の法則をおさらいする

第8章8-1の式(8-1)〜式(8-3)で磁界の強さと電流の関係を示しましたが，もう一回おさらいしておきましょう．図11-20(a)のように，右ねじの法則で，磁界は電流の流れる導体の周りをぐるりと回るように発生します．半径rだけ離れた位置に

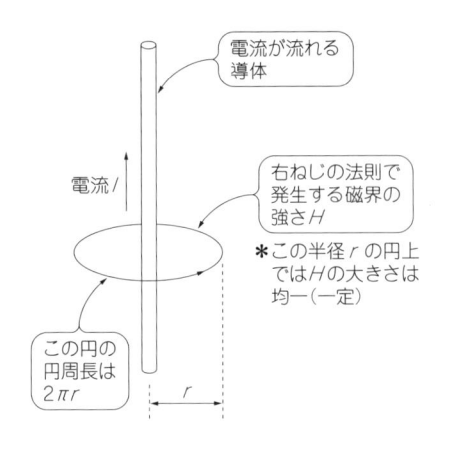

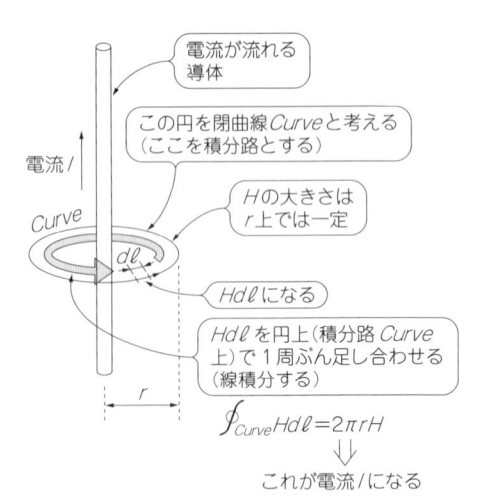

(a) 右ねじの法則で，磁界は電流の流れる導体の周りをぐるりと回るように発生する

(b) 閉曲線 Curve を積分路として，その積分路上で1周ぶん線積分する

[図11-20] アンペアの周回積分の法則をおさらいする

発生する磁界の強さ H(単位は[A/m])は，半径 r 上では均一量になっています．また半径 r の円の長さ(円周長)は $2\pi r$ です．

これから，この円上の磁界の強さすべてを足し合わせると，それは中心にある電線に流れる電流 I になり，

$$2\pi r H = I \quad [式(8\text{-}2)再掲．ただし右辺と左辺を移項] \quad \cdots\cdots 式(8\text{-}2)再掲$$

でした．これを積分記号を使って表してみると，

$$\oint_{Curve} H dl = 2\pi r H = I \quad [式(8\text{-}3)再掲．記述方式は異なる] \quad \cdots\cdots 式(8\text{-}3)再掲$$

ここで $\oint_{Curve}$ はある閉曲線 Curve を積分路として，その積分路上で1周ぶん線積分する(閉曲線の線積分；Line-integral-closed-curve. Contour-integral という場合もある)ということです[※21]．このようすを**図11-20**(b)に示します．

※21：ここまでは理解を簡単にするために，円の中心に電流 I があると説明してきているが，実際の一般化した場合としては「任意の点の磁界の強さを，任意の閉曲線内で(それも曲線の接線方向に磁界の強さを)積分すれば，その閉曲線内の全電流量になる．つまり積分する閉じた曲線は真円でなくてもよいし，電流は閉曲線内のどこにあっても，複数あってもよい」となる．

このように「ある閉じた円上での磁界の強さHの全体量が，その中を流れる電流Iに等しくなる」．これがアンペアの周回積分の法則です．この円の面積を無限に小さくし（極限を取る），面積で割り単位面積ぶんとして密度で考えること，つまり面積で微分することがrotです．これもdivと同じく，ただそれだけなのです……．次でもう少し定式的に説明してみましょう．

● 円を無限小の辺の長さをもつ四角とし，アンペアの周回積分の法則を考える

タイトルの話を拡張していくとrotになります．図11-21のように円の代わりに，無限に小さい長さの辺をもつ2次元の四角を考えます[※22]．この辺の長さを無限に短い長さ，つまり限りなくゼロに近づけて考えます．これは第5章5-2で微分を説明したのとまったく同じです．この図では原点～A～B～Cと，ポイントとなる点の位置を表示してあります．

さて，図11-21をより定式的に考えてみます（話を簡単にするために，X，Y軸の2次元で考える）．まず，すべての辺の長さを微小な長さΔLとします．図中の矢印の方向が磁界の回転する方向だとします．

図11-21において原点座標を$\langle x,y \rangle$，それから$\Delta x = \Delta L$だけ進んだA点の座標を$\langle x+\Delta x, y \rangle$，さらに$\Delta y = \Delta L$だけ進んだB点の座標を$\langle x+\Delta x, y+\Delta y \rangle$とし，$-\Delta x = -\Delta L$だけ進んだC点の座標を$\langle x, y+\Delta y \rangle$とします．

▶ 【理解するためのステップその1】

図11-21をもとに，以下および図11-22のように磁界Hを決め（ここでは磁界Hは方向があるものとして，ベクトルとし太字にしてある），

- 2次元で考え，$\boldsymbol{H}\langle x,y \rangle = (H_x\langle x,y \rangle,\ H_y\langle x,y \rangle)$とする
- 原点～A点：$\boldsymbol{H}\langle x,y \rangle$はX軸方向の成分$H_x\langle x,y \rangle$のみ
- A点～B点：$\boldsymbol{H}\langle x+\Delta x, y \rangle$はY軸方向の成分$H_y\langle x+\Delta x, y \rangle$のみ
- B点～C点：$\boldsymbol{H}\langle x+\Delta x, y+\Delta y \rangle$はX軸方向の成分$H_x\langle x+\Delta x, y+\Delta y \rangle$のみ
- C点～原点：$\boldsymbol{H}\langle x, y+\Delta y \rangle$はY軸方向の成分$H_y\langle x, y+\Delta y \rangle$のみ

ここにアンペアの周回積分の法則を適用します．なおアンペアの周回積分の法則自体は，図11-20のように直線ではなく曲線で計算しますが，この図11-22のように非常に微小な長さΔLでは，divの説明（p.349）と同じように，直線として考えてかまいませんし，H_x，H_yの変動を無視することができます．

[※22]：円を無限に小さくしていった場合は，円も四角も同じものだと，極限をとった場合（微分する場合）には考える．これはガウスの法則とdivの説明と同じ．

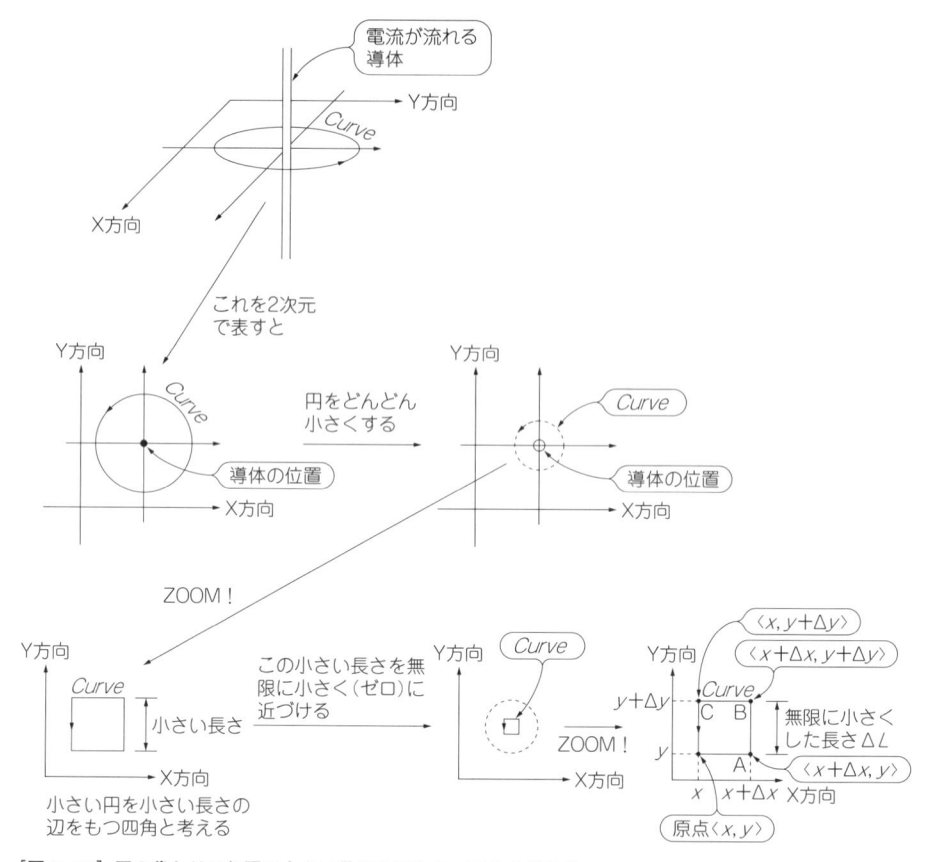

[図11-21] 円の代わりに無限に小さい長さの辺をもつ四角を考える

　アンペアの周回積分の法則のとおり，この微小な四角の辺ごとに磁界の強さ H を距離 Δx，Δy で積分し（H_x と Δx，H_y と Δy との単なる掛け算．なぜなら H_x，H_y の変動を $\Delta L = \Delta x = \Delta y$ では無視できるため），足し合わせた磁界の強さの総量は，

$$\text{磁界の強さの総量} = H_x\langle x,y\rangle\Delta x + H_y\langle x+\Delta x,y\rangle\Delta y$$
$$+ H_x\langle x+\Delta x,y+\Delta y\rangle(-\Delta x) + H_y\langle x,y+\Delta y\rangle(-\Delta y) \quad \cdots\cdots(11\text{-}24)$$

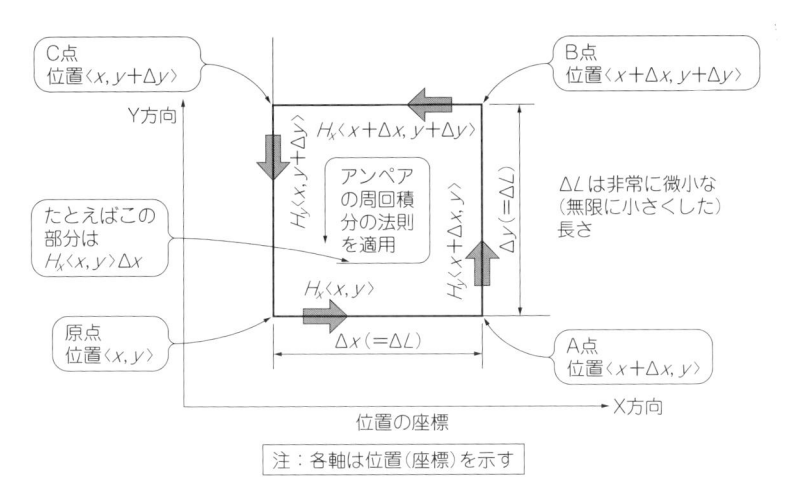

[図11-22] 無限に小さい四角形にアンペアの周回積分の法則を適用する

と計算できます．この計算さえすれば，アンペアの周回積分の法則の「磁界を円周1周ぶん積分すると，その中心に流れる電流の大きさが求まる」より，式(11-24)の「磁界の強さの総量」イコール電流 I になります．

▶ 【理解するためのステップその2】

　これを面積で割ることで，単位面積[※23]に相当する量に変換してみます．面積が $\Delta L \cdot \Delta L$ の領域なので，式(11-24)をここで考えていた面積 $\Delta L \cdot \Delta L = \Delta x \cdot \Delta y$ で割れば単位面積相当量が得られます．つまり，

$$
\begin{aligned}
\text{単位面積相当量} &= \frac{1}{\Delta L \cdot \Delta L}\Big(H_x\langle x,y\rangle\Delta x + H_y\langle x+\Delta x, y\rangle\Delta y \\
&\quad - H_x\langle x+\Delta x, y+\Delta y\rangle\Delta x - H_y\langle x, y+\Delta y\rangle\Delta y\Big) \\
&= \frac{1}{\Delta x \cdot \Delta y}\Big(H_y\langle x+\Delta x, y\rangle\Delta y - H_y\langle x, y+\Delta y\rangle\Delta y\Big) \\
&\quad + \frac{1}{\Delta x \cdot \Delta y}\Big(-H_x\langle x+\Delta x, y+\Delta y\rangle\Delta x + H_x\langle x,y\rangle\Delta x\Big) \\
&= \frac{H_y\langle x+\Delta x, y\rangle - H_y\langle x, y+\Delta y\rangle}{\Delta x} \quad \text{A点〜B点　C点〜原点} \\
&\quad - \frac{H_x\langle x+\Delta x, y+\Delta y\rangle - H_x\langle x,y\rangle}{\Delta y} \quad \text{B点〜C点　原点〜A点} \quad \cdots\cdots(11\text{-}25)
\end{aligned}
$$

（$\Delta L = \Delta x$, $\Delta L = \Delta y$ として置きかえる）

（これら〜〜線の符号注意）

※23：第5章5-2のp.107で「単位時間注入量が微分係数」と説明したように，微分したものは単位量あたりの変化率になっている（この脚注は※17と同じ）．

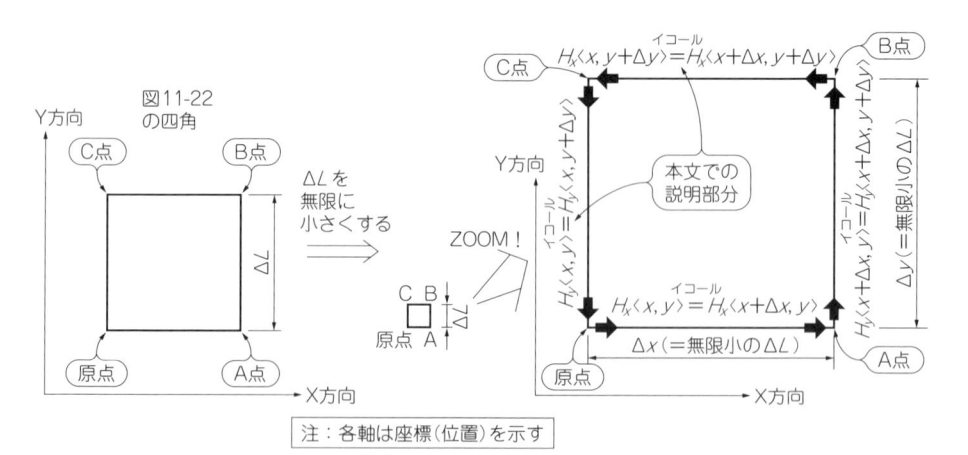

[図11-23] 四角の大きさを無限に小さくしてみる

　ここで，図11-22の四角の大きさを図11-23のように，無限に小さくしてみます（なお$\Delta L = \Delta x, \Delta y$である）．

　ところで先にも説明したように，$\Delta L = \Delta x, \Delta y$は短い区間なので，この区間$\Delta x$では$H_x$の変動を無視することができます．そうするとアンペアの周回積分の法則としてΔxでX軸方向にH_xを積分するとき（ΔyでY軸方向にH_yを積分するときも同じ），図11-23のように，

$$H_x \langle x+\Delta x, y+\Delta y \rangle = H_x \langle x, y+\Delta y \rangle, \quad H_y \langle x, y+\Delta y \rangle = H_y \langle x, y \rangle$$

だと近似することができます．これを上記の式(11-25)に代入し，実際に図11-23のように四角の大きさを無限に小さく（$\lim \Delta x \to 0, \lim \Delta y \to 0$）してみると，

$$\text{単位面積相当量の極限値} = \lim_{\Delta x \to 0} \left(\frac{H_y \langle x+\Delta x, y \rangle - H_y \langle x, y \rangle}{\Delta x} \right)$$
$$- \lim_{\Delta y \to 0} \left(\frac{H_x \langle x, y+\Delta y \rangle - H_x \langle x, y \rangle}{\Delta y} \right)$$
$$= \frac{\partial H_y \langle x, y \rangle}{\partial x} - \frac{\partial H_x \langle x, y \rangle}{\partial y} = I_{density(@Z)} \quad \cdots\cdots\cdots\cdots\cdots\cdots (11\text{-}26)$$

となります．面積で割ることで単位面積相当量になるので，$I_{density(@Z)}$はZ方向への電流密度になります．ここでも本章11-3，∇のところで説明した微分の形式とまっ

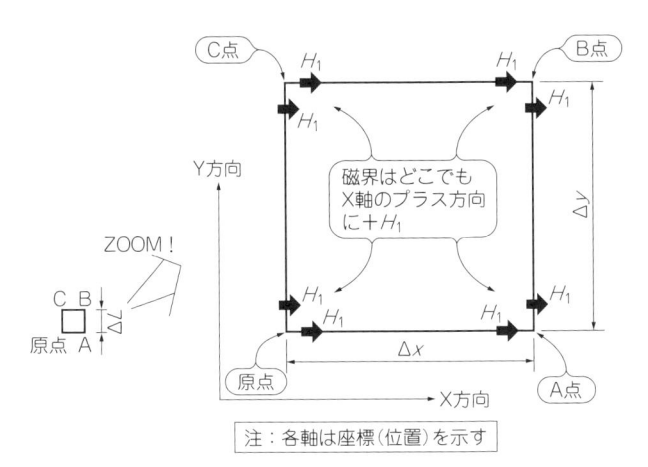

[図11-24] 磁界の流れがどこでも同じ方向を向いている場合

たく同じになり，$\frac{\partial}{\partial x}$と$\frac{\partial}{\partial y}$で「なんと！」(と，これも驚くほどでもないが……)表記できるのです．

ここで大事なことは，【ステップその1】と同じくアンペアの周回積分の法則から考えれば，この式は単位面積相当量なので(「点」と言ったほうが良いかもしれないが)，位置$\langle x, y \rangle$の電流Iの**単位面積相当量，つまり電流密度**$I_{density(@Z)}$になります．

またあとの【ステップその3】でも説明するように，ここまでの計算は実は**外積**の計算で，結果はベクトル[24]です．X，Y平面だけで考えていますから，このときはZ軸方向に計算結果のベクトルが向いています(このことは磁界の生じる面に垂直に電流が流れるという話とまったく一緒である)．

▶【ステップその2の補足】

ところで磁界の流れる向きを考えておきましょう．**図11-20**では，磁界はぐるりとひと回りしています．しかしここでは**図11-24**のように，磁界のX軸成分H_xがどこでもX軸のプラスの方向に$+H_1$だけあるとします($H_x = H_1$．また$H_y = 0$だとする)．

この条件で式(11-26)を考えてみます(単純化のためlimは取り去ってある)．

※24：本来Z軸方向を向いているベクトルであるから，$I_{density(@Z)}$は太字の$\boldsymbol{I}_{density}$と書くほうが正しい．しかしここでは「Z軸方向の成分である」という意味合いをこめてスカラー形式(細字)で記述しておく．

$$\frac{H_y\langle x+\Delta x, y\rangle - H_y\langle x, y\rangle}{\Delta x} - \frac{H_x\langle x, y+\Delta y\rangle - H_x\langle x, y\rangle}{\Delta y}$$

$$= \frac{0-0}{\Delta x} - \frac{H_1 - H_1}{\Delta y} = 0 \quad\cdots\cdots\cdots\cdots\cdots\cdots\cdots\cdots\cdots\cdots\cdots\cdots\cdots (11\text{-}27)$$

※Y成分はないということ

と計算できます．このように磁界の流れが一定方向の場合は，答えがゼロになります．これは大切なことです．図11-19（b）の小さい水車が回転していないのと同じことを言っています．この場合は「アンペアの周回積分の法則での計算結果がゼロ」ということと同じであり，この位置には電流が流れていないということです．

▶ **【理解するためのステップその3「外積」について】**

　【ステップその2】の最後に説明したように，ここまでの計算は**外積**の計算で，結果はベクトルです．式(11-26)が外積であることを確認しておきましょう．式(11-2)と式(11-3)のとおり外積は，

$$\boldsymbol{A} \times \boldsymbol{B} = |\boldsymbol{A}||\boldsymbol{B}|\sin\theta, \quad |\boldsymbol{A}\times\boldsymbol{B}| = A_x B_y - A_y B_x \quad \cdots\cdots\text{式(11-2)，(11-3)再掲}$$

です．さらに式(11-26)のように電流密度 $I_{density(@Z)}$ は，

$$I_{density(@Z)} = \frac{\partial H_y\langle x, y\rangle}{\partial x} - \frac{\partial H_x\langle x, y\rangle}{\partial y} \quad\cdots\cdots\cdots\cdots\cdots\cdots\cdots\cdots\text{式(11-26)再掲}$$

です．この二つの式を見比べてみると，

$$\begin{array}{ccccc} A_x & B_y & & A_y & B_x \\ \dfrac{\partial}{\partial x} & H_y\langle x,y\rangle & - & \dfrac{\partial}{\partial y} & H_x\langle x,y\rangle \end{array}$$

になります．ここで，

$$\boldsymbol{A} = (A_x, A_y) = \left(\frac{\partial}{\partial x}, \frac{\partial}{\partial y}\right)$$

$$\boldsymbol{B} = (B_x, B_y) = \left(H_x\langle x,y\rangle, H_y\langle x,y\rangle\right) = \boldsymbol{H}\langle x,y\rangle$$

とすれば電流密度 $I_{density(@Z)}$ は，$\boldsymbol{A}$ と $\boldsymbol{B}$ との外積，つまり $\left(\dfrac{\partial}{\partial x}, \dfrac{\partial}{\partial y}\right) \times \boldsymbol{H}\langle x,y\rangle$ になることがわかります．

▶ 【理解するためのステップその4】

【ステップその2】において式(11-25)は，磁界はX，Y平面だけ（電流はZ軸方向になる）を考えていました．またその結果は**外積**で**ベクトル**となり，Z方向への電流密度 $I_{density(@Z)}$ でした．

ところで実際には，X，Z平面（電流はY軸方向），Y，Z平面（電流はX軸方向），**それぞれの平面と電流が流れる方向**が考えられます．

またX方向，Y方向，Z方向に流れる電流密度は，実際はベクトル $\boldsymbol{I}_{density}\langle x,y,z\rangle$ の，その方向の**成分**[※25]であるとも言えます．つまり，それぞれの平面で考えてみると，

- X，Y平面だけでアンペアの周回積分の法則を適用すると，Z軸方向の電流密度成分 $I_{density(@Z)}$ が求められる．

$$\frac{\partial H_y\langle x,y\rangle}{\partial x} - \frac{\partial H_x\langle x,y\rangle}{\partial y} = I_{density(@Z)} \quad \cdots\cdots (11\text{-}28)$$

- X，Z平面だけで適用すると，Y軸方向の電流密度成分 $I_{density(@Y)}$ が求められる．

$$\frac{\partial H_x\langle x,z\rangle}{\partial z} - \frac{\partial H_z\langle x,z\rangle}{\partial x} = I_{density(@Y)} \quad \cdots\cdots (11\text{-}29)$$

- Y，Z平面だけで適用すると，X軸方向の電流密度成分 $I_{density(@X)}$ が求められる．

$$\frac{\partial H_z\langle y,z\rangle}{\partial y} - \frac{\partial H_y\langle y,z\rangle}{\partial z} = I_{density(@X)} \quad \cdots\cdots (11\text{-}30)$$

となります．これを3次元に拡張して，任意の3次元方向の磁界ベクトル，

※25：※24で「Z軸方向の成分である」という意味合いを含めてスカラーで説明したのは，ここへの誘導のため．$I_{density(@Z)} = (0, 0, I_{density(@Z)})$ であり，Z方向成分を表している．さらにこれ以降の話は，X，Y，Z成分として各軸が直交しているから成り立つという側面もある．

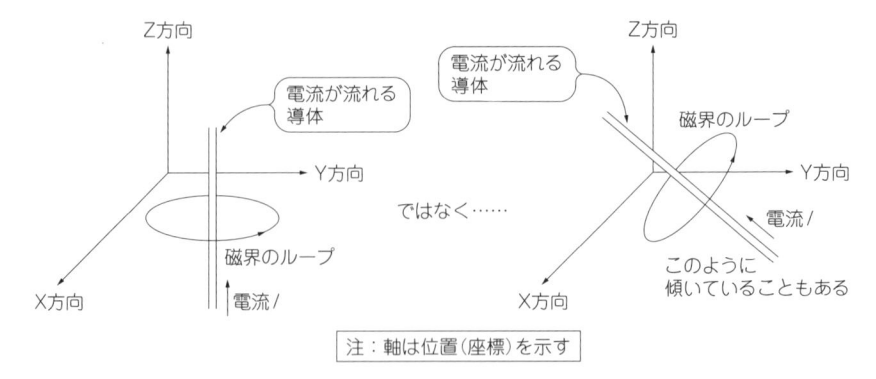

[図11-25] 磁界のループがX，Y，Z平面のどれかに平行である訳ではなく傾いている

$$\boldsymbol{H}\langle x,y,z\rangle = \bigl(H_x\langle x,y,z\rangle, H_y\langle x,y,z\rangle, H_z\langle x,y,z\rangle\bigr)$$

に適用すれば，それが回転rotであり，

$$\begin{aligned}
\operatorname{rot}\boldsymbol{H}\langle x,y,z\rangle &= \bigl(I_{density(@\mathrm{X})}, I_{density(@\mathrm{Y})}, I_{density(@\mathrm{Z})}\bigr)\\
&= \left(\frac{\partial H_z}{\partial y}-\frac{\partial H_y}{\partial z}, \frac{\partial H_x}{\partial z}-\frac{\partial H_z}{\partial x}, \frac{\partial H_y}{\partial x}-\frac{\partial H_x}{\partial y}\right)\\
&= \boldsymbol{I}_{density}\langle x,y,z\rangle \quad\cdots\cdots\cdots\cdots\cdots\cdots\cdots\cdots\cdots\cdots\cdots\cdots (11\text{-}31)
\end{aligned}$$

と電流密度ベクトル $\boldsymbol{I}_{density}\langle x,y,z\rangle$ になります（なおこの式では，くどくなるので，一部の $\langle x,y,z\rangle$ は取り去った）．

上記でいきなり「3次元に拡張して」とありますが，実際問題として考えれば，図11-25のように磁界のループがX，Y，Z平面のどれかに平行にある訳ではなく，傾いていることもあります．これは本章11-1p.330の「ベクトルの向きと座標系の決め事は，まあ，何でも良い」で説明した話と一緒です．

「この傾いた磁界ループを，式として収容（許容/表現）するために，3次元化してあるのだ．単純化するには，磁界ループの平面を基準平面として考えて，それをX，Y，Z平面に割り付けてみればよいのだ」と理解しておけば十分でしょう．

● $\dfrac{\partial H_x}{\partial y}$ がイマイチ理解できない人のために

ここまで読んで，「$\dfrac{\partial H_x}{\partial x}$ と，X軸方向の成分 H_x を x で微分ならわかるが，y で微分するというイメージがどうも沸かない」という人もいると思います．この点を少

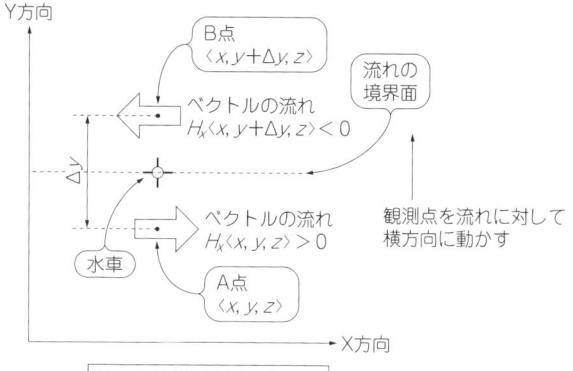

[図11-26] 左から右への流れと，右から左への流れの境界面で $\dfrac{\partial H_x}{\partial y}$ を考えてみる

し補足しておきましょう．

図11-26は，理解しやすいように極端な例として示したものです．A点を $\langle x, y, z \rangle$ とします．ここでは左から右に流れ（ベクトル）が流れています（X軸方向の成分 $H_x \langle x, y, z \rangle > 0$)．ここから Δy だけ移動したB点 $\langle x, y + \Delta y, z \rangle$ は反対に右から左に流れています（$H_x \langle x, y + \Delta y, z \rangle < 0$）．

このときに，観測点を流れに対して横方向に動かしたときのベクトルの流れの変化が，$\dfrac{\partial H_x \langle x, y, z \rangle}{\partial y}$ であると考えればよいでしょう．つまりこの境界面に小さい水車をおいたときに水車は回転し（rot $\boldsymbol{H} \neq 0$），境界面以外では回転しない（rot $\boldsymbol{H} = 0$）ということと同じです[※26]．

● rot と∇の関係は

【ステップその3】で2次元の外積について説明しました．3次元でベクトルの外積を考えると，3次元ベクトル $\boldsymbol{A}$，$\boldsymbol{B}$ の外積は，

$$\boldsymbol{A} = (A_x, A_y, A_z), \quad \boldsymbol{B} = (B_x, B_y, B_z),$$
$$\boldsymbol{A} \times \boldsymbol{B} = (A_y B_z - A_z B_y, \ A_z B_x - A_x B_z, \ A_x B_y - A_y B_x) \quad \cdots\cdots (11\text{-}32)$$

※26：「この極端な例は電磁気ではどういう場合か？」という質問の回答としては，平板をこの境界面に置いて，紙面の裏側から上に向かって電流を流した場合に相当する．右ねじの法則で平板に沿った磁界が発生する．

です．また$\boldsymbol{\nabla}$は式(11-6)のとおり，

$$\boldsymbol{\nabla} = \left(\frac{\partial}{\partial x}, \frac{\partial}{\partial y}, \frac{\partial}{\partial z}\right)$$ ……………………………………………式(11-6)再掲

です．さらに式(11-31)のように，

$$\mathrm{rot}\,\boldsymbol{H}\langle x,y,z\rangle = \left(\frac{\partial H_z}{\partial y}-\frac{\partial H_y}{\partial z},\ \frac{\partial H_x}{\partial z}-\frac{\partial H_z}{\partial x},\ \frac{\partial H_y}{\partial x}-\frac{\partial H_x}{\partial y}\right)$$

なので，$\boldsymbol{A}=\boldsymbol{\nabla}$，$\boldsymbol{B}=\boldsymbol{H}$とすれば，

$$\mathrm{rot}\,\boldsymbol{H}\langle x,y,z\rangle = \underbrace{\left(\frac{\partial}{\partial x}, \frac{\partial}{\partial y}, \frac{\partial}{\partial z}\right)}_{\boldsymbol{A}=\boldsymbol{\nabla}} \times \underbrace{(H_x, H_y, H_z)}_{\boldsymbol{B}=\boldsymbol{H}} = \boldsymbol{\nabla}\times\boldsymbol{H}\langle x,y,z\rangle \quad\cdots\cdots(11\text{-}33)$$

になるのです．ここでも$\boldsymbol{\nabla}$の重要性の別の側面がここで見いだされました．

● **まとめ……rotはある点における電流密度**

まとめます．回転rotは，

$$\mathrm{rot}\,\boldsymbol{H}\langle x,y,z\rangle = \boldsymbol{\nabla}\times\boldsymbol{H}\langle x,y,z\rangle = 位置\langle x,y,z\rangle の点での電流密度$$

です．rotは外積なので**ベクトル**量です．円を無限小にして，アンペアの周回積分の法則を「点」として考え，その円の面積で割り単位面積相当量としたもの，面積で微分したものがrotです．rotは電流量Iそのものではなく**電流密度$I_{density}$**を表しています．この点は注意してください．

最後に，これだけは少なくとも覚えておいてもらいたいことです．

- 磁界が回転しているところは，$\mathrm{rot}\,\boldsymbol{H}\langle x,y,z\rangle \neq 0$で，そこには電流が流れている
- 磁界が通り過ぎるだけのところは，$\mathrm{rot}\,\boldsymbol{H}\langle x,y,z\rangle = 0$で，そこには電流が流れていない

Column 11
技術者としての人生「綿々と連なり繋がり」

技術者として生きていくのであれば,自分の能力開発を継続しながら(スキル・アップをしながら)技術開発業務を行い,自分の出した成果が世の中で役に立つとか認められる歓びをもって,日々を有意義に過ごす,というサイクルで人生を歩みたいものです.

せっかく一日の,より大きくみれば人生の大半の時間を「技術者業」という仕事に裂いているのですから,もしハイテクともいえない仕事だとしても,前向きに歓びとやりがいをもって事にあたるべきと思います.それは技術上の,そして自分の考えの「ちょっとした工夫/視点の変え方」でしょう.

とはいえ,時には技術以外のことも含み,ずいぶんと寄り道したり,また余分なことに首を突っ込んで苦労してしまったりもするでしょう.しかしあとになって思えば,そこで経験したことは何事にも代え難い財産でしょうし,自分の技術者人生にもかならずや繋がる,役に立つ経験へと昇華していくことでしょう.

本書は「数学」という一見遠回りな能力開発になるのかもしれません.いや,このColumnは「数学」のことだけを言っているわけではありません.技術者としての人生,すべての経験は糸のように,まるで意図があるかのように,綿々と連なり,繋がっているのではないでしょうか.

――今までの経験のすべてがあって,今のあなたがある――

電子回路設計のための電気/無線数学

第12章
マクスウェルの方程式までジャンプして電波を考えてみよう

❖

電気/無線数学で一番の難所は，やはりマクスウェルの方程式だと思います．
数式は見たことはあるが，その真意や，どのように応用されるのか
わからないという人も多いのではないでしょうか．
本章では第11章でつちかったベクトル解析学の理解を応用して，
このマクスウェルの方程式を嚙み砕いていきます．

❖

12-1　電磁気現象を表しつくすマクスウェルの方程式

● 先人の実績から導き出されるマクスウェルの方程式

　Column 5でも少し触れたように，マクスウェルの方程式はマクスウェル(James Clerk Maxwell, 1831-1879)自身がひとりですべてを編み出したものではありません[※1]．以下に示すように多くの先人の業績のうえに立脚して成し遂げた成果なのです．

　また，マクスウェル本人が編み出した方程式[※2]でさえ，現在の「マクスウェルの方程式」と呼ばれる，以下に示すような四つの方程式までまとめ上げたのは，ヘビサイド(前出，Oliver Heaviside, 1850-1925)です．このように多数の人の努力によって，現代技術(理工学)は成り立っているといえるでしょう．

※1：マクスウェルはエーテル"Ether"という媒体が電界と磁界を伝播させると考えたが，実際はそれは存在しなかった．よく知られているEthernetは，XeroxのPalo Alto Research Center(http://www.parc.xerox.com/)に居たロバート・メトカフ(Robert M. Metcalfe, 1946-)が発明したが，このEtherはエーテルからきている．Etherは英語読みだと「イーサ」だが，日本ではこの存在しなかった媒体のことは「エーテル」と呼ぶ．フランス語の発音から来ているらしい．

※2：マクスウェル自身が編み出した方程式は，参考文献(59)，参考文献(60)で見ることができる．現在でもamazon.comで入手可能．またそれらは参考文献(55)に一覧でまとめられている．

さて，それではここからマクスウェルの四つの方程式が，どのように先人の努力が基礎となり，そのうえに，どのようにマクスウェル自身がオリジナリティを加えていったかの視点で説明していきましょう．

四つの方程式は，（主として）以下の成果から導き出されています．

- クーロンの法則
- ガウスの法則
- ビオ・サバールの法則
- アンペアの周回積分の法則
- ファラデーの法則（電磁誘導の法則）

なお以下では第11章と同様に，電界/磁界は大きさと方向があるベクトル E, B, H だとして太字で表します．

● 話を始める前に……「E-B 対応」について

ここまでは磁界の強さ H が主として用いられてきました．本章では磁束密度 B（単位は[T]テスラもしくは[Wb/m^2] Wbはウエーバ．第8章でも説明した）を主として用います．真空中では $B = \mu_0 H$ と，比例定数 μ_0（真空の透磁率）で結ばれます．物質の中では，$\mu_r \cdot \mu_0$ と物質の比透磁率 μ_r がつきます[※3]．

「なぜ H を使わないのか？」という点については，電磁気学の体系として「E-H 対応」と「E-B 対応」と呼ばれる考え方があり，経緯として E-H 対応から E-B 対応へと変遷してきたからです．この対応関係は「E が H に対応しているものか B なのか」を解釈/定義するものであり，実際の現象としては，それにより変わるものではありません．

ともあれ本書としても，マクスウェルの方程式を考える本章においては，現代の主流である E-B 対応として記述を進め，B を用いることとします．理解としては $B = \mu_0 H$ だと思っていてください（厳密にはもう少し複雑．相当本格的に電磁気学に入り込まない限りはそれで十分）．

※3：しかし物質内では，H の大きさが変化すると B の大きさは完全に比例せず，「ヒステリシス・カーブ」（B-H カーブとも呼ぶ）という非線形な振る舞いをする．つまりややこしいので，勉強として理解する場合は，真空中（もしくは空気中）に考えを当面限定して進めたほうがよい．

● 話を始める前に……「静電磁界」と「時間で変化する電磁界」

　第8章および第11章で電磁気学について説明しました．ところがここまでは，電界/磁界を発生させる電圧なり電流は，「動的に変化するかしないか」という点では，ファラデーの法則(電磁誘導の法則)は別枠として，基本的にこれらは主に時間変動の無い**静電磁界**を取り扱ったものとして説明がなされています．

　しかしここでは，電磁波(電波)を考えるにあたり，電界/磁界を発生させる電圧なり電流は，「動的に変化する」ものを源として考えることにします．ここまで位置を$\langle x,y,z \rangle$としてきましたが，さらにこれに時間要素tをつけて，$\langle x,y,z,t \rangle$とします．このtで変化する信号つまり源は，複素信号，

$$v(t) = Ve^{j\omega t}, \quad i(t) = Ie^{j\omega t}$$

と考えていきます．そのためベクトルも$\boldsymbol{E}\langle t \rangle$とか，位置$\langle x,y,z \rangle$にあるベクトルの時間$\langle t \rangle$の状態として，$\boldsymbol{E}\langle x,y,z,t \rangle$というふうに表します．

▶ 時間で変化する要素が入るとはいえ……

　時間で変化する動的な要素$\langle t \rangle$が入る計算とはいえ，以降に示す積分とか微分では，時間tでの微分操作$\dfrac{\partial}{\partial t}$以外は，「ある時間」たとえば$t=0$の状態(スナップ・ショット)を考えておけば問題ありません．つまり以下の説明では，$\langle t \rangle$は「時間で変化する交流信号」という意味を表したいから使っているだけです(繰り返すがtでの微分は別だが)．その点は最初に覚えておいてください．

12-2　ガウスの法則と発散divから得られる方程式『その1』

$$\text{div } \boldsymbol{E}\langle x,y,z,t \rangle = \frac{Q_{density}\langle x,y,z,t \rangle}{\varepsilon_0} \quad \text{(電界について)}$$

● 説明してきた発散divと電荷密度の方程式が実はマクスウェルの方程式

　第11章11-4，p.349で「球を無限小の辺の長さをもつ四角い箱とし，ガウスの法則を考え」，その箱から出てくる電界を積分し，箱の体積で割るとdivになることを示しました．この結果が図12-1のように，位置$\langle x,y,z \rangle$において，

$$\text{div } \boldsymbol{E}\langle x,y,z,t \rangle = \frac{\text{電荷密度 } Q_{density}\langle x,y,z,t \rangle}{\varepsilon_0} \quad \cdots\cdots (12\text{-}1)$$

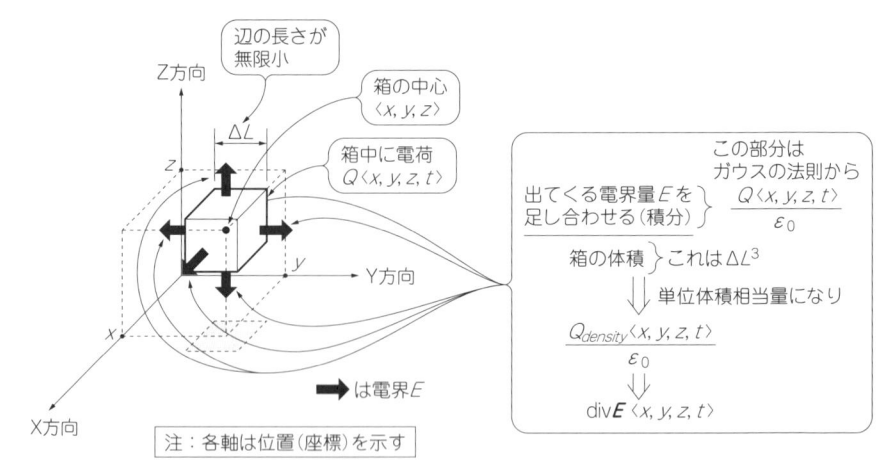

[図12-1] 電荷についてガウスの法則と発散divから得られる方程式

になります．divは内積なので**スカラー**量です．divは電荷量Qそのものではなく，時間変動する**電荷密度**$Q_{density}\langle x,y,z,t\rangle$です．また$\varepsilon_0$で割られた値です．これがマクスウェルの方程式『その1』です．これは基本の基本なので問題ないでしょう．

● 電子回路で「電荷がたまる/電荷がある」とは

電荷と言っても電子回路という視点では今ひとつピンとこないと思います．この式(12-1)は電荷という観点では，電子回路ではどういう場面が考えられるでしょうか．

ひとつはコンデンサでしょう．コンデンサの電極に$Q=It$で充電されるのが電荷量Qになります．コンデンサの電極板が$\mathrm{div}\,\boldsymbol{E}\neq 0$だといえるでしょう．

もうひとつは伝送線路などもそうでしょう．第10章で説明してきたように，伝送線路は，サイン波が電気的に振動する速さと，信号が伝わる速度が無視できない長さを持つものです．つまり，ある位置と違う位置では瞬時瞬時(スナップ・ショット)においては，流れる電流量が異なります．これも「それぞれの位置に，異なる電荷量がある」と考えることができます．

12-3 ガウスの法則/ビオ・サバールの法則と発散 div から得られる方程式『その2』

$$\mathrm{div}\,\boldsymbol{B}\langle x,y,z,t\rangle = 0 \;\;\textbf{(磁界について)}$$

● **ガウスの法則を磁荷に適用してみると，マクスウェルの方程式の二つめだ**

二つめの方程式を示します．ここまでは説明しませんでしたが，ガウスの法則を電荷ではなく，磁荷に適用した場合を考えてみます．電荷はプラス極とマイナス極の電荷が別々に存在しましたが，磁荷は単独では存在しえません（プラス極とマイナス極が必ず対になっている）．そのため div をとってみても，プラス極とマイナス極が打ち消され，**図12-2**のように位置 $\langle x,y,z\rangle$ において，

$$\mathrm{div}\,\boldsymbol{B}\langle x,y,z,t\rangle = 0 \quad\cdots\cdots\cdots\cdots\cdots\cdots\cdots\cdots\cdots\cdots\cdots\cdots (12\text{-}2)$$

になります．これがマクスウェルの方程式『その2』です．次にもう少し厳密に定義してみましょう．

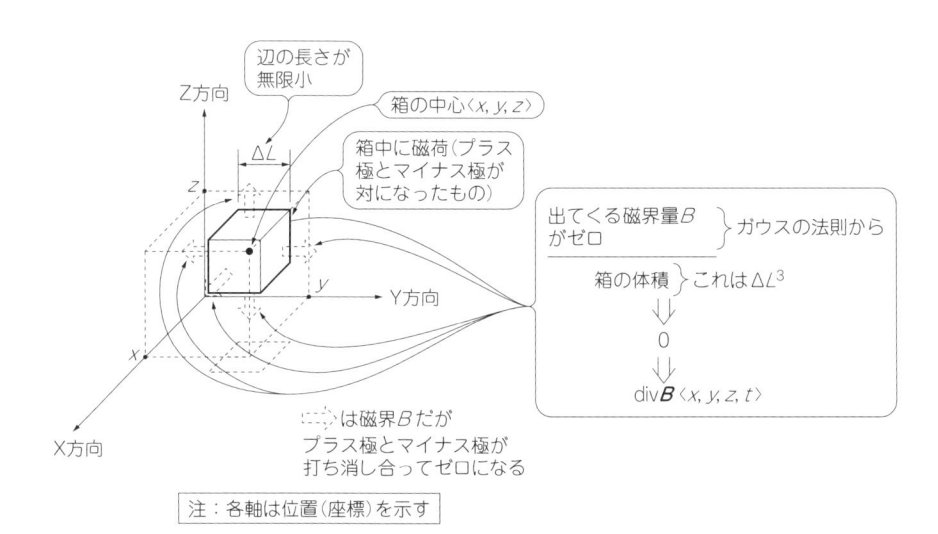

[図12-2] 磁荷についてガウスの法則と発散 div から得られる方程式

> ちょっとアドバンス

● **ビオ・サバールの法則から $\mathrm{div}\, B\langle x,y,z,t\rangle = 0$ を得る【その1】（まずはベクトル表記にしてみよう）**

上記は磁荷を例としましたが，電流から発生する磁界をビオ・サバールの法則で表し，それを変形させて厳密なかたちで $\mathrm{div}\, B\langle x,y,z,t\rangle = 0$ にもっていってみましょう．最初に以下の説明の手順／進め方を示します．

- ビオ・サバールの法則を示す
- ビオ・サバールの法則を dB と $I_{density}$ の関係式でベクトル表記にする
- $I_{density}$ の部分を rot の形に書き改める
- dB と $I_{density}$ の項それぞれを div で発散をとる
- div rot［任意のベクトル］＝0 のベクトル恒等式から
- $\mathrm{div}\, dB = 0$ になることを示す
- これを空間全領域に拡大してみても，結局は $\mathrm{div}\, B = 0$ である

▶ **ビオ・サバールの法則を3次元空間でのベクトル表記に書き改める下ごしらえ**

ビオ・サバールの法則は式(8-5)より，

$$dH = \frac{Idx}{4\pi l^2}\sin\theta = \frac{i(t)dx}{4\pi l^2}\sin\theta, \ dB = \mu_0 dH = \mu_0 \frac{i(t)dx}{4\pi l^2}\sin\theta \quad \cdots\cdots\cdots (12\text{-}3)$$

となります．これを3次元空間に拡張してみます．

図 12-3 を見てください．この図は空間に時間変動する電流 $i\langle t\rangle$ があり[※4]，位置 $\langle u,v,w\rangle$ において（u は X 軸上の任意の点，v，w もそれぞれ Y，Z 軸上の任意の点），その電流密度を $I_{density}\langle u,v,w,t\rangle$ としています．時間変動するため $\langle t\rangle$ がついています．また I は太字なので，方向を持つベクトルです．考え方としては，電流という「風速が時間変動する風」が吹いている空間だと思ってください．

さて式(12-3)の $i(t)dx$ に相当する量を考えます．これは，この位置 $\langle u,v,w\rangle$ に流れる電流密度 $I_{density}\langle u,v,w,t\rangle$ と，その位置 $\langle u,v,w\rangle$ における微小体積（図 12-3 に示す $u \sim u+du,\ v \sim v+dv,\ w \sim w+dw$）[※5]から，$I_{density}\langle u,v,w,t\rangle(du\,dv\,dw)$ として求められます．

※4：漠然とした定義であるが，結局はリード線とか完全不導体でない物質がその空間のどこかにあり，それに交流電流が流れているということ．

※5：$du = \lim_{\Delta u \to 0} \Delta u$ とする．第11章では Δu として Δ を用いているが，ここではすでに極限値になっているものとしている．

▶ 実際にベクトル表記に書き改める

ここまでの説明から，図12-3に示すように，
位置 $\langle u, v, w \rangle$ における微小体積 $(du\, dv\, dw)$ の電流量により，
↓
位置 $\langle x, y, z \rangle$ に生じる磁束密度 $d\boldsymbol{B}\langle x, y, z, t\rangle$ は[※6]，

$$d\boldsymbol{B}\underbrace{\langle x, y, z, t\rangle}_{x,y,z\text{の関数}} = \frac{\mu_0}{4\pi l^2} \underbrace{\boldsymbol{I}_{density}\underbrace{\langle u, v, w, t\rangle(du\, dv\, dw)}_{u,v,w\text{の関数}}}_{\text{式(12-3)の}i(t)dx\text{に相当}} \underbrace{\times \hat{\boldsymbol{e}}_{dir}}_{\sin\theta\text{に相当}} \quad \cdots\cdots\cdots\cdots (12\text{-}4)$$

となります．$\boldsymbol{I}_{density}$ は密度なので，微小体積 $(du\, dv\, dw)$ を掛けるとその微小体積ぶんの全電流量に長さ dx を掛けたものになります［式(12-3)の $i(t)dx$ に相当する］．また注意点として，電流の位置は u，v，wの関数であり，求める磁束の位置は x，y，zの関数になります．それぞれ考えている位置が異なりますので，以降を読み進める上では注意してください．

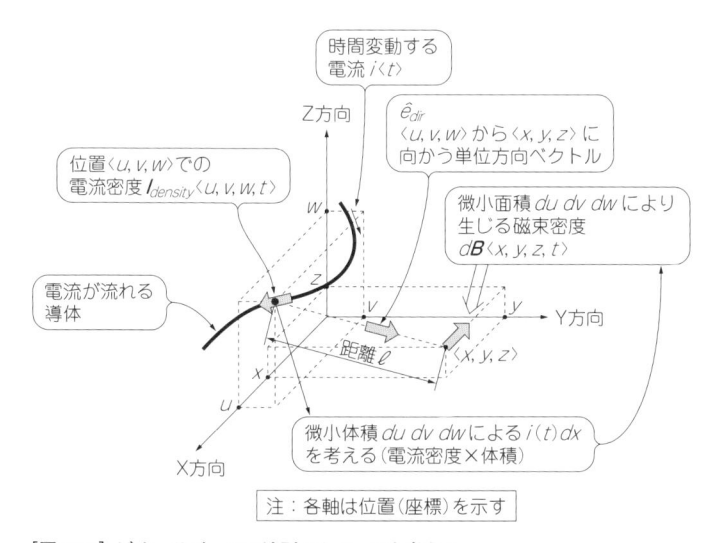

[図12-3] ビオ・サバールの法則から $\mathrm{div}\, B$ を考える

※6：理解を促進するためには，やはり簡略化して2次元的に考えたほうがよい．つまり，電流は $\langle u, v \rangle = \langle 0, 0\rangle$ の位置にありZ軸方向に向かっていると仮定し，Bの観測位置を $\langle x, y, z\rangle = \langle x, 0, 0\rangle$ としてみるとよい．

l は図12-3のとおり，電流位置 $\langle u,v,w \rangle$ から，求めたい磁束位置 $\langle x,y,z \rangle$ までの距離になり（l は u,v,w,x,y,z の関数になる），

$$l = \sqrt{(x-u)^2 + (y-v)^2 + (z-w)^2} \quad \cdots\cdots\cdots\cdots\cdots\cdots (12\text{-}5)$$

$\hat{e}_{dir}$ は，同じく $\langle u,v,w \rangle$ から $\langle x,y,z \rangle$ の方向に向かう単位ベクトルで（unit vector $\hat{e}$ of direction），

$$\hat{e}_{dir} = \frac{1}{\sqrt{(x-u)^2 + (y-v)^2 + (z-w)^2}} (x-u, y-v, z-w) \quad \cdots\cdots\cdots (12\text{-}6)$$

(↑ l)

と表されます（これは第11章のp.338の※8のとおり）．さらに×は外積で（これも第11章11-2のp.337の外積の説明のとおり），単位ベクトル $\hat{e}_{dir}$ と外積をとることは，式(12-3)の $\sin\theta$ に相当します．

この式(12-4)が式(12-3)のビオ・サバールの法則をベクトル表記したものです．

> ちょっとアドバンス

● **ビオ・サバールの法則から $\mathrm{div}\, \boldsymbol{B}\langle x,y,z,t \rangle = 0$ を得る【その2】**（rotの形に書き改めてみよう）

式(12-4)をもう一度示して，少し書き換えます．

（微小体積）

$$\begin{aligned}
d\boldsymbol{B}\langle x,y,z,t \rangle &= \frac{\mu_0}{4\pi l^2} \boldsymbol{I}_{density}\langle u,v,w,t \rangle \underbrace{(du\,dv\,dw)}_{} \times \hat{e}_{dir} \\
&= \frac{\mu_0}{4\pi} \cdot \underbrace{\frac{1}{l^2} \boldsymbol{I}_{density}\langle u,v,w,t \rangle \times \hat{e}_{dir}}_{\text{以降で取り出す}} (du\,dv\,dw) \quad \cdots\cdots\cdots\cdots (12\text{-}7)
\end{aligned}$$

以降でベクトル恒等式 $\mathrm{div}\,\mathrm{rot}\,[\text{任意のベクトル}] = 0$ を用いて，話の決着をつけられるように，この式(12-7)をrotの形に書き改めてみましょう．

▶ **式(12-7)は「ある」関数を微分した形だとしてみると**

ここで式(12-7)を $\boldsymbol{I}_{density}\langle u,v,w,t \rangle = (I_{d(@\text{X})}, I_{d(@\text{Y})}, I_{d(@\text{Z})})$ というように，位置 $\langle u,v,w \rangle$ でのベクトル成分に分解し[※7]，また式(12-6)を，

※7：$I_{density}$ としたいところだが長いので "d" だけに，また各要素には $\langle u,v,w,t \rangle$ は記載しないでおく．

$$\hat{\boldsymbol{e}}_{dir} = \frac{1}{\sqrt{(x-u)^2+(y-v)^2+(z-w)^2}}(x-u, y-v, z-w)$$
$$= \frac{1}{l}(x-u, y-v, z-w)$$

としてみると,式(12-7)から$\mu_0/4\pi$と$(du\,dv\,dw)$を取り去った ～～ の部分は,

$$\underbrace{\frac{1}{l^2}\left(I_{d(@X)}, I_{d(@Y)}, I_{d(@Z)}\right)}_{\boldsymbol{I}_{density}/l^2} \times \underbrace{\frac{1}{l}(x-u, y-v, z-w)}_{\hat{\boldsymbol{e}}_{dir}} \quad\cdots\cdots\cdots\cdots(12\text{-}8)$$

という外積の計算になります.

① ベクトルの各成分ごとで考える(まずはX成分で)

たとえば式(12-8)の外積の計算結果でのX成分だけを取り出してみると,

$$\text{式}(12\text{-}8)\text{X 成分} = \frac{\overbrace{I_{d(@Y)}(z-w)}^{\text{次で取り出す}} - I_{d(@Z)}(y-v)}{l^3} \quad\cdots\cdots\cdots\cdots(12\text{-}9)$$

この第1項は,

$$\frac{I_{d(@Y)}(z-w)}{l^3} = I_{d(@Y)} \underbrace{\frac{z-w}{\left(\sqrt{(x-u)^2+(y-v)^2+(z-w)^2}\right)^3}}_{\text{以後の説明参照. なお分母はイコール }l^3\text{ である}} \quad\cdots\cdots(12\text{-}10)$$

となりますが,この式(12-10)の ～～ 部分は,以下の式(12-11)のように$1/l$という関数を$\dfrac{\partial}{\partial z}$で偏微分した答え[※8]になっていて,

---

※8:偏微分は特定の変数,この場合はzだけに着目した微分で,他のu, v, w, x, yは定数であるものとして考える.またここでは合成関数の微分を行えばよく,たとえば$t=(z-const)^2$, $f=1/\sqrt{t+const}$から$\dfrac{dt}{dz}$を求めて,$\dfrac{df}{dz}=\dfrac{df}{dt}\cdot\dfrac{dt}{dz}$として答えを求めることができる.

$$I_{d(@Y)}\frac{\partial}{\partial z}\frac{1}{l} = I_{d(@Y)}\frac{\partial}{\partial z}\frac{1}{\sqrt{(x-u)^2 + (y-v)^2 + (z-w)^2}} \quad \leftarrow 1/l$$

$$= \underset{\text{マイナス注意}}{-}I_{d(@Y)}\frac{z-w}{\left(\sqrt{(x-u)^2 + (y-v)^2 + (z-w)^2}\right)^3} \quad \leftarrow \text{式(12-10)と同じだ！}$$

$$= -I_{d(@Y)}\underbrace{\frac{z-w}{l^3}}_{\text{式(12-10)}} \quad \cdots\cdots\cdots\cdots\cdots\cdots\cdots\cdots\cdots\cdots\cdots\cdots\cdots(12\text{-}11)$$

と考えることができます（$I_{d(@Y)}$はu，v，wの関数であり，$\frac{\partial}{\partial z}$の偏微分の影響を受けないこと，またマイナス符号がついていることに注意）．式(12-9)の第2項も同じように，$I_{d(@Z)} \cdot (1/l)$を$\frac{\partial}{\partial y}$で偏微分した答えです．

これらの結果を，式(12-8)のX成分である式(12-9)に適用してみると［式(12-11)の符号がマイナスなので，以下の式(12-12)の右辺は，式(12-9)と項の順序を逆にしている］，

$$\overbrace{\frac{I_{d(@Y)}(z-w)}{l^3}}^{\text{式(12-11) 符号注意}} - \frac{I_{d(@Z)}(y-v)}{l^3} = \frac{\partial}{\partial y}\frac{I_{d(@Z)}}{l} - \underbrace{\frac{\partial}{\partial z}\frac{I_{d(@Y)}}{l}}_{\text{式(12-11)}} \quad \cdots\cdots\cdots\cdots(12\text{-}12)$$

（注意）

が得られます．lは式(12-5)のようにx，y，zの関数なので，$\frac{\partial}{\partial y}$，$\frac{\partial}{\partial z}$の**偏微分の影響を受ける範囲**です．一方で$I_{d(@Y)}$，$I_{d(@Z)}$は$x$，$y$，$z$の関数では無いので（$u$，$v$，$w$の関数），**偏微分の影響は受けません**（とはいえ以降では，$I_{d(@X)}$，$I_{d(@Y)}$，$I_{d(@Z)}$は偏微分演算子の右側に表記しておくので注意）．

② ベクトルの各成分ごとで考えたものを組み合わせる

さらに同じく式(12-8)のY成分，Z成分を考えてみると，

$$\frac{I_{d(@Z)}(x-u) - I_{d(@X)}(z-w)}{l^3} = \frac{\partial}{\partial z}\frac{I_{d(@X)}}{l} - \frac{\partial}{\partial x}\frac{I_{d(@Z)}}{l} \quad \cdots\cdots\cdots\cdots(12\text{-}13)$$

$$\frac{I_{d(@\mathrm{X})}(y-v) - I_{d(@\mathrm{Y})}(x-u)}{l^3} = \frac{\partial}{\partial x}\frac{I_{d(@\mathrm{Y})}}{l} - \frac{\partial}{\partial y}\frac{I_{d(@\mathrm{X})}}{l} \quad \cdots\cdots\cdots\cdots (12\text{-}14)$$

ここで式(12-12)をX成分，式(12-13)をY成分，式(12-14)をZ成分とすれば式(12-7)の ⌣⌣⌣ の中は，

$$\begin{aligned}
&\frac{\bm{I}_{density}\langle u,v,w,t\rangle}{l^2}\times \hat{\bm{e}}_{dir} \\
&= \frac{1}{l^2}\big(I_{d(@\mathrm{X})}, I_{d(@\mathrm{Y})}, I_{d(@\mathrm{Z})}\big)\times \frac{1}{l}\big(x-u,\, y-v,\, z-w\big) \\
&= \left(\frac{\partial}{\partial y}\frac{I_{d(@\mathrm{Z})}}{l} - \frac{\partial}{\partial z}\frac{I_{d(@\mathrm{Y})}}{l},\; \frac{\partial}{\partial z}\frac{I_{d(@\mathrm{X})}}{l} - \frac{\partial}{\partial x}\frac{I_{d(@\mathrm{Z})}}{l},\; \frac{\partial}{\partial x}\frac{I_{d(@\mathrm{Y})}}{l} - \frac{\partial}{\partial y}\frac{I_{d(@\mathrm{X})}}{l}\right) \\
&= \nabla \times \frac{\bm{I}_{density}\langle u,v,w,t\rangle}{l\langle x,y,z\rangle} = \mathrm{rot}\,\frac{\bm{I}_{density}\langle u,v,w,t\rangle}{l\langle x,y,z\rangle} \quad \cdots\cdots\cdots\cdots (12\text{-}15)
\end{aligned}$$

と変形することができます．ここで距離lは$l\langle x,y,z\rangle$として，求めたい磁束密度$\bm{B}$の位置$\langle x,y,z\rangle$にlが関係している意味合いを明示するため，$\langle x,y,z\rangle$を付け加えてあります(lはu,v,wの関数でもある)．ここでの rot は$\langle u,v,w\rangle$には影響を与えず，$\langle x,y,z\rangle$に偏微分操作としての影響を与える演算という点もポイントです．

> **ちょっとアドバンス**
>
> ● ビオ・サバールの法則から $\mathrm{div}\,\bm{B}\langle x,y,z,t\rangle = 0$ を得る【その3】(ベクトル恒等式 $\mathrm{div}\,\mathrm{rot}\,[\text{任意のベクトル}] = 0$ を用いて決着をつける)
>
> 式(12-7)の全体は式(12-15)を用いて，
>
> $$\begin{aligned}
> d\bm{B}\langle x,y,z,t\rangle &= \frac{\mu_0}{4\pi l^2}\bm{I}_{density}\langle u,v,w,t\rangle \underbrace{(du\,dv\,dw)}_{\text{微小体積}}\times \hat{\bm{e}}_{dir} \\
> &= \frac{\mu_0}{4\pi}\cdot \underbrace{\frac{1}{l^2}\bm{I}_{density}\langle u,v,w,t\rangle\times \hat{\bm{e}}_{dir}}_{\text{式(12-15)}}(du\,dv\,dw) \\
> &= \frac{\mu_0}{4\pi}\mathrm{rot}\,\underbrace{\frac{\bm{I}_{density}\langle u,v,w,t\rangle}{l\langle x,y,z\rangle}}_{\text{分子は rot の影響を受けない}}dV \quad \cdots\cdots\cdots (12\text{-}16)\\
> &\qquad (\text{ただし } dV = du\,dv\,dw)
> \end{aligned}$$

と変形できます．ここでdVは微小体積で(d-Volume．ここまでの小文字のdvとは異なる)，$dV = du\,dv\,dw$です．

式(12-16)のdivを取ると(divも位置$\langle x,y,z\rangle$に対しての微分操作．つまり$\langle x,y,z\rangle$の関数ということ)，div rot[任意のベクトル] = 0 というベクトル恒等式[※9]により，答えは必ずゼロになり，

$$\mathrm{div}\, d\boldsymbol{B}\langle x,y,z,t\rangle = \frac{\mu_0}{4\pi}\,\mathrm{div\, rot}\,\frac{\boldsymbol{I}_{density}\langle u,v,w,t\rangle}{l\langle x,y,z\rangle}\,dV = 0 \quad \cdots\cdots\cdots\cdots (12\text{-}17)$$

となります．これでdiv $dB\langle x,y,z,t\rangle = 0$が得られます．これは位置$\langle u,v,w\rangle$の微小体積$dV = du\,dv\,dw$の電流量と長さにより位置$\langle x,y,z\rangle$に生じる，磁束密度$d\boldsymbol{B}$の発散はゼロだということです．

▶ 位置$\langle x,y,z\rangle$に生じる磁束密度dBを，全空間の電流ぶんで積分し，全空間の電流から生じるBの発散(div)を求めてみても，結局はゼロのまま

式(12-17)を$u = -\infty \sim \infty$，$v = -\infty \sim \infty$，$w = -\infty \sim \infty$の空間全体で積分すれば，空間内のすべての電流により位置$\langle x,y,z\rangle$に生じる磁束密度$\boldsymbol{B}\langle x,y,z,t\rangle$は，

$$\begin{aligned}\boldsymbol{B}\langle x,y,z,t\rangle &= \int_{u=-\infty}^{u=\infty}\int_{v=-\infty}^{v=\infty}\int_{w=-\infty}^{w=\infty} d\boldsymbol{B}\langle x,y,z,t\rangle \\ &= \int_{\text{無限全体積}} d\boldsymbol{B}\langle x,y,z,t\rangle \quad \cdots\cdots\cdots\cdots (12\text{-}18)\end{aligned}$$

となります[※10]．この発散をとると，

$$\begin{aligned}\mathrm{div}\,\boldsymbol{B}\langle x,y,z,t\rangle &= \mathrm{div}\int_{\text{無限全体積}} d\boldsymbol{B}\langle x,y,z,t\rangle \quad \text{←積分とdivを交換} \\ &= \int_{\text{無限全体積}} \mathrm{div}\,d\boldsymbol{B}\langle x,y,z,t\rangle = 0 \quad \cdots\cdots\cdots\cdots (12\text{-}19)\end{aligned}$$

が得られます．もともとdiv $dB\langle x,y,z,t\rangle = 0$ですから，積分した結果も当然ゼロです．

ここで積分と微分(div)が交換されています．積分は変数u, v, wに対して行われ，一方，微分(div)は変数x, y, zに対して行われるもので，演算対象が異なっていま

※9：ベクトル恒等式は「変数の実際の値が何であれ，かならず等号が成り立つベクトル公式」であり，詳細についてはベクトル解析学の参考書[たとえば参考文献(38)]を参照いただきたい．

※10：積分記号が三つの三重積分になっているが，これもビビることはなく，小さい四角い箱($du\,dv\,dw$)をX，Y，Z軸それぞれ$-\infty \sim \infty$の領域で足し合わせるだけのこと．つまり無限大の体積の体積積分である．第5章5-3のp.114の「さらにもう少し説明すると」での説明のとおり，「$f(x)$にdxという微小部分をかけている，それを積分するのだ」と思えば理解が進むと思う．

す．そのため相互に影響が無いので，順序を交換することができます．

　これが全空間に存在するすべての電流から生じる，位置 $\langle x, y, z \rangle$ での磁束密度の発散(div)になります．式(12-2)では安易に磁荷の関係から答えを得ましたが，ここでは電流により発生する磁場の関係から答えを得ています．得られる答えは同じであり，式(12-19)で得られたものは，より厳密であることがわかりますね．

　$\text{div } \boldsymbol{B} \langle x, y, z, t \rangle = 0$．あらためて，これがマクスウェルの方程式『その2』です．

> ちょっとアドバンス

● $\text{div rot } \boldsymbol{U} = 0$ になる理由とベクトル・ポテンシャルの話

▶ $\text{div rot } \boldsymbol{U} = 0$ になる理由

　$\text{div rot } \boldsymbol{U} = 0$ はベクトル恒等式と呼ばれます．$\boldsymbol{U}$ がどんなベクトルであっても，必ずゼロになります．式(11-31)を参考にすると，

$$\text{rot } \boldsymbol{U} = \left(\frac{\partial U_z}{\partial y} - \frac{\partial U_y}{\partial z}, \frac{\partial U_x}{\partial z} - \frac{\partial U_z}{\partial x}, \frac{\partial U_y}{\partial x} - \frac{\partial U_x}{\partial y} \right) \quad\cdots\cdots (12\text{-}20)$$

と書けます．ここで各成分ごとを考え，それぞれdivをとってみると，

$$\text{div}(\text{rot } \boldsymbol{U})_{(\text{の X 成分})} = \frac{\partial}{\partial x}\left(\frac{\partial U_z}{\partial y} - \frac{\partial U_y}{\partial z} \right) = \frac{\partial^2 U_z}{\partial x \partial y} - \frac{\partial^2 U_y}{\partial x \partial z}$$

$$\text{div}(\text{rot } \boldsymbol{U})_{(\text{の Y 成分})} = \frac{\partial}{\partial y}\left(\frac{\partial U_x}{\partial z} - \frac{\partial U_z}{\partial x} \right) = \frac{\partial^2 U_x}{\partial y \partial z} - \frac{\partial^2 U_z}{\partial y \partial x}$$

$$\text{div}(\text{rot } \boldsymbol{U})_{(\text{の Z 成分})} = \frac{\partial}{\partial z}\left(\frac{\partial U_y}{\partial x} - \frac{\partial U_x}{\partial y} \right) = \frac{\partial^2 U_y}{\partial z \partial x} - \frac{\partial^2 U_x}{\partial z \partial y}$$

ここで微分の順序を変えても(全微分が可能な場合は，順序の交換ができる)答えは同じなので，$\frac{\partial^2 U_z}{\partial x \partial y} = \frac{\partial^2 U_z}{\partial y \partial x}$ であり，divは**この成分すべての足し算**ですから，上記はすべてキャンセルされ，$\text{div rot } \boldsymbol{U} = 0$ になります．

▶ $\text{div rot } \boldsymbol{U} = 0$ をイメージとして理解する

　「式を使った説明はわかった．しかしこれでは具体的にイメージできない」という方のために，**図12-4**を使ってイメージとして理解してみましょう．

　図12-4のようにX軸方向のベクトルが4本あり，それぞれ dy，dz だけ離れているとします．4本のベクトルの大きさはすべて同じとします．また，ベクトル①は位置が $\langle x, y, z \rangle = \langle 0, 0, 0 \rangle$ だとします．ここで，

- ベクトル①と②による回転(rot)は，図中の(1-2)の回転のように，紙面から見ると右回転になり，$\text{rot}(1\text{-}2) = \dfrac{\partial U_x \langle z=0 \rangle}{\partial y}$ は下向き
- ベクトル③と④による回転(rot)は，図中の(3-4)の回転のように，紙面から見ると左回転になり，$\text{rot}(3\text{-}4) = \dfrac{\partial U_x \langle z=dz \rangle}{\partial y}$ は上向き
- ベクトル①と④による回転(rot)は，図中の(1-4)の回転のように，紙面から見ると左回転になり，$\text{rot}(1\text{-}4) = \dfrac{\partial U_x \langle y=0 \rangle}{\partial z}$ は右向き
- ベクトル②と③による回転(rot)は，図中の(2-3)の回転のように，紙面から見ると右回転になり，$\text{rot}(2\text{-}3) = \dfrac{\partial U_x \langle y=dy \rangle}{\partial z}$ は左向き

となります(rotは右ねじのねじ込む方向が正)．またこれらの四つのベクトル成分は同じ大きさです．

rot U の発散，div rot U は，この微小体積の箱 $dV = dx\, dy\, dz$ から発散するベクトル成分になります．そのため箱に対してベクトルがどの向きを向いているかを考えると(1-2)，(3-4)は箱から出る方向，(1-4)，(2-3)は箱に入る方向になります．

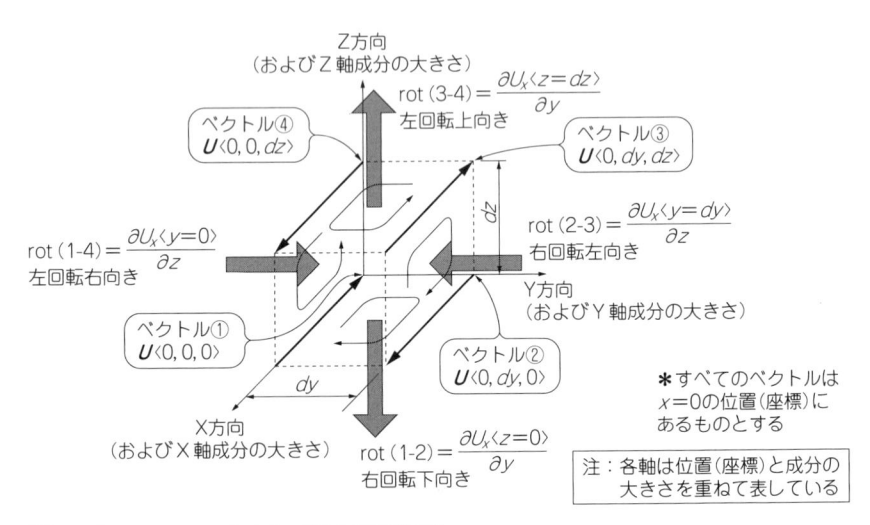

[図12-4] div rot $U = 0$ をイメージとして理解する

つまり rot U のベクトル全体量を足し合わせると，箱から出る量と入る量が等しいため，ゼロになり，

$$\text{div rot } U = 0$$

がイメージ的にも得られて，直感的にこの意味合いを理解することができますね。

▶ ここまでの説明にベクトル・ポテンシャルの考えを付記しておく

ここまでは div $dB = 0$ を考えて，これを $\langle u, v, w \rangle$ 空間全体で積分して div $B = 0$ が得られると考えてきました．

同じように式 (12-16) を空間全体で積分すれば，空間内のすべての電流により位置 $\langle x, y, z \rangle$ に生じる磁束密度 $B \langle x, y, z, t \rangle$ は，

$$\begin{aligned} B\langle x,y,z,t\rangle &= \int_{無限全体積} dB\langle x,y,z,t\rangle = \int_{無限全体積} \frac{\mu_0}{4\pi} \text{rot} \frac{I_{density}\langle u,v,w,t\rangle}{l\langle x,y,z\rangle} dV \\ &= \text{rot} \int_{無限全体積} \frac{\mu_0}{4\pi} \frac{I_{density}\langle u,v,w,t\rangle}{l\langle x,y,z\rangle} dV = \text{rot } A \end{aligned} \quad (12\text{-}21)$$

（積分とrotを交換）

と表します※11．この A をベクトル・ポテンシャルと言います．

このベクトル・ポテンシャルの概念は非常に高度であることから，詳細については電磁気学の専門書を参照してください．なお，本書のレベルで理解するのであれば「ベクトル・ポテンシャルというものがあるのだ」という程度でも十分でしょう．

12-4 アンペアの周回積分の法則と変位電流から得られる方程式『その3』

$$\text{rot } B\langle x,y,z,t\rangle = \mu_0 I_{density}\langle x,y,z,t\rangle + \mu_0 \varepsilon_0 \frac{\partial E\langle x,y,z,t\rangle}{\partial t} \quad \text{(磁界と電流の関係)}$$

以降に示すように，アンペアの周回積分の法則だけでは，時間変動する磁界と電流の関係を表すマクスウェルの方程式としては成立しません．ここにマクスウェル自身が編み出した**変位電流**という概念を持ち込むことで，空間を電磁波として伝わる状態，つまり交流状態をも表現しつくせる方程式『その3』が出来上がります．ここでは順序を追って「不足していたもの，編み出したもの」がどう関係していっ

※11：ここで積分と微分 (rot) が交換されているが，div の説明 (p.384) と同じく，積分は変数 u, v, w に対して行われ，一方，微分 (rot) は変数 x, y, z に対して行われるものである．演算対象が異なるから，相互に影響が無いので順序を交換することができる．以後の p.399 でも説明する．

たかを説明していきます．

● アンペアの周回積分の法則だけではマクスウェルの方程式としては不満足

第11章11-5の式(11-31)の $H\langle t \rangle$ の回転rotをとったもの，同じく $B\langle t \rangle$ のrotをとったものを併記すると，位置 $\langle x,y,z \rangle$ において，

$$\left.\begin{array}{l} \text{rot}\,\boldsymbol{H}\langle x,y,z,t\rangle = \nabla \times \boldsymbol{H}\langle x,y,z,t\rangle = \boldsymbol{I}_{density}\langle x,y,z,t\rangle \\ \text{rot}\,\boldsymbol{B}\langle x,y,z,t\rangle = \nabla \times \boldsymbol{B}\langle x,y,z,t\rangle = \mu_0 \boldsymbol{I}_{density}\langle x,y,z,t\rangle \end{array}\right\} \cdots\cdots\cdots (12\text{-}22)$$

となります．ここで $\boldsymbol{I}_{density}\langle x,y,z,t\rangle$ は，位置 $\langle x,y,z \rangle$ のポイントでの時間で変動する電流密度ベクトルです．

積分する円周を無限小にし，アンペアの周回積分の法則を「点」として考えた結果がrot $\boldsymbol{H}$ ですが，rot $\boldsymbol{H}$ は電流量 $I\langle t \rangle$ そのものではなく，積分する円の面積で割られているため，単位面積相当量になり，**電流密度** $\boldsymbol{I}_{density}\langle t\rangle$ を表します．またrotは**外積**なので，3次元の成分—というよりも電流の流れていく方向—(I_x, I_y, I_z) をもつベクトル量です．

しかし，実はこれだけでは空間を電磁波として伝わる「モノ」のすべてを表していません．以下に説明する**変位電流**という考え方が必要になります．

▶ コンデンサの電極間に仮想的電流が流れないと，キルヒホッフの第1法則（電流則）にも矛盾する

詳細な証明は参考文献(56)などに譲りますが，図12-5のように**交流電源**につながっているコンデンサを考えると，リード線に電流が流れるのと同じように，コン

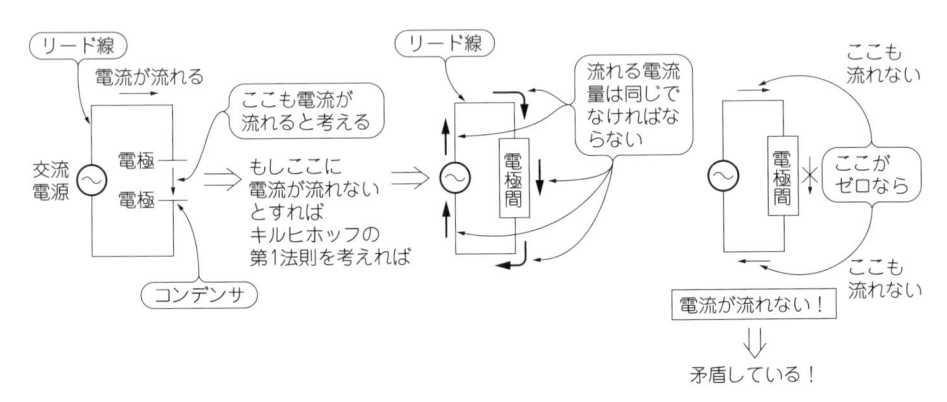

[図12-5] コンデンサの電極間に仮想的電流が流れないと矛盾が生じる

デンサの電極の間にも電流が流れるものと考えることができます．

　逆にこうならないと，電極の間には電流から生じる式(12-22)の磁界も発生せず，磁界が発生しなければその逆に，この部分には電流が流れていないことになってしまいます．

　第2章2-3のキルヒホッフの第1法則（電流則）を考えれば，リード線～電極間～再度リード線に戻る閉回路では，流れる電流量は同じでなければなりません．つまり電極間に電流が流れないということは，回路全体に電流が流れないことになりますので，コンデンサが接続されている回路に交流信号を加えても「電流が流れない！」という矛盾した結果が得られてしまいます．

● 変位電流を導入することでマクスウェルの方程式が結実する

　そこでマクスウェルは，仮想的電流，**変位電流**というものを考え出しました．コンデンサの電極の間には**交流電圧**による電界 $E\langle t \rangle$ が発生しますが，変位電流はこの**時間で変化**する電界 E が電流 I と同じ働きをする，というものです．

　電流 I と電荷 Q との関係は $I = Q/t$ ですから，位置 $\langle x, y, z \rangle$ において，時間で変化する仮想的電流密度を $\boldsymbol{I}_{Ddensity}\langle x, y, z, t\rangle$（I-Displacement current-density; 変位電流）とすれば，それに関連する仮想的電荷密度も $Q_{Ddensity}\langle x, y, z, t\rangle$ になり，時間で変化します．それらは時間変動する $\boldsymbol{I}\langle t\rangle$ の発散 div と，時間変動する $Q\langle t\rangle$ の微分（時間 t に関しての偏微分）の関係（$I = Q/t$ と同じ）で結び付けられ，

$$\underbrace{\operatorname{div} \boldsymbol{I}_{Ddensity}\langle x, y, z, t\rangle}_{I} = \underbrace{\frac{\partial Q_{Ddensity}\langle x, y, z, t\rangle}{\partial t}}_{Q/t} \quad I=Qt より \quad \cdots\cdots(12\text{-}23)$$

となります．ここで電流 $\boldsymbol{I}_D\langle t\rangle$ の div を求めているのは，位置 $\langle x, y, z\rangle$ から電流 $\boldsymbol{I}_D\langle t\rangle$ が任意の方向に漏れ出す（実際には時間変動により密度が変化する）のを考えているからです．つまり電流 $\boldsymbol{I}_D\langle t\rangle$ が時間変動することで，位置 $\langle x, y, z\rangle$ の電荷量 $Q_D\langle t\rangle$ が時間 t とともに $I = Q/t$ の関係で変化しているということです．さらに式(12-23)の右辺は式(12-1)を参考にすると，電界 $E\langle t\rangle$ とも以下のように関連づけられます．

$$\underbrace{\frac{\partial Q_{Ddensity}\langle x, y, z, t\rangle}{\partial t}}_{\text{式(12-23)右辺}\ \varepsilon_0 \operatorname{div} E\ \leftarrow\text{式(12-1)からこうなる}} \equiv \frac{\partial}{\partial t}\left(\varepsilon_0 \operatorname{div} \boldsymbol{E}\langle x, y, z, t\rangle\right) \quad \cdots\cdots(12\text{-}24)$$

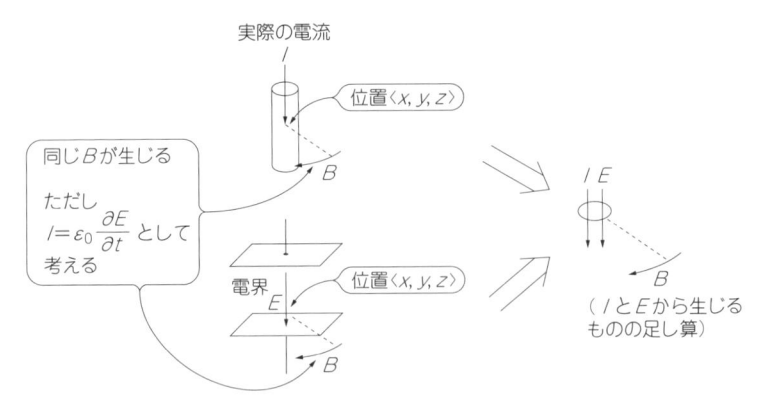

[図12-6] ほんとに流れる電流$I_{density}$と仮想的に流れる変位電流$I_{Ddensity}$から磁束密度Bが生じている

この式(12-23)と式(12-24)はさらに，

$$\text{式(12-23)左辺} \qquad \text{式(12-24)右辺} \quad \text{微分とdivを交換}$$
$$\text{div}\,\boldsymbol{I}_{Ddensity}\langle x,y,z,t\rangle = \frac{\partial}{\partial t}(\varepsilon_0\,\text{div}\,\boldsymbol{E}\langle x,y,z,t\rangle) = \varepsilon_0\,\text{div}\,\frac{\partial \boldsymbol{E}\langle x,y,z,t\rangle}{\partial t},$$
$$\boldsymbol{I}_{Ddensity}\langle x,y,z,t\rangle = \varepsilon_0\frac{\partial \boldsymbol{E}\langle x,y,z,t\rangle}{\partial t} \qquad \cdots\cdots\cdots (12\text{-}25)$$

と表されます[※12]．これが変位電流$\boldsymbol{I}_{Ddensity}\langle x,y,z,t\rangle$の成分です．位置$\langle x,y,z\rangle$において，この式(12-25)の成分を図12-6も見ながら式(12-22)に付け加えると，

$$\text{式(12-22)} \qquad \text{もともとの式(12-22)}$$
$$\text{rot}\,\boldsymbol{B}\langle x,y,z,t\rangle = \nabla\times\boldsymbol{B}\langle x,y,z,t\rangle = \mu_0\boldsymbol{I}_{density} + \mu_0\boldsymbol{I}_{Ddensity}$$
$$= \mu_0\boldsymbol{I}_{density}\langle x,y,z,t\rangle + \mu_0\varepsilon_0\frac{\partial \boldsymbol{E}\langle x,y,z,t\rangle}{\partial t} \qquad \underline{\text{変位電流ぶん}} \qquad \cdots\cdots (12\text{-}26)$$
$$\qquad\qquad\qquad\qquad\qquad\qquad\qquad\qquad\qquad \text{式(12-25)の変換}$$

となります．これがマクスウェルの方程式『その3』です．

※12：式(12-25)の上の式で微分とdivが交換されているが，式(12-19)や式(12-21)の説明と同様に，それぞれ操作される変数が異なるからである．また，以降のp.399「なぜ積分と微分の順序を交換できるの？」も参照いただきたい．

12-5 ファラデーの法則(電磁誘導の法則)から得られる方程式『その4』

$$\text{rot } \boldsymbol{E}\langle x,y,z,t\rangle + \frac{\partial \boldsymbol{B}\langle x,y,z,t\rangle}{\partial t} = 0 \quad \textbf{(磁界と電流の関係)}$$

これが四つあるマクスウェルの方程式の最後になります．これは**起電力**が主体となる方程式ですが，ファラデーの法則(電磁誘導の法則)から導き出されるものです．ファラデーの法則から順を追って，方程式『その4』を導き出してみましょう．

● 説明してきたファラデーの法則(電磁誘導の法則)がマクスウェルの方程式に結びつく

第8章8-1のp.220でファラデーの法則を説明しました．これを図12-7に示します(図8-8ではループ状導体はn回巻かれたものとしたが，ここでは1回巻だけとする)．同図の面積Sのループ状導体の開放された端子に誘起する起電力，つまり電圧V_{emf}は式(8-7)より，

$$V_{emf} = -\frac{d(BS)}{dt} \quad \text{[式(8-7)再掲．ただし本章では式(12-27)]} \quad \cdots\cdots (12\text{-}27)$$

となります．起電力なので極性はマイナス，Bはループ状導体を貫く磁束密度です．特にここでは**時間で変化する**磁束を考えます．

● 起電力の発生メカニズムは電界が関係している

この端子間にどうして起電力が生じるのかを考えてみましょう．図12-8(a)のように抵抗がゼロでない，いや，結構大きめの抵抗値を持つ，ループになった抵抗体リード線を考えます．

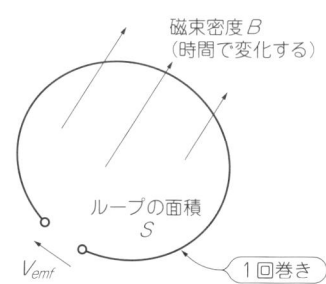

[図12-7] ループ状導体とファラデーの法則
(ループ状導体とそれを貫く時間で変化する磁束密度)

抵抗体リード線は，リード線のどの小さい位置をとっても同じ状態（抵抗率）になっているものとします．どこも異なるところはありません．

さて，このリード線のループ内を通る**時間で変化する**磁束により，式(12-27)の起電力 V_{emf} が発生します．このリード線の全体にわたって起電力は同様に発生しています．そこで図12-8(b)のようにリード線のループ全長を L とし，リード線の微小な長さ dl を考えれば，微小な長さ dl に生じる起電力 $V_{emf(@dl)}$ は，

$$V_{emf(@dl)} = V_{emf}\frac{dl}{L} \quad\cdots\cdots\cdots\cdots\cdots\cdots\cdots\cdots\cdots\cdots\cdots\cdots\cdots\cdots(12\text{-}28)$$

と考えることができます．この区間 dl には当然，電界 $E = V_{emf(@dl)}/dl$ が発生しています．

この考えを逆手にとり，図12-8(c)のように，この区間 dl に生じる電界 E を，長さ dl でリード線ループ1周分積分すれば，$V_{emf} = -V = Ed$ の関係（電圧と起電力の極性の関係は，図8-8を参照）で全体の起電力 V_{emf} が求まり，

$$\oint_{Curve} E\,dl = \oint_{Curve} \underbrace{\frac{V_{emf(@dl)}}{dl}}_{E}\,dl = \oint_{Curve} \overbrace{\frac{V_{emf}\dfrac{dl}{L}}{dl}}^{V_{emf(@dl)}(\text{上})}\,dl = V_{emf} \quad\cdots\cdots(12\text{-}29)$$

（手書き注記：積分すると全長が L で $\frac{L}{L}$ と消える）

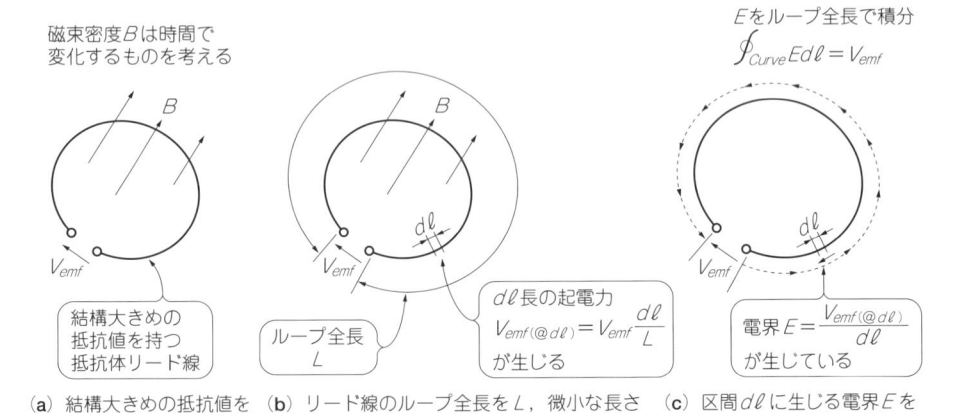

(a) 結構大きめの抵抗値を持つループになった抵抗体リード線を考える

(b) リード線のループ全長を L，微小な長さを $d\ell$ として考えれば，微小な長さ $d\ell$ に生じる起電力 $V_{emf(@d\ell)}$ が求められる

(c) 区間 $d\ell$ に生じる電界 E をリード線ループ1周ぶん積分する

図中ラベル：
- 磁束密度 B は時間で変化するものを考える
- ループ全長 L
- $d\ell$ 長の起電力 $V_{emf(@d\ell)} = V_{emf}\dfrac{d\ell}{L}$ が生じる
- 電界 $E = \dfrac{V_{emf(@d\ell)}}{d\ell}$ が生じている
- E をループ全長で積分 $\oint_{Curve} E\,d\ell = V_{emf}$

[図12-8] 結構大きめの抵抗値を持つループになった抵抗体リード線を考える

と示せます(イコールで長くつないでいるが，ただここまでの説明を繰り返しているだけ)．ここで $\oint_{Curve}$ は図12-8(c)の閉曲線 $Curve$(実際はループになったリード線の経路上)を積分路として，その積分路上で1周ぶん線積分するものです．ここまでの説明でわかるように

- 全体の起電力 V_{emf} は，リード線の部分ごとに生じる(電磁誘導により生じている)小さい起電力 $V_{emf(@dl)}$ の集合体であり，
- 小さい起電力 $V_{emf(@dl)}$ は，それぞれの部分に生じる(これも電磁誘導により生じている)電界 E を源にしている

ということです．

● 起電力の発生メカニズムから電磁誘導と電界の関係が見えてくる

さて，話を最初に戻すと，これが $V_{emf} = -\dfrac{d(BS)}{dt}$ でしたね．つまり，

$$V_{emf} = \underbrace{\oint_{Curve} E dl}_{\text{式(12-29)}} = \underbrace{-\dfrac{d(BS)}{dt}}_{\text{式(12-27)}} \quad \cdots\cdots (12\text{-}30)$$

と電界 E と磁界の変化量(B および S)が関連つけられるのです．

　もう少し考えを発展させてみます．図12-9のように，ループ状抵抗体リード線の抵抗値をどんどん大きくしていきます．それでも V_{emf} と E は変わりません．最後は，何も無い状態と同じになりますが，これでも V_{emf} と E は同じままです．こ

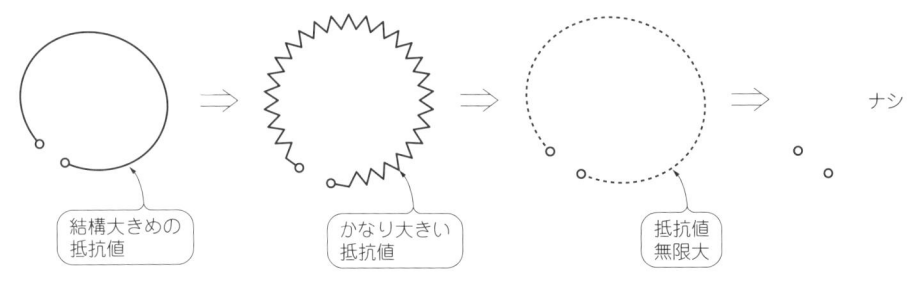

[図12-9] ループ状抵抗体リード線の抵抗値をどんどん大きくしていけば最後は何も無い状態と同じになる．これでも V_{emf} と E は変わらない

れは真空中においても，ここまでの電界 E の説明がまったく同様に成り立つということなのです．

これでほぼ電磁誘導と電界の関係を示すことができました．

▶ rotの式としてまとめあげる

第11章11-5のp.361に示したように，rotは「閉曲線の線積分の（簡単には円の）面積を無限に小さく（極限を取る）していくように考える」ものです．さらに得られたものは，単位面積の量に換算されたものでした．

上記の式(12-30)の第2項において，中心が $\langle x, y, z \rangle$ にあるループの面積 S を無限に小さくして（$\lim S \to 0$．ただし S はループになったリード線という閉曲線 $Curve$ の面積）考えると，

$$\lim_{S \to 0} \frac{1}{S} \underbrace{\oint_{Curve} E \, dl}_{\text{式 (12-30)}} = \operatorname{rot} \boldsymbol{E} \langle x, y, z \rangle \quad \overset{S}{\underset{Curve}{\circlearrowleft}} \to ゼロへ！ \quad \cdots\cdots (12\text{-}31)$$

として $\operatorname{rot} \boldsymbol{E} \langle x, y, z \rangle$ が得られます[※13]．ここで式(12-30)の3項目を用いて，

$$\operatorname{rot} \boldsymbol{E} \langle x, y, z \rangle = \lim_{S \to 0} \frac{V_{emf}}{S} = \lim_{S \to 0} \underbrace{\frac{1}{S} \frac{d(B S)}{dt}}_{\text{式(12-30)}} = -\frac{dB}{dt} \quad \cdots\cdots (12\text{-}32)$$

が得られます．つまり $\operatorname{rot} \boldsymbol{E}$ はループ状導体を貫く磁束量 $\Phi = BS$ の，位置 $\langle x, y, z \rangle$ における単位面積相当量 $B\langle x, y, z \rangle$（磁束密度 B 自体）の，**時間微分量** $\dfrac{dB\langle x, y, z \rangle}{dt}$ が得られることになります．式(12-32)を移項してみると，

$$\operatorname{rot} \boldsymbol{E} \langle x, y, z \rangle + \frac{dB\langle x, y, z \rangle}{dt} = 0 \quad \overset{\text{式(12-32)の右辺を移項}}{\qquad} \cdots\cdots (12\text{-}33)$$

これが四つのマクスウェルの方程式の最後です（もう一旦，以下でより一般化し

※13：この rot の左辺はベクトル E で，右辺はスカラーの積分の式になっている．また E と dl の向きも考慮していない．ここまでの説明を通じての理解を助けるために，このような示し方をしている（こういうのを「乱暴な取り扱い」というが）．より定式的には続いて示していく．

またこのように電界が回転場として回転している場合には，第8章※18や図8-17の説明のように積分経路が異なると電位 V は変わることになる．図12-8(c)を右左から途中位置まで積分することを考えるとわかると思う．

て正確に定義する）．

> **ちょっとアドバンス**

● **ストークスの定理の説明と，ここまでの関係をより一般化する**

　本書をここまで読んでいただいて，今更「ちょっとアドバンス」もありませんね（笑）．ここまでは理解しやすいように，少し厳密さを犠牲にして式(12-31)〜式(12-33)で説明してきました．以降ではより正確に，ここまでの関係を一般化してみましょう．

　ここからは，閉じている曲線の積分路 *Curve* は真円だとも考えませんし（つまり閉じている曲線であればよい），また電界 $E\langle t \rangle$ も必ず積分する（積分路の）方向に向いているとも限らないと考えます．

　最初に起電力 V_{emf} と電界 $E\langle x, y, z, t \rangle$ との式を考えます．**図12-10**のように，積分する閉曲線上の位置 $\langle x, y, z \rangle$ における，時間変動する電界ベクトルを $E\langle x, y, z, t \rangle$ とします[※14]．そうすると式(12-30)の閉曲線の線積分は，

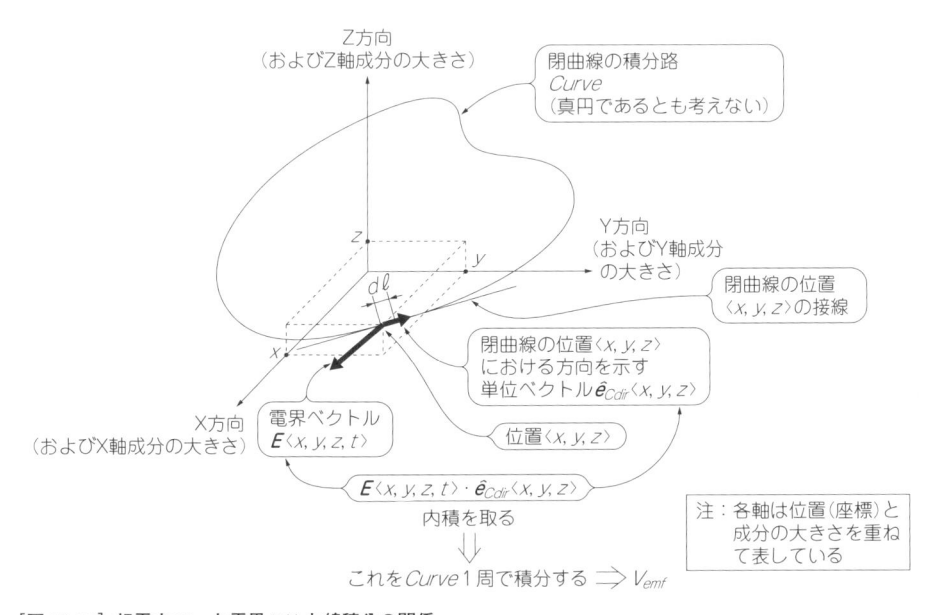

[図12-10] 起電力 V_{emf} と電界 $E\langle t \rangle$ と線積分の関係

※14：理解を促進するためには，やはり簡略化して2次元的に考えたほうがよい．つまりX, Y平面上で考え，閉曲線上の位置 $\langle x, y, z \rangle = \langle x, y, 0 \rangle$ としてみる．また線積分もX, Y平面上で考えてみるとよい．この場合，閉曲線の方向を示す単位ベクトル $\hat{e}_{Cdir}\langle x, y, 0 \rangle$ はX, Y平面上の方向を向くことになる．

$$V_{emf} = \underbrace{\oint_{Curve} E dl}_{\text{式 (12-30)}} \equiv \oint_{Curve} \boldsymbol{E}\langle x,y,z,t\rangle \cdot \hat{\boldsymbol{e}}_{Cdir}\langle x,y,z\rangle \, dl \quad \cdots\cdots\cdots\cdots (12\text{-}34)$$

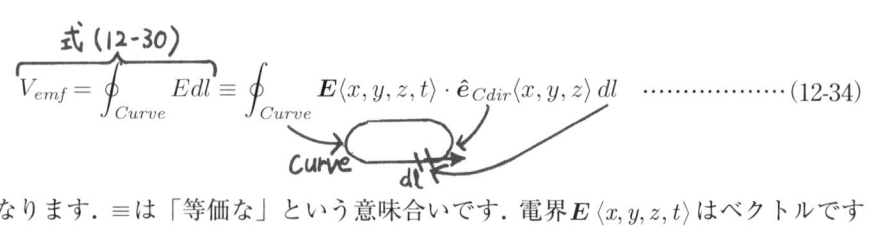

となります．≡は「等価な」という意味合いです．電界 $\boldsymbol{E}\langle x,y,z,t\rangle$ はベクトルですから当然方向をもっています．

閉曲線上の位置 $\langle x,y,z\rangle$ において，電界ベクトル $\boldsymbol{E}\langle x,y,z,t\rangle$ の積分で有効になる成分（曲線の接線方向を向く成分）を得るために，その位置で閉曲線の接線方向を示す単位ベクトル $\hat{\boldsymbol{e}}_{Cdir}\langle x,y,z\rangle$（unit vector $\hat{\boldsymbol{e}}$ of Curve direction）との内積をとります．なお起電力 V_{emf} はスカラー量ですから細字になっています．

一方で，式(12-33)の B をベクトルとした $\boldsymbol{B}\langle x,y,z,t\rangle$ も同じ話で，位置 $\langle x,y,z\rangle$ で，

$$\frac{dB}{dt} \equiv \frac{\partial \boldsymbol{B}\langle x,y,z,t\rangle}{\partial t} \quad \cdots\cdots\cdots\cdots\cdots\cdots\cdots\cdots\cdots\cdots\cdots\cdots\cdots\cdots\cdots (12\text{-}35)$$

と書けますし，時間での偏微分 $\dfrac{\partial}{\partial t}$ となります．

▶ ストークスの定理を用いて V_{emf} の式を rot の式に変換してみる

ストークス（George Gabriel Stokes，1819-1903）の定理というものを用いると，式(12-34)の閉曲線の**線積分**は，

$$\begin{aligned} V_{emf} &= \oint_{Curve} \boldsymbol{E}\langle x,y,z,t\rangle \cdot \hat{\boldsymbol{e}}_{Cdir}\langle x,y,z\rangle \, dl \\ &= \int_{Surface} \mathrm{rot}\, \boldsymbol{E}\langle x,y,z,t\rangle \cdot \hat{\boldsymbol{e}}_{Ndir}\langle x,y,z\rangle \, dS \end{aligned} \quad \cdots\cdots (12\text{-}36)$$

と，rot を含めた**同じ閉曲線内の面積分**に変換することができます．このようすを**図12-11**に示します．

ここで $\int_{Surface}$ は閉曲線の面全体[※15]で積分（面積分；Integral-surface）する意味です．dS は積分する単位となる微小平面の面積，$\hat{\boldsymbol{e}}_{Ndir}\langle x,y,z\rangle$ は微小平面 dS の法線方向[※16]を示す単位ベクトル（Normal vector $\hat{\boldsymbol{e}}$ of a surface; Normal vector＝法線ベク

※15：ここでも2次元的に考えるとよい．つまりX，Y平面上の位置 $\langle x,y,z\rangle = \langle x,y,0\rangle$ としてみる．また線積分と面積分もX，Y平面上で考えてみるとよい．

※16：**法線**とは，ある平面があったとき，その平面から垂直に立つ単位ベクトルのこと．たとえば地面からまっすぐに立つ柱のようなもの．面をX，Y平面上とすれば，法線方向ベクトルはZ軸方向を向く．

$$\oint_{Curve} \boldsymbol{E}\langle x,y,z,t\rangle \cdot \hat{\boldsymbol{e}}_{Cdir}\langle x,y,z\rangle d\ell \iff \int_{Surface} \mathrm{rot}\,\boldsymbol{E}\langle x,y,z,t\rangle \cdot \hat{\boldsymbol{e}}_{Ndir} dS$$

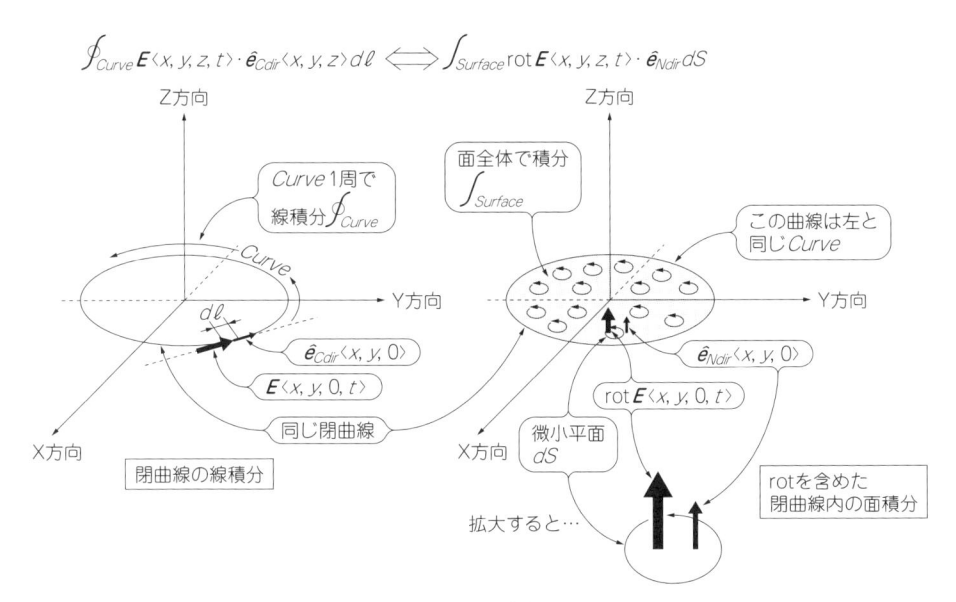

[図12-11] ストークスの定理を用いて線積分と面積分を変換する

トル」)になります．

　もし図12-11のように閉曲線の面がX，Y平面上だとしたら，$\hat{\boldsymbol{e}}_{Ndir}\langle x,y,0\rangle$（$z=0$にしている）はZ軸方向を向くことになります．この場合は$\hat{\boldsymbol{e}}_{Ndir}\langle x,y,0\rangle$は積分には関係なくなり，式(12-36)の計算は，ただrot $\boldsymbol{E}\langle x,y,0\rangle$をX，Y平面で積分する意味だけになります（図12-11もそのようなイメージで書いてある）．

▶ ストークスの定理の意味合いだけは覚えておこう

　式(12-36)では訳のわからないような変換がされていますが，これは簡単に説明すると以下のようになります．アンペアの周回積分の法則で考えるとイメージしやすいので，それを例にしてみます［式(12-36)のV_{emf}をIとし，$\boldsymbol{E}$を$\boldsymbol{H}$にしたものとして考える．なお，長くなるのでx, y, zは省略した］．

$$I\langle t\rangle = \oint_{Curve} \underbrace{\boldsymbol{H}\langle t\rangle \cdot \hat{\boldsymbol{e}}_{Cdir}\langle\rangle \, \underline{dl}}_{\text{線積分（大きい回転）}\atop\text{これはアンペアの周回積分そのもの}} = \int_{Surface} \underbrace{\mathrm{rot}\,\boldsymbol{H}\langle t\rangle \cdot \hat{\boldsymbol{e}}_{Ndir}\langle\rangle \, \underline{dS}}_{\text{面積分（小さい回転量の足し合わせ）}\atop\text{その位置の電流密度（下で説明）}} \quad \cdots\cdots (12\text{-}37)$$

- 式(12-37)の第2項は，アンペアの周回積分の法則そのものである．外周である線積分路 Curve で磁界の強さを積分し，電流量を一括で計算している
- 一方で式(12-37)の右辺の ⌣⌣⌣ 部分のrotは，第11章11-5で説明したとおり，アンペアの周回積分の法則を無限小の面積まで小さくし，電流密度換算したものである
- これを積分したものは，rotで求めた電流密度に dS を掛け，微小面積 dS の電流量を計算して，それを積分面全体で足し合わせたものである．これは全体の電流量を計算している
- つまり大きい回転の量全体は，小さい回転の量を足し合わせたものに等しい

なお，ストークスの定理の証明は本書では行いません．これはベクトル解析学や電磁気学の参考書に結構載っています．たとえば参考文献(38)や参考文献(56)を参照してください(考え方は実は相当単純である)．

▶ 全磁束量を面積分で表してみる

次にマクスウェルの方程式の四つめである式(12-33)をより一般化してみます．ループ状導体を貫く磁束量 $\Phi = BS$ を時間微分した式を，面積分を使って表してみると，

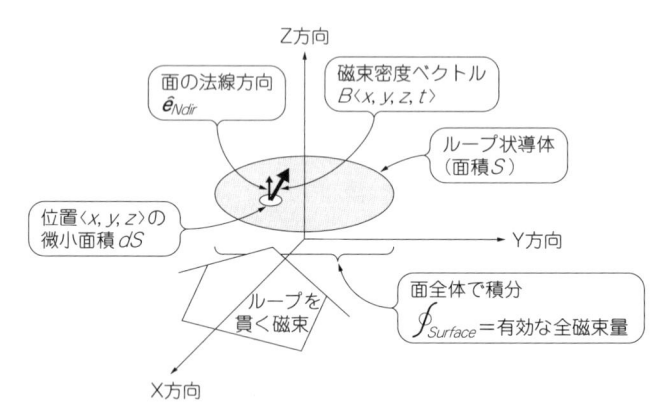

$$\frac{d\Phi}{dt} = \frac{d(BS)}{dt} \equiv \frac{\partial}{\partial t} \int_{Surface} \underbrace{B\langle x,y,z,t\rangle}_{\text{磁束密度ベクトル}} \cdot \underbrace{\hat{e}_{Ndir}\langle x,y,z\rangle}_{\overbrace{\text{ループ全体を足し合わせる}}} \underbrace{dS}_{\text{微小面積}} \quad \cdots\cdots (12\text{-}38)$$

[図12-12] 磁束密度ベクトル $B\langle t\rangle$ を微小面積 dS ごとにその法線方向 $\hat{e}_{Ndir}$ と内積をとり，ループ状導体の面積 S 全体にわたって面積分 $\int_{Surface}$ する

となります．これは図12-12のように，位置$\langle x,y,z\rangle$の磁束密度ベクトル$\boldsymbol{B}\langle t\rangle$を，微小面積$dS$ごとにその法線方向$\hat{e}_{Ndir}$と内積をとり（積分で有効になる成分を得るため），ループ状導体の面積S全体にわたって面積分$\int_{Surface}$し，それを時間で微分したものです．

▶ **またまた話を最初に戻すと……答えが出る**

もともと$V_{emf}=-\dfrac{d(BS)}{dt}$でしたね．ここに式(12-36)と式(12-38)を代入してみると（ここでも長くなるのでx，y，zは省略している），

$$V_{emf}=-\frac{d(BS)}{dt} \quad [\text{式 (12-27) 再掲}]$$

$$\underbrace{\int_{Surface}\operatorname{rot}\boldsymbol{E}\langle t\rangle\cdot\hat{e}_{Ndir}\langle\rangle\,dS}_{V_{emf}}=\underbrace{-\frac{\partial}{\partial t}\int_{Surface}\boldsymbol{B}\langle t\rangle\cdot\hat{e}_{Ndir}\langle\rangle\,dS}_{-d(BS)/dt}$$

移項したうえで面積分と時間微分を交換

$$\int_{Surface}\operatorname{rot}\boldsymbol{E}\langle t\rangle\cdot\hat{e}_{Ndir}\langle\rangle\,dS+\int_{Surface}\frac{\partial\boldsymbol{B}\langle t\rangle}{\partial t}\cdot\hat{e}_{Ndir}\langle\rangle\,dS=0,$$

これでくくる

$$\int_{Surface}\left(\operatorname{rot}\boldsymbol{E}\langle t\rangle+\frac{\partial\boldsymbol{B}\langle t\rangle}{\partial t}\right)\cdot\hat{e}_{Ndir}\langle\rangle\,dS=0 \quad\cdots\cdots(12\text{-}39)$$

と計算でき，$\hat{e}_{Ndir}\langle\rangle$がどの方向を向いていてもこの式が成り立つには，

$$\operatorname{rot}\boldsymbol{E}\langle x,y,z,t\rangle+\frac{\partial\boldsymbol{B}\langle x,y,z,t\rangle}{\partial t}=0 \quad\cdots\cdots(12\text{-}40)$$

である必要があり，ここでも厳密な形でマクスウェルの四つの方程式の最後のひとつを求めることができました．

ちょっとアドバンス

● **なぜ積分と微分の順序を交換できるの？**

式(12-39)の2行目から3行目で$\dfrac{\partial}{\partial t}\int_{Surface}\boldsymbol{B}=\int_{Surface}\dfrac{\partial\boldsymbol{B}}{\partial t}$と，積分と微分の順序が交換されていますが，これは以下のように考えることができます．

- 面積分する領域"$Surface$"は同じものとする（計算する対象の範囲が同じということ）

- $\dfrac{\partial}{\partial t}\displaystyle\int_{Surface} \boldsymbol{B}\cdot\hat{e}\,dS$ は，$\boldsymbol{B}$ の Surface 全域の量をまず求め，その時間変化量を微分で計算する
- $\displaystyle\int_{Surface} \dfrac{\partial \boldsymbol{B}}{\partial t}\cdot\hat{e}\,dS$ は，$\boldsymbol{B}$ の微小面積 dS の時間変化量をまず求め，つぎに Surface 全域の変化量を，微小面積の変化量を積分することで計算する
- 計算する対象の範囲（Surface 全域）が同じであるから，上記の二つの結果は当然等しい
- 操作される変数が，微分（＝時間 t）と積分（＝面積 S）でそれぞれ異なるから実際問題として相互に影響しない
- rot や div でも同様に考えることができる．式(12-19)や式(12-21)，式(12-25)でも，rot や div と積分/微分の順序が交換されているが，これらも操作される変数が，**時間**と**領域**（もしくは**異なる領域どおし**）とそれぞれ異なるからである

12-6　電波の振る舞いをマクスウェルの方程式から予測する

マクスウェルは自らが編み出した方程式で電波（電磁波）を予測しました．私たちもマクスウェルと同じように，マクスウェルの方程式を用いて電波を予測してみましょう．では，あらためてマクスウェルの方程式を眺めてみます．

$$\mathrm{div}\,\boldsymbol{E}\langle x,y,z,t\rangle = \frac{Q_{density}\langle x,y,z,t\rangle}{\varepsilon_0}\quad\text{ガウスの法則から} \quad\cdots\cdots (12\text{-}41)$$

$$\mathrm{div}\,\boldsymbol{B}\langle x,y,z,t\rangle = 0 \quad\text{ガウス/ビオ・サバールの法則から}\quad\cdots\cdots (12\text{-}42)$$

$$\mathrm{rot}\,\boldsymbol{B}\langle x,y,z,t\rangle = \mu_0 \boldsymbol{I}_{density}\langle x,y,z,t\rangle + \mu_0\varepsilon_0\frac{\partial \boldsymbol{E}\langle x,y,z,t\rangle}{\partial t}\quad\cdots\cdots (12\text{-}43)$$
アンペアの周回積分の法則と変位電流から

$$\mathrm{rot}\,\boldsymbol{E}\langle x,y,z,t\rangle + \frac{\partial \boldsymbol{B}\langle x,y,z,t\rangle}{\partial t} = 0 \quad\text{ファラデーの法則から}\quad\cdots\cdots (12\text{-}44)$$

電波の振る舞いを考えるうえでは，実は下の二つの式だけで（ほぼ）よく，また真空中には電流は流れるはずもないので，式(12-43)は $\boldsymbol{I}_{density}\langle x,y,z,t\rangle = 0$ であり

$\dfrac{\partial \boldsymbol{E}}{\partial t}$ で表される変位電流だけになります．

さらに式(12-43)と式(12-44)を考えると，一般項から微分された成分ができるわけもなく，微分項から一般項が出てくる(電界/磁界の変動を源とする)と言えるので，

$$\mu_0\varepsilon_0\dfrac{\partial \boldsymbol{E}\langle x,y,z,t\rangle}{\partial t} \Rightarrow \mathrm{rot}\,\boldsymbol{B}\langle x,y,z,t\rangle \quad \cdots\cdots\cdots\cdots\cdots (12\text{-}45)$$

（この向きで）

$$\dfrac{\partial \boldsymbol{B}\langle x,y,z,t\rangle}{\partial t} \Rightarrow -\mathrm{rot}\,\boldsymbol{E}\langle x,y,z,t\rangle \quad \cdots\cdots\cdots\cdots\cdots (12\text{-}46)$$

（この向きで）

と左辺から右辺の向きに成分が生成されます(だから⇒を使ってみた[※17])．この二つの式は，定数 $\mu_0\varepsilon_0$ やマイナス符号の有り無しの違いはあれ，同じ形式であることがわかります．

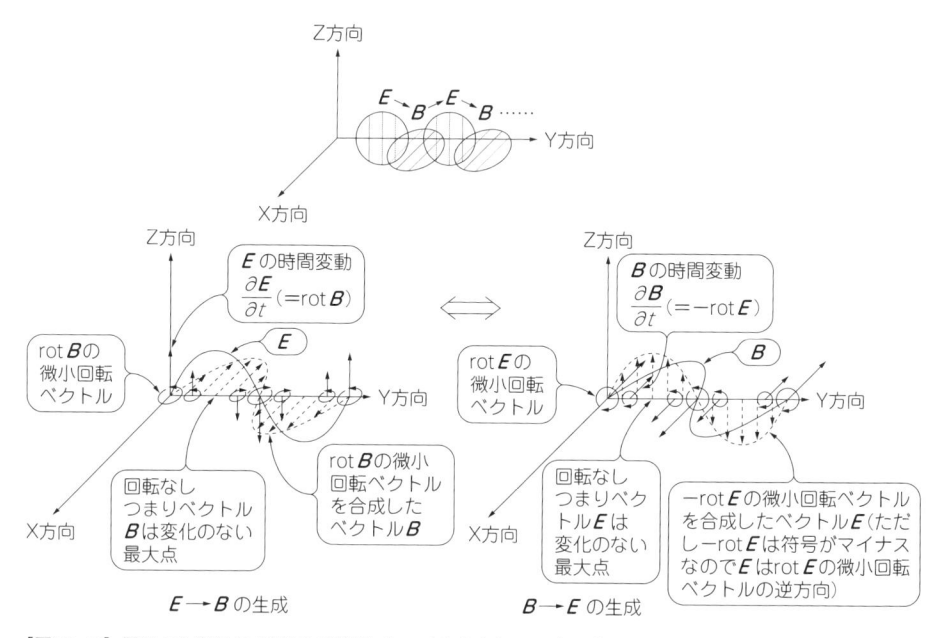

[図12-13] 電界 E と磁界 B が相互に影響しあって生成されていく．それが電波

※17：式の定義/代入の考え方からすれば，右から左へ定義/代入する(つまり"⇐")のが正統だと考えられるが，順番に読んで理解できるように「左から右の向き」とした．

これらの式を見れば，式(12-45)ではEの変動によりBが生じ，式(12-46)ではBの変動によりEが生じており，それぞれ図12-13のように，電界Eと磁界Bが相互に影響しあって生成されていくことが(電波ができ上がっていくことが)わかりますね．

● とにかくBからEの生じるようすを簡略化して電波を予測してみる

上記の式(12-45)と式(12-46)を出来るだけ簡単に理解できるように，条件を簡略化してみます．図12-14のようにZ軸方向に向かって導体があるものとします(導体の位置は$\langle 0,0,z \rangle$)．導体にはZ軸方向を正とした交流電流$Ie^{j\omega t}$が流れているとします[※18]．

▶ 電流から生じる磁束密度ベクトルBを考える

まずは式(12-46)を用います．図12-15のように，図12-14の位置$\langle x,0,0 \rangle$での磁界の強さHおよび磁束密度Bを，アンペアの周回積分の法則から計算し，図のようにY軸を向いている磁束密度B_yを考えてみると(ここで$e^{j\omega t}$は残しておく)，

$$H = \frac{Ie^{j\omega t}}{2\pi x^2}, \quad B = \frac{\mu_0 I}{2\pi x^2}e^{j\omega t} = B_y e^{j\omega t} \quad \cdots\cdots(12\text{-}47)$$

(μ₀H)

となります．位置$\langle x,0,0 \rangle$での磁束密度ベクトル$B\langle x,0,0 \rangle$は，上記のアンペアの周回積分の法則および右ねじの法則のとおり，Y軸方向に向いています(なおこれ以降，電流Iは考えに入れないで良い)．つまり，

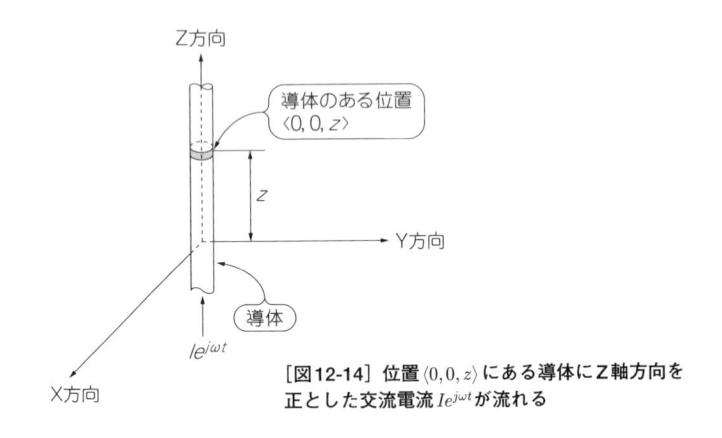

[図12-14] 位置$\langle 0,0,z \rangle$にある導体にZ軸方向を正とした交流電流$Ie^{j\omega t}$が流れる

※18：いきなり電流の流れや電圧の変動から電波が生じる訳ではなく，これから説明するように，電圧なら電界，電流なら磁界がまず発生し，それをもとに鎖がつながっていくように，図12-13のように，電界Eと磁界Bが影響しあって電波が生じていく．

$$B\langle x,0,0,t\rangle = \left(0, B_y e^{j\omega t}, 0\right)$$

というY成分のみをもったベクトルBになることがわかります．さらにこれが式(12-46)のようにrotと繋がっているので，

$$\overbrace{\frac{\partial B\langle x,0,0,t\rangle}{\partial t}}^{\text{式(12-46)}} = \frac{\partial}{\partial t}\left(0, B_y e^{j\omega t}, 0\right) \Rightarrow -\operatorname{rot} E\langle x,0,0,t\rangle$$

またさらに，このY成分B_yを時間tで偏微分したものは，

$$\frac{\partial B_y e^{j\omega t}}{\partial t} = j\omega B_y e^{j\omega t} = -\underbrace{\left(\frac{\partial E_x}{\partial z} - \frac{\partial E_z}{\partial x}\right)}_{\operatorname{rot} E \text{のY成分}} \quad\cdots\cdots(12\text{-}48)$$

と計算できます（他の成分はゼロなので）．この右辺のように電界E_xもしくはE_zの回転成分が誘起されます．

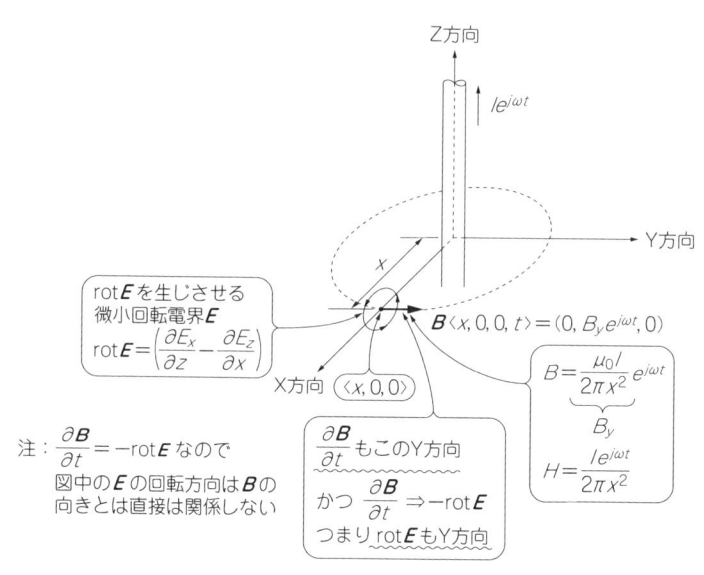

[図12-15] 磁束密度ベクトルBは右ねじの法則のとおり，位置$\langle x,0,0\rangle$ではY軸方向に発生する

12-6 電波の振る舞いをマクスウェルの方程式から予測する

(a) 微小部分での磁束密度B_yだけで生じる微小回転電界を考える

微小回転電界 $\dfrac{\partial E_x}{\partial z} - \dfrac{\partial E_z}{\partial x}$

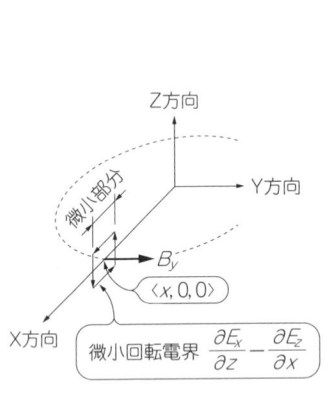

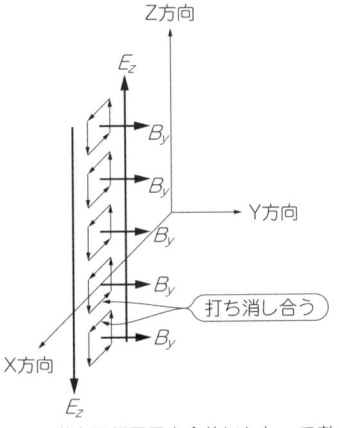

(b) (a)の微小回転電界を全体にわたって考えると電界ベクトルEのようすが見える

打ち消し合う

[図12-16] 微小面積における磁束密度ベクトルBから微小回転電界を考え，それを足し合わせることで全体の電界ベクトルEを考える

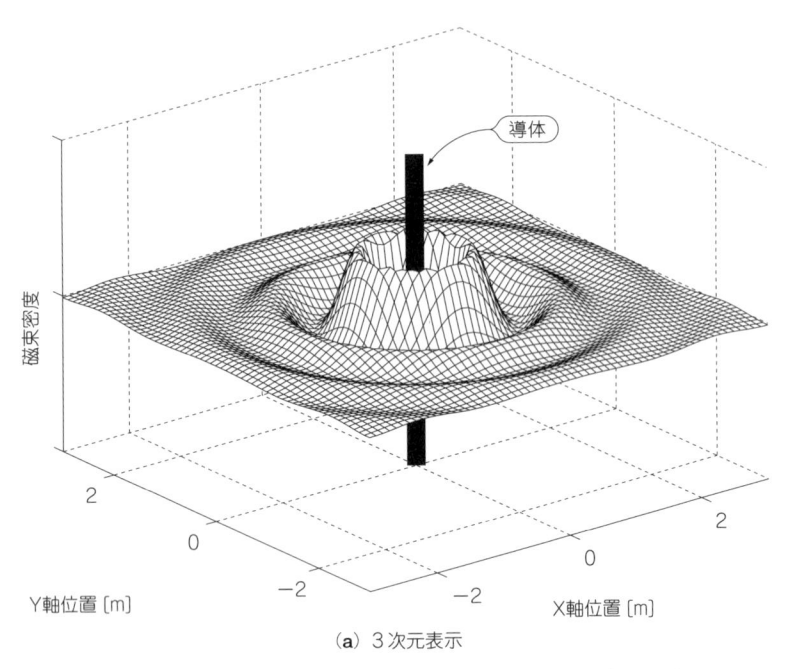

導体

(a) 3次元表示

[図12-17] 導体の周辺に生じる磁束密度Bのようす．波が広がっていくように伝わる
（周波数300MHz，$t=0$のスナップ・ショット．導体周辺は磁束密度が大きくなるので表示していない）

▶大きさの変動する磁束密度ベクトル B から電界ベクトル E を考える……得られるものは電波

図12-15のように，位置 $\langle x, 0, 0 \rangle$ での磁束密度 B はY軸方向を向いています．ここで図12-16(a)のように，この図12-15のX, Z平面の位置 $\langle x, 0, 0 \rangle$ の微小部分における磁束密度 B_y だけを取り出して考えると，この B_y の微分量によって微小回転電界 $\dfrac{\partial E_x}{\partial z} - \dfrac{\partial E_z}{\partial x}$ が図のように生じることがわかります．

さらにこの回転電界は，上下の微小部分で生じる回転電界とそれぞれ接する部分は，方向が逆であるため打ち消されますが，次に説明するように**X軸方向では磁束密度はところによって変動しているので，生じる回転電界は完全に打ち消されません**．そのため図12-16(b)のように，Z軸方向の電界 E_z の大きさを持つことになります．

このように位置ごとの磁束密度ベクトル B の変化により電界ベクトル E が生じます．さらにこの話を式(12-45)を用いて，この節のタイトルと同じように「とにか

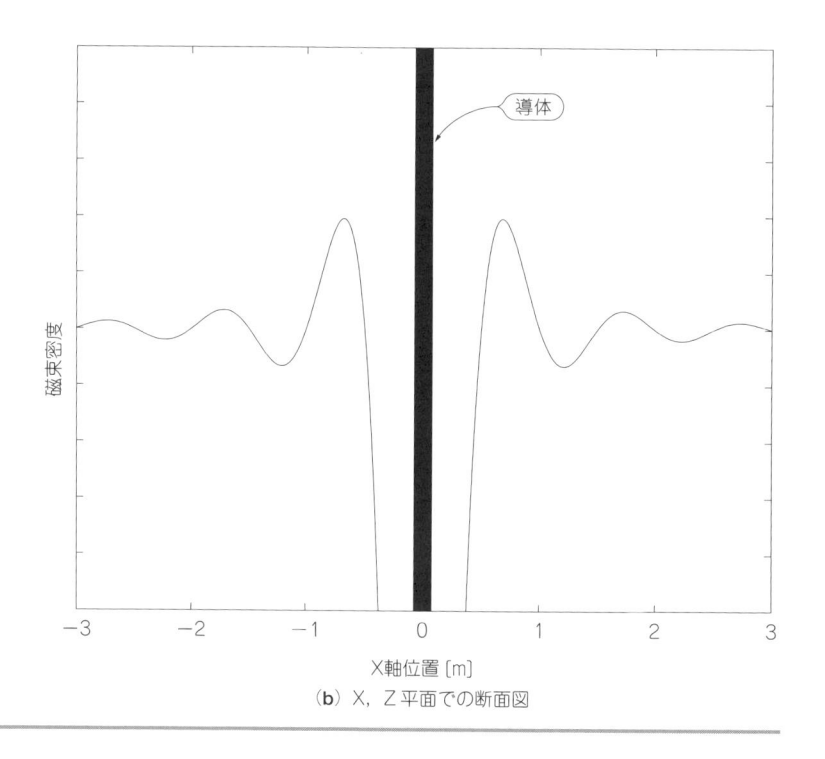

(b) X, Z平面での断面図

12-6 電波の振る舞いをマクスウェルの方程式から予測する

くEからBの生じるようすを考えてみれば」，この項の最初の説明のように，まずBからEが生じ，さらにEからBが生じ，これが連鎖することで電波が伝わっていくことがわかりますね．

▶ もう少し磁束密度ベクトルBだけが伝わるようすを示してみる

磁束密度B_yの**大きさ**は，導体に流れる電流が交流であることから時間で変化しますが，それを導体周辺の空間で見てみると，図12-17(a)のように導体の外側に向かって波が広がっていくように伝わっていきます[19]．この図は時間$t=0$とした，ある時間においての，導体周辺空間の磁束密度の**大きさ**のスナップ・ショットです．これは磁界がある速度(実際には光速だが)で伝わっているということです．

ちなみに導体から離れていくときの大きさは，アンペアの周回積分の法則やビオ・サバールの法則からわかるように$1/x^2$に比例します．この伝わるしくみは電波と異なり，誘導だけにより生じるもので**誘導界**と呼ばれ，本節で説明する，電波が伝わるしくみの**放射界**と異なります．

さて，図12-17(b)のように断面図として表してみると，ある時間においてはX軸方向に向かって磁界は変動しています．つまりさきに図12-16を交えて説明したように，X軸方向では磁束密度は場所によって変動しているので，生じる微小回転電界は完全に打ち消されません．

● ベクトル解析学を用いてもっと厳密に電波を予測してみる

まずは電界から考えます．式(12-45)と式(12-46)である，

$$\mu_0 \varepsilon_0 \frac{\partial \boldsymbol{E}\langle x,y,z,t\rangle}{\partial t} \Rightarrow \mathrm{rot}\, \boldsymbol{B}\langle x,y,z,t\rangle \quad \cdots\cdots\cdots\cdots\cdots\cdots\cdots\cdots\text{式(12-45)再掲}$$

$$\frac{\partial \boldsymbol{B}\langle x,y,z,t\rangle}{\partial t} \Rightarrow -\mathrm{rot}\, \boldsymbol{E}\langle x,y,z,t\rangle \quad \cdots\cdots\cdots\cdots\cdots\cdots\cdots\cdots\text{式(12-46)再掲}$$

からスタートします．電界E，磁界B[20]が角周波数ωの交流電圧(もしくは電流)から誘起されている場合，時間での変動要素$e^{j\omega t}$を持つと考えられます．そのときE，Bの時間での偏微分$\frac{\partial}{\partial t}$は(たとえば$E$は)，

---

[19]：さきの説明のように，実際の磁界は導体を中心として回転するように発生しているが，ここでは磁束密度の**大きさ**だけを考えているので注意．
[20]：本来Bは磁束密度であるが，ここでは電界に対しての用語という意味で磁束密度を「磁界」Bと表現している．$D=\varepsilon E$を「電束密度」とも呼ぶ．

$$\frac{\partial \boldsymbol{E}}{\partial t} = \frac{\partial}{\partial t}\left(E_x e^{j\omega t}, E_y e^{j\omega t}, E_z e^{j\omega t}\right) = j\omega\left(E_x e^{j\omega t}, E_y e^{j\omega t}, E_z e^{j\omega t}\right)$$
$$= j\omega \boldsymbol{E} \quad \cdots\cdots (12\text{-}49)$$

ですから，上記の式(12-45)と式(12-46)の左辺は以下で表されます．

$$\underbrace{\mu_0 \varepsilon_0 \frac{\partial \boldsymbol{E}\langle x, y, z, t\rangle}{\partial t}}_{\text{← 式(12-45) 左辺}} = j\omega \mu_0 \varepsilon_0 \boldsymbol{E}\langle x, y, z, t\rangle \quad \cdots\cdots (12\text{-}50)$$

$$\underbrace{\frac{\partial \boldsymbol{B}\langle x, y, z, t\rangle}{\partial t}}_{\text{← 式(12-46) 左辺}} = j\omega \boldsymbol{B}\langle x, y, z, t\rangle \quad \cdots\cdots (12\text{-}51)$$

これより式(12-45)と式(12-46)はそれぞれ，

$$j\omega \mu_0 \varepsilon_0 \boldsymbol{E}\langle x, y, z, t\rangle \Rightarrow \text{rot}\, \boldsymbol{B}\langle x, y, z, t\rangle \quad \text{式(12-45)} \cdots\cdots (12\text{-}52)$$

$$j\omega \boldsymbol{B}\langle x, y, z, t\rangle \Rightarrow -\text{rot}\, \boldsymbol{E}\langle x, y, z, t\rangle \quad \text{式(12-46)} \cdots\cdots (12\text{-}53)$$

と計算できます．この二つの式がスタートです．

▶ 二つの式を相互に代入してみる

ここで式(12-45)と式(12-46)との関係を導くために，式(12-53)のrotをとり，左辺に式(12-52)を代入してみると，

$$j\omega \underbrace{\text{rot}\, \boldsymbol{B}\langle x, y, z, t\rangle}_{\downarrow \text{式(12-52) 左辺}} \Rightarrow -\text{rot}\,(\text{rot}\, \boldsymbol{E}\langle x, y, z, t\rangle), \quad \text{式(12-53) の rot}$$
$$j\omega \left(j\omega \mu_0 \varepsilon_0 \boldsymbol{E}\langle x, y, z, t\rangle\right) \Rightarrow -\text{rot}\,(\text{rot}\, \boldsymbol{E}\langle x, y, z, t\rangle) \quad \cdots\cdots (12\text{-}54)$$

さらに右辺はベクトル恒等式$[\text{rot}\,(\text{rot}\,\boldsymbol{E}) = \text{grad}\,(\text{div}\,\boldsymbol{E}) - \boldsymbol{\nabla}^2 \boldsymbol{E}]$[※21]より，

$$-\omega^2 \mu_0 \varepsilon_0 \boldsymbol{E}\langle x, y, z, t\rangle = -\text{grad}\,(\text{div}\,\boldsymbol{E}\langle x, y, z, t\rangle) + \boldsymbol{\nabla}^2 \boldsymbol{E}\langle x, y, z, t\rangle \cdots\cdots (12\text{-}55)$$

となります．ここで真空中は空間に電荷が存在しないので，

※21：このベクトル恒等式もさきのp.384の※9の話と同じく，いつでも成り立つ式．詳細についてはベクトル解析学の参考書を参照いただきたい．

$$\text{div}\, \boldsymbol{E}\langle x,y,z,t\rangle = 0$$

から式(12-55)の右辺の第1項はゼロとなり，以下が得られます(左辺と右辺は入れ替えてある)．

$$\nabla^2 \boldsymbol{E}\langle x,y,z,t\rangle = -\omega^2 \mu_0 \varepsilon_0 \boldsymbol{E}\langle x,y,z,t\rangle \quad \cdots\cdots\cdots\cdots\cdots\cdots\cdots\cdots\cdots(12\text{-}56)$$

これが図12-13の電界Eと磁界Bが絡み合って電波となったもののE成分の基本式になります．なお，∇^2はラプラシアンと呼ばれ，

$$\nabla^2 \boldsymbol{A} = (\nabla^2 A_x, \nabla^2 A_y, \nabla^2 A_z),$$
$$\nabla^2 A_x = \frac{\partial^2 A_x}{\partial x^2} + \frac{\partial^2 A_x}{\partial y^2} + \frac{\partial^2 A_x}{\partial z^2},$$
$$\nabla^2 A_y = \frac{\partial^2 A_y}{\partial x^2} + \frac{\partial^2 A_y}{\partial y^2} + \frac{\partial^2 A_y}{\partial z^2},$$
$$\nabla^2 A_z = \frac{\partial^2 A_z}{\partial x^2} + \frac{\partial^2 A_z}{\partial y^2} + \frac{\partial^2 A_z}{\partial z^2}$$

の2階偏微分の形になっています．これを見ると，式(12-56)は式(10-3)や式(10-4)の**波動方程式**に近い形をしていることが判ります．

また，B成分についても同じように，式(12-52)のrotをとり，左辺に式(12-53)を代入してみると，E成分とまったく同じ答えが得られます．

$$j\omega\mu_0\varepsilon_0 \underbrace{\text{rot}\, \boldsymbol{E}\langle x,y,z,t\rangle}_{\text{式(12-53)左辺}} \Rightarrow \text{rot}(\text{rot}\, \boldsymbol{B}\langle x,y,z,t\rangle), \quad \text{式(12-52)のrot}$$
$$j\omega\mu_0\varepsilon_0 (-j\omega \boldsymbol{B}\langle x,y,z,t\rangle) \Rightarrow \text{rot}(\text{rot}\, \boldsymbol{B}\langle x,y,z,t\rangle), \quad \text{式(12-55),(12-56)と同じプロセス}$$
$$\nabla^2 \boldsymbol{B}\langle x,y,z,t\rangle = -\omega^2\mu_0\varepsilon_0 \boldsymbol{B}\langle x,y,z,t\rangle \quad \cdots\cdots\cdots\cdots\cdots\cdots\cdots(12\text{-}57)$$

▶ $t=0$における空間に広がるE成分のようすを考える

以上の計算に基づき，式(12-56)の$\nabla^2 \boldsymbol{E}\langle x,y,z,t\rangle = -\omega^2\mu_0\varepsilon_0 \boldsymbol{E}\langle x,y,z,t\rangle$において，時刻$t=0$のときの真空空間における$E$成分のスナップ・ショットのようす(Z軸方向にだけ変動する成分，$E_z e^{j\omega 0} = E_z\langle x,y,z\rangle$と仮定する)を考えてみます．

なおこれ以降の説明は，電波の送信源から充分に遠方の場合，つまり電波(電磁波)を平面波として，特殊な条件として扱います．こうしないと説明が非常に厄介

になりますし，なおかつ直感的に理解することができなくなってしまいます[※22]．

　もう一度言いますが，$t=0$のときの，**ある瞬間における**，空間$\langle x,y,z \rangle$に広がるEの分布を考えていきます．

　このとき仮定として，図12-18のように電波の進行方向がX軸方向のみ，電界の振幅がZ軸方向（E_z）だけにあるものとすると，

$$\nabla^2 E_x = 0,\ \nabla^2 E_y = 0,\ \underline{\nabla^2 E_z \neq 0},\ \frac{\partial^2 E_z}{\partial x^2} \neq 0,\ \frac{\partial^2 E_z}{\partial y^2} = \frac{\partial^2 E_z}{\partial z^2} = 0$$

$$\boldsymbol{E}\langle x, y=0, z=0, t=0\rangle = (0, 0, E_z)$$

（振幅はZ軸のみ）
（進行はX軸方向のみ）

と仮定することができ，式(12-56)のZ成分だけを考えると以下を得ます．

$$\frac{\partial^2 E_z \langle x,0,0,0 \rangle}{\partial x^2} = -\omega^2 \mu_0 \varepsilon_0 E_z \langle x,0,0,0 \rangle \qquad \text{式(12-56)の位置 } y=z=0 \text{ また } t=0 \text{ のスナップショット} \quad \cdots\cdots (12\text{-}58)$$

　これはまさしく式(10-3)や式(10-4)の**波動方程式**そのものであり，第10章10-2の説明と読み比べながら，この一般解を求めると，

$$E_z\langle x,0,0,0\rangle = E_1 e^{-j\omega\sqrt{\mu_0\varepsilon_0}x} + E_2 e^{+j\omega\sqrt{\mu_0\varepsilon_0}x} \qquad e^{\pm\gamma x}\text{を思い出して} \quad \cdots\cdots (12\text{-}59)$$

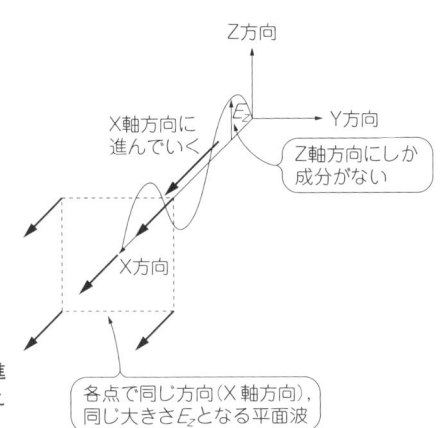

[図12-18] 説明を簡単にするために，X軸方向に進んでいくZ軸方向の成分しかない平面波の電波を考える（$t=0$のスナップ・ショット）

X軸方向に進んでいく
Z方向
E_z
Y方向
Z軸方向にしか成分がない
X方向
各点で同じ方向（X軸方向），同じ大きさE_zとなる平面波

※22：残念ながら現実問題として，複雑な送信源形状，解析したい空間が送信源に近いなどの場合においては，計算が非常に複雑になるので，FDTD（Finite Difference Time Domain）法やモーメント法，有限要素法を使ってシミュレーションで解析するのが現実的．

これは式(10-12)の形（ただし$\omega t=0$）と同じです．ここで右辺の第1項は進行波，第2項は反射波となります．E_1，E_2はそれぞれの係数です．

この検討では進行波しか扱っていませんから，第1項のみしか必要なく，またt成分を考えて$E_1 = E_1 e^{j\omega t}$として$e^{j\omega t}$も付け加えてみると，

$$E_z\langle x,0,0,t\rangle = E_1 e^{j\omega\left(t-\sqrt{\mu_0\varepsilon_0}x\right)} \quad \cdots\cdots\cdots\cdots\cdots\cdots\cdots\cdots\cdots\cdots\cdots\cdots (12\text{-}60)$$

↑時間変動成分

と式(10-8)とほぼ同じ形が得られます．

▶ 波の伝わる速度は$\sqrt{\mu_0\varepsilon_0}$であり光速$c$と等しい

第10章10-2のp.295の話と同じですが，式(12-60)はいずれにしても$e^{j\theta}$の形であり，ここで$\omega(t-\sqrt{\mu_0\varepsilon_0}\,x)=\theta$が一定，というときの$x$と$t$の条件を考えると，図10-5のように波の同じ位置を連続して観測することになります．たとえば式(10-9)と同じように，位相ゼロのところがどうなるかを考えると，

$$x = \frac{t}{\sqrt{\mu_0\varepsilon_0}} = ct, \quad v_p = \frac{1}{\sqrt{\mu_0\varepsilon_0}} = c \quad \cdots\cdots\cdots\cdots\cdots\cdots\cdots (12\text{-}61)$$

と，波の頂点が速度$v_p = 1/\sqrt{\mu_0\varepsilon_0}$で$x$の**正の方向に伝わっていく電界の進行波**であることがわかります．またcは光速であり，伝搬速度v_pとμ_0，ε_0そして光速cとの関係がわかります．

● **電界と磁界の関係を求めてみると90°直交する関係が見える**

電界Eと磁界Bとの関係は，図12-19のように角度が90°直交した同じ位相の波のかたちになっています．これを式を使って求めてみましょう．

式(12-53)の位置$\langle x,0,0\rangle$における式，

$$j\omega \boldsymbol{B}\langle x,0,0,t\rangle \Rightarrow -\mathrm{rot}\,\boldsymbol{E}\langle x,0,0,t\rangle \quad \cdots\cdots\cdots\cdots\cdots\cdots\cdots\cdots (12\text{-}62)$$

および，進行方向がX軸方向のみで電界の振幅がZ軸方向（E_z）のみだとした，式(12-60)の電界，

$$\boldsymbol{E}\langle x,0,0,t\rangle = \bigl(0, 0, E_z\langle x,0,0,t\rangle\bigr) = \left(0, 0, E_1 e^{j\omega\left(t-\sqrt{\mu_0\varepsilon_0}x\right)}\right) \quad \cdots\cdots (12\text{-}63)$$

↑進行方向はX軸のみ　　↑振幅はZ軸のみ

を考え，さらに式(12-63)のrotをとってみます．rotは，

$$\mathrm{rot}\,\boldsymbol{E}\langle x,y,z\rangle = \left(\frac{\partial E_z}{\partial y}-\frac{\partial E_y}{\partial z},\ \frac{\partial E_x}{\partial z}-\frac{\partial E_z}{\partial x},\ \frac{\partial E_y}{\partial x}-\frac{\partial E_x}{\partial y}\right)$$

ですが，式(12-63)はX軸方向に進んでいくZ成分 $E_z\langle x,0,0,t\rangle$ しかない電界 $\boldsymbol{E}$ ですから，位置 $\langle x,0,0\rangle$ で考えると，x で微分したぶんしか大きさがなく，

$$\mathrm{rot}\,\boldsymbol{E}\langle x,0,0,t\rangle = \left(0-0,\ 0-\frac{\partial E_z\langle x,0,0,t\rangle}{\partial x},\ 0-0\right) \quad\cdots\cdots\cdots\cdots(12\text{-}64)$$

とY軸方向の成分のみが残ります．この $-\dfrac{\partial E_z\langle x,0,0,t\rangle}{\partial x}$ を求めるために，式(12-63)のZ成分を $\dfrac{\partial}{\partial x}$ で偏微分すると，

$$-\frac{\partial E_z\langle x,0,0,t\rangle}{\partial x} = -\frac{\partial E_1 e^{j\omega\left(t-\sqrt{\mu_0\varepsilon_0}x\right)}}{\partial x} = j\omega\sqrt{\mu_0\varepsilon_0}E_1 e^{j\omega\left(t-\sqrt{\mu_0\varepsilon_0}x\right)}$$

これを式(12-64)を使って，式(12-62)に代入すると，

$$\overbrace{j\omega\boldsymbol{B}\langle x,0,0,t\rangle \Rightarrow -\mathrm{rot}\,\boldsymbol{E}\langle x,0,0,t\rangle}^{\text{式(12-62)}} = \bigl(0,\ -j\omega\sqrt{\mu_0\varepsilon_0}E_1 e^{j\omega\left(t-\sqrt{\mu_0\varepsilon_0}x\right)},\ 0\bigr),\quad\overset{\text{式(12-64)}}{\leftarrow}$$

$$\boldsymbol{B}\langle x,0,0,t\rangle \Rightarrow -\mathrm{rot}\,\frac{\boldsymbol{E}\langle x,0,0,t\rangle}{j\omega} = \bigl(0,\ -\sqrt{\mu_0\varepsilon_0}E_1 e^{j\omega\left(t-\sqrt{\mu_0\varepsilon_0}x\right)},\ 0\bigr) \quad(12\text{-}65)$$

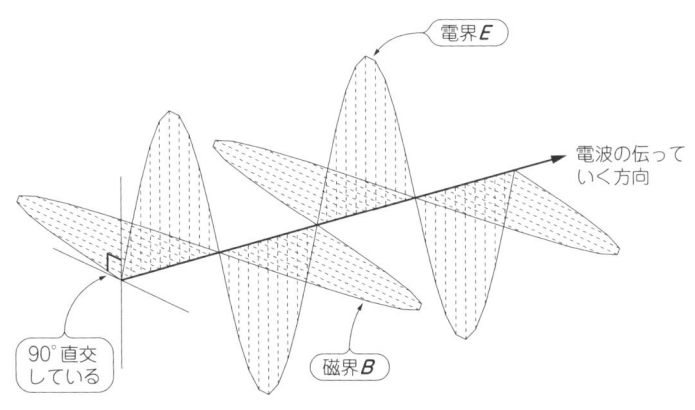

両辺を $1/j\omega$ している

[図12-19] 電界 E と磁界 B の関係は，同じ位相の90°直交した波のかたちになっている

12-6　電波の振る舞いをマクスウェルの方程式から予測する

と，Z成分しか無い電界Eと90°直交する関係になるY成分のみの磁界B，それも相互に$\sqrt{\mu_0\varepsilon_0}$の関係で結び付けられているものが，計算結果として得られることがわかりますね．つまり，

$$\underbrace{B_y}_{\text{これはY成分だ}}\langle x,0,0,t\rangle = -\sqrt{\mu_0\varepsilon_0}\underbrace{E_1 e^{j\omega\left(t-\sqrt{\mu_0\varepsilon_0}x\right)}}_{\text{こちらはZだ→}E_z\text{成分}} \quad\cdots\cdots\cdots\cdots\cdots\cdots\cdots\cdots\text{(12-66)}$$

これで図12-19の電界Eと磁界Bとの関係を無事に求めることができました．

▶電界と磁界の関係から空間の固有インピーダンスを求めてみる

固有インピーダンス(Intrinsic Impedance)は，空間での電界Eと磁界Bの大きさを関係づける値(単位はΩ)です[※23]．

ここで一旦E-B対応を離れて，磁界の強さ$H=B/\mu_0$で考え直してみましょう．上記の式(12-66)を磁界の強さHのY成分に書き直してみると，

$$H_y\langle x,0,0,t\rangle = \frac{1}{\mu_0}\underbrace{\sqrt{\mu_0\varepsilon_0}E_1 e^{j\omega\left(t-\sqrt{\mu_0\varepsilon_0}x\right)}}_{\text{式 (12-66)}} = \sqrt{\frac{\varepsilon_0}{\mu_0}}E_1 e^{j\omega\left(t-\sqrt{\mu_0\varepsilon_0}x\right)} \quad\cdots\cdots\text{(12-67)}$$

と書くことができます．さらに式(12-60)も使って，真空の空間固有インピーダンス$Z_{space}=E_z/H_y$を求めてみると，

$$Z_{space} = \frac{E_z\langle x,0,0,t\rangle}{H_y\langle x,0,0,t\rangle} = \frac{E_1 e^{j\omega\left(t-\sqrt{\mu_0\varepsilon_0}x\right)}}{\sqrt{\frac{\varepsilon_0}{\mu_0}}E_1 e^{j\omega\left(t-\sqrt{\mu_0\varepsilon_0}x\right)}} = \sqrt{\frac{\mu_0}{\varepsilon_0}} = 120\pi\,[\Omega]\cdots\cdots\text{(12-68)}$$

が得られます．これは第9章9-3のp.286「電界強度とEIRPの関係」で示した空間固有インピーダンスZ_{space}そのものです．

●まとめ……覚えるポイントを絞ってしまえば

いろいろと説明してきましたが，ポイントとしては，

- 電界と磁界は90°直交し，同じ位相関係で伝わっていく
- 固有インピーダンス$Z_{space}=\sqrt{\mu_0/\varepsilon_0}$
- 光速cとの関係は$v_p=1/\sqrt{\mu_0\varepsilon_0}=c$

※23：第10章10-2で説明した，伝送線路の特性インピーダンスと同じようなものと言える．

12-7　表皮効果をマクスウェルの方程式から求めてみる

　第8章8-3のp.245の「同軸ケーブルの円筒間の容量とインダクタンスを求めてみる」でも示したように，高周波においては電流は導体内部を通らず，導体の表面を通るようになります．これを**表皮効果**(skin effect)と呼びます．高周波回路やハイ・スピード信号回路を生業とする技術者にとっては，知っていなければならない電気的現象と言えるでしょう．

　結論的にいうと，表皮効果があるので「高周波回路などでは不導体の表面に薄い導電箔を貼り付けるだけで，すべてが導体である場合と同じ性能を出せる」という点がとても重要です．また，リッツ線というリード線がありますが，これも同じ考え方で作られているものです．

　ここではこの表皮効果を，マクスウェルの方程式から求めてみましょう．

● 最初に導体内の電流と電界の関係を定義しておく

　以降の話を進める前提として，導体内を流れる電流 I と電界 E の関係を定義しておきましょう．

　本書の一番最初でオームの法則を示したように，$V = IR$ で電圧 V と電流 I と抵抗 R とが関係しています．また第8章8-2のp.231の「電界と電位差を考えよう」の式(8-21)のように，電界 E と電位差 V は，距離を d とすると $V = -Ed$ の関係になっています．単位体積あたりの導電率を σ（単位は[S/m]，Siemens/Meter）とすれば，

$$V = -Ed = -IR = -I\frac{d}{S\sigma} \quad \leftarrow 単位体積　導電率 \quad \cdots\cdots(12\text{-}69)$$

（次式で使用）

となります．ここで S は導体の面積，d は電位差として求める距離（導体の長さ）です．また電圧と電流の方向を考えれば，電圧が低くなる方向に電流が流れますから，符号がマイナスになっています．

　さて続いて単位面積および単位長に流れる電流，つまり電流密度 $I_{density}$ を考えれば，式(12-69)での $d = 1$，$S = 1$ に相当し，

式(12-69)より

$$Ed = I\frac{d}{S\sigma} \to E = \frac{I_{density}}{\sigma}, \quad I_{density} = E\sigma \quad \cdots\cdots(12\text{-}70)$$

という関係を得ることができます．これが導体の中を流れる電流密度 $I_{density}$ と電界

E の関係になります．

● 直流電流をまず考え，次に交流電流で考えよう

図12-20のように厚い導体があったとします．ここに図中のように表面2点に端子を取り付け，この端子に直流電圧をかけ直流電流を流したとします．このときに流れる電流は，図のように導体全面にほぼ均一に流れます．これはオームの法則から単純に想像できることだと思います．

▶ **直流電流を考えたが，交流電流ではどうなるか**

次に図12-21のように，交流電圧をかけた場合はどうなるでしょうか．図12-21は，図の左側に基準となる導体が図8-31の外導体と同じように（この基準導体はグラウンド・レベルだと考えれば良い）あるものとして示されており，なおかつ電流 I と電界 E と電位 V のようすや，X，Y軸の方向も示されています．

このとき図中に示されるように電界 E や電流 I が発生しますが，導体内の電流の流れる方向を考えると，導体内部に沈み込んでいく（X軸方向）電流 I_0 と，二つの端子間を直接縦方向（Y軸方向）に流れる電流 I_1 の2種類を考えることができます．

● なぜ表皮効果が発生するかを古典電磁気学的に考える

マクスウェルの方程式から表皮効果を攻めてみる前に，マクスウェルより古典の電磁気学的要素を用いて，渦電流の話を含めて表皮効果を考えていきましょう．

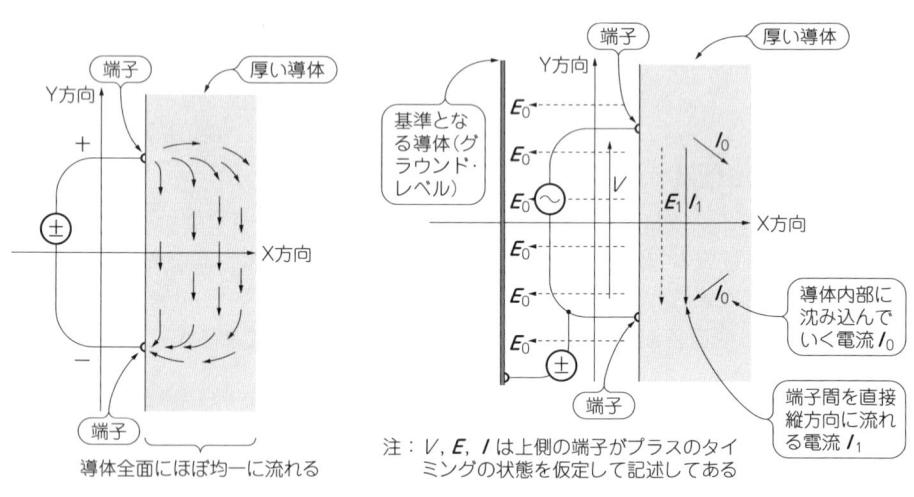

[図12-20] 厚い導体に直流電流が流れた場合

[図12-21] 厚い導体に交流電流が流れた場合（基準導体つき）

注：V, E, I は上側の端子がプラスのタイミングの状態を仮定して記述してある

表皮効果と深くかかわっていますが，導体内部を交流電流が流れ，この電流により発生する変動磁界から，**図12-22**のように**渦電流**というものが発生します．渦電流1周ぶんのループで，起電力V_{emf}が生じており，それにより電流（渦電流）が生じると考えれば，これはファラデーの法則（電磁誘導の法則）そのものです．これが交流電流の流れを阻害してしまいます．

▶ **交流電流$I\langle t\rangle$より変動する回転磁界$H\langle t\rangle$が生じる**

図12-21の方向を，図12-23のように図の上側を，電流が流れるY方向に置き換え，導体内部を斜め上から見たとしましょう．

この図(a)は導体内部を電流が流れる場合で，時間変動する電流I_0（図12-21のI_0）によりH_0が発生します．さらにファラデーの法則により渦電流I'_0が発生します．こ

[図12-22] 導体内部を流れる交流電流により発生する磁界から渦電流が発生する

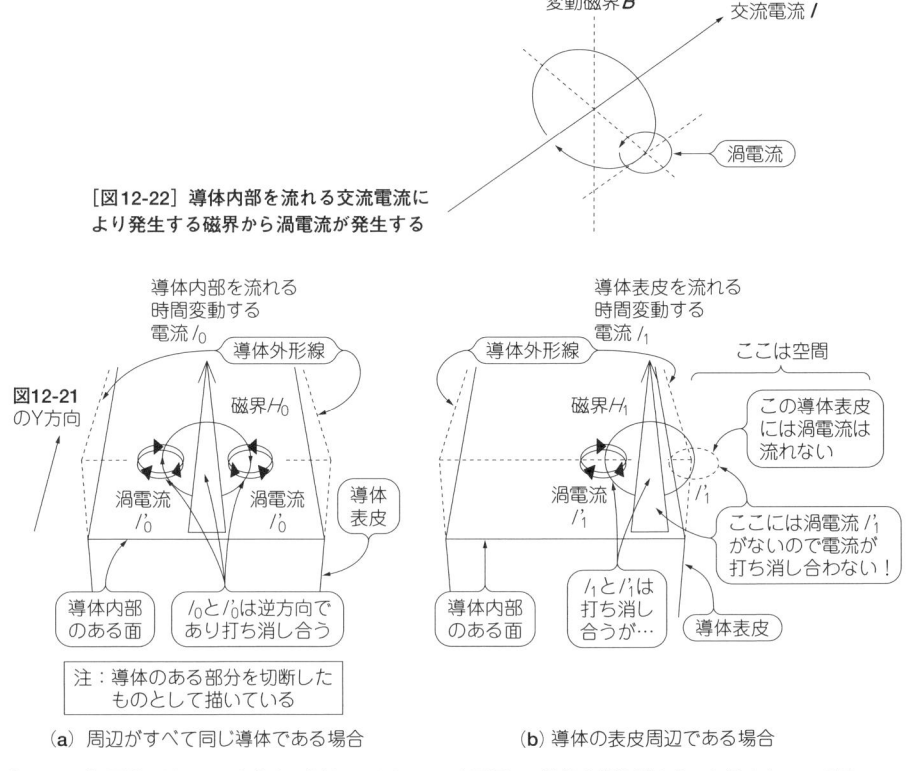

(a) 周辺がすべて同じ導体である場合

(b) 導体の表皮周辺である場合

[図12-23] 電流が流れるY方向を上側として図12-21を配置し，**導体内部を斜め上から見る**（I_0, I_1は図12-21に対応している．ファラデーの法則により逆方向に発生する渦電流が電流を打ち消してしまう）

12-7 表皮効果をマクスウェルの方程式から求めてみる

の渦電流は電流 I_0 とは逆方向に発生します．そのため I_0 は打ち消されてしまいます．

▶ **導体の表皮周辺では電流 I は打ち消されない**

次に図12-23(b)のような，導体の表皮周辺の状態を考えてみましょう．ここでは電流 I_1（図12-21の I_1）で発生する磁界 H_1 の右側は空間であるため，I_1 の右側には渦電流は発生しません（変位電流により発生する磁界はあるが，図12-21のように E の方向が90°異なっており，なおかつ大きさとしても小さい）．

そのため，結果的に電流が打ち消される要因もなく，I_1 はほぼ無事にY方向に対して伝わることになります．つまり**表皮であれば交流電流が伝わることになるのです**．

● **実際に表皮効果をマクスウェルの方程式から求めてみる**

さていよいよマクスウェルの方程式から表皮効果を求めてみましょう．式(12-43)の方程式を導体中に適用し，導体内の透磁率を $\mu = \mu_r \cdot \mu_0$（導体の比透磁率 μ_r）とし，さらに導体内の誘電率を ε とすれば（導体内の誘電率は真空中の ε_0 とあまり変わらない）[※24]．

$$\mathrm{rot}\,\boldsymbol{B}\langle x,y,z,t\rangle = \mu \boldsymbol{I}_{density}\langle x,y,z,t\rangle + \mu\varepsilon\frac{\partial \boldsymbol{E}\langle x,y,z,t\rangle}{\partial t} \quad \cdots\cdots (12\text{-}71)$$

（この式は 式(12-43)，アンペアの周回積分の法則とほぼ同じ）

となります．式(12-70)の $I_{density} = E\sigma$，さらに信号源が正弦波交流信号 $e^{j\omega t}$ であれば式(12-49)の $\dfrac{\partial \boldsymbol{E}}{\partial t} = j\omega \boldsymbol{E}$ より，

$$\mathrm{rot}\,\boldsymbol{B}\langle x,y,z,t\rangle = \mu\sigma \boldsymbol{E}\langle x,y,z,t\rangle + j\omega\mu\varepsilon \boldsymbol{E}\langle x,y,z,t\rangle$$

（← $I_{density}$　← 微分）

$$= \mu(\sigma + j\omega\varepsilon)\boldsymbol{E}\langle x,y,z,t\rangle \quad \cdots\cdots (12\text{-}72)$$

これに式(12-50)〜式(12-56)の手順と非常に近い操作をしていきます．式(12-53)の $j\omega \boldsymbol{B}\langle x,y,z,t\rangle = -\mathrm{rot}\,\boldsymbol{E}\langle x,y,z,t\rangle$ の両辺のrotをとり，右辺に本章12-6のp.407のベクトル恒等式を使ってみると，

※24：なおここで考える導体は，波長に対して十分に広い平面をもつ導体を仮定している．実際の電子回路上の伝送線路やリード線やアンテナなど，波長よりも構造自体が小さいものの場合は計算はかなり複雑になる．いずれにしても大枠として「こういう現象があり，この程度の厚みのレンジである」という点だけは理解しておくことが大切である．

$$j\omega \,\mathrm{rot}\, \boldsymbol{B}\langle x,y,z,t\rangle = -\mathrm{rot}\,(\mathrm{rot}\,\boldsymbol{E}\langle x,y,z,t\rangle) = \boldsymbol{\nabla}^2 \boldsymbol{E}\langle x,y,z,t\rangle \quad \cdots\cdots\cdots\cdots (12\text{-}73)$$

$$[\because \mathrm{rot}\,(\mathrm{rot}\,\boldsymbol{E}) = \mathrm{grad}\,(\mathrm{div}\,\boldsymbol{E}) - \boldsymbol{\nabla}^2 \boldsymbol{E} \quad \text{and} \quad \mathrm{div}\,\boldsymbol{E}\langle x,y,z,t\rangle = 0]$$

この式(12-73)の左辺に，式(12-72)を代入してみると(なお左辺と右辺を交換してある)，

$$\boldsymbol{\nabla}^2 \boldsymbol{E}\langle x,y,z,t\rangle = j\omega\,\mathrm{rot}\,\boldsymbol{B}\langle x,y,z,t\rangle,$$
$$\boldsymbol{\nabla}^2 \boldsymbol{E}\langle x,y,z,t\rangle = \mu(\sigma + j\omega\varepsilon)j\omega\,\boldsymbol{E}\langle x,y,z,t\rangle \quad \cdots\cdots\cdots\cdots\cdots\cdots\cdots\cdots (12\text{-}74)$$

(手書き注記: 式(12-73)右辺, 同左辺, 式(12-72)を代入)

ここで，抵抗率の小さい，つまり導電率 σ の大きい導体だとすると $\sigma \gg \omega\varepsilon$ になり，また再度，式(12-70)の $I_{density} = E\sigma$ を考えると，この式は以下になります(左右が σ で割られるが，両辺にあるのでキャンセルされる).

$$\boldsymbol{\nabla}^2 \boldsymbol{I}_{density}\langle x,y,z,t\rangle \simeq j\omega\mu\sigma\,\boldsymbol{I}_{density}\langle x,y,z,t\rangle,$$
$$\boldsymbol{\nabla}^2 \boldsymbol{I}_{density}\langle x,y,z,t\rangle \simeq j\omega\mu\sigma\,\boldsymbol{I}_{density}\langle x,y,z,t\rangle \quad \cdots\cdots (12\text{-}75)$$

(手書き注記: $E = \dfrac{I_{density}}{\sigma}$ で変換されている)

▶ 得られた波動方程式の形式をさらに計算していく

これは式(10-3)，式(10-4)，式(12-58)の**波動方程式**のかたちに非常に近く(というより，実際はそのもの)，この一般形式である式(10-6)の波動方程式のかたち，

$$\frac{d^2 I(x)}{dx^2} = \gamma^2 I_0 e^{\gamma x} = \gamma^2 I(x)$$

と式(12-75)とを比較してみると，$\gamma^2 = j\omega\mu\sigma$ になります．

しかし式(12-75)はベクトル形式ですので計算が複雑です．そこで**図 12-24** のように，電流 I は Y 軸方向に流れ，X 軸方向が導体の深さ方向だとします．そして表皮効果を考えるときの短い長さ(波長 λ より十分短い長さ)では，時間変動する電流 $I\langle t\rangle$ が流れる Y 軸方向では，電流量は変化しないものとします[※25]．このように考えると(さらに t は考えから一旦外し，また $y=0$，$z=0$ としてある)，

※25：ここで考える寸法のレンジとして，深さ方向(X軸方向)で電流 I が表皮効果で変化する寸法に比べて，Y軸方向に流れる電流 I の変動は(深さ方向の変化の寸法単位と比較し，波長が十分に長いため)非常に穏やかになると考える．

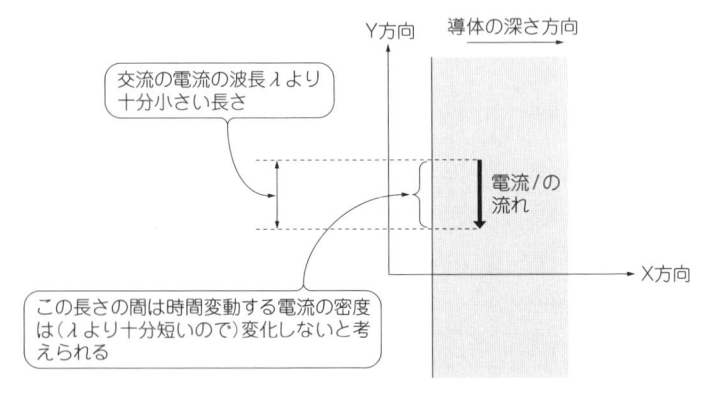

[図12-24] 電流 I は Y 軸方向に流れ，X 軸方向が導体の深さ方向だとする

$$\boldsymbol{I}_{density}\langle x,y,z,t\rangle = (0, I_{density(@Y)}\langle x,0,0\rangle, 0)$$

と，X 軸方向への表皮効果としての変化量を持つ，Y 軸方向を向く電流密度 $I_{density(@Y)}$ のみになり，

$$\frac{d^2 I_{density(@Y)}\langle x,0,0\rangle}{dx^2} = \gamma^2 I_{density(@Y)}\langle x,0,0\rangle \quad\cdots\cdots(12\text{-}76)$$

（ベクトルは Y 方向を向く／X 方向の変化量）

が式として得られます．ここでも第10章10-2の説明と読み比べながら，この一般解を求めると，

$$I_{density(@Y)}\langle x,0,0\rangle = I_1 e^{-\gamma x} + I_2 e^{+\gamma x} \quad\cdots\cdots(12\text{-}77)$$

これは式(10-12)および式(12-59)の形と同じです．ここで I_1, I_2 はそれぞれの係数です．

▶ γ を求めると表皮効果の減衰項が得られる

ではさらに γ を考えてみましょう．$\gamma^2 = j\omega\mu\sigma$ でした．γ 自体は，

$$\pm\gamma = \pm\sqrt{j\omega\mu\sigma} = \pm\sqrt{j}\sqrt{2\pi f\mu\sigma} = \pm\frac{1+j}{\sqrt{2}}\sqrt{2\pi f\mu\sigma}$$
$$= \pm(1+j)\sqrt{\pi f\mu\sigma} \quad\cdots\cdots(12\text{-}78)$$

[表12-1] 金属の種類と周波数ごとの表皮深さを計算する

金属の種類	周波数			
	50Hz	1kHz	1MHz	1GHz
鉄	0.356mm	0.079mm	2.52μm	0.080μm
銅	9.33mm	2.09mm	66.0μm	2.09μm
アルミニウム	12.0mm	2.67mm	84.5μm	2.67μm
金	11.1mm	2.49mm	78.6μm	2.49μm
ニッケル	0.763mm	0.171mm	5.40μm	0.171μm

鉄は $\mu_r=4000$,ニッケルは600で計算している

となりますが,これを式(12-77)に代入してみると,

$$I_{density(@Y)}\langle x,0,0,t\rangle = I_1 e^{-(1+j)\sqrt{\pi f \mu \sigma}x} + I_2 e^{+(1+j)\sqrt{\pi f \mu \sigma}x} \quad \cdots\cdots (12\text{-}79)$$

を得ます.この I_2 の第2項は x が大きくなると大きくなってしまう項であり,現実的ではないので $I_2=0$ としてしまいます.さらに正弦波交流信号 $e^{j\omega t}$ の項を明示的に表記し[※26],$I_{density(@Y)}$ の大きさを得るため,その実数部をとると,

$$\text{Re}\bigl(I_{density(@Y)}\langle x,0,0,t\rangle\bigr) = \text{Re}\bigl(I_1 e^{j\omega t} \cdot e^{-\sqrt{\pi f \mu \sigma}x - j\sqrt{\pi f \mu \sigma}x}\bigr)$$
$$= \text{Re}\bigl(I_1 e^{-\sqrt{\pi f \mu \sigma}x + j(\omega t - \sqrt{\pi f \mu \sigma}x)}\bigr) = I_1 e^{-\sqrt{\pi f \mu \sigma}x} \quad \cdots\cdots (12\text{-}80)$$

が得られます.$I_{density(@Y)}$ が $1/e$ になる,つまり36.8%になる x は,

$$I_1 e^{-1} = I_1 e^{-\sqrt{\pi f \mu \sigma}x}, \quad 1 = \sqrt{\pi f \mu \sigma}x, \quad x = 1/\sqrt{\pi f \mu \sigma}$$

となります.これが「表皮効果による電流が,導体表面からどの程度深くまで存在するか(実際は $1/e$ に減衰する深さ)」という,**表皮深さ**(skin depth) d_{skin} として定義されるもので,$d_{skin}=1/\sqrt{\pi f \mu \sigma}$ になります.

▶ 表皮効果の実際のところを計算してみる

いくつか金属の種類と周波数を挙げて,表皮深さがどの程度かを示してみます.**表12-1**を見てもわかるように,本当に導体表面にしか電流が流れないこと,そして想像もできないほど,それが薄いことに驚くと思います.

[※26]:実際は実数部を取る操作で消えてしまうが,交流信号が加わっているという意味合いを強調したかったため,あえて明示してみた.

12-8　エピローグ：回路設計技術者人間模様

　四ッ谷駅からちょっと歩いた超高級フレンチに，技監が先輩のメガネ系美人女性社員と僕を連れていってくれた．技監が彼女を食事に連れ出したいので，僕がダシに使われたのはミエミエだと思った．「俺はワインなんて洒落た酒は苦手だな．Garçon（ギャルソン），焼酎お湯割りある？」あきれたオヤジだ……．

　といってもワインを頼み，少し酔ってきた技監は饒舌になった．技監はよく話し，僕たちの話もよく聞いてくれた．デザートが到着したときだった．彼女がシラフに戻り，その芸術品に目を奪われているときだった．とりとめもない会話のrotationとdivergenceが一旦ゼロになり，ふっと間隙ができたときだった．

　「おまえ，回路理論の本質は何だと思う？」こんなときに痺れる質問だ．「……マクスウェルの方程式ですか？」「……そう答える技術者も多いだろうな．俺はオームの法則だと思う……」怪訝な顔になった僕を察してか，技監は続けた．

　「やっぱり，すべては基本だと俺は思う．プロ・スポーツの選手も基本練習を大事にするだろ？俺たちも同じだと思う．俺たちも**回路設計のプロ**だし，**その基本**が，回路理論だったりオームの法則だと思うよ．やればやるほどオームの法則の深さがわかり，自分に本当の力がついてくるんだろうな．ところでこないだのトラブル，けりがついてよかったな．おめでとう」

　技監はにっこりして僕を見つめた．「まあな，若いときはいろいろ苦労もあるが，精進していけば道は開けるから．がんばれな」

　僕はダシではなかったのだ……．僕は思った．「こういう技術者に僕もなりたい．そしてそのときは，今日のように，同じように若手に，素晴らしい料理と技術者の生き方をご馳走してあげたい……」

　四ッ谷駅で西行きの彼女を見送り，技監と僕は東行きの黄色い電車に乗った．「アキバが見えるなぁ．今度，萌えにでもいくか？」とほほ……．やっぱ，この人はあきれたオヤジだった．でも，一緒に萌えてみようかな．

fin

Column 12
数式では解決できない課題

　回路理論は数学を基本として厳密に導かれています．それをベースにした回路の振る舞いも基本的には理論/数式に忠実です．しかし人間の思考や感情は数式では表すことができませんし，厳密にその物事に（いわゆる杓子定規に）対応したりすると，余計問題を生んでしまいます．

　図12-Aの本は，世界中でベストセラー/ロングセラーになった不朽の名作です（英文オリジナル・タイトルの方が中身を忠実に指し示している）．技術的な問題以外にも人生いろいろあります．そして数学では表しきれないものが，それこそ多くあります．この本は，それらに対しての道しるべになるものといえるでしょう．私もこの本に出会い，本当に救われました．

　「どう感じ，どう過ごし，どう生きていくかは，あなたの考え方次第．それだけのことだが，それが一番難しい……」読者の技術的，生き方的，それら両方の成功を祈って，本書を締めくくりたいと思います．

[図12-A] D.カーネギー; 道は開ける（How to stop worrying and start living），創元社，ISBN4-422-10052-1

参考文献

(1) 無線工学基礎編上巻(基礎数学/電気回路)，電気通信振興会，2001．
(2) 無線工学基礎編中巻(半導体及び電子管/電子回路)，電気通信振興会，2001．
(3) 無線工学基礎編下巻(電気物理/電気磁気測定)，電気通信振興会，2001．
(4) 安達宏司；1・2陸技受験教室1 無線工学の基礎，東京電機大学出版局，2005．
(5) 横山重明，吉川忠久；1・2陸技受験教室2 無線工学A，東京電機大学出版局，2003．
(6) 吉川忠久；1・2陸技受験教室3 無線工学B，東京電機大学出版局，2005．
(7) 松原孝之；2技1・2通受験教室1 無線工学の基礎Ⅰ，東京電機大学出版局，1982(絶版)．
(8) 大熊利夫；2技1・2通受験教室2 無線工学の基礎Ⅱ，東京電機大学出版局，1982(絶版)．
(9) 秋冨勝，薬袋馨；2技1・2通受験教室3 無線機器，東京電機大学出版局，1981(絶版)．
(10) 松井信一；2技1・2通受験教室4 無線測定，東京電機大学出版局，1975(絶版)．
(11) 戸泉朗；2技1・2通受験教室5 空中線系および電波伝搬，東京電機大学出版局，1975(絶版)．
(12) 大熊利夫；2陸技1・2総通受験教室2 無線工学の基礎Ⅱ，東京電機大学出版局，1991．
(13) 第1級陸上無線技術士国家試験問題回答集，電気通信振興会，1997．
(14) Les Besser, Rowan Gilmore；Practical RF Circuit Design, Vol. 1, Artech House, 2003.
(15) Les Besser, Rowan Gilmore；Practical RF Circuit Design, Vol. 2, Artech House, 2003.
(16) Peter Vizmuller；RF Design Guide, Artech House, 1995.
(17) 上野伴希；無線機RF回路実用設計ガイド，総合電子出版社，2004．
(18) 相馬正樹；電子管回路，無線従事者教育協会，1971(絶版)．
(19) 石井聡；無線通信とディジタル変復調技術，CQ出版社，2005．
(20) 市川裕一，青木勝；GHz時代の高周波回路設計，CQ出版社，2003．
(21) 山村英穂；トロイダル・コア活用百科，CQ出版社，1994．
(22) 森栄二；LCフィルタの設計&製作，CQ出版社，2002．
(23) Analog Devices，電子回路技術研究会訳；OPアンプによる信号処理の応用技術，CQ出版社，2005．
(24) 立野敏；マイクロ波入門，電気通信振興会，1987．
(25) 小西良弘；マイクロ波回路の基礎とその応用，総合電子出版社，1995．
(26) Joseph A. Edminister，村崎憲雄ほか訳；マグロウヒル大学演習電気回路，オーム社，2003．
(27) 雨宮好文，現代電子回路学[Ⅰ]，オーム社，1982．

(28) 黒田徹；はじめてのトランジスタ回路設計，CQ出版社，1999.
(29) 押本愛之助，小林博夫；トランジスタ回路計算法，工学図書，1997.
(30) 戸川治朗；実用電源回路設計ハンドブック，CQ出版社，1996.
(31) 岡山努；アナログ電子回路設計入門，コロナ社，2005.
(32) 岡村廸夫；定本OPアンプ回路の設計，CQ出版社，1996.
(33) 数学セミナー編集部；数学100の定理，日本評論社，1999.
(34) 泉信一ほか；共立数学公式，共立出版，1953.
(35) 千葉逸人；工学部で学ぶ数学，プレアデス出版，2003.
(36) 都筑卓司；なっとくする虚数・複素数の物理数学，講談社，2005.
(37) 表実；複素関数，岩波書店，2004.
(38) 戸田盛和；ベクトル解析，岩波書店，2004.
(39) 和達三樹；微分積分，岩波書店，2005.
(40) 矢嶋信男；常微分方程式，岩波書店，2006.
(41) 石原繁，浅野重初；新課程微分方程式，共立出版，2000.
(42) 原島博，堀洋一；工学基礎ラプラス変換とz変換，数理工学社，2004.
(43) 楠田信，平居孝之，福田亮治；使える数学フーリエ・ラプラス変換，共立出版，2005.
(44) 三谷政昭，信号解析のための数学，森北出版，2004.
(45) 松尾博；やさしいフーリエ変換，森北出版，1998.
(46) 篠崎寿夫，武部幹；過渡現象と波形解析，東海大学出版会，1983.
(47) 石井聡；これならわかる！インピーダンス・マッチングと分布定数，トランジスタ技術，2003年8月号，pp.211-221，CQ出版社.
(48) 大井克己；スミス・チャート実践活用ガイド，CQ出版社，2006.
(49) 岡本次雄；アマチュアのアンテナ設計法，CQ出版社，1996.
(50) 櫻井紀佳；実験して学ぶ高周波回路，CQ出版社，2003.
(51) 長谷部望；電波工学（改訂版），コロナ社，2005.
(52) 小暮裕明；電磁界シミュレータで学ぶ高周波の世界，CQ出版社，1999.
(53) 竹内淳；高校数学でわかるマクスウェル方程式，講談社，2005.
(54) 室住熊三；電気物理，無線従事者教育協会，1975（絶版）.
(55) 桂井誠；基礎電磁気学，オーム社，2003.
(56) 砂川重信；電磁気学，岩波書店，2005.
(57) William. H. Hayt, 山中惣之助ほか訳；電磁気工学（上），マグロウヒルブック，1983（絶版）.
(58) William. H. Hayt, 山中惣之助ほか訳；電磁気工学（下），マグロウヒルブック，1983（絶版）.
(59) James Clerk Maxwell；A Treatise on Electricity and Magnetism Volume One, Oxford University Press, 2002（Reprint）
(60) James Clerk Maxwell；A Treatise on Electricity and Magnetism Volume Two, Oxford University Press, 2002（Reprint）

(61) 石橋千尋；電験第2種数学入門帖, 電気書院, 1990.
(62) 電気管理士問題研究会；電気管理士合格テキスト1(電気理論・制御理論の7週間), 電気書院, 1993.
(63) 電気管理士問題研究会；電気管理士合格テキスト3(電気機器・電動力応用の7週間), 電気書院, 1994.
(64) 電気書院通信電気学校教務部；電気管理士模範解答集, 電気書院, 1993.
(65) 電気書院通信電気学校教務部；電験第2種模範解答集, 電気書院, 1994.
(66) 電験問題研究会；電験第2種合格20年マスタブック, 電気書院, 1994.
(67) 高橋敏雄；電験第2種2次試験実戦テキスト第1巻 電力・管理, 電気書院, 1996.
(68) Simon Singh, 青木薫訳；フェルマーの最終定理, 新潮社, 2004.
(69) http://www.wikipedia.org/
(70) http://mathworld.wolfram.com/

索引

【数次・アルファベット】

2次高調波 —— 270
2次歪み —— 269
2乗平均平方根 —— 69
2信号特性 —— 265
3次高調波 —— 271
3次歪み —— 265, 267, 269
4端子回路 —— 320
Amplitude Shift Keying —— 284
André-Marie Ampère —— 213
Binary Phase Shift Keying —— 284
Bromwich-Wagner積分 —— 144, 154
Charles-Augustin de Coulomb —— 227
CMRR —— 198
complex conjugate —— 79
divergence —— 346
E-B対応 —— 374
Edward Lawry Norton —— 39
Effective Isotoropic Radiated Power —— 286
E-H対応 —— 374
Félix Savart —— 218
Franz Ernst Neumann —— 221
Frédéric François Chopin —— 317
Frequency Shift Keying —— 284
Georg Simon Ohm —— 25
George Gabriel Stokes —— 396
gradient —— 343
Gustav Robert Kirchhoff —— 43
Hendrik Wade Bode —— 211
IFT —— 237, 241
Intrinsic Impedance —— 412
Jacob Millman —— 41
James Clerk Maxwell —— 373
Jean-Baptiste Biot —— 218
Johann Carl Friedrich Gauss —— 229
John Henry Poynting —— 287
John Milton Miller —— 201
John Napier —— 62
Jordanの補助定理 —— 154
LC発振回路 —— 275
Léon Charles Thévenin —— 35
Leonhard Paul Euler —— 60, 139
Michael Faraday —— 221
MKSA単位系 —— 249, 332
nabla —— 339
Noise Figure —— 279
Oliver Heaviside —— 139, 373
OPアンプ —— 179, 203, 205, 207, 261
Peter Guthrie Tait —— 339
Phase Shift Keying —— 284
Pierre Simon Laplace —— 139
Quadrature Amplitude Modulation —— 284
Quality Factor —— 94
Qダンプ —— 162
Q値 —— 92, 94, 243, 262
RMS —— 69
Robert M. Metcalfe —— 373

Root Mean Square —— 69
rotation —— 356
Rule of thumb —— 22, 171
scattering matrix —— 321
SI 単位 —— 249
SI 単位系 —— 332
skin depth —— 419
SPICE —— 131
S パラメータ —— 320
$\tan\delta$ —— 243
Voltage Standing Wave Ratio —— 308
$VSWR$ —— 308
William Rowan Hamilton —— 339
Y-Δ 変換 —— 187
Δ-Y 変換 —— 187, 191

【あ・ア行】
アッテネータ —— 188
アドミッタンス —— 122
網目電流法 —— 48
アンペアの周回積分の法則
　—— 214, 219, 247, 359, 387, 397
アンペアの右ねじの法則 —— 213
位相 —— 53
位相速度 —— 295
一巡伝達関数 —— 209
一巡伝達系 —— 209, 211
インダクタンス —— 64, 222
インピーダンス —— 63
インピーダンス平面 —— 64, 176, 310
インピーダンス変換 —— 255, 258, 299
エーテル —— 373
江崎玲於奈 —— 127
エミッタ・フォロア回路 —— 276
エラー関数 —— 282

円筒座標系 —— 333
オイラーの公式 —— 60, 78, 311
オームの法則 —— 25
親指の法則 —— 22

【か・カ行】
外積 —— 335, 366, 370, 380
回転 —— 356
開放する —— 35
ガウス関数 —— 282
ガウスの法則 —— 229, 235, 246, 346, 375
可逆定理 —— 51
重ね合わせの理 —— 49, 229
カスコード接続 —— 202
傾き —— 108
カットオフ周波数 —— 87
渦電流 —— 415
渦電流損 —— 92
過渡応答 —— 130
過渡現象 —— 129, 177
角周波数 —— 56, 81, 254, 262
過渡状態 —— 129
華麗なる大円舞曲 —— 317
カレント・ミラー回路 —— 28
規格化インピーダンス —— 310
帰還コンデンサ —— 207
起電力 —— 27, 30, 42, 45, 220, 223, 391
逆関数 —— 116
逆起電力 —— 67, 164, 223, 225
キャパシタンス —— 64
球座標系 —— 333
共役複素数 —— 79
境界条件 —— 235, 300
共振回路 —— 88
極 —— 154

極限 —— 109
極座標 —— 56, 310
極座標平面 —— 310, 317
極性 —— 27, 42
虚数 —— 57, 304, 311
虚数軸 —— 59
キルヒホッフの第1法則（電流則）
　　　—— 44, 388
キルヒホッフの第2法則（電圧則）—— 45
キルヒホッフの法則 —— 43
クーロンの法則 —— 227
矩形波 —— 74, 77
クレスト・ファクタ —— 77
クロストーク —— 248
結合係数 —— 226
結合度 —— 175
減衰振動波 —— 119
コイル —— 63, 67, 132, 237, 291
合成関数の微分 —— 109, 381
勾配 —— 232, 343
交流 —— 53
交流回路 —— 53, 69
交流信号 —— 53
交流ブリッジ —— 186
固有インピーダンス —— 287, 412
コンデンサ —— 63, 67, 134, 234, 291

【さ・サ行】

最終値定理 —— 166, 178
最大電力伝達条件 —— 121, 253
雑音指数 —— 279
差動増幅回路 —— 195
座標変換 —— 311
三角波 —— 73, 77
三相交流 —— 57, 99, 103

散乱行列 —— 321
シールド —— 239
磁荷 —— 377
磁界 —— 213, 406
磁気シールド —— 239
磁気抵抗率 —— 217, 241
仕事量 —— 231, 335
磁性体 —— 240
自然対数の底 —— 62
磁束密度 —— 220, 238, 379
実効値 —— 69, 77, 123, 126, 284
実数 —— 57, 304, 311
実数軸 —— 58
時定数 —— 139, 179, 207
収束条件 —— 153
周波数 —— 53
初期値定理 —— 166, 178
閉路電流法 —— 48
進行波 —— 296, 322, 323
振幅 —— 53
水晶振動子 —— 272, 277
水晶発振回路 —— 272
スカラー —— 294, 325, 376
スカラー積 —— 335
スカラー場 —— 325
ステップ関数 —— 225
ストークスの定理 —— 357, 396
スミス・チャート —— 255, 310
正帰還 —— 207
積分 —— 72, 105, 111
積分公式 —— 115
積分定数 —— 115
積分変換 —— 151
積分路 —— 216, 234, 360, 393, 395, 398
積和変換公式 —— 101, 271

索引　427

接線 —— 216, 396
接点電位法 —— 45
セルフ・バイアス —— 192
線積分 —— 216, 360, 393, 395
尖頭値 —— 77, 284, 294
相関 —— 260
相互インダクタンス —— 226
相反定理 —— 51

【た・タ行】

ダイオード・ミキサ —— 271
大統一理論 —— 68
畳み込み —— 144
単位ベクトル —— 331, 338, 380, 396
単位方向ベクトル —— 216, 331, 338
短絡する —— 39
置換積分 —— 116, 125
直流電流増幅率 —— 192
直流ブリッジ —— 185
直列共振 —— 254
直列共振回路 —— 88, 92
直列共振周波数 —— 272
直交3次元座標 —— 333
直交座標 —— 57
直交座標系 —— 333
抵抗率 —— 241, 417
定常状態 —— 129
定積分 —— 115
デシベル —— 251
鉄損 —— 92
電圧計 —— 30
電圧源 —— 27
電圧降下 —— 30, 42, 45, 223, 293
電圧定在波 —— 306
電圧定在波比 —— 308

電位 —— 45, 341, 345
電位差 —— 45, 231, 246, 341, 413
電荷 —— 348
電界 —— 228, 232, 341, 348, 406, 413
電荷密度 —— 349, 376
電磁波 —— 400
伝送線路 —— 245, 289
伝達関数 —— 82, 87
電波 —— 400
伝搬速度 —— 410
電流計 —— 32
電流源 —— 28
電流密度 —— 370, 378, 398, 413
電力 —— 26, 79, 121, 261
等価等方放射電力 —— 286
導関数 —— 108
同軸ケーブル —— 245, 289, 295
透磁率 —— 217, 220, 416
同相成分除去性能比 —— 198
同相入力電圧 —— 198
銅損 —— 92
導電率 —— 413, 417
特性インピーダンス —— 188, 292, 298
トランス —— 191, 224
トロイダル・コア —— 217
ド・ロピタルの法則 —— 153

【な・ナ行】

内積 —— 334, 355
内部抵抗 —— 30, 32
長岡係数 —— 220
ネイピア数 —— 62
熱雑音 —— 260, 279
ノートンの定理 —— 39

【は・ハ行】
パーセント・インピーダンス —— 103
倍角の公式 —— 100
バイパス・コンデンサ —— 180
ハイパス・フィルタ —— 83, 86
白色雑音 —— 260
波形率 —— 77
波高率 —— 77
波長短縮率 —— 295
バックアップ電源 —— 181
発散 —— 346
発熱量 —— 27
波動方程式 —— 294, 408
反射係数 —— 305, 309
反射係数面 —— 310, 317
反射波 —— 296, 322, 323
反転増幅回路 —— 210
ビオ・サバールの法則 —— 218, 378
皮相電力 —— 96
比帯域 —— 265
比透磁率 —— 220, 238, 240
非反転増幅回路 —— 210
微分 —— 105, 106, 339, 345, 354, 361
微分係数 —— 108
微分公式 —— 109
微分方程式 —— 136, 293
比誘電率 —— 234
標準偏差 —— 282
表皮効果 —— 413
表皮深さ —— 419
ファラデーの法則 —— 220, 225, 391, 415
フィードバック —— 202, 207
フォト・ダイオード —— 28
負帰還 —— 207
複素平面 —— 59

複素インピーダンス —— 66, 80, 309
複素共役 —— 79
複素周波数 —— 139, 151
複素数 —— 59, 142, 309
負性抵抗 —— 275, 277
不定積分 —— 115
部分積分 —— 118, 152
部分分数展開 —— 148
分散 —— 282
分布定数回路 —— 292
分流回路 —— 184
閉曲線 —— 216, 357, 395
平均値 —— 75, 77, 123
並列共振 —— 254
並列共振回路 —— 90, 94
並列共振周波数 —— 274
ベクトル —— 66, 80, 135, 175, 325, 374
ベクトル恒等式 —— 384, 385, 407, 416
ベクトル積 —— 335
ベクトル場 —— 325
ベクトル微分演算子 —— 339
ベクトル・ポテンシャル —— 234, 387
変位電流 —— 387
偏微分 —— 339, 381
ホイートストン・ブリッジ —— 185
ポインチング・ベクトル —— 287
方向ベクトル —— 396
放射界 —— 406
法線 —— 349, 396
ボーデ線図 —— 211
鳳・テブナンの定理
　　—— 35, 172, 174, 178, 186, 205
鳳秀太郎 —— 35
ボルツマン定数 —— 261

【ま・マ行】

マイクロ・ストリップ・ライン —— 289
マクスウェルの方程式 —— 127, 373
右手親指の法則 —— 214
ミスマッチ・ロス —— 321
ミス・マッチング —— 300
ミラー効果 —— 180, 200
ミルマンの定理 —— 40, 262
無効電力 —— 97
メッシュ電流法 —— 48
面積分 —— 287, 349, 396, 399
漏れ磁束 —— 226
モンテカルロ解析 —— 171

【や・ヤ行】

有効電力 —— 96
誘電正接 —— 244
誘電体 —— 234, 246
誘電体損 —— 93, 243
誘電率 —— 227, 246, 416
誘導界 —— 406
ユニット・ステップ関数 —— 142, 145, 212

【ら・ラ行】

ラジアン表示 —— 54
ラプラシアン —— 408
ラプラス演算子 —— 139
ラプラス逆変換 —— 144, 179
ラプラス変換 —— 139, 177, 212, 139
ラングランズ予想 —— 68
リアクタンス —— 64
力率 —— 97, 124, 127
リターン・ロス —— 323
リッツ線 —— 413
留数定理 —— 154
リンギング —— 119, 156
レンツの法則 —— 223, 225, 243
ローパス・フィルタ —— 81, 84, 202

【わ・ワ行】

和積変換公式 —— 103

〈著者略歴〉

石井　聡（いしい・さとる）

1963年	千葉県生まれ
1985年	第1級無線技術士（旧制度．現在の第1級陸上無線技術士）合格
1986年	東京農工大学工学部電気工学科卒業
1986年	双葉電子工業株式会社入社
1994年	技術士（電気・電子部門）合格．登録30023号
2002年	横浜国立大学大学院博士課程後期（電子情報工学専攻・社会人特別選抜）修了．博士（工学）
2009年	アナログ・デバイセズ株式会社入社
現在	同社セントラル・アプリケーションズ所属

［資格など］
第2種電気主任技術者（電験2種），エネルギー管理士（電気），
電気通信主任技術者第1種伝送交換，工事担任者総合種，
第1級アマチュア無線技士（JM1MQG；ただしQRT中）

- 本書記載の社名，製品名について ── 本書に記載されている社名および製品名は，一般に開発メーカーの登録商標です．なお，本文中では™，®，©の各表示を明記していません．
- 本書掲載記事の利用についてのご注意 ── 本書掲載記事は著作権法により保護され，また産業財産権が確立されている場合があります．したがって，記事として掲載された技術情報をもとに製品化をするには，著作権者および産業財産権者の許可が必要です．また，掲載された技術情報を利用することにより発生した損害などに関して，CQ出版社および著作権者ならびに産業財産権者は責任を負いかねますのでご了承ください．
- 本書に関するご質問について ── 文章，数式などの記述上の不明点についてのご質問は，必ず往復はがきか返信用封筒を同封した封書でお願いいたします．ご質問は著者に回送し直接回答していただきますので，多少時間がかかります．また，本書の記載範囲を越えるご質問には応じられませんので，ご了承ください．
- 本書の複製等について ── 本書のコピー，スキャン，デジタル化等の無断複製は著作権法上での例外を除き禁じられています．本書を代行業者等の第三者に依頼してスキャンやデジタル化することは，たとえ個人や家庭内の利用でも認められておりません．

JCOPY〈出版者著作権管理機構委託出版物〉
本書の全部または一部を無断で複写複製（コピー）することは，著作権法上での例外を除き，禁じられています．本書からの複写を希望される場合は，出版者著作権管理機構（TEL：03-5244-5088）にご連絡ください．

RFデザイン・シリーズ
電子回路設計のための電気/無線数学

2008年5月15日 初版発行 　　　　　　　　　© 石井 聡 2008
2020年11月1日 第8版発行

著　者　石井　聡
発行人　小澤　拓治
発行所　CQ出版株式会社
　　　　東京都文京区千石4-29-14（〒112-8619）
電話　出版　03-5395-2124
　　　営業　03-5395-2141

編集担当者　今　一義
カバー・表紙　千村勝紀
本文イラスト　神崎真理子
DTP・印刷・製本　（株）リーブルテック
乱丁・落丁本はご面倒でも小社宛お送りください．送料小社負担にてお取り替えいたします．
定価はカバーに表示してあります．
ISBN978-4-7898-3024-9
Printed in Japan